高等职业教育“十四五”规划教材

兽医基础

第2版

康程周　裴占阳　主编

中国农业大学出版社
·北京·

内容简介

本教材以技术技能人才培养为目标，以畜牧专业兽医基础方面的岗位能力需求为导向，坚持适度、够用、实用及学生认知规律和同质化原则，以过程性知识为主、陈述性知识为辅；以实际应用知识和实践操作为主，依据教学内容的同质性和技术技能的相似性，将动物病理、药理基础、动物诊疗技术、动物微生物及免疫基础等知识和技能列出，进行归类和教学设计。内容体系分为模块、项目和任务三级结构，每一项目又设“学习目标”“学习内容”“学习要求”，并以任务的形式展开叙述，明确学生通过学习应达到的识记、理解和应用等方面的基本要求；有些项目的相关理论知识或实践技能，可通过扫描二维码或者阅读“技能训练”“知识拓展”“知识链接”等形式学习，为实现课程的教学目标和提高学生的学习效果奠定基础。

本教材文字精练，图文并茂，通俗易懂，融合数字资源，现代职教特色鲜明，既可作为教师和学生开展“校企合作、工学结合”人才培养模式的特色教材，又可作为企业技术人员的培训教材，还可作为广大畜牧兽医工作者短期培训、技术服务和继续学习的参考用书。

图书在版编目(CIP)数据

兽医基础 / 康程周，裴占阳主编. --2 版. --北京：中国农业大学出版社，2023. 2(2023. 11 重印)
ISBN 978-7-5655-2899-6

Ⅰ. ①兽…　Ⅱ. ①康…②裴…　Ⅲ. ①兽医学-高等职业教育-教材　Ⅳ. ①S85

中国国家版本馆 CIP 数据核字(2023)第 006740 号

书　　名　兽医基础　第 2 版
作　　者　康程周　裴占阳　主编

策划编辑　康昊婷　　**责任编辑**　康昊婷
封面设计　李尘工作室　郑　川
出版发行　中国农业大学出版社
社　　址　北京市海淀区圆明园西路 2 号　　**邮政编码**　100193
电　　话　发行部 010-62733489，1190　　读者服务部 010-62732336
　　　　　　编辑部 010-62732617，2618　　出　版　部 010-62733440
网　　址　http://www. caupress. cn　　**E-mail**　cbsszs@cau. edu. cn
经　　销　新华书店
印　　刷　北京时代华都印刷有限公司
版　　次　2023 年 2 月第 2 版　　2023 年 11 月第 2 次印刷
规　　格　185 mm×260 mm　　16 开本　　23 印张　　610 千字
定　　价　69. 00 元

图书如有质量问题本社发行部负责调换

编审人员

主　编　康程周（甘肃畜牧工程职业技术学院）

　　　　　裴占阳（贵州农业职业学院）

副主编　保志鹏（云南农业职业技术学院）

　　　　　李志杰（山东畜牧兽医职业学院）

　　　　　胡美华（福建农业职业技术学院）

编　者　（按姓氏笔画排序）

　　　　　王兴虎（甘肃大北农农牧科技有限责任公司）

　　　　　冯志华（甘肃畜牧工程职业技术学院）

　　　　　李志杰（山东畜牧兽医职业学院）

　　　　　张进隆（甘肃畜牧工程职业技术学院）

　　　　　张春霞（青海农牧科技职业学院）

　　　　　陈富珍（大理农林职业技术学院）

　　　　　胡美华（福建农业职业技术学院）

　　　　　保志鹏（云南农业职业技术学院）

　　　　　祝艳华（甘肃畜牧工程职业技术学院）

　　　　　康程周（甘肃畜牧工程职业技术学院）

　　　　　裴占阳（贵州农业职业学院）

审　稿　刘芳农（定西市动物疫病预防控制中心）

　　　　　霍如林（新疆大北农农牧科技有限责任公司）

前言

为认真贯彻落实习近平总书记在党的二十大报告中提出的“加快建设教育强国、科技强国、人才强国，坚持为党育人、为国育才，全面提高人才自主培养质量”“落实立德树人根本任务，培养德智体美劳全面发展的社会主义建设者和接班人”指示精神，根据《国家职业教育改革实施方案》《“十四五”职业教育规划教材建设实施方案》等文件要求，切实做到专业设置与产业需求对接、课程内容与职业标准对接、教学过程与生产过程对接、毕业证书与职业（执业）资格证书对接、职业教育与终身学习对接，突出教学过程的实践性和职业性，我们组织了教学经验、生产实践经历丰富的校企结合的团队，依据教育部《高等职业学校专业教学标准（试行）》，在充分调研基础上，修订了这本实用性和适合性兼顾的《兽医基础》教材。

本教材以培养高素质复合型技术技能人才为目标，以畜牧兽医类专业群的岗位能力需求为导向，坚持适度、够用、实用及学生认知规律和同质化原则，以模块→项目→任务为主线，设“学习目标”“学习内容”“学习要求”“知识拓展”等教学组织单元，并以任务的形式展开叙述，明确学生通过学习应达到的识记、理解和应用等方面的基本要求。有些项目的相关理论知识或实践技能，可通过扫描二维码或者阅读“技能训练”“知识拓展”等形式学习，为实现课程的教学目标和提高学生的学习效果奠定基础。

本教材按照新兽药必须经我国农业农村部批准或选入《中华人民共和国兽药典》才能应用的有关规定，对标第六版兽药典重新修订了相关内容。新版教材依据兽药典的剂型规定，对剂型重新进行编写；删除了兽药典中没有收录的药物及剂型，增加了兽药典中收录的新药。希望在新版教材使用中注意到并理解这种情况。

本教材内容渗透了畜牧兽医类专业方面的行业标准、技术规范，有机融入执业兽医资格考试相关高频知识点和核心技能点作为学习指引，多维度用力，促使学生达成本课程所涉及的知识、能力、素质方面的教学目标，文字精练，图文并茂，通俗易懂，并以二维码的形式提供了丰富的教学信息资源，编写体例新颖、职教特色明显，既可作为教师和学生开展“校企合作、工学结合”人才培养模式的特色教材，又可作为企业技术人员的培训教材，还可作为广大畜牧兽医工作者短期培训、技术服务和继续教育的参考用书。

本教材编写分工如下：绪论部分和模块三由康程周编写，模块一由祝艳华、保志鹏、李志杰、陈富珍编写，模块二由裴占阳、冯志华、王兴虎编写，模块四由张进隆、张春霞、胡美华编写。全书由康程周统稿。本书由刘芳农和霍如林悉心审阅并提出了许多宝贵的建议，编写过程中得到编写人员所在单位的大力支持，同时本书参考了诸多文献，在此一并表示诚挚的谢意。

由于编者水平有限，书中疏漏和错误之处在所难免，恳请广大读者批评指正。

编　者
2023 年 11 月

目　录

模块二 药理基础

模块三　动物诊疗技术

模块四　动物微生物及免疫基础

绪　论

一、课程简介

兽医基础是从事动物生产（畜牧业）工作人员需要学习和掌握的兽医基本知识和基本理论，是推动动物生产不断发展的重要理论基础和技术指南，是畜牧专业重要的专业基础课，它包括动物病理、药理基础、动物诊疗技术和动物微生物及免疫基础四大部分。

兽医基础主要阐明动物疾病发生发展的基本规律、动物病理生理和病理解剖学病变，兽医药理基础知识、常用药物的分类及临床应用，动物疾病诊断和治疗的基本技术，动物微生物基础知识和免疫学基础知识等，揭示各种致病因素对动物体的致病规律、临床诊断方法应用、药物的分类及选择和治疗方法等，为动物疾病的临床诊治提供理论根据。

学习兽医基础的目的是了解动物疾病发生发展的基本规律，如何科学地诊断和治疗，以达到保障动物健康，保证畜牧业生产经济效益的目的。

二、课程性质

兽医基础是畜牧及其相关专业的基础课，具有较强的理论性和实践性。一方面，它将兽医基础知识与临床有机融合，基于畜牧专业的职业活动、应职岗位需求，培养学生动物病理、兽医药理、动物临床诊疗技术、动物微生物及免疫基础等专业能力，同时注重学生职业素质的培养。另一方面，作为临床兽医的基础，它所阐述的基本原理与方法具有更多的一般指导意义，能为学生后续临床兽医的学习和毕业后从事兽医工作奠定扎实的理论基础。

三、课程内容

本课程内容编写是以技术技能人才培养为目标，以畜牧专业兽医基础方面的岗位能力需求为导向，坚持适度、够用、实用及学生认知规律和同质化原则，以过程性知识为主、陈述性知识为辅。

本课程内容排序尽量按照学习过程中学生认知心理顺序，与专业所对应的典型职业工作顺序，将陈述性知识与过程性知识整合、理论知识与实践知识整合，意味着适度、够用、实用的陈述性知识总量没有变化，而是这类知识在课程中的排序方式发生了变化，课程内容不再是静态的学科体系的显性理论知识的复制与再现，而是着眼于动态的行动体系的隐性知识生成与构建，更符合职业教育课程开发的全新理念。

本课程内容以实际应用知识和实践操作为主，删去了实践中应用性不强的理论知识，依据教学内容的同质性和技术技能的相似性，进行归类和教学设计，划分为四大模块、二十八个项目。

每一项目又设“学习目标”“学习内容”“学习要求”三个教学组织单元，并以任务的形式展开叙述，明确学生通过学习应达到的识记、理解和应用等方面的基本要求；有些项目的相关理论知识或实践技能，可通过扫描二维码、技能训练、知识拓展或知识链接等形式学习。

四、课程目标

掌握兽医基本知识，能够达到如下目标。

(1)识别动物常见的病变，会规范地进行尸体剖检。

(2)了解药理知识，能正确选药。

(3)能根据实际情况对动物实施正确的保定。

(4)运用正确的方法对动物进行疾病诊疗活动。

(5)掌握动物微生物和免疫学的基本知识。

(6)了解常见的动物病原微生物。

(7)了解动物免疫检测的基本方法。

模块一　动物病理

项目一　疾病概论

项目二　局部血液循环障碍

项目三　细胞和组织的损伤

项目四　代偿、适应和修复

项目五　炎症

项目六　常见的病理生理现象

项目七　动物病理诊断技术

项目一
疾病概论

【学习目标】

- 掌握疾病的概念、疾病发生的原因及疾病特征；
- 了解疾病发生的机理；
- 熟悉疾病发生发展的基本规律及疾病的经过与转归。

【学习内容】

任务一　疾病概念与疾病特征

一、疾病的概念

现代医学认为健康是指动物机体在神经体液的调节下，通过各组织、器官、系统的协调，使机体保持相对动态平衡，进行正常生命活动的现象。疾病是指动物机体与内外环境中的致病因素相互作用所产生的损伤和抗损伤的斗争过程。在此过程中，动物机体表现出一系列机能、代谢和形态结构的变化，机体内外环境及体内各系统之间的相对平衡状态发生紊乱，出现一系列的症状与体征，并导致畜禽的生产性能下降和经济价值降低。

二、疾病的基本特征

1. 疾病是在一定条件下致病因素作用于机体的结果

任何疾病都是有原因的，查明疾病发生的原因是防治疾病的先决条件，但疾病的发生不仅仅是致病因素直接作用的结果，还与机体内部因素和外界条件有密切关系。

2. 疾病是以局部变化为主的全身性反应

尽管不同的疾病会有不同的表现形式，但其本质都是机体与外界环境的统一和体内各器官系统之间的动态平衡发生紊乱。虽然有些疾病以局部变化为主，但由于局部组织受神经系统和体液因素的调节，所以，局部的变化均应该看成是全身反应的表现。

3. 疾病是一种矛盾斗争的过程

当致病因素作用于机体后，一方面对机体造成损伤，机体在机能、代谢和形态结构等方面出现异常变化；同时也激发了机体一系列抗损伤反应。在疾病过程中，损伤与抗损伤作用常同时出现、不断变化，贯穿于疾病的整个过程。两者既相互联系、又相互斗争，从而推动疾病向前发展，双方力量的对比决定着疾病的发展方向。

4.疾病的发生发展有其规律性

任何疾病都有发生、发展的规律，并且在疾病的经过中还存在阶段性和特殊性，只有认识疾病的阶段性和特殊性，才能正确诊断和治疗疾病。

5.疾病有其特征和症状

根据动物异常表现才能发现动物是否患病，再根据其典型症状及病变特征才能正确诊断动物所患疾病。

6.疾病使动物的生产性能和经济价值降低

畜禽发生疾病时引起生长发育迟滞，使役能力、产奶量、产蛋量等降低，降低养殖的经济效益。

任务二　疾病发生的原因

任何疾病的发生都有一定的原因，没有原因的疾病是不存在的。疾病发生的原因简称病因，又称致病因素，概括起来可分为外界致病因素（外因）和内部致病因素（内因）两方面。对于多数疾病，除了内因与外因以外，还有促使疾病发生的条件性因素，即诱因。

一、外界致病因素

（一）生物性致病因素

生物性致病因素是最常见的外界致病因素，主要包括病原微生物（如细菌、病毒、支原体、衣原体、立克次氏体、真菌等）和寄生虫（如原虫、蠕虫和节肢动物），可引起各种传染病、真菌病、寄生虫病等。

生物性致病因素较复杂，但其致病作用具有相同的特点：有一定的潜伏期，对易感动物的种属、侵入门户和作用部位有一定的选择性，具有持续性和传染性，有特异的免疫反应和特征性的病理变化。

（二）物理性致病因素

物理性致病因素包括高温、低温、电流、电离辐射、噪声、大气压和光能等。高温作用于局部可引起烧伤，作用于全身时，则会引起热射病和日射病；局部低温可引起局部组织冻伤，全身受冷则会影响血液循环、物质代谢，并使机体抵抗力降低，诱发其他疾病的发生。电流作用于机体时引起电击伤，严重时可造成动物死亡。动物体内具有某些光敏物质如荧光素、卟啉、叶绿素等，就会对普通光的敏感性增高，称光照病或感光过敏症。长期或过度地照射紫外线，可引起局部烧伤或坏死。当音阈超过 100～200 dB 时，引起动物神经系统机能紊乱，使生产力降低，甚至导致应激性疾病。机体内外的机械力的作用能使组织器官产生外伤、压迫或机械性阻塞而引起发病。

物理性因素致病作用的共同特点是：一般只在疾病开始时起作用，不参与以后的疾病发展过程；除光能外，一般没有潜伏期，或最多只有几个小时的潜伏期；其作用结果都会产生明显的组织损伤。

(三)化学性致病因素

化学性致病因素可分为内源性和外源性两类。内源性化学性致病因素一般指机体在代谢过程中产生的某些物质，当这些物质在体内大量蓄积时可引起相应的疾病，如肾功能衰竭引起的尿毒症，尿酸盐沉积引起的痛风等。外源性化学性致病因素指来自体外的某些化学物质，常见的主要有强酸、强碱、化学毒物、动植物毒性物质或药物等。

化学性致病因素的致病作用有以下共同特点：某些化学物质对机体的组织、器官有选择性的毒害作用。如一氧化碳能牢固地与血红蛋白结合，使其失去携氧功能。化学性因素的致病作用与毒物本身的性质、剂量等有关。除慢性中毒外，化学毒物引起的疾病一般都有一较短的潜伏期。

(四)营养性致病因素

机体内某种营养物质缺乏或过多会引发营养代谢性疾病。例如，雏鸡日粮中缺乏维生素E或微量元素硒，可引起雏鸡脑软化、出血性素质或白肌病；长期饲料不足，动物处于慢性饥饿状态，可引起营养不良性贫血、全身性萎缩；反刍动物摄食过多的谷物可引起瘤胃酸中毒；肉鸡日粮中蛋白质过多可引起禽痛风等。

二、机体内部致病因素

疾病的发生发展与机体本身的内部因素有密切关系。内部因素一般是指机体的防御免疫机能、机体的遗传性和反应性等，疾病发生的内部因素有以下几个方面。

(一)机体的防御免疫机能降低

1.机体屏障机能降低

健康机体皮肤、黏膜能够阻止微生物的入侵，黏膜还可通过分泌黏液及分泌物中的溶菌酶来冲淡和杀灭病原微生物。由脑软膜、脉络膜、室管膜及脑血管内皮所组成的血脑屏障能阻止细菌、某些毒素及一些大分子物质通过血液进入脑脊液或中枢神经系统。孕畜的胎盘屏障可阻止母体内的某些有害物质(细菌毒素、代谢产物等)通过绒毛膜进入胎儿血液循环，保护胎儿不受伤害。当这些屏障功能受损时，一些疾病就容易发生。

2.机体吞噬机能降低

各种组织中的巨噬细胞，能吞噬和吞饮细菌并分解杀灭病原微生物和可溶性大分子物质。血液中的中性粒细胞也有吞噬和杀菌作用。胃液、唾液、鼻腔分泌物、汗液、泪液及血清等都有不同程度的杀灭病原微生物的作用。当机体吞噬和杀菌能力减弱时，某些感染性疾病就容易发生。

3.机体解毒机能降低

肝脏是机体主要的解毒器官，从肠道吸收的各种有毒有害物质，随血液转运到肝脏，肝细胞可通过氧化、还原、水解、结合等方式，使之转化为无毒或低毒物质，并使其水溶性增强而有利于其排出体外。当肝脏的解毒功能发生障碍时，则易发生中毒性疾病。

4.排出机能降低

泌尿、呼吸、汗腺的分泌、呕吐、腹泻等，都可将各种有害物质排出体外。如果这些排出过程受阻，则可发生相应的疾病。

5. 机体特异性免疫机能改变

机体的免疫反应在防止和对抗感染的过程中起着十分重要的作用。许多疾病的发生与发展与免疫反应密切相关，当细胞免疫功能降低时，容易发生病毒、霉菌等感染，还较易发生肿瘤；当体液免疫功能降低时，容易发生细菌感染，特别是化脓性细菌的感染。

(二)机体的反应性改变

机体的反应性是指机体对各种刺激以相对恒定的方式发生反应的特性。它对疾病的发生和疾病的表现形式具有重要影响。

1. 种属反应性

不同种属的动物对同一病原微生物的感受性不同。如马不感染猪瘟，牛不感染鼻疽，鸡不感染炭疽等。

2. 个体反应性

不同个体由于其抵抗力和营养状况等方面的差异，对同一致病因素的反应性也有不同。如同一畜群在流行某种传染病时，有些个体病情异常严重，有的则较轻，有的体内仅带菌或带毒，不表现任何临床症状。

3. 年龄与性别

年龄不同对疾病的反应性不同。幼年动物由于屏障结构及免疫系统均未发育完善，抵抗力较弱，容易发生消化道及呼吸道疾病且症状较重，而成年动物屏障结构及免疫器官发育成熟，抵抗力较强。如成年鸡对马立克病病毒的抵抗力比 1 日龄雏鸡大 1 000～10 000 倍。老年动物由于神经系统功能衰退，防御机能大大降低，抵抗力较弱，易发生传染病及其他疾病，且病势一般较重。机体性别不同，对致病因子的反应性也不同。如牛和鸡的白血病，通常是雌性动物多患。

4. 遗传因素

主要是遗传物质发生改变而引发疾病。基因突变或染色体畸变等遗传物质发生改变引起的疾病，常称为遗传性疾病。如猪和牛的先天性卟啉症，是由于遗传物质发生改变，血红蛋白的形成过程障碍，卟啉不能正常合成血红蛋白，故大量卟啉在血液和组织内沉着。

(三)机体应激机能降低

机体突然受到强烈有害刺激(如创伤、手术、失血、感染、中毒、缺氧、饥饿等)时，通过下丘脑引起血中促肾上腺皮质激素和糖皮质激素增多，并引起一系列全身反应以抵抗有害刺激，称为应激反应。如应激反应过于强烈或持久，超过机体调节的限度，内环境的稳定性破坏，则会引发疾病甚至死亡。

三、条件性因素

条件性因素虽然不会直接致病，但可以影响机体的机能状态和致病因素的致病作用，因此，对疾病的发生和发展具有促进或抑制作用。条件性因素包括自然条件和社会条件。

1. 自然条件

指气候、季节和地理环境等，对疾病的发生和发展具有明显的影响。如厩舍拥挤、卫生条件差，常可诱发疾病；冬季寒冷的刺激可使机体抵抗力下降，发生呼吸系统疾病。

2.社会条件

不同国家社会制度不同，对动物养殖的条件要求、防疫等所采取的措施有所差异；受经济、技术等条件的制约，各个国家动物防疫体系的水平高低不一，对疾病的控制力不尽相同。

任务三　发病学

发病学主要研究疾病发生发展过程的一般规律和基本机理。

一、疾病发生发展的一般规律

(一)损伤与抗损伤的斗争贯穿于疾病发展的始终

损伤与抗损伤是贯穿于整个疾病过程的一对矛盾，两者既相互联系，又相互斗争，这是引起疾病和推动疾病发展的基本动力。在疾病过程中，损伤与抗损伤作用常同时出现，并不断变化。当致病因素作用于机体后，一方面造成机体的机能、代谢和形态结构等方面的异常和损伤，同时也激发了机体一系列抗损伤反应。损伤与抗损伤双方力量的对比决定着疾病的发展方向；当损伤作用占优势时，疾病向恶化的方向发展，甚至引起死亡；反之，当抗损伤反应为主导时，症状则趋于缓和，机体逐渐恢复健康。

(二)疾病过程中的因果交替

因果交替是疾病发生发展过程中的基本规律之一。在疾病的过程中，原始致病因素作用于机体后造成的结果，在一定的条件下常会成为后续病理变化的原因，由于原因和结果互相转化和交替，即使原始病因已不存在，上述的因果交替仍可继续推动疾病过程不断发展。针对具体的疾病，应该全面考虑各种病理现象之间的因果关系，并掌握疾病的发展方向和发病的主导环节，尽早采取措施在疾病发展的某一环节上终止因果交替和恶性循环，就可使疾病朝有利于康复的方向发展。

(三)疾病过程中局部与整体的关系

在疾病发生发展过程中，局部与整体是一种辩证统一的关系。局部的病变会影响全身机能状态，而全身机能状态又制约着局部病变的发展。因此，对任何疾病，原则上都应该看成是整体的变化，而各组织、器官的病理变化均是全身性疾病的局部表现。在兽医临床上，针对具体的疾病，辩证地理解疾病过程中整体与局部的关系，才能促进机体的康复。

二、疾病发生发展的基本机理

动物机体受到致病因素作用后，一方面可造成机体病理性损伤，另一方面又可引起机体的一系列抗损伤反应。这些损伤与抗损伤反应主要是通过致病因素对组织直接作用或通过神经系统功能的改变或通过体液因素作用等实现的。

(一)致病因素直接作用于组织造成组织损伤

致病因素直接作用于组织器官，或者在侵入体内后选择性地作用于某一组织器官引起损害。如高温引起的烧伤、低温引起的冻伤、强酸强碱对组织的腐蚀、猪瘟病毒引起的微血管内皮损伤等都是致病因素直接作用引起的组织损伤。

(二)致病因素通过体液而起作用

致病因素或病理产物可引起体液发生量变或质变,使内环境稳定性遭到破坏,继而引起一系列变化。如失血、脱水时体液量减少,水肿时体液量增多等;体液的酸碱度、电解质含量、氧和二氧化碳分压、激素水平改变以及抗原抗体复合物的出现等,引起体液质的改变。

(三)致病因素通过改变神经的调节机能而起作用

致病因素或病理产物,通过改变神经调节机能而引起疾病发生。

1. 致病因素作用于感受器

致病因素通过反射活动引起相应的疾病或病理变化。如饲料中毒引起的呕吐与腹泻,有害气体引起的呼吸运动的减弱甚至暂停,缺氧时呼吸加深加快,烈日照射皮肤引起的皮肤充血,这些都是通过反射活动,引起神经调节机能改变的结果。

2. 致病因素直接作用于神经系统

在感染、中毒等情况下,致病因素可直接作用于神经中枢,引起神经功能障碍。如各种脑炎、狂犬病、一氧化碳中毒等。

3. 神经营养机能发生改变,引起病理变化

神经通过调节各组织器官血液供应和代谢机能来实现营养调节功能。当某些致病因素使神经营养机能发生改变,就会出现相应的病理变化,如压迫性萎缩。

(四)细胞和分子机理

致病因素作用于机体后,直接或间接作用于组织细胞,造成细胞代谢、功能障碍,引起细胞的自稳调节紊乱,这是疾病发生的细胞机理。致病因素作用于机体,引起大分子物质特别是核酸、蛋白质或酶受损导致疾病发生,其中由 DNA 的遗传性变异引起的疾病称为分子病。从分子水平研究疾病发生的机理是生物医学发展的重要方向。

上述 4 种作用在疾病过程中不是孤立的,而是相互关联的,只是在不同疾病的不同发展阶段以某一作用为主。如创伤引起组织损伤、血管损伤,导致出血,使体液量减少,同时也可作用于组织中的神经,致病因素引起组织损伤后,产生的各种组织崩解产物及代谢产物也可进入体液,使体液发生质的改变,从而引起一系列抗损伤反应和病理变化。

任务四　疾病的经过和转归

疾病从发生至结束的整个过程称疾病的经过。在疾病过程中,由于损伤和抗损伤矛盾双方力量对比的不断变化,故疾病出现不同的阶段性。由生物性致病因素引起的传染病,其病程经过的阶段性表现比较明显,通常可分为潜伏期、前驱期、临床明显期和转归期 4 个发展阶段。

1. 潜伏期

从致病因素作用于机体开始,到机体出现最初的临床症状为止,这段时期称为潜伏期。病原微生物的特性不同,机体所处的环境及自身的情况不同,潜伏期的长短不一。如猪瘟一般为 7～10 d,猪丹毒为 3～5 d。

2. 前驱期

从疾病出现最初症状开始,到疾病的主要症状出现为止,这段时期称前驱期。在这一阶段中,机体的活动及反应性均有所改变,出现一些非特异性的临床症状,如精神沉郁、食欲减退、

呼吸及脉搏的变化、体温升高等。

3. 临床明显期

此期为疾病的特异性症状表现出来的阶段。不同疾病这一阶段持续的时间是不一样的，如口蹄疫为 1～2 周。在这一时期中，患病动物表现出的特异性症状对疾病的正确诊断有着十分重要的意义。

4. 转归期

是指疾病的结束阶段。疾病的转归可分为完全康复、不完全康复和死亡三种情况。

（1）完全康复　机体完全恢复了健康。患病动物机体的功能、代谢障碍完全消失，形态结构的损伤得到完全修复，机体内部各器官系统之间以及机体与外界环境之间的平衡关系完全恢复，动物的生产能力也恢复正常。

（2）不完全康复　指致病因素对机体的损害作用已经停止，疾病的主要症状已经消失，但机体的功能、代谢障碍和形态结构的损伤未完全恢复，往往遗留下某些持久性的不再变化的损伤残迹。此时机体借助于代偿作用来维持正常生命活动，如心内膜炎后所形成的心瓣膜闭锁不全。

（3）死亡　死亡是指生命活动的终止。死亡也有一个发展过程，通常分为濒死期、临床死亡期及生物学死亡期。动物在濒死期、临床死亡期重要器官的代谢过程尚未停止，此时若采取急救措施，机体有复活的可能，为死亡的可逆时期。

【学习要求】

识记　疾病的概念、疾病的类型、疾病的经过、疾病的转归、疾病的原因。

理解　理解疾病发生过程中损伤与抗损伤的斗争过程及相互转化规律。

应用　以流行性感冒为例，分析该常见病的发生原因（内因、外因或诱因）及疾病发生发展过程中因果关系的转化，主要临床症状。

【知识链接】

1. 兽医病理解剖学 https://www.icourse163.org/course/CAU-1454578173

2. 动物病理 https://www.icourse163.org/course/JSAHVC-1207008816

3. 动物病理学 https://www.icourses.cn/sCourse/course_7214.html

项目二
局部血液循环障碍

【学习目标】

- 掌握充血、淤血、出血、血栓形成、栓塞、梗死等的概念；
- 熟悉血液循环障碍的类型、病理变化及对机体的影响；
- 了解充血、淤血、出血、血栓形成、栓塞、梗死的原因及发生机理。

【学习内容】

血液循环障碍是指心血管系统受损或血液性状发生改变，而导致血液在血管内的运行发生异常，并于机体的相应部位形成一系列的病理性变化。血液循环障碍是机体在各种疾病中经常发生的一种病理过程，常可引起各组织器官的代谢紊乱、机能失调和形态结构改变。组织细胞的变性、坏死及炎症等变化多与血液循环变化有着密切的关系。

血液循环障碍按其波及的范围不同可分为全身性和局部性两种。全身性血液循环障碍是由于心血管系统的疾病或血液本身性状的改变所造成的，如贫血、心衰；而局部性血液循环障碍则是指某一器官或组织的循环障碍，其表现为局部血量异常（充血、缺血）、血管内容物的性状改变（血栓形成、栓塞）以及血管壁通透性改变（水肿、出血）等。全身性与局部性血液循环障碍，虽然在表现形式和对机体的影响上有所不同，但二者之间关系密切。

任务一　充　血

机体局部组织、器官的血管内血液含量比正常增多的状态称为充血。根据血量增多发生的机理不同，分为动脉性充血和静脉性充血。

一、动脉性充血

在某些生理或病理因素的影响下，局部组织或器官的小动脉及毛细血管发生扩张，流入血量增多，而此时静脉回流量仍保持正常，导致组织或器官内含血量增多，这种现象即称为动脉性充血，简称充血。

（一）原因及分类

动脉性充血又可分为生理性充血和病理性充血。

1. 生理性充血

在生理情况下，当某器官组织机能活动增强，就会引起充血。如采食后胃肠道黏膜充血，运动时肌肉充血，妊娠子宫的充血等。

2. 病理性充血

致病因子作用局部组织引起的充血，称为病理性充血。

(1)炎性充血　在炎症早期或炎灶边缘，由于致炎因子刺激血管舒张神经或麻痹缩血管神经及一些扩张血管的炎症介质(如组胺、5-羟色胺、激肽、腺苷等)的作用，引起的局部组织小动脉及毛细血管扩张充血。

(2)侧支性充血　某一动脉由于血栓形成、栓塞或肿瘤压迫等，故动脉管腔狭窄或阻塞，其周围的动脉吻合支(侧支)为增强血液供应发生扩张使缺血组织得到血液供应，称为侧支性充血。

(3)贫血后充血　动物机体某部位因血管长期受压引起局部组织缺血，小动脉血管张力降低，血容量增大，当压力突然解除后，受压组织内血容量激增，称为减压后充血或贫血后充血。如牛瘤胃臌气时，瘤胃胀满气体压迫腹腔内脏器官造成缺血，施行穿刺瘤胃放气治疗时，如放气过速，腹腔内压力迅速降低，腹腔内脏器官由缺血转为充血，大量血液积聚在腹腔内脏的血管内，造成腹腔以外器官的有效循环血量急剧减少，血压下降，严重时引起脑贫血，甚至导致动物死亡。故施行瘤胃放气时应特别注意防止过速。

(4)神经性充血　在疾病情况下，各种致病因素作用于各种组织、器官的感受器，反射地使收缩血管神经兴奋性降低，从而导致血管扩张充血，这种充血又称为反射性充血。

(二)病理变化

眼观：组织发生充血时，色泽鲜红，温度增高，机能增强，体积稍大(图 2-1)。皮肤和黏膜充血常称为“潮红”。

镜检：小动脉和毛细血管扩张充满红细胞，平时处于闭锁状态的毛细血管也开放，有毛细血管数增多的感觉。在炎性充血中可见炎性渗出、出血、实质细胞变性或坏死等病变。

图 2-1　公鸡睾丸呈鲜红色，肿大

(三)结局和对机体的影响

充血对机体的影响，常因其持续时间和发生部位的不同而有很大的差异。一般来说，短时间的轻度充血，对机体往往是有利的。因为充血时血流量增加和血流速度加快，一方面可以输送更多的氧、营养物质、激素、白细胞和抗体等到组织，从而增强局部的抵抗能力；同时又可将局部产生的病理性产物及时地排出，这对于消除病因和恢复组织机能均有着积极的作用。临床上常用理疗、热敷和涂擦刺激剂等疗法造成局部组织充血，促进组织代谢，以达到治疗疾病的目的。若病因作用较强或持续时间较长而引起持续性充血时，则可发生淤血、水肿和出血等变化。充血发生的部位不同，对机体的影响也有很大的差异。如脑部发生严重充血时(如中暑)，常可因颅内压升高而使动物发生神经机能障碍，甚至发生昏迷。

二、静脉性充血

在局部组织器官内，动脉流入的血量保持正常，而静脉的血液回流受阻，使大量血液淤积于毛细血管和静脉内，称之静脉性充血，又称淤血。在病理情况下，静脉性充血比动脉性充血多见。

(一)原因及分类

淤血可分为全身性淤血和局部性淤血两种。

1. 全身性淤血的原因

(1)心脏机能障碍　在某些急性传染病和急性中毒等情况下,体内的有毒产物损害心脏,可引起严重的心肌变性,导致心肌收缩力减弱,心输出量减少,静脉血液不能充分回到心脏,使全身各器官发生淤血。

(2)胸膜及肺脏疾病　胸膜炎时,胸腔内蓄积炎性渗出物,使胸腔内压增高,可直接影响心脏的舒张;同时胸膜炎时胸廓疼痛和扩张受限,使前后腔静脉内的血液回流受阻,也可发生全身性淤血。

2. 局部性淤血的原因

(1)静脉受压　静脉受压后管腔狭窄或闭塞,血液回流受阻,导致相应部位的器官和组织发生淤血。肿瘤、肿大的淋巴结、寄生虫包囊对局部静脉的压迫,妊娠子宫对髂静脉的压迫,绷带包扎过紧对肢体静脉的压迫,肠扭转和肠套叠对肠系膜静脉的压迫以及肝硬化时门静脉受增生结缔组织的压迫等,均可引起相应器官组织淤血。

(2)静脉管腔阻塞　静脉内血栓形成、栓塞或因静脉内膜炎使血管壁增厚等,均可造成静脉管腔狭窄或阻塞,可引起相应器官、组织淤血。但静脉分支多,只有当静脉管腔阻塞而又不能建立有效的侧支循环时,才会发生淤血。

图 2-2　鸡冠发绀,肿大

(二)病理变化

眼观:淤血组织呈暗红色或蓝紫色(发绀),体积增大(图 2-2),机能减退,温度降低。淤血时静脉回流受阻,血流缓慢,使血氧过多地被消耗,因而血液中氧分压降低和氧合血红蛋白减少,还原血红蛋白含量显著增多,血管内充满紫黑色的血液,故使局部组织呈暗红色或蓝紫色。淤血时血流缓慢,局部组织缺氧,代谢率降低,产热减少,淤血区表现温度降低。淤血时因局部血量增加,静脉压升高而导致体液外渗(水肿),使淤血组织的体积增大。

镜检:淤血组织的小静脉及毛细血管扩张充满红细胞,小血管周围的间隙及结缔组织内积聚水肿液,阻塞时间较长的毛细血管有时发生出血。如果淤血持续时间更长,淤血组织器官的实质细胞萎缩、变性甚至坏死,间质可发生增生。

不同器官的淤血,既有上述共同的规律性表现,又有各自的特点。

图 2-3　猪肺脏淤血、水肿,呈暗红色,肿大

1. 肺淤血

主要由于左心功能不全,血液淤积在左心房,阻碍肺静脉血液回流,而引起肺淤血。

眼观:急性肺淤血时,肺胸膜呈蓝紫色,体积膨大,质地稍变韧,重量增加,被膜紧张而光滑(图 2-3),肺切面上流出大量混有泡沫的血样液体。肺长期淤血时,可引起肺间质结缔组织增生,同时常伴有大量含铁血黄素在肺泡腔和肺间质内沉积,使肺组织呈棕褐色,故又将其称为“褐色肺硬结”。

镜检:肺内小静脉及肺泡壁毛细血管扩张,充满大量红细胞;肺泡腔内出现淡红色的水肿

液和数量不等的红细胞及巨噬细胞。若巨噬细胞的胞浆内含有含铁血黄素颗粒，称为心力衰竭细胞。

2. 肝淤血

主要见于右心功能不全，肝静脉与后腔静脉回流障碍时。

眼观：肝肿大，被膜紧张，边缘钝圆，重量增加，颜色紫红，质地坚实，切面流出多量暗红色血液。淤血较久时肝组织伴发脂肪变性，肝切面上形成暗红色淤血区和土黄色脂变区相间的花纹，其状如槟榔切面的花纹，称为“槟榔肝”。

镜检：肝小叶中心部的窦状隙及中央静脉扩张，充满红细胞。病程稍久，肝小叶中心部肝细胞因受压迫而发生萎缩或消失，肝小叶周边肝细胞因缺氧而发生脂肪变性。若肝淤血较久，肝细胞萎缩消失后，发生网状纤维胶原化，间质结缔组织增生，此时肝脏眼观体积缩小、变硬，称为淤血性肝硬化。

(三)结局和对机体的影响

短暂的淤血在病因消除后可迅速恢复正常。如果淤血持续时间过长，侧支循环又不能有效建立时，淤血局部除水肿与出血外，还有血栓形成，局部组织得不到足够的氧和营养物质供应，代谢中间产物蓄积，淤血组织或器官的代谢及机能下降，实质细胞萎缩、变性、坏死，间质结缔组织增生，组织或器官硬化等。淤血的组织抵抗力降低，损伤不易修复，容易继发感染。

任务二　出　血

血液(主要指红细胞)流出心脏、血管之外，称为出血。血液流出体外，称为外出血；血液流入体腔或组织间隙内，称为内出血。

一、出血的原因及类型

根据出血的发生原因可将其分为破裂性出血和渗出性出血 2 种。

(一)破裂性出血

破裂性出血是指由于心脏、血管破裂而引起的出血。可发生于心脏、动脉、静脉和毛细血管，而且多为局限性。引起心脏、血管破裂性出血的原因主要有机械性损伤(如咬伤、刺伤、挫伤等)；血管壁被周围的病变(如肿瘤、炎症、溃疡等)侵蚀；心脏或血管壁本身病变(如心肌梗死、动脉硬化、动脉瘤、静脉曲张等)，当动脉血压突然升高时，可引起血管破裂出血。

(二)渗出性出血

渗出性出血是指毛细血管和微静脉壁的通透性升高，血液通过扩大的内皮细胞间隙和损伤的血管基底膜而渗出到血管外。渗出性出血常见于浆膜、黏膜和脏器的被膜。引起渗出性出血的病因很多，概括起来主要有以下几种。

1. 血管壁受损

常见的病因有：缺氧，可使毛细血管内皮细胞变性、坏死，使血管壁受损；败血症(猪瘟、炭疽等)、立克次氏体感染、流行性出血热、蛇毒、血液寄生虫病(如梨形虫病、弓形虫病等)和有机磷中毒等使毛细血管壁损伤，增加其通透性；维生素 C 缺乏可引起毛细血管通透性升高；药物过敏时引起变态反应性血管炎。

2. 血小板数量减少

血小板是维持毛细血管通透性的重要因素，血小板减少到一定数量时即可发生渗出性出血，如再生障碍性贫血、白血病、骨髓内广泛性肿瘤转移等均可使血小板生成减少；原发性血小板减少性紫癜、血栓性血小板减少性紫癜、弥漫性血管内凝血（DIC）使血小板破坏或消耗过多；某些药物在体内诱发抗原抗体复合物免疫反应，血小板被巨噬细胞所吞噬；一些细菌的内毒素和外毒素也有破坏血小板的作用等。

3. 血小板功能障碍

血小板的结构和功能缺陷也能引起渗出性出血，这类疾患很多是先天性的，如血小板功能不全和血小板颗粒缺乏症时，血小板黏集能力降低，则可因凝血障碍而导致渗出性出血。

4. 凝血因子缺乏

凝血因子Ⅷ（血友病 A）、凝血因子Ⅸ（血友病 B）、纤维蛋白原、凝血酶原及凝血因子Ⅳ、凝血因子Ⅴ、凝血因子Ⅶ、凝血因子Ⅹ、凝血因子Ⅺ等因子的先天性缺乏或肝实质疾病时使凝血因子Ⅶ、凝血因子Ⅸ、凝血因子Ⅹ合成减少等，均可引起渗出性出血。

二、出血的病理变化

（一）破裂性出血的病理变化

其病变常因损伤的血管不同而异。小动脉发生破裂时，由于血压高而出血量多，出血速度快，常呈喷射状；静脉血压低，呈涌出状，颜色暗红。出血后血液积聚于体腔称积血，在局部形成半球形的称血肿，脑出血又称为脑溢血，混有血液的尿液称为血尿，混有血液的粪便称为血便，肺出血称咯血，胃出血称吐血或呕血。

（二）渗出性出血的病理变化

渗出性出血时，肉眼上甚至在光学显微镜下也看不出血管壁有明显的解剖学变化，红细胞可通过通透性增高的血管壁漏出血管之外。渗出性出血只发生于毛细血管、小动脉及小静脉。出血常伴发组织或细胞的变性或坏死。

渗出性出血因出血范围大小不同而有所差别。其病变常见的有以下几种：

1. 出血点

出血点又称淤点，出血量少，出血范围在 1 mm 以内，通常见于浆膜、黏膜和肝、肾等器官的表面。

2. 出血斑

出血斑又称淤斑，其出血量较多，出血部位直径在 1～10 mm（图 2-4）。

3. 出血性浸润

血液弥漫地浸透于组织间隙，使出血的局部呈大片暗红色（图 2-5）。

图 2-4　猪膀胱黏膜斑块状出血

图 2-5　猪胃黏膜弥漫性出血

此外，当机体有全身性出血倾向时，则称为出血性素质。

三、出血对机体的影响

出血对机体的影响，取决于出血发生的原因、部位、出血量和出血持续的时间。当心脏或一些较大动脉发生较大破裂而出血时，常在短时间内引起大量失血，若失血量超过总血量的30%，血压急骤下降，发生休克而死亡。一般体表的小血管破裂出血，可自行止血，对机体的影响不大。如果出血发生在脑部或心脏，即使是少量的出血，也常常会造成严重的后果，甚至导致病畜死亡。流入体腔或组织内的血液，随着时间的延长而被吸收、机化或包裹。渗出性出血的过程比较缓慢，出血量较少，一般不会引起严重的后果。但发生长期持续性或广泛性的少量出血时，则可引起全身性贫血。

任务三　血栓形成

在活体的心脏或血管内，血液发生凝固或血液中有形成分析出、凝集或凝固，形成固体物质的过程，称为血栓形成。所形成的固体物称为血栓。

一、血栓形成的条件及发生机理

促使血栓形成的条件虽然很多，但大致可归纳为如下3个方面。

1. 心血管内膜的损伤

正常心血管内膜是完整而光滑的，完整的内皮细胞有抑制血小板黏集和抗凝血作用。当内膜受到损伤时，内皮细胞发生变性、坏死、脱落，内皮下的胶原纤维暴露，激活凝血系统形成血栓。心血管内膜的损伤多见于炎症，如猪丹毒时的心内膜炎，也见于血管结扎缝合等。

2. 血流状态的改变

正常情况下，血液呈轴流状态，即血液的有形成分(红细胞、白细胞、血小板)在血管的中间流动，血浆在周边流动。当血流缓慢或有漩涡产生时，血小板离开中间而贴附于损伤血管壁，激活凝血系统形成血栓。血流状态的改变常见于心力衰竭、心血管的病变等。

3. 血液性质的改变

主要是指血液凝固性增高，见于血小板和凝血因子增多。如严重创伤、大面积烧伤、产后或大手术时，血液黏性增高，血小板数目增多，血浆中纤维蛋白原、凝血酶原及其他凝血因子(Ⅻ、Ⅶ)等含量也增加，为血栓形成创造了条件。

上述3种因素往往同时存在，在血栓形成的不同阶段其作用又各有所侧重。正确理解血栓形成的条件，在动物临床实践中采取相应措施，防止或减少血栓形成。如在外科手术过程中应尽量避免损伤血管；长期静脉注射时，避免使用同一部位。

二、血栓形成的过程

血栓形成的过程，包括血液中血小板的析出、黏集和血液凝固两个方面，它是在血管内血液不断流动的情况下逐渐形成的。首先是血小板从轴流中分离析出，在损伤的血管内皮处黏集成堆，随之有少量白细胞和纤维蛋白沉积，形成灰白色的血栓头。血栓头形成后突入血管腔内，使血流变慢并产生漩涡运动，血小板进一步大量析出和凝集，形成许多有分支的小梁，形如珊瑚，表面黏附许多白细胞。小梁间的血流逐渐变慢，血液中的凝血系统被激活，使纤维蛋白大量形成，并在小梁之间构成网状结构，网状结构的网眼内网罗大量红细胞和少量白细胞，形成红白相间的血栓体。随着血栓体积增大，直至血管腔被阻塞时，则局部血流停止，血液迅速凝固，形成暗红色的血栓尾。（图 2-6）

图 2-6 慢性猪丹毒心瓣膜上的白色血栓

三、血栓的结局

1. 软化、溶解、吸收

血栓形成后，其中的纤维蛋白吸附大量纤溶酶，血栓中的中性粒细胞崩解释放蛋白分解酶，促使血栓溶解软化。小的血栓溶解液化，可被全部吸收或被血流冲走不留痕迹；较大的血栓部分发生软化，残留部分发生机化或脱落成为栓子，随血流运行，可引起栓塞。

2. 机化与再通

血栓形成后数天内，新生的肉芽组织从血管壁损伤处向血栓里面生长，逐渐取代血栓，称为血栓机化。血栓机化时，常在血栓内部或血栓与血管壁之间形成裂隙，裂隙的表面被增生的血管内皮细胞所被覆，最后形成与原血管相通的一个或数个小血管，使血流重新通过，称为血栓再通。

3. 钙化

少数没有完全软化或机化的血栓，可发生钙盐沉着，称为血栓钙化。血栓钙化后成为结石存在于血管内，以静脉石较多见。

四、血栓对机体的影响

血栓形成在一定条件下具有抗损伤的意义。如血管破裂时，血栓形成具有止血作用。然而，更常见的是血栓造成的血管管腔阻塞和其他影响，甚至造成致命的危害。血栓引起的危害主要有以下几种：

1. 堵塞管腔、阻断血流

动脉血栓未完全阻塞管腔时，可引起局部器官缺血性萎缩；如完全阻塞又缺乏有效的侧支循环时，可引起局部器官的缺血性坏死。静脉血栓形成后，若未能建立有效的侧支循环，则引起局部淤血、水肿和出血，甚至坏死。

2. 形成栓子、造成栓塞

在血栓未和血管壁牢固黏着之前，或血栓在溶解的过程中，常可整体或部分脱落，形成栓子，随血流运行而引起栓塞。

3. 引起心脏瓣膜病

心瓣膜血栓机化，可引起瓣膜粘连，造成瓣膜狭窄。如在机化过程中纤维组织增生而后收缩，可造成瓣膜关闭不全，导致全身性血液循环障碍。

此外，血栓对机体的影响也常取决于血栓形成的部位、大小以及侧支循环建立的情况。一般而言，较大的血栓对机体的影响也大，但这也不是绝对的，但心、脑等重要器官，即使发生很小的血栓，对机体也可能造成严重的不良后果。

任务四　栓　塞

在循环血液中出现不溶解于血液的异常物质，随血流运行堵塞血管的过程，称为栓塞。引起栓塞的异常物质称为栓子。常见的栓子种类有血栓、空气、脂滴、肿瘤细胞、细菌团块或寄生虫等。

一、栓塞的种类

1. 血栓性栓塞

由血栓或脱落的血栓引起的栓塞，称为血栓性栓塞，是栓塞中最常见的一种。如患慢性猪丹毒时心脏二尖瓣上的白色血栓脱落后，随动脉血流运行至脾、肾等器官的小动脉内，引起栓塞。

2. 脂肪性栓塞

脂肪滴进入血流堵塞血管，称为脂肪性栓塞。多见于管状骨骨折或脂肪组织挫伤时，脂肪细胞破裂释出的脂滴可通过破裂的静脉进入血流而引起肺部小动脉的栓塞。

3. 空气性栓塞

正常时血液仅能溶解极少量的空气，若大量空气于短时间内进入血液会引起空气性栓塞。在大静脉损伤时，由于大静脉的血压为负压，空气从破裂口被吸入血流；或静脉注射时误将空气注入。

4. 生物性栓塞

生物性栓塞常见的有组织性栓塞、细菌性栓塞、寄生虫性栓塞等。

(1)组织性栓塞　在组织受损或坏死的情况下，组织碎片或细胞团块通过损伤的血管进入血流引起栓塞。恶性肿瘤细胞形成的瘤细胞栓塞不仅造成一般组织性栓塞，还可以形成转移性病灶。

(2)细菌性栓塞　机体内感染灶中的病原菌，可能以单纯菌团的形式或与坏死组织、血栓相混合，进入血液循环引起细菌性栓塞。它除了具有一般栓塞的危害作用外，还能造成细菌的播散，在栓塞处引起新的感染灶，甚至可引起脓毒败血症。

(3)寄生虫性栓塞　某些寄生虫虫体或虫卵也可成为栓子，如猪蛔虫的幼虫经肝静脉随血流进入肺脏；旋毛虫进入肠壁淋巴管，经胸导管进入血液，均可形成寄生虫性栓塞。

二、栓子的运行途径

栓子在体内运行的途径和血流方向一致，栓子随血流运行堵塞比它小的血管。来源肺静脉、左心或动脉系统的栓子，随动脉血流运行，堵塞于脾、肾、脑等器官的小动脉；来自大循环静脉系统的栓子，经右心室进入肺动脉，在肺部小动脉形成栓塞；来自门静脉的栓子，大多随血流进入肝脏，在肝脏的门静脉分支处形成栓塞。

三、栓塞对机体的影响

栓塞对机体的影响取决于栓塞形成的部位、有效侧支循环的建立。发生栓塞时，如果有足够的侧支循环，一般不会造成严重影响，若是侧支循环未能及时建立，则局部组织因供血停止而坏死。脑动脉和心脏冠状动脉发生栓塞时，往往导致心、脑功能障碍，引起动物急性死亡。

任务五　梗　死

局部组织或器官因动脉血流中断引起的组织坏死称为梗死。

一、梗死的原因

任何能引起动脉血管腔闭塞的原因均可引起梗死。

1. 动脉阻塞

血栓形成和栓塞是引起动脉阻塞而导致梗死的最常见原因。如心脏冠状动脉和脑动脉的血栓，可引起心肌梗死和脑梗死。

2. 动脉受压

动脉受机械性压迫而致管腔闭塞也可引起梗死。如肿瘤、炎症包块、腹水、肠套叠、肠扭转等。

3. 动脉痉挛

单纯动脉痉挛一般不会引起梗死，但在严重的动脉粥样硬化病变的基础上，当动脉壁受到刺激时，可引起反射性痉挛(如冠状动脉、脑动脉粥样硬化时发生的痉挛)，可使管腔完全闭塞而引起梗死。

二、梗死的类型及病理变化

根据梗死灶内含血量的多少，可将梗死分为贫血性梗死(白梗死)和出血性梗死(红梗死)(图 2-7、图 2-8)。

(一)贫血性梗死

贫血性梗死常发生于侧支循环不丰富、组织结构致密的心、肾、脾、肝、脑等器官。当这些器官的动脉被阻塞时，血流中断，其分支及邻近动脉发生反射性痉挛，将梗死灶内的血液排挤出去，使梗死灶呈灰白色，故称为贫血性梗死。

贫血性梗死灶的形态与梗死区的血管分布相一致。肾和脾等动脉呈树枝状分布，梗死灶呈锥体形，表面呈圆形或不正圆形，切面呈楔形。心脏冠状动脉分支不规则，故心肌梗死灶呈不规则状(地图形)。

梗死灶形成后，多因其吸收水分，常肿胀隆起于器官表面。经数日后，梗死组织变干、变硬，表面略微低陷；梗死灶与正常组织分界处常有一明显的充血和出血带，称此为炎性反应带。镜检梗死灶见梗死区的实质细胞坏死，坏死细胞均质红染，核浓缩、碎裂或溶解消失。有时坏死灶中还见有钙盐沉着和结缔组织增生。

(二)出血性梗死

出血性梗死常发生于组织疏松，血管吻合支丰富的肺、脾、胃、肠等器官。除动脉血管阻塞外，往往还有严重的淤血，此时由于静脉和毛细血管内压升高，影响动脉侧支循环的建立。如肺脏有双重血液循环供应，一支被阻塞，另一支虽有血液流注，但它不能克服梗死灶内淤血的阻力，于是血液停滞在梗死灶，血管壁缺氧，通透性升高而出血，使梗死灶呈暗红色，故称为出血性梗死。眼观梗死灶切面湿润，呈黑红色，与周围组织界线清楚。光镜下，组织结构模糊，甚至消失，小血管内充满血液，间质水肿出血。

图 2-7　猪肾脏贫血性梗死

图 2-8　猪脾脏边缘呈锯齿状

三、结局和对机体的影响

梗死对机体的影响，常因梗死发生的器官、部位、大小以及梗死区有无感染等不同而异。总的来看，一般器官发生的小梗死灶通常对机体的影响不大，但心脏和大脑发生梗死时，即使是范围很小的梗死灶也可引起严重的后果。若梗死灶内有病原微生物感染，则易继发化脓或腐败，使动物继发败血症而死亡。

梗死灶形成时，病灶周围的血管扩张充血，并有白细胞和巨噬细胞浸润，继而形成肉芽组织。在梗死发生 24～48 h 后，肉芽组织已开始从梗死灶周围长入病灶内，小的病灶可被肉芽组织取代后变为瘢痕；大的梗死灶不能被完全机化时，则由肉芽组织包裹，有时可发生钙化。

【学习要求】

识记　发绀、潮红、槟榔肝、虎斑心、出血、梗死、栓塞、血栓形成的概念。

理解　血栓形成的条件及形成过程；血栓形成、栓塞、梗死三者之间的关系；贫血性梗死、出血性梗死形成的原因及机理。

应用　在实际临床中能鉴别充血、淤血、出血的变化；分析猪瘟、猪丹毒发生时与血液循环障碍有关的剖检变化。

项目三
细胞和组织的损伤

【学习目标】

- 掌握萎缩、变性、坏死、坏疽、溃疡、糜烂和机化的概念；
- 熟悉细胞肿胀、脂肪变性、坏死的原因、类型和病理变化；
- 了解萎缩、变性、坏死对机体的影响。

【学习内容】

在各种致病因素的作用下，动物有机体的细胞和组织会发生形态、代谢与功能的应答反应，当这些作用超过细胞、组织的适应能力时，则可使其受到损伤，出现一系列的形态结构和代谢、功能的变化。形态结构的变化和代谢、功能的变化是相互关联并相互影响的。根据其损伤的程度及形态特征，可分为萎缩、变性和坏死3种形式。萎缩、变性大多数是一种较轻微的组织细胞损伤，是可复性的损伤，而坏死则是细胞的“死亡”，是一种不可复性损伤。

任务一　萎　缩

一、萎缩的概念

发育成熟的器官、组织或细胞，由于物质代谢障碍而发生体积缩小和功能减退的过程，称为萎缩。与先天性发育障碍造成的发育不良有本质区别。

二、萎缩的原因和类型

（一）生理性萎缩

某些组织器官到一定年龄后，随年龄的增长逐渐萎缩，称生理性萎缩。如动物胸腺、法氏囊（禽）的萎缩，老年动物乳腺、性腺的萎缩等。

（二）病理性萎缩

病理性萎缩是指组织、器官受致病因子作用而发生的萎缩。根据病因和病变范围的不同可分为全身性萎缩和局部性萎缩。

1. 全身性萎缩

多见于饲料中长期营养缺乏、慢性消化道疾病(如慢性肠炎)及严重的消耗性疾病(如结核病、寄生虫病、恶性肿瘤等),使营养物质供应不足、消化吸收障碍或营养物大量消耗而导致全身性萎缩。

2. 局部性萎缩

当致病因素较长时间或强度较大作用于局部组织器官时,则引起局部组织器官发生萎缩。局部性萎缩按发生原因可分为以下几种类型:

(1)神经性萎缩　中枢或外周神经发炎或损伤时,受其支配的肌肉因神经营养障碍而发生萎缩。如鸡患马立克病时腿部肌肉的萎缩和瘫痪。

(2)废用性萎缩　动物的某个肢体因骨折或关节疾患而被固定时,关节和肌肉的活动受到限制,有关的肌肉、韧带和关节软骨发生萎缩。

(3)压迫性萎缩　组织器官长期受机械性压迫而引起的萎缩。如肿瘤、寄生虫(棘球蚴、囊尾蚴)压迫邻近组织器官引起萎缩,肾盂积液时压迫肾组织而引起肾萎缩(图 3-1)。

图 3-1　猪压迫性肾萎缩(肾盂积液)

(4)缺血性萎缩　小动脉不全阻塞时,由于血液供应不足,引起相应部位的组织萎缩。多见于动脉硬化、血栓形成或栓塞造成动脉狭窄时。

(5)激素性萎缩　由于内分泌功能异常而引起相应器官的萎缩,如动物阉割或卵巢摘除后性器官萎缩。

三、萎缩的病理变化

(一)全身性萎缩

机体各组织器官萎缩的次序和程度是不同的。脂肪组织的萎缩发生得最早且最显著,几乎完全消失;其次是肌肉组织,可减少 45%;再次是肝、脾、肾、淋巴结和胃肠道;心、脑、内分泌腺体的萎缩发生最晚,也最轻。

眼观:从局部来说,萎缩的组织、器官一般表现为体积均匀缩小,原有形状基本保存,边缘锐薄,被膜增厚皱缩,重量减轻,质地变韧,色泽变深呈褐色。胃肠道萎缩时管壁变薄,呈半透明状,牵拉时容易破裂。脂肪组织萎缩后呈黄白色半透明胶冻状。

镜检:萎缩器官的实质细胞体积缩小,胞浆致密,染色较深,胞核皱缩浓染,心肌纤维、肝细胞和肾上腺皮质网状层的胞浆内出现大量棕色微细的色素颗粒,称为褐色萎缩或棕色萎缩。间质早期见浆液性水肿,后期结缔组织增多。

(二)局部性萎缩

局部性萎缩的形态变化与全身性萎缩时基本相同,所不同的是除可看到萎缩的病变外,还可看到引起萎缩的病变。如肝脓肿时,可见肝脏的脓肿病灶和脓肿周围的肝脏凹陷、皱缩。

四、结局和对机体的影响

萎缩是一种可复性的病理过程,当病因消除后,萎缩的组织、器官可恢复其形态和功能。如病因持续作用萎缩的组织可发展为坏死。任何器官、组织发生萎缩后,其代谢和功能都会减弱,如果发生在重要器官可引起严重后果。

任务二　变　性

在致病因素的作用下，由于组织细胞的物质代谢障碍，在细胞或间质内出现各种异常物质或原有正常物质数量异常增多的一类形态改变，称为变性。变性有细胞变性和间质变性，常见的细胞变性有细胞肿胀和脂肪变性。

一、细胞肿胀

细胞肿胀是指细胞内水分增多，胞浆内出现微细红染颗粒或大小不等的水疱，是一种常见的较轻的病变，多发生于代谢旺盛、线粒体丰富的肝、肾和心等器官的实质细胞，也见于皮肤和黏膜的上皮细胞。

（一）原因

缺氧、感染、发热和中毒等致病因素均可引起细胞肿胀。这些致病因素可直接损伤细胞膜的结构，也可破坏线粒体的氧化酶系统，使三羧酸循环和氧化磷酸化发生障碍，三磷酸腺苷（ATP）生成减少，细胞的能量供应不足，细胞膜上的钠泵对 Na^+ 的主动转运发生障碍，导致细胞内 Na^+ 增多，于是水进入细胞增多，细胞及细胞器肿大。

（二）病理变化

眼观：发生细胞肿胀的器官体积肿大，被膜紧张，切面隆起，质脆易碎，色泽变淡，呈灰白色而无光泽，结构模糊不清，似沸水烫过一样（煮肉样外观）。

镜检：病理表现因细胞肿胀发展时期不同而异。初期，胞浆中有许多嗜伊红微细颗粒，细胞肿大，胞核变化不明显，称为颗粒变性；若胞浆淡染并出现许多大小不等的水疱，染色不均，或呈蜂窝状，此种病变称为水疱变性；病变严重者，细胞因水分大量积聚而高度肿大变圆，小水疱融合成大水疱，胞浆几乎透亮，核偏于一侧，细胞形似气球，称为气球样变。

（三）结局和对机体的影响

发生细胞肿胀的器官生理机能有不同程度的降低。细胞肿胀是一种可复性损伤，在致病因素消除后，细胞形态结构功能均可逐渐恢复正常，若病因持续作用，可进一步发展为脂肪变性甚至坏死。

二、脂肪变性

脂肪变性指胞浆内出现脂滴或脂滴增多。脂滴的主要成分为中性脂肪（甘油三酯），也可能是磷脂及胆固醇等类脂质。脂肪变性常发生于细胞肿胀之后，或二者同时发生，多发生于肝、肾、心等实质器官的细胞，以肝脏脂肪变性最为常见。

（一）原因

脂肪变性常见于急性病理过程。在急性感染、中毒、缺氧、饥饿或缺乏必需的营养物质等病因的作用下，细胞内结构脂肪破坏、中性脂肪合成过多、蛋白质合成障碍及脂肪酸的氧化发生障碍，使细胞内脂肪增多出现脂滴。

（二）病理变化

眼观：轻度脂肪变性时，变化常不明显，仅见器官稍呈黄色；重度脂肪变性时，器官体积肿大，边缘钝圆，质地松软易碎，呈黄褐色或土黄色，切面结构模糊，触之有油腻感（图 3-2）。若发生脂肪变性的肝脏伴发淤血，则肝脏切面为暗红色（淤血）和黄褐色（脂肪变性）相间的花纹状，形似槟榔切面，称作“槟榔肝”（图 3-3）。心脏发生脂肪变性时，在心外膜下和心室乳头肌及肉柱的静脉血管周围，可见灰黄色的条纹或斑点分布在红色的心肌之间，呈黄红相间的虎皮状斑纹，称“虎斑心”。

镜检：发生脂肪变性的肝细胞肿胀，胞浆内出现大小不一的圆形脂肪空泡（石蜡切片），肝细胞索紊乱，肝窦狭窄。随着病变发展，脂肪空泡可互相融合成大空泡，胞核被挤于一侧，外形类似戒指（图 3-4）。心肌脂肪变性时，脂肪空泡呈串珠状排列在肌原纤维之间。肾脂肪变性时，肾小管尤其是近曲小管上皮细胞的胞浆内出现大小不一的脂肪空泡。

图 3-2　鸡肝脏脂肪变性

图 3-3　羊槟榔肝（引自陈怀涛）

图 3-4　小鼠肝脏呈严重脂肪变性变化，肝细胞浆被大小不等的脂肪滴（空泡）所占据（引自李晓明）

（三）结局和对机体的影响

脂肪变性是一种可复性的病理过程，其损伤较细胞肿胀严重，但在病因消除后，物质代谢恢复正常，细胞的结构和功能也可恢复正常，但严重的脂肪变性则可发展为细胞死亡。发生脂肪变性的器官，其生理功能降低，如肝脏脂肪变性，可导致肝糖原合成和解毒功能降低；心肌的脂肪变性，使心肌收缩力减弱。

任务三　坏　死

在活体内局部组织细胞的病理性死亡，称为坏死。坏死组织细胞内的物质代谢停止，结构破坏，功能完全丧失，是一种不可逆的病理变化。除少数是由强烈致病因子（如强酸、强碱）作用而造成组织细胞的迅速死亡外，大多数坏死是逐步发生的，即组织细胞由萎缩、变性发展为坏死，称为渐进性坏死。

一、坏死的原因

任何致病因素只要其作用达到一定强度或足够的时间，就能使组织细胞物质代谢完全停止引起坏死。常见的原因有以下几类。

1. 缺氧

局部缺氧多见于缺血，细胞的有氧呼吸、氧化磷酸化和 ATP 合成发生严重障碍，导致细胞死亡。

2. 生物性因素

各种病原微生物和寄生虫及其毒素能直接破坏细胞内酶系统和细胞膜结构，或通过变态反应引起组织细胞的坏死。

3. 化学性因素

强酸、强碱和各种毒物均可引起组织细胞坏死。

4. 物理性因素

机械性、高温、低温、射线等致病因素均可直接损伤组织细胞引起坏死。

5. 某些抗原物质

指能引起变态反应而导致组织细胞坏死的各种抗原。如弥漫性肾小球肾炎是由外源性抗原引起的变态反应，可导致肾小球毛细血管基底膜破坏、细胞坏死和炎症反应。

二、坏死的病理变化

眼观：坏死组织的早期形态结构往往与原组织相似，不易辨认。时间稍长坏死组织失去正常光泽或变为苍白色，浑浊，失去弹性，捏起或切断后回缩不良，温度降低，切割坏死组织时不出血，无痛感。在坏死发生 2～3 d 后，坏死组织周围出现一条界线明显的炎性反应带。有的坏死组织发生液化或形成坏疽。

镜检：组织细胞坏死的形态学变化包括细胞核、细胞浆和细胞间质三部分，其中以细胞核的变化最易识别，是细胞坏死的主要标志，表现为：

核浓缩：染色质浓缩，着色加深，体积缩小，核膜皱缩；

核碎裂：核膜破裂，染色质碎片分散在胞浆中；

核溶解：染色质对碱性染料的亲和力丧失，染色变淡或完全消失。（图 3-5）

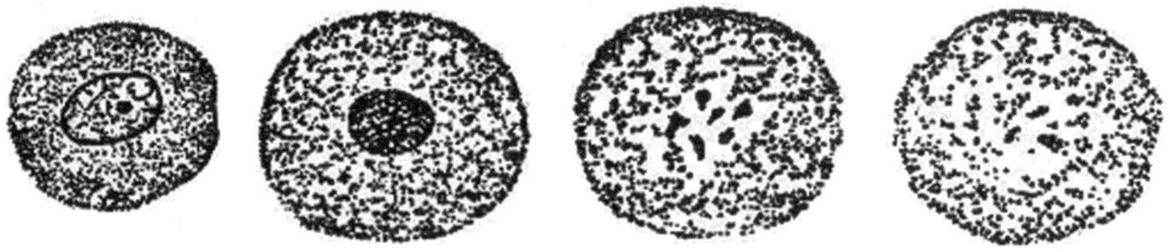

图 3-5　细胞坏死的形态学变化

三、坏死的类型和特点

引起组织坏死的原因、条件以及坏死组织本身的性质、结构和坏死过程中经历的具体变化不同，坏死组织的形态也不相同，可分为以下几种类型：

（一）凝固性坏死

以组织蛋白凝固为特征的坏死称为凝固性坏死。由于致病因子使组织失去水分，胞浆蛋白质凝固，细胞溶酶体酶含量少或水解酶受到损害，故坏死组织不能被分解。眼观坏死组织早期常有肿胀，色泽灰暗，组织纹理模糊，而后坏死组织颜色转为灰白，较干燥，坚实，无光泽，其周围有暗红色充血出血带。

肌肉蜡样坏死是肌肉组织的凝固性坏死。其眼观特征是坏死的肌肉组织浑浊无光泽，干燥而坚实，呈灰黄或灰白色，如同石蜡。常见于白肌病、犊牛急性口蹄疫的心肌、猪的应激性肌病和牛气肿疽病变部的骨骼肌。

干酪样坏死(图 3-6)是结核病时常见的一种特殊类型的凝固性坏死。其眼观特征是坏死组织呈灰黄色,较松软易碎,外观似干奶酪或豆腐渣。黄色是含有较多脂质,是结核病变的典型表现。

图 3-6　牛网膜上有两个干酪性脓肿,其包囊很厚(引自陈怀涛)

(二)液化性坏死

其特征是坏死组织溶解成为液状或糊状,主要发生于含磷脂和水分多而蛋白质少的脑组织,因为蛋白质含量少不易凝固,而含磷脂和水分多则有利于液化。马属动物的霉玉米中毒(镰刀菌毒素中毒)、雏鸡的维生素 E 和硒缺乏均可引起脑液化性坏死(脑软化)。胰腺与胃肠道的蛋白分解酶含量多,蛋白易受分解,也易发生液化性坏死。化脓性炎时的组织化脓是另一种常见的液化性坏死,化脓灶中的大量中性粒细胞坏死崩解后,释放出大量蛋白分解酶,将坏死组织分解液化成为脓液。

(三)坏疽

坏疽是组织坏死后因外界环境影响和腐败菌感染而引起的继发变化。这种坏死的组织色泽晦暗,甚至呈黑色、暗绿色,颜色的变化是由于腐败菌分解坏死组织时产生的硫化氢与血红蛋白分解所产生的铁结合,形成黑色硫化亚铁的结果。坏疽可分为以下 3 种。

1. 干性坏疽

多发生于体表皮肤,尤其是耳壳边缘、尾尖和四肢下部等肢体末端部位。一般由于局部血液循环障碍(如血栓形成、动脉阻塞、血管痉挛)及冻伤等造成组织缺血而发生凝固性坏死。坏死组织因暴露在空气中,水分被蒸发而变得硬固皱缩,呈棕黑色,腐败过程轻微,坏死区与健康组织之间常有明显的炎症分界线,最后坏死组织可与正常组织分离脱落。慢性猪丹毒的皮肤坏死和牛耳壳与尾尖皮肤冻伤造成的坏死,均为典型的干性坏疽。

2. 湿性坏疽

多发生于和外界相通的肺、肠、子宫等器官或淤血水肿的皮肤。临床上常见于肠扭转、肠套叠、坏疽性肺炎、产后腐败性子宫内膜炎及坏疽性乳腺炎等。由于坏死组织含水多,有利于腐败菌生长繁殖,所以坏死组织发生腐败分解而形成湿性坏疽。其眼观特征是湿性坏疽区呈污灰色、暗绿色或黑色,柔软、湿润,内含污浊的糊状或液状有恶臭味腐败分解产物,与健康组织之间界线不明显。这些坏死产物和腐败菌毒素等被机体吸收,可引起自体中毒,对机体的影响较严重。

3. 气性坏疽

气性坏疽是湿性坏疽的一种特殊形式。主要由于深部创伤(如阉割等)感染恶性水肿杆菌和产气荚膜杆菌等厌氧性细菌所致。这些细菌在分解坏死组织过程中产生氢、二氧化碳、氮等大量气体并形成气泡,使坏死组织变成蜂窝状,呈深棕黑色,按压有捻发音。气性坏疽发展比较迅速,其有毒产物吸收后也可引起自体中毒。牛气肿疽时骨骼肌发生的病变就是一种典型的气性坏疽。

坏死的类型随着机体抵抗力的强弱和坏死发生原因和条件等的改变而改变,坏死的病理变化在一定条件下可以互相转化。如凝固性坏死如果继发化脓细菌感染,可以转变为液化性坏死。

四、坏死的结局

1. 溶解吸收

若坏死范围较小，坏死组织可分解、液化，由毛细淋巴管和毛细血管吸收，不能吸收的碎片则由巨噬细胞吞噬消化。遗留的缺损部分由邻近健康细胞再生修复。

2. 腐离脱落

皮肤或黏膜的较大坏死灶多取这一结局。白细胞释放溶蛋白酶，将坏死边缘溶解液化，使坏死灶与健康组织逐步分离脱落，称为腐离脱落。坏死灶脱落后，局部组织遗留缺损，浅的称为糜烂，深的称为溃疡；糜烂可通过周围健康组织再生而修复，溃疡则常以结缔组织增生来填补，最后形成瘢痕。肺脏组织的较大坏死灶脱落排出后留下的较大空腔则称为肺空洞。

3. 机化、包囊形成和钙化

当坏死组织范围较大，不能完全吸收再生和腐离脱落时，可由肉芽组织逐渐向内生长，将坏死组织溶解和替代，最后形成瘢痕，这个过程称为机化。如果坏死组织不能被结缔组织完全机化替代时，则由肉芽组织将坏死组织包裹起来，称为包囊形成（图 3-7、图 3-8）。其中的坏死组织逐渐干燥，可能出现钙盐沉着，发生钙化。

图 3-7 梅花鹿肺脓肿切开有大量的脓液

图 3-8 猪肝脏表面包囊形成

【学习要求】

识记 萎缩、变性、颗粒变性、脂肪变性、坏死、干酪样坏死、蜡样坏死、坏疽等概念。

理解 梗死与坏死的区别；坏死的类型及各型发生的原因、机理和常发部位。

应用 在实际临床中能鉴别颗粒变性与脂肪变性、干酪样坏死与蜡样坏死、湿性坏疽与气性坏疽。

项目四

代偿、适应和修复

【学习目标】

- 掌握代偿、适应、修复的基本概念及肉芽组织的结构和功能、创伤愈合的过程；
- 了解各种组织再生的能力和过程；
- 了解肥大、改建和化生的含义和意义。

【学习内容】

疾病的发生是损伤与抗损伤斗争过程的对立统一。当机体遭受各种致病因素侵害时，一方面机体的组织器官呈现代谢机能以至形态结构的损伤性变化；而另一方面，机体又通过各种途径做出抗损伤反应，以维持机体的正常机能代谢活动及修复组织器官的结构损伤。机体所表现的抗损伤反应有代偿、适应、修复等。

任务一 代 偿

在致病因子作用下，某器官组织的结构遭受破坏，代谢和功能发生障碍时，由该器官组织正常部分或其他的器官组织来代替、补偿的过程，称为代偿。代偿过程主要是通过神经-体液调节来实现的，是机体的一种重要的抗损伤反应。

代偿可分为代谢性代偿、功能性代偿和结构性代偿3种形式，三者往往互相联系、同时存在。

一、代谢性代偿

代谢性代偿是指以物质代谢改变为其主要表现形式的一种代偿方式。如缺氧时，糖的有氧代谢过程受阻，能量供应不足，此时糖酵解加强，以补充一部分能量。而糖供能不足时，体内脂肪分解加强，补充能量缺乏；再严重时，脂肪或蛋白质通过糖异生作用而进行补偿。

二、功能性代偿

功能性代偿是指机体通过器官功能的增强来补偿病变器官的功能障碍和损伤的一种代偿形式。常见于成对器官或局部组织机能障碍时，健侧器官或损伤组织周围的健康组织机能增强来补偿。如一个肾脏发生损伤而致其功能丧失时，健侧的肾脏通过功能加强来补偿。

三、结构性代偿

结构性代偿是代偿器官在机能增强的基础上，同时出现形态结构的变化。主要表现为增生和肥大。

（一）增生

增生是指实质细胞数量增多的现象，有生理性增生和病理性增生两种。因适应生理需要而发生，且程度未超过正常限度者，称为生理性增生。由病理原因引起的，超过正常范围的增生称为病理性增生。病理性增生多与激素刺激有关；肿瘤细胞增多所致的肿瘤性增生也属于病理性增生范围。适应生理需要而发生的增生或损伤后的代偿性增生，能够增强或补偿局部代谢、功能上的改变，对机体是有益的，但病理性增生往往有害于机体。

（二）肥大

组织和器官体积的增大称为肥大。根据肥大发生的原因不同，可将其分为生理性肥大和病理性肥大两种。

1. 生理性肥大

生理性肥大是指机体为适应生理机能需要所引起的组织器官的肥大。其特点是肥大的组织和器官不仅体积增大、机能增强，而且具有更大的贮备力。例如，经常锻炼和使役的马匹肌腱特别发达，哺乳动物的乳腺和母畜妊娠子宫的肥大等。

2. 病理性肥大

（1）真性肥大　真性肥大是指组织器官的实质细胞体积增大和数量增多引起的肥大，这种肥大伴有机能增强的变化。真性肥大多数是由于代偿某部分组织和器官的机能障碍而引起的，又称代偿性肥大。在实质器官，若一部分组织功能降低，另一部分组织即会发生代偿性肥大，如当部分肾单位萎缩时，其余的肾单位将发生肥大，由于组织的肥大与萎缩交织存在，常使器官表面呈颗粒状。

此外，成对的器官如肾、肺、睾丸和肾上腺，在一侧先天性发育不全、因疾病损伤或手术切除等情况下，其对侧健在的器官发生肥大，来代替丧失机能器官的现象称为替代性肥大。

一般来说，真性肥大对机体在一定程度上是有益的，但它有一定的限度，由于肥大的组织或器官的血液供应不足，营养和氧的供应不能满足肥大组织的需要，常可出现代偿机能减退或衰竭现象。

（2）假性肥大　假性肥大是指组织或器官因间质增生所形成的肥大。而实质细胞因受增生的间质压迫而萎缩。发生假性肥大的组织或器官，虽然外形呈体积增大，但其机能却降低。如缺乏锻炼而又喂给多量精料的育肥牛，由于脂肪蓄积过多，不仅外形肥胖、肌间脂肪含量高，而且心脏也因蓄积多量脂肪而发生假性肥大。

任务二　适　应

细胞、组织或器官能耐受内外环境中各种有害因子的刺激作用而得以存活的过程称为适应。适应是机体在进化过程中获得的能力。适应反应在机体正常的生命活动中十分多见。适应在形态结构上表现为组织改建和化生。

一、组织改建

组织改建是指在疾病过程中组织的结构因所处环境条件与机能要求的改变而发生的一种适应性反应。常见的有以下几种：

1. 血管的改建

动脉内压长期增高，小动脉壁弹性纤维和平滑肌增生，管壁增厚，毛细血管可转变成小动脉或小静脉；反之，当器官功能减退时，其原有的一部分血管将发生闭塞，如胎儿的脐动脉在出生后转变为膀胱圆韧带。

2. 骨组织的改建

患关节性疾病或骨折愈合后，由于骨的负重受力方向发生改变，骨组织形态结构就会发生相应的改变，骨小梁将按受力新要求而改变其结构与排列。

3. 结缔组织的改建

在创伤愈合过程中，肉芽组织内胶原纤维的排列方向能适应皮肤张力改变为与表皮受力方向平行。

二、化生

一种已分化成熟的组织在形态和功能上完全转变为另一种组织的过程，称为化生，是由于组织细胞适应生活环境的改变，或者某些理化刺激引起的。

根据化生结果的不同，可分为鳞状上皮化生与结缔组织化生两类。

1. 鳞状上皮化生

多见于气管和支气管处黏膜长时间受到烟雾等刺激或慢性炎症刺激，黏膜上皮反复再生出现化生。如慢性支气管炎或支气管扩张症时，支气管黏膜的柱状纤毛上皮化生为鳞状上皮；肾盂结石时，肾盂黏膜的移行上皮化生为鳞状上皮。

2. 结缔组织化生

结缔组织可化生为骨、软骨或脂肪组织等。

组织化生后虽然能增强局部组织对某些刺激的抵抗力，但却丧失了原有组织的功能，如支气管黏膜的鳞状上皮化生，丧失了黏液分泌和纤毛细胞，削弱了支气管的防御功能，易发感染。诱发组织化生的刺激因子如长期存在，可引起局部组织发生癌变。

任务三 修 复

修复是指机体对损伤所形成的组织缺损进行修补恢复的过程。修复后可完全或部分恢复原组织的结构和功能。修复过程始于炎症，炎症渗出处理坏死的细胞、组织碎片，然后由损伤局部周围的健康细胞分裂增生来完成修复过程，其主要包括再生和创伤愈合。

一、再生

机体内的一部分组织器官遭受损伤后，由周围健康组织或细胞分裂、增生来修复损伤组织的过程称为再生。它是机体修复受损组织的基础，也是机体重要的抗损伤手段。

(一)再生的分类

通常有生理性再生和病理性再生两种。

1. 生理性再生

生理性再生是指在生理过程中，有些细胞、组织不断老化、消耗，由新生的同种细胞不断补充，始终保持着原有的结构和功能，维持着机体的完整与稳定。如表皮的更新，消化道黏膜上皮的更新，子宫内膜周期性脱落和增生，骨髓的红细胞生成。

2. 病理性再生

组织和器官因受致病因素作用所发生的缺损，经组织再生而修复的过程，称为病理性再生。病理性再生有以下 3 种形式：

(1)完全再生　完全再生是指新生的细胞和组织在结构和机能上均与原来组织完全相同的再生。多见于组织损伤轻微或再生能力较强的组织，如少数实质细胞的变性、坏死，黏膜糜烂或浅表的溃疡等均可完全再生。

(2)不完全再生　不完全再生是指受损的组织被结缔组织再生替代修补，又称瘢痕修复。此种再生不能完全恢复原来的组织结构和功能，仅起填补缺损的作用。常见于损伤部位面积较大或受损组织的再生能力较弱等情况，如中枢神经系统或心肌损伤后，其修复多取这种方式。

(3)过度再生　过度再生是指再生的组织多于原损伤的组织。如黏膜溃疡部过度再生形成息肉，皮肤过度的结缔组织增生可形成瘢痕等。

(二)各种组织的再生能力

各种组织有不同的再生能力，低等动物的组织再生能力比高等动物强；分化程度低的组织再生能力比分化程度高的组织强。按再生能力的强弱可将动物体的组织、细胞分为以下 3 种。

1. 再生能力较强的组织

结缔组织细胞、小血管、淋巴造血组织的一些细胞、表皮、黏膜、骨、周围神经、肝细胞及某些其他腺上皮等，再生能力较强，损伤后一般能够完全再生。但是如果损伤很严重，则上述大多数组织将部分为瘢痕修复。

2. 再生能力较弱的组织

平滑肌、横纹肌等再生能力较弱，而心肌的再生能力更弱，缺损后基本上为瘢痕修复。

3. 缺乏再生能力的组织

神经细胞在动物出生后缺乏再生能力，缺损后由神经胶质细胞再生来修复。

二、创伤愈合

创伤愈合是指机体遭受外力作用，皮肤等组织出现断离或缺损后的修复过程，为包括各种组织的再生、肉芽组织增生、瘢痕形成的复杂组合，表现出各种组织的协同作用。最轻度的创伤仅限于皮肤表皮层，稍重者有皮肤和皮下组织断裂，并出现伤口；严重的创伤可有肌肉、肌腱、神经的断裂及骨折。

(一)皮肤及软组织创伤愈合

1.创伤愈合的基本过程

(1)出血和渗出 各种因子引起局部组织创伤时,均会导致局部组织的变性、坏死和血管损伤而发生出血,严重的创伤还可见到肌肉、肌腱、筋膜和神经等组织的断裂。初期出血及血液凝固对黏合创口及保护创面有一定作用,随后由于坏死的组织和血凝块分解物的刺激,局部发生炎症过程。

(2)创口收缩 创口收缩是指创口边缘的整层皮肤及皮下组织向创腔中心移动的现象。创口收缩是创伤部肉芽组织迅速增生以及创口边缘肉芽组织中新生的成肌纤维细胞牵拉所致。成肌纤维细胞在结构和功能上与平滑肌细胞相似,除能合成胶原纤维外,还具有收缩能力。

(3)肉芽组织的形成和增生 肉芽组织是指由毛细血管内皮细胞和成纤维细胞分裂增殖所形成的富有新生毛细血管并伴有炎性细胞浸润的幼稚型结缔组织。一般于创伤发生后2～3 d形成,由创口周围或底部的健康组织中发起。其形成过程是:在创伤底部或周围健康组织内的毛细血管内皮细胞肿胀、分裂、发芽,逐渐形成新生的毛细血管。镜下可见大量由内皮细胞增生形成的实性细胞索及扩张的毛细血管,向创面垂直生长,并以小动脉为轴心,在周围形成袢状弯曲的毛细血管网。在毛细血管周围有许多新生的成纤维细胞,此外常有大量渗出液及炎性细胞。炎性细胞中常以巨噬细胞为主,也有多少不等的中性粒细胞及淋巴细胞。

肉芽组织的重要作用有:抗感染及保护创面,机化血凝块、坏死组织及其他异物,填补伤口及其他组织缺损。

(4)瘢痕的形成 随着肉芽组织内成纤维细胞逐渐成熟,胶原纤维不断增多,最后肉芽组织变成瘢痕组织。从创伤后的第5～6天起,成纤维细胞便开始产生胶原纤维,其后1周内胶原纤维形成最活跃。此时,在成纤维细胞之间,可见到大量细小的嗜银纤维(用镀银染色法显示)。创伤发生3周后胶原纤维增长的速度便逐渐缓慢直到停止。新生的胶原纤维随着机能负荷的需要逐渐排列成束,成纤维细胞减少并变为体积瘦小而细长的纤维细胞,相互平行排列于胶原纤维之间。渗出的浆液及炎性细胞逐渐消失。多数新生的毛细血管因胶原纤维收缩的挤压及瘢痕组织对营养的需要减少而渐渐地闭塞、退化、消失,一些幼稚型内皮细胞变为纤维性细胞。这时肉芽组织变为血管少、胶原纤维成分多的纤维性结缔组织,外观苍白,质地坚实,称为瘢痕。

瘢痕形成使创伤组织断裂处牢固接合,即增加了创口局部组织的强度,但由于瘢痕组织缺乏弹性,当有大片瘢痕的组织受外力作用,常发生无收缩力的伸展。如腹内压升高常使腹壁瘢痕形成腹壁疝;动脉壁较大的瘢痕受血管内压的作用,则形成动脉瘤。此外,发生在某些部位的瘢痕可严重影响组织器官的功能,如关节附近的瘢痕可引起肢体挛缩,腹腔的瘢痕可引起肠管的粘连,肠壁的瘢痕则可导致肠腔狭窄等。

(5)表皮及其他组织的再生 创伤发生24 h以内,伤口边缘的表皮基底层增生,并在凝块下面向伤口中心移动,形成单层上皮,覆盖于肉芽组织的表面并增生、分化成为鳞状上皮。健康的肉芽组织对表皮再生十分重要,因为它可提供上皮再生所需的营养及生长因子,如果肉芽组织长时间不能将伤口填平,并形成瘢痕,则上皮再生将延缓;另外由于异物及感染等刺激而使肉芽过度生长，高出于皮肤表面，也会阻止表皮再生，因此临床上常需将其切除。若伤口过大(一般认为直径超过 20 cm)，则再生表皮很难将伤口完全覆盖，常在瘢痕表面形成一层透明表皮，称为油皮，这时往往需要植皮。

2. 创伤愈合的类型

(1)第一期愈合　又称直接愈合，多见于组织损伤小，创缘整齐，无感染的新鲜创、经黏合或缝合后创面对合严密的伤口。它的特点是：愈合需时短，形成的瘢痕小，无机能障碍。手术切口多取第一期愈合，多数手术创在手术后的 24 h 内，周围组织开始发生轻度炎症反应，在第 2 天末，创缘周围的结缔组织和毛细血管内皮细胞就开始增殖；第 3 天出现毛细血管的幼芽，并由新生的肉芽组织将创口联合起来。与此同时，创伤边缘的被覆上皮细胞也生长并覆盖于创口，此时愈合口呈淡红色，稍隆起。一般外科的无菌切口，在 7～10 d 纤维性结缔组织形成，就可拆除缝线，再经 1～2 周形成狭窄的线状瘢痕而痊愈。

(2)第二期愈合　又称间接愈合，常见于组织缺损大，创腔内坏死组织较多，创缘不整齐以致无法对合而呈哆开状，或伴有细菌感染的创伤。它的特点是愈合需要的时间长，形成的瘢痕大，愈合后常造成器官机能障碍。此期愈合的基本过程是：在创伤形成的 2～3 d 内，创腔周围组织发生明显的炎症反应，由于炎性渗出，腔内可见到多量淡红色、微浊和富有蛋白质与混有纤维素的黏稠分泌物，并可形成纤维素性薄膜被覆于创面。1 周后，创底部可见有粉红色颗粒状肉芽组织生成，肉芽组织不断向上生长的同时，创缘的被覆上皮则开始由周围向中心生长，最后将创口覆盖。上皮覆盖完成后，变成瘢痕组织。瘢痕部新生的表皮较薄，没有真皮乳头、被毛、皮脂腺和汗腺等。如果创口过大，则瘢痕稍隆突，以后由于瘢痕收缩而变形，愈合所需时间，视创伤大小、感染程度不同而异。

以上两种愈合形式只是程度的不同，而无本质上的差别，二者可以相互转化。第一期愈合的创伤，如发生感染或处置不当可转化为第二期愈合；大面积感染创伤如果做到及时处理，积极清创，也可缩短愈合时间，并减少瘢痕形成。

(二)骨折愈合

骨折愈合是指骨折后所发生的一系列结构修复和功能恢复过程。骨折的修复主要是由骨外膜和骨内膜细胞再生而完成的。在少数情况下也可由结缔组织直接化生为骨组织。一般骨折需经过以下几个修复阶段：

1. 血肿形成

骨折发生后，骨折处血管破裂出血，血液充满两断端及其周围，在此形成血肿，随后发生凝固，将两骨端形成初步连接，血凝块中的纤维蛋白网，如同支架，有利于肉芽组织向内生长。因此，如果出血不凝固，则影响愈合。

2. 坏死组织及死骨的吸收(创腔净化)

骨折局部的坏死组织、损伤骨片、血凝块逐渐由骨膜新生的大量破骨细胞及骨折部周围组织炎症反应游出的吞噬细胞，及组织内巨噬细胞吞噬、溶解而清除。

3. 纤维性骨痂形成

在创腔得到净化的同时，逐渐由骨外膜、骨内膜以及血管等处长出由成骨细胞、成纤维细胞和新生毛细血管组成的成骨性肉芽组织伸入血凝块。经 2～3 周，在凝血被溶解吸收的同时，新生的成骨细胞性肉芽组织取代了血凝块，构成骨痂，将两断端进一步连接，局部形成梭形肿胀，此种骨痂柔软易损，称为纤维性骨痂或临时性骨痂。在管状骨，骨痂可分为骨外膜性、骨内膜性及中间性（断端间）骨痂3部分。

4. 骨性骨痂形成

纤维性骨痂形成后，成骨细胞则由梭形变成多角形，它们的突起互相连接，并分泌出半液状的骨基质，聚集于细胞之间，成骨细胞本身则成熟为骨细胞，它与其所分泌的基质一起构成类骨组织。这种骨组织称为骨性骨痂或终期骨痂。这一过程可持续几周。骨性骨痂虽然使断骨比较牢固地连接起来，但由于其结构不很致密，骨小梁排列比较紊乱，故比正常骨质脆弱。

在管状骨的骨折愈合过程中，若骨折断端错位，或两端相距较远而不易衔接，在此情况下，增生形成的成骨性肉芽组织中，有相当数量的成骨细胞分化为软骨细胞，并分泌软骨基质，变成软骨样组织，同时沉着钙盐。以后钙化的软骨组织再被破骨细胞破坏吸收，被类骨组织所取代，再钙化为骨组织。此过程称为软骨化骨。愈合过程相应延长。

5. 改建

改建是指新形成的骨性骨痂适应功能需要的过程。它包括多余的骨组织被溶解吸收和缺乏的骨组织进行再生，并使骨组织变得更加致密，骨小梁排列逐渐适应于力学方向。改建的过程是：在骨性骨痂形成的同时，从骨髓内新生的血管长入已钙化的骨组织并由血管外膜细胞分化形成成骨细胞，其中一部分融合成多核破骨细胞，将已经钙化而多余的骨质溶解吸收；另一部分则紧紧地围绕着血管，按照机能的需要形成新的骨组织或骨小梁，并在骨小梁之间形成骨髓腔，后者与骨折两断端的骨髓腔相通。这时骨折处的梭形肿胀逐渐消失，形成在结构与机能上完全符合生理要求的骨组织。此过程一般需几个月到几年才能完成。

骨组织愈合的另一种方式是由结缔组织直接化生为骨组织。多见于头骨受伤后的修复过程。此时，由骨膜增生的纤维性结缔组织先变为均质致密的骨样组织，以后钙盐沉着而转变为骨组织。

骨折后虽能愈合，但骨组织损伤过重（粉碎性骨折）、骨膜毁损过多、断端复位不良，或断端之间有软组织嵌塞，或断端活动等，常影响新骨形成，或不能形成骨性骨痂，甚至发生断端间裂腔，致使两断端呈活动状，形成所谓假关节；若在骨断端有新生软骨被覆，则形成新关节。若新生骨组织过多，愈合后则有明显的骨变形。

【学习要求】

识记　代偿、适应、修复、再生、肥大等概念。

理解　各种形式代偿之间的关系；肉芽组织来源及其在修复过程中发挥的作用。

应用　掌握肥大、肉芽组织、瘢痕组织、包囊形成、钙化等标本的眼观变化和镜检变化，理解其对机体的生理意义。

项目五
炎症

【学习目标】

• 掌握炎症的概念和基本病理变化过程，炎症的局部症状和全身性反应，炎症的分类及其特征；

• 了解炎症的经过与结局。

【学习内容】

任务一 炎症概述

一、炎症的概念和特征

炎症是机体对各种致炎因子的损伤作用所发生的以防御为主的应答性反应，是动物疾病中最常见而且又十分复杂的病理现象。其中既有致炎因子所造成的损伤过程，也有机体为清除致炎因子及其损伤所发生的抗损伤反应。

炎症的基本病理变化表现为局部组织的变质、渗出和增生，局部症状为红、肿、热、痛、机能障碍，炎症过程的全身性反应主要表现为发热和白细胞增多。

二、炎症的原因

能造成组织损伤的因素均可引发炎症，但炎症的发生还决定于机体内部因素。引起炎症的原因种类繁多，比较复杂，归纳起来有以下几类：

1. 生物性因素

生物性因素是最常见的致炎因素，如细菌、病毒、支原体等病原微生物和寄生虫等，它们通过机械性损伤或产生内外毒素使组织损伤，也可通过诱发免疫反应导致炎症。

2. 化学性因素

化学性因素包括内、外源性化学物质。如强酸、强碱，机体内的组织坏死崩解产物、代谢废物等。如腐败饲料引发家畜的急性胃肠炎，某些有毒植物引起的出血性肠炎，猪和鸡的食盐中毒性脑膜脑炎等。

3. 物理性因素

低温、高温、放射线、紫外线和电击所导致的损伤以及机械力的作用所导致的鞍伤、挤压伤、切割伤、撞击伤等均可引起炎症反应。

4. 免疫反应

各种变态反应均能造成组织细胞损伤而导致炎症，如过敏性皮肤炎。

5. 病理产物

某些病理产物也可引起炎症反应，如坏死组织、恶性肿瘤组织分解产物等。

6. 某些正常的分泌物、排泄物或内容物

某些正常的分泌物、排泄物或内容物如进入异位组织，也可诱发炎症。如胃肠穿孔可导致腹膜炎，家禽的卵黄进入体腔可引起浆膜炎等。

上述致炎因子作用于机体，能否引起炎症以及反应的强弱，除与致炎因子的种类、性质、数量、强度和作用时间等有关外，也与机体的年龄、种属、防御机能状态等内在因素有密切关系。机体在免疫机能低下时，对致炎因子的反应往往较弱，局部损伤久治不愈；有些高敏机体，对通常不引起炎症的花粉、药物或异体蛋白等物质，也会出现强烈的炎症反应。

三、炎症的临床表现

(一)炎症局部的表现

炎症局部的临床表现包括红、肿、热、痛及机能障碍等，发生于体表的急性炎症表现得最为典型。

1. 红

由炎灶内充血所致。炎症初期，因动脉性充血，炎症局部呈鲜红色；随着炎症的发展，动脉性充血转变为淤血，局部组织呈现暗红色或蓝紫色。

2. 肿

急性炎症的肿胀由充血、炎性水肿以及组织细胞变性肿胀所致，而慢性炎症的肿胀主要由增生造成。

3. 热

动脉性充血，因局部血流量增多，分解代谢增强，产热增加，炎症部位温度升高。发生于体表的急性炎症升温比较明显，而内脏器官发炎时的局部温度并无明显变化。

4. 痛

炎区的疼痛由多种因素造成。炎性肿胀使局部张力升高，可压迫或牵拉感觉神经末梢而引起疼痛；炎症过程中产生的炎症介质刺激神经末梢可引起疼痛；局部代谢增强，产生大量的 K^+ 和 H^+，刺激神经末梢也可引起疼痛。

5. 机能障碍

发炎器官组织的机能障碍是上述临床表现综合作用的结果。

以上症状是炎症的共同特点，但并非所有的炎症都具有，如慢性和内脏炎症时红、热不显著，缺乏感觉神经末梢的部位无痛感。

(二)炎症的全身性反应

比较严重的炎症，尤其生物性致炎因子引起的炎症常出现全身反应。炎症时常见的全身反应主要有：

1. 发热

炎症时引起发热的刺激物，一类是病原微生物、寄生虫及其代谢产物，另一类是炎症时组织细胞的坏死崩解产物、抗原抗体复合物、淋巴因子等。

2. 白细胞增多

循环血液中白细胞增多现象是炎症最为常见的全身反应之一，是抗感染、抗损伤的一种十分重要的防御性反应。在临床上，外周血液的白细胞检测是一项非常重要的指标，是诊断疾病的重要依据。一般来说，急性炎症、化脓性炎症以中性粒细胞增多为主并且呈现核左移现象；过敏反应和寄生虫感染引起的炎症，多为嗜酸性粒细胞增多；慢性炎症和病毒感染，以淋巴细胞和单核细胞增多为主。并非所有炎症都伴有白细胞增多现象，有些细菌感染或病毒感染时，循环血液中的白细胞反而减少。另外，在机体抵抗力低下或感染严重时，白细胞也可能减少，预后较差。

3. 单核巨噬细胞系统的细胞增生与机能亢进

主要表现为肝、脾、淋巴结、骨髓等器官的网状细胞和血窦、淋巴窦的内皮细胞等增生，淋巴结和脾脏肿大，增生细胞的吞噬功能增强。

4. 实质器官的变化

实质器官主要表现为退行性变化，由于微生物及其毒素、发热循环障碍、代谢产物的作用引起实质器官代谢障碍、功能降低而发生变性、坏死。

任务二　炎症的基本病理变化

炎症的基本病理过程包括局部组织损伤、血管反应和细胞增生，概括为变质、渗出和增生3种基本病理变化。在炎症过程中这些病理变化按照一定的先后顺序发生，有时它们也可互相转化。一般炎症初期或急性炎症，常以变质、渗出变化为主，增生不明显，而慢性炎症尤其后期，则以增生变化为主，三者互相联系和影响。一般地说，变质属于损伤过程，而渗出和增生是抗损伤过程。

一、变质

变质是指炎症局部组织细胞发生各种变性或坏死的过程。它常常是炎症发生的始动环节，由致炎因子的直接作用或炎症过程中出现的局部血液循环障碍所造成。在发生变质的局部，既有形态的改变，也有不同程度的代谢、功能障碍。而变质变化的程度主要决定于致炎因子的性质、数量、强度和机体反应性等。

（一）形态的变化

形态的变化主要表现在实质细胞发生不同程度的颗粒变性、脂肪变性或水疱变性，严重时则发生凝固性坏死或液化性坏死；间质常表现为黏液样变性和坏死（如纤维素样变性）等。组织细胞变性、坏死后，可进一步引起周围组织细胞的变性、坏死；释放出的一系列炎症介质，又可引起充血、渗出等血管反应；有些化学物质（即趋化因子）对白细胞还有很强的趋化作用。

(二)代谢的变化

炎区代谢的变化主要表现为分解代谢增强和组织内渗透压升高。

1. 分解代谢增强

炎区内糖、脂肪和蛋白质的分解代谢均明显增强,耗氧量增加,但由于酶系统受损和局部血液循环障碍造成的缺氧,使各种氧化不全产物和中间代谢产物如乳酸、脂肪酸、酮体、蛋白胨、氨基酸等在局部增多,炎区内 H^+ 浓度升高,这些变化又可促使血管通透性增强和组织渗透压升高。

2. 组织渗透压升高

炎区内分解代谢增强和坏死组织的崩解,使蛋白质等大分子物质分解为小分子,炎区胶体渗透压升高。盐类解离过程增强,K^+、PO_4^{3-} 及其他离子浓度升高,炎区内晶体渗透压也升高。

上述炎区代谢的变化导致局部发生炎性水肿。

(三)功能的变化

轻度的形态和代谢变化可使局部组织细胞的功能降低,但严重物质代谢障碍或发生坏死时,功能则完全丧失。

二、渗出

渗出是指血液成分通过小静脉和毛细血管壁进入炎区组织间隙、体腔或外渗至浆膜和黏膜表面的过程。渗出的血液成分包括液体成分和细胞成分,统称为渗出物。渗出是炎症反应中最为重要的抗损伤过程,是炎症的重要标志,是机体消除致炎因子和有害病理产物所采取的最为积极有效的重要措施。渗出主要包括血管反应、液体渗出、细胞渗出 3 个阶段。

(一)血管反应

致炎因子作用于局部组织,炎区组织的小血管发生短暂的痉挛,随后扩张充血,随着炎性介质的产生转化为炎性充血,再发展为淤血和渗出。炎区局部呈现红、肿、热、痛症状。

(二)液体渗出

炎区充血、淤血后,血液中的液体成分包括血浆和血浆蛋白通过血管壁渗出。渗出的液体称为炎性渗出液,其特征为:浑浊,含有组织碎片或纤维素性絮状物,比重在 1.018 以上,蛋白质含量超过 4%,炎性细胞含量多。

(三)细胞渗出

在炎症过程中,伴随着炎区组织血流减慢及血浆成分的渗出,白细胞主动由微血管壁渗出到炎区组织间隙内,称为炎性细胞浸润。白细胞渗出后,吞噬和降解病原微生物、免疫复合物及坏死组织碎片,是最主要的防御性反应,但白细胞释放的酶类、炎症介质等也可加剧组织细胞损伤。

三、增生

增生是炎症发展过程中以局部细胞活化增殖为主的变化,增生的细胞主要有巨噬细胞、成纤维细胞和血管内皮细胞,有时有上皮细胞和实质细胞增生。

增生变化在炎症的晚期和慢性炎症时表现明显,有些急性增生性炎症开始就表现以细胞增生为主,炎症早期有较多的血管外膜细胞活化增殖参与吞噬活动,炎症后期主要有成纤维细胞和毛细血管内皮细胞增生,形成肉芽组织以局限炎症和修复损伤。

任务三 炎症的分类

根据炎症三种病理变化的表现程度，将炎症分为变质性炎、渗出性炎和增生性炎 3 大类。以下将按此种分类方法，详细描述各种炎症类型的病理学特征。

一、变质性炎

变质性炎是以局部组织变性、坏死为主，而渗出和增生轻微的炎症。多发生在肝、心、肾、脑等实质器官，又称实质性炎症，常见于传染病(如传染性肝炎、坏死杆菌病等)和中毒病(如霉菌毒素、植物毒素中毒等)。变质性炎多呈急性经过，有时也可转为亚急性或慢性。

在眼观上，病变器官与实质器官的变性相似，都表现为肿大、质软、色淡等变化；在镜下，除实质细胞发生不同程度的颗粒变性、水疱变性、脂肪变性等变化外，还可见有渗出与增生变化，尤其有炎性细胞浸润。

严重的变质性炎以坏死变化为主，又称坏死性炎症，如坏死性肝炎。发生坏死性炎症的器官，常见大小不等并和周围组织界限清楚的灰白或灰黄色炎性坏死灶，炎症初期，在坏死灶周围常见有出血反应带(红晕)。在镜下可见实质细胞变性坏死，并伴有充血、出血、炎性细胞浸润。

二、渗出性炎

渗出性炎是以渗出变化为主的一类炎症，多呈急性经过。其特征是炎灶中有大量的细胞渗出物和液体渗出物，有时可见漏出的红细胞。渗出性炎时，组织细胞有明显的变性、坏死，增生变化比较轻微。

由于致炎因子和机体反应性的不同，渗出物的成分也有所差异。因此，根据渗出物的主要成分和病变特点，可将渗出性炎分为浆液性炎、化脓性炎、卡他性炎、纤维素性炎与出血性炎 5 种类型。

(一)浆液性炎

浆液性炎是指以血浆液体成分渗出为主的炎症。渗出液中主要含清蛋白、纤维蛋白原，还可见白细胞、脱落的上皮细胞。浆液一般比较稀薄，稍呈浑浊，容易凝固。

浆液性炎常发生于疏松结缔组织，并因发生部位的不同而有多种表现形式。

1. 浆膜

浆液性炎发生在浆膜时，可见浆膜腔内积聚有多量的淡黄色透明或稍浑浊的液体，通常称为积液，如心包腔积液、胸腔积液、腹腔积液、关节腔积液等。

2. 皮肤

皮肤发生浆液性炎时，浆液多聚积于表皮棘细胞之间或真皮乳头层，使皮肤局部形成丘疹样结节或水疱，常见于炭疽、口蹄疫、猪水疱病、痘症、烧伤、冻伤及湿疹等。

3. 黏膜

发生于黏膜层时，在黏膜表面可见覆有多量混有黏液的浆液；发生在黏膜下层，则表现为胶冻样水肿，如仔猪水肿病时胃壁水肿。

4. 肺脏

肺脏的浆液性炎比较常见，眼观明显肿大，重量增加，切面可流出多量含泡沫的液体。镜下肺泡隔毛细血管充血，肺泡腔充满浆液并含有白细胞，有时还见少量红细胞和纤维素。

5. 淋巴结

淋巴结的浆液性炎（浆液性淋巴结炎）是最为常见的淋巴结炎症，很多致炎因子均可引起。眼观主要表现肿大，切面隆起、潮红多汁等变化。镜下的典型变化为窦性卡他，可见淋巴窦扩张，含有大量浆液、巨噬细胞及数量不等的中性粒细胞、淋巴细胞和浆细胞。

浆液性炎是渗出性炎中比较轻微的一种，多呈急性经过。其结局及对机体的影响取决于炎症的发生部位及渗出的程度。如致炎因子消除，渗出液能被吸收或流出体外，损伤的细胞经再生修复，炎症即可消散，完全恢复至正常；但若渗出液过多，则可压迫脏器或周围组织，引起功能障碍，若发生在浆膜腔或肺脏、咽喉部时，常可造成严重后果，甚至危及生命。

（二）化脓性炎

化脓性炎是以大量中性粒细胞渗出为特征并伴有局部组织坏死和脓液形成的一种炎症（图 5-1、图 5-2）。它是临床上常见的炎症之一，可发生在机体的任何部位，属于典型的液化性坏死。

图 5-1　鸡腺胃乳头肿大且有灰白色脓性分泌物

图 5-2　牛化脓性肺炎，可见大小不等的脓性颗粒及包囊形成

化脓性炎主要由葡萄球菌、链球菌、大肠杆菌、铜绿假单胞菌、化脓棒状杆菌、脑膜炎球菌、淋球菌等化脓菌引起。但有些化学物质（如松节油）或坏死组织也可引起无菌性化脓。

炎区内渗出的中性粒细胞破坏崩解后释放的溶酶体酶将局部坏死组织溶解液化的过程称为化脓，所形成的液状物称为脓液。脓液可因病原菌不同而呈乳白色、灰黄色或黄绿色，质地浓稠或稀薄，主要由渗出的中性粒细胞、脓细胞、溶解的坏死组织、渗出的浆液和化脓菌组成。在化脓灶也可见巨噬细胞和淋巴细胞，呈慢性经过时，这两种细胞比较多见。

由于致炎因子和发生部位的不同，化脓性炎有多种表现形式，常见的有以下几种。

1. 积脓

积脓是脓液聚积在浆膜腔的一种现象。发生浆膜的化脓性炎时常见胸腔积脓、心包腔积脓等。

2. 脓性卡他

脓性卡他是指发生在黏膜的化脓性炎。其特点是：黏膜潮红、肿胀，表面覆有多量黄白色脓性渗出物，常伴有出血，黏膜腔蓄积大量脓汁（如胆管和输卵管积脓）。脓性卡他多发生在鼻腔、额窦、副鼻窦、子宫、喉囊、支气管、肾盂和尿道等部位。

3. 脓肿

脓肿是指发生在器官组织内的局限性化脓性炎，常见于皮肤和内脏。其特点是形成的化

脓灶有一定的界限，时间较久者，脓肿周围还有包囊形成（脓肿膜）（详见图 3-7、图 3-8）。

脓肿发生的早期，常见病原菌聚集的局部组织发生坏死和中性粒细胞浸润，随后发生化脓，形成脓液。病程稍长的较大脓肿的周围形成脓肿膜。如果病原菌被消灭，则渗出停止，脓液逐渐被吸收，局部损伤由肉芽组织填补而愈合；如果脓肿经久不愈会形成较厚的脓肿膜，需切开排脓后才能修复愈合。

发生于皮肤的脓肿常为疖和痈的形式。疖是单个毛囊、所属皮脂腺及其邻近组织所发生的脓肿，好发于毛囊和皮脂腺丰富的部位，多由金黄色葡萄球菌引起；痈是由多个疖融集而成，在皮下脂肪、筋膜组织中形成许多互相沟通的脓腔，在皮肤表面可有多个开口，常需及时在多处切开引流排脓，方可愈合。体表浅表的脓肿容易发生破溃，脓液被排出后形成溃疡，如鼻疽性皮肤溃疡；深部的脓肿如果向体表或自然管道穿破，可形成窦道或瘘管，窦道是只有一个开口的排脓通道，瘘管则是有两个以上开口的排脓通道，窦道或瘘管因长期排脓，一般不易愈合。

4. 蜂窝织炎

蜂窝织炎是指发生在疏松结缔组织的弥漫性化脓性炎。多见于皮肤、黏膜、肌膜和肌间，常由溶血性链球菌引起。溶血性链球菌能产生透明质酸酶和链激酶，透明质酸酶能降解结缔组织基质的透明质酸，使基质溶解，链激酶能激活溶纤维蛋白酶原，使之转变为溶纤维蛋白酶，进而溶解纤维蛋白。这些特点均利于细菌沿间质和淋巴管向周围迅速蔓延，使蜂窝织炎发展迅速，炎症波及范围广，且发生高度水肿，有大量中性粒细胞弥漫性浸润，炎区与周围组织无明显界限。炎区组织一般不发生明显的坏死和溶解，故单纯蜂窝织炎痊愈后多不留痕迹，然而严重者可发生全身中毒。

化脓性炎多呈急性经过，如脓液能被及时清除，则可痊愈。发生在皮肤的溃疡可由肉芽组织修复，小脓肿有时可通过钙化而形成固定病变，有些钙化灶也可发生溶解后再吸收。但若脓肿破溃，脓液可沿静脉管或淋巴管蔓延，从而引起化脓性静脉炎或淋巴管炎，此时如果机体抵抗力降低或低下，病原便随脓液经血管和淋巴管蔓延至全身，发展为脓毒败血症，在全身多种组织器官尤其是肺、肝、肾等形成多发性转移性脓肿。少数化脓性炎也可呈慢性经过，如发生在牛放线菌病、马鼻疽的化脓性炎。

图 5-3 鸡腺胃卡他性炎

（三）卡他性炎

卡他性炎是发生在黏膜的一种渗出性炎（图 5-3）。其特征是在黏膜的表面覆有大量不同性状的渗出物。

根据渗出物的性质，一般将其分为浆液性卡他、黏液性卡他和脓性卡他等不同类型。

1. 浆液性卡他

以大量浆液渗出为主，是发生在黏膜的浆液性炎。

2. 黏液性卡他

在炎性渗出的同时，伴有黏液腺和黏膜上皮分泌亢进，从而使渗出物中含有大量黏液，十分黏稠。

3. 脓性卡他

脓性卡他是发生在黏膜的化脓性炎，渗出物中含有大量脓细胞。

卡他性炎的分类是相对的，它们可以是同一炎症的不同发展阶段，也可以混合发生，如浆液性黏液性卡他、脓性黏液性卡他。

急性卡他性炎时，眼观可见黏膜充血、潮红肿胀、表面附着多量渗出物，黏膜腔内有大量渗出物蓄积。镜下黏膜上皮变性、坏死、脱落，黏膜固有层和黏膜下层充血、水肿，炎性细胞浸润。而慢性卡他性炎时，则见黏膜不同组织发生萎缩或增生。

卡他性炎一般比较轻微，常呈急性经过，如病因消除，即迅速痊愈，否则可引起继发感染或转为慢性卡他性炎。

（四）纤维素性炎

纤维素性炎是指以渗出物中含有大量纤维蛋白为特征的渗出性炎（图 5-4）。纤维蛋白原从血液中渗出后，凝固成为淡黄色或灰黄色的纤维素，一般呈丝状、絮状、网状，或在浆膜、黏膜形成纤维素膜。

纤维素性炎常发生在浆膜、黏膜和肺脏等部位。

浆膜的纤维素性炎见于胸膜、腹膜和心包膜，渗出物中的纤维素常附着在浆膜表面，形成一层灰白色或灰黄色、表面粗糙的纤维蛋白膜，剥离此膜后，可见浆膜充血、出血，并很粗糙。如纤维素随渗出液进入浆膜腔，则见浆膜腔内的渗出液含有多量淡黄色的纤维蛋白凝块或絮状纤维蛋白。纤维素性炎若发生于心包膜，纤维素则附着于心包膜上，由心脏的跳动，心包的脏层和壁层之间互相摩擦，致使附着在心包膜脏面上的纤维素呈绒毛状，称为“绒毛心”（图 5-5）。镜下心外膜附着厚薄不等的纤维素层，其中夹杂多量中性粒细胞。

图 5-4　鸡肝脏表面黄白色纤维素性渗出物（大肠杆菌病）

图 5-5　羊绒毛心

黏膜的纤维素性炎常发生于喉头、气管、胃、肠、子宫和膀胱等部位。渗出的纤维素与游出的白细胞、脱落的黏膜上皮凝集在一起，形成一层灰白色的膜样物覆盖于黏膜表面，称为“假膜”。如果覆于黏膜表面的假膜易于剥离，且剥离之后其下层组织无明显损伤，则称浮膜性炎，见于急性纤维素性胃肠炎和牛病毒性腹泻等；若假膜与深层坏死组织发生牢固结合，难以剥离，则称为固膜性炎，见于慢性仔猪副伤寒、猪瘟、鸡新城疫等病的肠黏膜，仔猪副伤寒多表现为弥漫性固膜性炎（图 5-6），而慢性猪瘟则呈局灶性固膜性炎，通常称为“扣状肿”（图 5-7）。

图 5-6　仔猪副伤寒引起肠黏膜坏死、出血、纤维素性渗出物

图 5-7　猪瘟引起肠黏膜扣状肿

肺脏的纤维素性炎（纤维素性肺炎）较为常见，其特点是肺泡腔内聚积有大量纤维素性渗出物，肺呈肝变症状。

纤维素性炎多呈急性经过，渗出物量不多时，机体可将其溶解吸收。消化道黏膜的假膜脱落后，可随粪便排出，但支气管黏膜的假膜（如鸡传染性喉气管炎、鸡痘等）若脱落，则可引起支气管堵塞而发生窒息。若肺脏的纤维素性渗出物过多，机体不能将其完全溶解吸收，可发生机化而导致肺肉变。

（五）出血性炎

出血性炎是指炎性渗出物中含有大量红细胞的炎症（图 5-8、图 5-9）。它是致炎因子损伤微血管壁，造成血管通透性显著升高的结果。出血性炎并不是一种独立的炎症，它常与其他类型的炎症伴随发生，如浆液性出血性炎、出血性坏死性炎症等。出血性炎时的渗出液呈红色，炎区的变化和单纯的出血变化相似。在镜下炎区除可看到大量红细胞外，还伴有充血、水肿、炎性细胞浸润等变化。家畜的出血性炎常见于各种严重的传染病和中毒性疾病等，如炭疽、猪瘟、巴氏杆菌病等。

图 5-8　猪浆液性出血性肺炎，肺脏充血、出血、水肿，颜色深红，间质增宽（引自陈怀涛）

图 5-9　猪出血性肺炎

三、增生性炎

增生性炎是以结缔组织或某些细胞增生为主，变性与渗出变化轻微的一类炎症，多呈慢性经过。

根据增生组织的成分和结构特征，可将增生性炎分为普通增生性炎和特异性增生性炎。

（一）普通增生性炎

根据炎症经过，普通增生性炎分为以下两种类型：

1. 急性增生性炎

急性增生性炎是以组织细胞增生为特征的一类急性炎症，常见于脑、淋巴结和肾脏等。在脑主要见于病毒、寄生虫和食盐中毒引起的非化脓性脑炎，增生的成分是神经胶质细胞，常形成胶质细胞结节；在肾见于以增生为主的急性肾小球肾炎，增生的细胞是肾小球毛细血管内皮细胞、血管系膜细胞（即间质细胞）以及肾小囊脏层上皮细胞；淋巴结和脾脏发生急性增生性炎时，常见淋巴细胞、网状细胞和淋巴窦内皮细胞明显增生。此外，仔猪和犊牛副伤寒时，肝内的副伤寒结节是由肝内网状细胞和单核巨噬细胞增生的结果。

2. 慢性增生性炎

慢性增生性炎是以间质纤维大量增生并有程度不等的淋巴细胞、浆细胞和巨噬细胞浸润为特征的慢性炎症，同时局部的被覆上皮、腺上皮和实质细胞也可增生。由于炎症起始于间质，故又称慢性间质性炎，如慢性间质性肾炎、慢性间质性肝炎、慢性间质性肺炎等。发生慢性增生性炎的组织器官，在炎症后期，多半体积缩小，质地变硬，器官表面由于大量增生的结缔组织收缩而凹凸不平(图 5-10)。

(二)特异性增生性炎

特异性增生性炎又称肉芽肿性炎,是一种慢性炎症。其特征是以巨噬细胞增生为主,并形成肉芽肿的特殊结构。炎区的巨噬细胞来源于血液的单核细胞和局部增生的组织细胞,它可以转化为特殊形态的上皮样细胞和多核巨细胞。

图 5-10　猪间质性肺炎后期,肺体积缩小,质地变硬

根据致炎因子的不同,肉芽肿性炎症可分为传染性肉芽肿和异物性肉芽肿两类。

1. 传染性肉芽肿

传染性肉芽肿是指由细菌和霉菌等生物性致炎因子引起的肉芽肿。因其结构具有一定的特异性,故又称特异性肉芽肿。由结核分枝杆菌、鼻疽杆菌、放线菌等引起的结核结节、鼻疽结节和放线菌性肉芽肿均为特异性肉芽肿,布鲁氏菌、大肠杆菌以及曲霉菌等也可引起类似变化。

典型的传染性肉芽肿从肉芽肿中心向外依次由三部分组成。中心部分为病原或病理产物。如结核分枝杆菌引起的肉芽肿,中心是干酪样坏死和钙化,抗酸染色可见结核分枝杆菌;鼻疽肉芽肿的中心部为化脓灶,可见大量脓细胞;放线菌病肉芽肿的中心部除脓液外,还可见呈花瓣状的放线菌菌块;禽曲霉菌肉芽肿的中心部为干酪样坏死,其中有霉菌菌丝及孢子。中间部分由上皮样细胞与巨细胞组成,是特异性增生性炎症的标志。外围部分为肉芽组织,可见淋巴细胞、浆细胞。

2. 异物性肉芽肿

异物性肉芽肿由寄生虫、寄生虫虫卵、外科缝线、硅尘、滑石粉及坏死组织崩解后较大且不能溶解的代谢物质(如尿酸盐结晶、类脂质)引起。这些异物体积较大,常不能被单个巨噬细胞吞噬,因而不引发典型的炎症或免疫反应,但却能刺激巨噬细胞增生,并演化成上皮样细胞和多核巨细胞附着于异物表面将其包围。

异物性肉芽肿的基本结构与传染性肉芽肿相似,中心部为异物,在异物周围是多少不等的上皮样细胞、巨噬细胞,最外围是肉芽组织。

任务四　炎症的结局

在炎症过程中,损伤和抗损伤双方力量的对比决定着炎症的发展方向和结局。如白细胞渗出、吞噬能力加强等抗损伤过程占优势,则炎症向痊愈的方向发展;如局部代谢性障碍、细胞变性坏死等损伤性变化占优势,则炎症逐渐加剧并可向全身扩散;如损伤和抗损伤处于相持状态,则炎症可转为慢性。

一、痊愈

多数炎症(特别是急性炎症)能够痊愈。

1. 完全痊愈

炎症病因消除,病理产物和渗出物被吸收,组织的损伤通过再生而得以修复,结构和机能完全恢复正常。常见于短时期内能吸收消散的急性炎症。

2. 不完全痊愈

组织损伤严重时，损伤的组织被肉芽组织取代，炎症局部瘢痕形成，结构和机能不能完全恢复。

二、迁延不愈

在某些情况下，急性炎症可逐渐转变成慢性过程并表现为不愈状态，主要原因是机体抵抗力降低，或治疗不彻底，致炎因素未被彻底清除，致使炎症持续存在，表现时而缓解、时而加重而长期不愈。

三、蔓延扩散

由病原微生物引起的炎症，当机体抵抗力下降或病原微生物数量增多、毒力增强时，常发生蔓延扩散，主要方式有以下几种。

1. 局部蔓延

炎症局部的病原微生物可经组织间隙或自然通道向周围组织蔓延，使炎区扩大。如心包炎可蔓延引起心肌炎，支气管炎可扩散引起肺炎，尿道炎可上行扩散引起膀胱炎、输尿管炎和肾盂肾炎。

2. 淋巴道蔓延

病原微生物侵入炎区毛细淋巴管，随淋巴液流动扩散至淋巴结引起淋巴结炎，并可再经淋巴液继续蔓延扩散。如急性肺炎可继发引起肺门淋巴结炎，淋巴结呈现肿大、充血、出血、渗出等炎症变化。

3. 血道蔓延

炎区的病原微生物或某些毒性产物，有时可突破局部屏障而侵入血液，引起菌血症、毒血症、败血症和脓毒败血症。

【学习要求】

识记 炎症、变质性炎、渗出性炎、增生性炎的概念。

理解 炎症的分类及各类炎症所表现出的病变特征。

应用 在实际临床中能识别炎症的局部病理变化，判断炎症全身性病理反应；能通过炎症的病理形态学变化识别炎症的类型；能够找出引起炎症的原因；能采取适当措施防治常见的炎症。

【知识拓展一】

炎症介质

炎症介质在炎症过程中的各个环节都发挥着十分重要的作用，种类繁多，机理复杂。目前除了已经明确的组胺、5-羟色胺、激肽、前列腺素、白细胞三烯、补体成分等，还有大量新的炎症介质及其功能在不断地被发现，对于寻求、开发有效的抗炎药物意义重大。

一、炎症介质的概念

炎症介质是指在致炎因子作用下，由局部组织或血浆产生和释放的一类化学活性物质，也称为化学介质。它们是诱导和调控各种炎症反应的重要化学物质，也是炎症反应的效应分子。

炎症介质通常是以非活性状态存在于体内，在致炎因子的作用下才大量产生、释放，并变为具有生物活性的物质，在炎症过程中发挥其重要的介导作用，主要表现为使血管扩张、血管壁通透性升高和对炎性细胞的趋化、激活和聚集等。

二、炎症介质的分类

根据炎症介质的来源，可将其分为外源性炎症介质和内源性炎症介质两大类。

外源性炎症介质主要是病原菌及其产物。内源性炎症介质最常见也最为重要，由局部组织和血浆产生，分为细胞源性炎症介质和血浆源性炎症介质两类。细胞源性炎症介质主要包括血管活性胺、前列腺素、白细胞三烯、溶酶体成分和细胞因子等，血浆源性炎症介质包括激肽系统、补体系统、凝血系统和纤溶系统。

三、炎症介质的特征

(1)通常以前体或非活性状态存在于体内。

(2)细胞源性炎症介质常以颗粒的形式储存于细胞中，在致炎因子作用下，由细胞以颗粒的形式释放出去，如肥大细胞的脱敏颗粒；血浆源性炎症介质，常以前体形式存在于血浆中，须被一系列蛋白水解酶裂解后才能被激活。

(3)在炎区，炎症介质的浓度或活性变化与炎症的消长相平行。

(4)炎症介质主要是通过与靶细胞表面的特异性受体结合而发挥其生物学效应；炎症介质作用于靶细胞后，还可使其产生次级炎症介质，次级炎症介质的作用与原炎症介质相同、相似或截然相反，因而会出现放大或拮抗效应。

(5)同一种炎症介质可作用于一种或多种靶细胞，有时可产生不同的效应。

(6)炎症介质的存在时间比较短，被激活或释放后，很快被降解、灭活，或被抑制、清除。

(7)将分离纯化后的炎症介质注入健康组织，能诱发炎症反应。

(8)应用特异拮抗剂，可以缓解或抑制炎性反应。

(9)多数炎症介质具有潜在的致损伤能力，可以引起机体发热、疼痛和组织损伤等。

【知识拓展二】

肿　　瘤

一、肿瘤概述

肿瘤是在致瘤因素的作用下，局部组织的细胞在基因水平上失去了对其生长的控制，导致异常增生而形成的新生物(组织团块或细胞群)。

正常细胞转变为肿瘤细胞后具有异型性(异常的形态、代谢和功能)，并在不同程度上失去了分化成熟的能力。肿瘤细胞的生长旺盛，并且可遗传给子代细胞，即使致瘤因素不存在时，仍能持续生长，它不仅与机体不协调，部分肿瘤还会发生从良性到恶性的演变，恶性肿瘤的细胞分化程度较低，具有更高的生长优势。机体在正常的生理状态下以及在炎症、损伤修复等病理状态下也常有细胞的增生，称为非肿瘤性增生。这类增生有的属于正常新陈代谢所需的细胞更新，有的是针对一定刺激或损伤的防御性、修复性反应，为机体生存所需；这类所增生的细胞、组织能分化成熟，并在一定程度上能恢复原来正常组织的结构和功能；这类增生是有一定限度的，一旦增生的原因消除后就不再继续。而肿瘤性增生却与此不同，二者有着本质上的区别。在恶性肿瘤的生长过程中，肿瘤细胞所获得的某些新的生物学特征有助于肿瘤细胞的浸润、蔓延和扩散。

动物的肿瘤给畜牧业造成一定程度的危害，如牛和鸡的白血病、鸡的马立克病、鸡的卵巢癌、多种动物的原发性肝癌及兔的肾母细胞瘤等，都会影响畜禽的生产性能。

二、肿瘤的发病原因

肿瘤的病因包括内因及外因两个方面。外因是指来自动物周围环境中各种可能致瘤的因素，如化学因素、物理因素、生物性因素及各种慢性刺激；内因则泛指机体抗肿瘤能力降低或各种有利于外界致癌因素发挥作用的机体内在因素。引起肿瘤发生的因素十分复杂，同一类肿瘤在不同机体、不同器官，由不同因素引起，而同一致瘤因素可以由不同途径引起机体发生不同部位的肿瘤。此外，在同一环境中，只有少数动物发生肿瘤，这说明外因与内因有密切关系。

从动物肿瘤的临床情况看，生物性因素中致瘤病毒的作用尤为重要。已知与病毒有关的如家禽的白血病，鸡的马立克病和劳斯氏肉瘤，牛的淋巴肉瘤及牛、兔的乳头状瘤等。对鸡的白血病和马立克病病因的阐明及疫苗的研制和应用是预防肿瘤研究上的重大成就。

此外，霉菌毒素中的黄曲霉毒素、亚硝胺类化学物质、放射性物质等物理作用都是引起肿瘤发生的外界因素。

三、肿瘤的生物学特性

（一）肿瘤的形态

肿瘤的形态多种多样（图 5-11），一般有结节状、分叶状、囊状、息肉状、乳头状、树根状、弥漫状、溃疡状、菜花状、蕈状等。肿瘤的形态与肿瘤的发生部位、组织来源、生长方式有关。生长在皮肤和黏膜表面的肿瘤，常向表面突起呈息肉状、乳头状或菜花状等；如为恶性肿瘤，因生长迅速而致供血不足，易发生坏死脱落而呈现溃疡状。生长在深部组织的肿瘤常呈结节状、分叶状或囊状。一般在实质器官内部生长的恶性肿瘤多呈树根状或蟹足状向周围伸展。

肿瘤的切面颜色一般呈灰白色，脂肪瘤呈黄色，富于血液的肿瘤呈暗红色，黑色素瘤呈黑色。

一般情况下良性肿瘤生长缓慢，有的可以长得很大；恶性肿瘤生长迅速，可在短期内形成明显肿块，但巨大的恶性肿瘤不多见。

（二）肿瘤的组织结构

肿瘤的实质是肿瘤细胞。机体的任何组织都可发生肿瘤，因此肿瘤的实质细胞也是多种多样的。同一组织发生的肿瘤，分化成熟程度高的肿瘤细胞与正常组织细胞相似，这类肿瘤多为良性；有的肿瘤细胞分化程度很低，与其来源组织差异很大，这类肿瘤多为恶性。

肿瘤的间质构成肿瘤支架，起着支持和营养实质细胞的作用。间质一般由结缔组织与血管组成，间质中见有大量淋巴细胞浸润，一般认为是机体免疫反应的一种表现。

（三）肿瘤的物质代谢特点

肿瘤组织比正常组织代谢旺盛，尤以恶性肿瘤更明显。

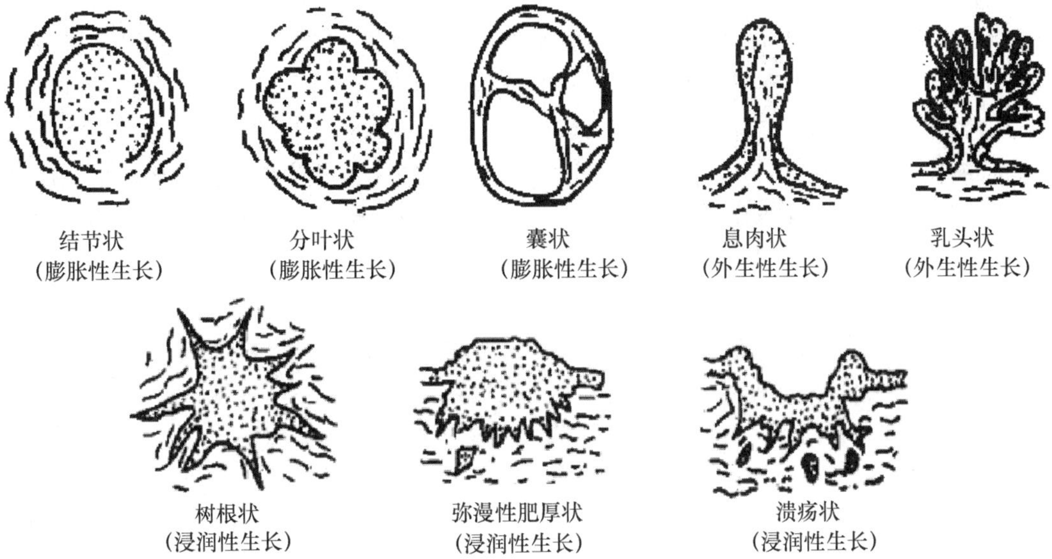

图 5-11　肿瘤的外形及生长方式模式图

1. 核酸代谢

核酸的增多是肿瘤迅速生长的物质基础。肿瘤组织合成 DNA 和 RNA 的能力较正常组织强，在恶性肿瘤细胞中 DNA 和 RNA 的含量均有明显增高。

2. 蛋白质代谢

肿瘤组织的蛋白质合成及分解代谢都增强，但合成代谢大于分解代谢，甚至可夺取正常组织的蛋白质来合成肿瘤本身所需要的蛋白质，使机体处于严重消耗的状态。肿瘤组织还可以合成肿瘤蛋白，作为肿瘤相关抗原，引起机体的免疫反应。如肝癌细胞合成的甲种胎儿蛋白，检查这种抗原可以帮助诊断相应的肿瘤。

3. 酶

肿瘤组织酶活性的改变较为复杂。一般在恶性肿瘤组织内氧化酶（如细胞色素氧化酶及琥珀酸脱氢酶）减少，蛋白分解酶增加，其他酶的改变在各种肿瘤间很少是共同的，而且与正常组织比较也只是含量或活性的改变，并非质的改变。

4. 糖代谢

大多数正常组织在有氧时，通过糖的有氧分解获得能量，只是在缺氧时，才进行无氧糖酵解。肿瘤即使在充分供氧的条件下，也主要以糖酵解而获得能量。可能是由于肿瘤细胞线粒体的功能障碍所致，或者与肿瘤细胞的酶谱变化有关，如糖代谢合成酶活性降低，分解酶活性增强，有利于糖酵解加强。

（四）肿瘤的生长与扩散

肿瘤的生长速度有极大的差异，主要决定于肿瘤细胞的分化成熟程度。分化程度高的良性肿瘤生长缓慢，分化程度低的恶性肿瘤生长较快。恶性肿瘤由于血液及营养供应相对不足而容易发生坏死、溃疡及出血等变化。肿瘤的生长方式有 3 种。

1. 膨胀性生长

膨胀性生长是良性肿瘤的生长方式。随着肿瘤体积逐渐增大不断向四周推挤，但不侵入邻近正常组织内，与周围组织分界清楚，并多具有包膜。

2. 浸润性生长

浸润性生长是大多数恶性肿瘤的生长方式。肿瘤向邻近组织浸润、延伸，像树根一样侵入周围组织的间隙、淋巴管或血管内，与邻近正常组织紧密交错连接在一起而无明显界限，无包膜。

3. 外生性生长

发生在体表、体腔表面或自然管道表面的肿瘤，常向表面生长，形成突起如乳头状、息肉状、蕈状或菜花状肿物，这种生长方式称为外生性生长。

肿瘤的扩散有直接蔓延和转移两种形式。直接蔓延是肿瘤细胞连续不断地沿着组织间隙、淋巴管、血管或神经侵入和破坏邻近正常组织并继续生长；转移是肿瘤细胞从原发部位侵入淋巴管、血管或体腔，通过体液被带到其他组织内继续生长，形成与原发瘤同样类型的肿瘤。良性肿瘤一般不发生转移，大多数恶性肿瘤发生转移。通过淋巴管转移称为淋巴道转移，并伴有淋巴结肿大变硬；通过血管转移叫血道转移。

（五）肿瘤对机体的影响

肿瘤的局部影响主要是对正常器官的压迫与阻塞，破坏正常器官的结构与机能，恶性肿瘤破坏血管引起出血、坏死和感染。恶性肿瘤晚期由于压迫或侵犯神经可引起疼痛。肿瘤的代谢产物、坏死分解产物被吸收后常引起动物发热。大多数恶性肿瘤的后期都可出现动物体严重消瘦、贫血和衰竭状态，这种表现称为恶病质。恶病质的产生是综合性的，肿瘤迅速生长消耗和夺取大量营养物质；肿瘤代谢产物对机体的毒害作用，引起出血和感染等。

四、良性肿瘤与恶性肿瘤的区别

临床上遇到患肿瘤的动物时，必须仔细区分是良性肿瘤还是恶性肿瘤。如果是恶性肿瘤，一般就没有治疗价值，肉品应当严格按照卫生检验法规处理。

良性肿瘤和恶性肿瘤的区别，除根据细胞分化程度和组织结构外，还应注意它们的生长方式、生长速度、是否转移以及对机体的影响等（表 5-1）。

表 5-1　良性肿瘤与恶性肿瘤的主要区别

区别指标	良性肿瘤	恶性肿瘤
1. 生长特性		
（1）生长方式	膨胀性生长	浸润性生长
（2）生长速度	缓慢或停止生长	较快，常无止境
（3）边界与包膜	边界清楚，常有包膜	边界不清，常无包膜
（4）质地与色泽	接近正常组织	与正常组织差别较大
（5）侵袭性	一般不侵袭	都有侵袭和蔓延现象
（6）转移性	不转移	多转移
（7）复发	完整切除，一般不复发	治疗不及时，常复发

续表 5-1

区别指标	良性肿瘤	恶性肿瘤
2. 组织学特点		
(1)分化与异型性	分化良好，无明显的异型性	分化不良，异型性明显
(2)肿瘤细胞排列与极性	排列规则，极性保持良好	排列不规则，极性紊乱
(3)细胞数量	稀散，较少	丰富而致密
(4)核膜	通常较薄	通常增厚
(5)染色质	细腻，较少	通常深染，较多
(6)核仁	不增多，不变大	增多，粗大
(7)核分裂	稀少，不见核分裂象	多见，可见核分裂象
3. 机能代谢	除分泌激素肿瘤外，一般代谢正常	核酸代谢旺盛，酶谱改变，代谢异常
4. 对机体的影响	除生长在要害部位外，一般影响不大	无论生长何处，对机体影响都较大，甚至导致死亡

五、肿瘤的分类和命名

(一)肿瘤的分类

肿瘤通常是根据组织来源和生物学特性分类的(表 5-2)。

表 5-2　肿瘤的分类

组织来源		良性肿瘤	恶性肿瘤
上皮组织	1. 鳞状上皮	乳头状瘤	鳞状细胞癌、基底细胞癌
	2. 腺上皮	腺瘤	腺癌
	3. 移行上皮	乳头状瘤	移行上皮癌
间皮组织	1. 支持组织		
	纤维结缔组织	纤维瘤	纤维肉瘤
	脂肪组织	脂肪瘤	脂肪肉瘤
	黏液组织	黏液瘤	黏液肉瘤
	软骨组织	软骨瘤	软骨肉瘤
	骨组织	骨瘤	骨肉瘤
	2. 淋巴造血组织		
	淋巴组织	淋巴瘤	淋巴肉瘤(恶性淋巴瘤)
	造血组织		白血病
	3. 脉管组织		
	血管	血管瘤	血管肉瘤
	淋巴管	淋巴管瘤	淋巴管肉瘤
	4. 间皮组织	间皮瘤	恶性间皮细胞瘤
	5. 肌肉组织		
	平滑肌	平滑肌瘤	平滑肌肉瘤
	横纹肌	横纹肌瘤	横纹肌肉瘤
神经组织	1. 室管膜上皮	室管膜瘤	室管膜母细胞瘤
	2. 交感神经节	神经节细胞瘤	神经母细胞瘤
	3. 成胶质细胞	神经胶质瘤	多形成胶质母细胞瘤
	4. 神经鞘细胞	神经鞘瘤	恶性神经鞘瘤
	5. 神经纤维	神经纤维瘤	神经纤维肉瘤

续表 5-2

组织来源		良性肿瘤	恶性肿瘤
其他组织	1.三种胚叶组织 2.黑色素细胞 3.几种组织	畸胎瘤 黑色素瘤 混合瘤	恶性畸胎瘤 恶性黑色素瘤 恶性混合瘤、癌肉瘤

(二)肿瘤的命名

动物机体任何部位、组织都可以发生肿瘤,因种类繁多,命名也比较复杂。肿瘤一般是根据组织来源和生物学特性命名的。

1.良性肿瘤的命名

组织来源加"瘤",如脂肪瘤、纤维瘤、平滑肌瘤、腺(上皮)瘤等,也可以结合形态命名,如皮肤乳头状瘤等。

2.恶性肿瘤的命名

组织来源加"癌"或"肉瘤"。

(1)癌　来源于上皮组织的恶性肿瘤统称为癌,如鳞状细胞癌、腺癌等。

(2)肉瘤　来源于间叶组织的恶性肿瘤称为肉瘤,如纤维肉瘤、平滑肌肉瘤、骨肉瘤等。

3.特殊命名

(1)来源于幼稚组织及神经组织的肿瘤称为母细胞瘤,多为恶性,如神经母细胞瘤、肾母细胞瘤。

(2)在肿瘤名称前冠以"恶性"两字命名恶性肿瘤,如恶性淋巴瘤、恶性黑色素瘤等。

(3)以"病名"命名恶性肿瘤,如白血病等。

(4)以"瘤"命名恶性肿瘤,如精原细胞瘤、骨髓瘤等。

六、动物常见肿瘤

(一)良性肿瘤

1.乳头状瘤

乳头状瘤是由被覆上皮发生的呈外生性生长的良性肿瘤,呈乳头状或疣状。光镜下,乳头中央为肿瘤间质,乳头表面为增生的分化成熟的被覆上皮。常发生于头、颈、外阴、乳房等部位的皮肤及口腔、食管、膀胱等部位的黏膜。各种动物均可发生,尤以马、牛、羊、兔较为常见。

2.脂肪瘤

脂肪瘤是发生于脂肪组织的肿瘤。眼观瘤体呈扁圆形,质地柔软,淡黄色,瘤体大小不等,常为单发性或多发性,有完整的包膜。如发生于肠系膜、肠壁等处,则具有较长的蒂。脂肪瘤手术切除不复发。镜检,瘤组织由分化成熟的脂肪细胞和少量纤维组织构成,与正常组织的区别是肿瘤有完整的纤维包膜。

3.腺瘤

腺瘤是由腺上皮发生的良性肿瘤。多见于肝、卵巢、肾上腺、甲状腺和乳腺等。

眼观腺瘤常呈圆球状或结节状,外有包膜。可分为囊腺瘤和纤维腺瘤,纤维腺瘤多见于乳腺,囊腺瘤切面有充斥多量液体的囊腔,常见于卵巢。

(二)恶性肿瘤

1. 纤维肉瘤

纤维肉瘤是由纤维组织发生的恶性肿瘤。多发生于四肢的皮下组织或深部组织,多发于犬、猫、黄牛和水牛。眼观肿瘤呈结节状或不规则肿块,切面灰红色,质地脆,呈鱼肉状。

2. 鳞状细胞癌

鳞状细胞癌简称鳞癌,多发于食管、皮肤、口腔、阴道、阴茎等处。眼观多呈不规则的团块状,呈树根样向周围生长,分界不清,切面为灰白色,粗颗粒样,干燥、无光泽、无包膜,可见出血和坏死。

3. 肾母细胞瘤

肾母细胞瘤又称胚胎性肾瘤。多见于兔、猪及鸡,也见于牛和绵羊。肿瘤外观呈白色,分叶状,外面有一层厚的包膜,瘤块多连着皮质部,压迫实质。瘤块的切面结构均匀,柔软,呈灰白色,如鱼肉状。

4. 鸡卵巢腺癌

鸡卵巢腺癌是母鸡最常见的一种生殖系统肿瘤。卵巢形成多量乳头状结节。有的卵巢腺癌由于腺腔中含有多量液体,外形上形成大量大小不一的透明卵泡,充满于腹腔内。

5. 恶性淋巴瘤(淋巴肉瘤)

恶性淋巴瘤是发生于淋巴结和淋巴结以外组织的恶性肿瘤。在牛、猪及鸡发病率较高。眼观淋巴结和器官肿大,呈结节状或肿块形。淋巴结呈灰白色,质地柔软或坚实,切面像鱼肉状,有时伴有出血或坏死。肿瘤早期有包膜,互相粘连或融合在一起。内脏器官(如胃、肝、肾等)的淋巴肉瘤有两种形式:结节型和浸润型。结节型为器官内形成大小不一的肿瘤结节,灰白色,与周围正常组织之间分界清楚,切面上可见无结构的、均质的肿瘤组织,外观如淋巴组织。浸润型肿瘤组织呈弥漫性浸润在正常组织之间,外观仅见器官(如肝脏)显著肿大或增厚,而不见肿瘤结节。

6. 鸡马立克病

鸡马立克病是由B群疱疹病毒感染引起的鸡的一种淋巴组织增生性疾病。其特征为外周神经、性腺、内脏器官、虹膜、肌肉以及皮肤发生淋巴样细胞增生浸润和形成肿瘤性病灶,可分成神经型、内脏型、眼型和皮肤型4种类型。

7. 恶性黑色素瘤

恶性黑色素瘤是由产黑色素的细胞形成的一种恶性肿瘤。常发生于动物的尾根、肛门周围和会阴部,主要见于马和骡。眼观黑色素瘤为单发或多发,大小及硬度不一,呈深黑色或棕黑色,切面干燥。

项目六
常见的病理生理现象

【学习目标】

• 掌握水肿、脱水、酸中毒、缺氧、发热、黄疸、败血症的概念及类型；
• 了解各病理现象的发生原因、发病机理及其对机体的影响。

【学习内容】

任务一　水　肿

一、概述

水肿是指过多的体液积聚在组织间隙或体腔中。水肿是等渗液的积聚，一般不伴有细胞内液增多，但细胞内液增多也称为细胞水肿。液体积于体腔内，通常称为积水，如心包积水、腹腔积水等。水肿不是一种独立的疾病，而是多种疾病的一种共同病理过程。

水肿的分类：按水肿发生的范围分为全身性水肿和局部性水肿；按水肿发生的原因分为心性水肿、肾性水肿、肝性水肿、炎性水肿、淋巴性水肿等。

水肿液主要是指组织间隙中能自由移动的水，它不包括组织间隙中被胶体网状物（如透明质酸、胶原、黏多糖等）吸附的水。

水肿液来自血浆，除蛋白质含量外，与血浆相同，其蛋白质含量主要取决于毛细血管壁的通透性和淋巴回流。当毛细血管壁通透性增高（如炎症），淋巴回流受阻时，水肿液中蛋白质含量增高，比重增加。

二、水肿的原因

不同类型水肿发生的原因和机理不尽相同，但多数具有一些共同的发病环节，归纳起来主要是血管内外液体交换失衡引起组织液生成量大于回流量，以及钠、水在体内潴留两方面的因素。

（一）组织液生成量大于回流量

在生理状态下，组织液和血液不断交换，生成和回流处于动态平衡，这种恒定是由有效滤过压决定的。

决定有效滤过压的因素共有四个：毛细血管血压、组织液胶体渗透压、组织液静水压和血浆胶体渗透压，前两个因素是血浆滤出的力量，而后两个因素是组织液回流的力量(图 6-1)。这两种力量决定组织液的生成和回流。

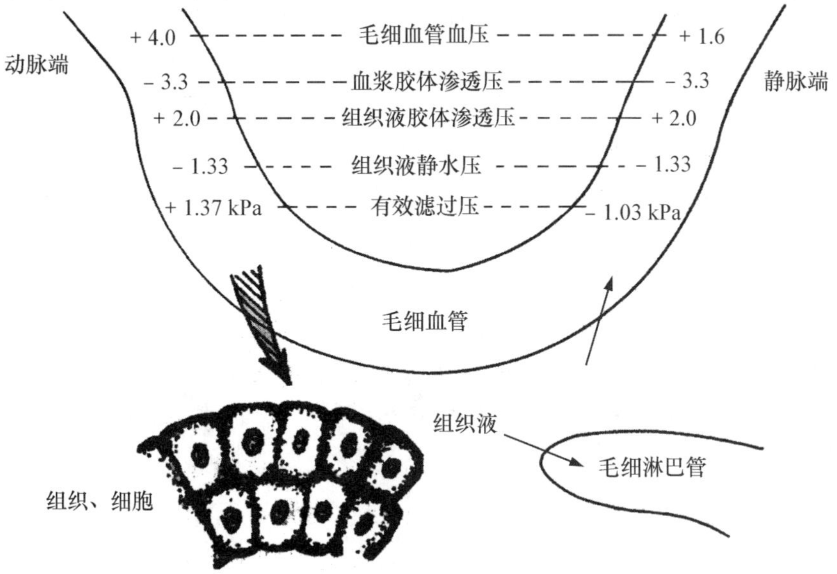

“＋”代表液体滤出毛细血管的力量 “－”代表液体回流入毛细血管的力量

图 6-1 组织液生成与回流示意图

有效滤过压＝(毛细血管血压＋组织液胶体渗透压)－(组织液静水压＋血浆胶体渗透压)

在病理条件下，组织液生成和回流之间的动态平衡遭到破坏，组织液生成过多，回流减少，液体积聚于组织间隙中则发生水肿。引起组织液生成大于回流的因素有以下几种：

1. 毛细血管血压(流体静压)升高

当毛细血管血压升高时，其动脉端有效滤过压增大，可促使血浆滤出增多，组织液生成增多，如超过淋巴回流的代偿限度时则发生水肿。动脉充血(如炎症时)和静脉压增高(如血栓、肿瘤、心力衰竭和肝硬化等)都可引起毛细血管流体静压增高。

2. 组织液胶体渗透压升高

组织液胶体渗透压具有阻止组织液进入淋巴管和回流入血的作用，当其升高时，大量组织液在组织间隙潴留而发生水肿。组织液胶体渗透压升高主要见于炎症病灶。因炎症时局部组织分解代谢加强，大分子蛋白分解成小分子蛋白胨、多肽等；局部组织细胞大量坏死、崩解，离子释放；毛细血管壁的通透性增大，大量血浆蛋白渗入组织间隙，这些因素都可使组织液胶体渗透压升高。

3. 血浆胶体渗透压降低

血浆胶体渗透压是组织液回流入血管的主要动力，当其下降时，组织液回流入血管的力不足，组织液回流量减少，则出现水肿，水肿液中蛋白质含量较低。血浆胶体渗透压主要靠血浆蛋白尤其是清蛋白来维持，所以凡能引起血浆蛋白减少的因素，都可引起水肿。引起血浆胶体渗透压下降的因素有：

(1)血浆蛋白合成障碍　见于严重肝脏疾患，如肝硬化。

(2)血浆蛋白质丢失或消耗过多　如肾病综合征患畜，每天从尿中丢失大量的清蛋白；慢性消耗性疾病、恶性肿瘤时使大量蛋白质消耗。

(3)蛋白摄入不足　见于长期营养不良、消化吸收障碍等。

(4)血浆蛋白稀释　大量钠、水潴留或输入大量非胶体溶液时使血浆蛋白稀释。

4.微血管壁通透性增高

正常时，毛细血管只允许水分、电解质及葡萄糖等小分子物质自由通过，而大分子蛋白只有微量滤出。当毛细血管和微静脉受到损伤而通透性增高时，大量血浆蛋白质渗出到组织间隙中，导致血浆胶体渗透压降低而组织液胶体渗透压升高，使体液在组织间隙积聚而导致水肿。

细菌毒素、创伤、烧伤、冻伤、化学性损伤、缺氧、酸中毒等因素，可直接损伤毛细血管和微静脉管壁；在变态反应和炎症过程中产生的组胺、缓激肽等多种生理活性物质，可引起血管内皮细胞收缩、细胞间隙扩大，血管壁通透性增高。

5.淋巴回流受阻

在生理条件下，组织液的一小部分(约 1/10)经淋巴管回流入血，从毛细血管动脉端滤出的少量蛋白质也经淋巴管回流入血。当淋巴管回流受阻时，一方面使组织液不能经淋巴管回流入血而使组织液过多，另一方面从毛细血管中漏出的蛋白质也不能由淋巴管运走，使组织液的胶体渗透压升高而促使血浆中的成分滤出，从而引起水肿。引起淋巴回流受阻的因素有淋巴管阻塞(寄生虫、恶性肿瘤细胞等阻塞淋巴管，或瘢痕、肿瘤等压迫淋巴管)、淋巴管痉挛、淋巴管炎等。

(二)钠、水潴留

动物不断从饲料和饮水中摄取水和钠盐，并通过呼吸、皮肤及粪尿将其排出。正常动物钠、水的摄入量和排出量始终保持着动态平衡，维持着体液总量和组织液的相对平衡，这种动态平衡的维持是通过神经体液的调节得以实现的，其中肾脏最为重要。肾脏通过肾小球的滤过和肾小管的重吸收作用而维持动物体钠、水的平衡。当肾脏发生疾病时，肾小球滤过减少或肾小管对钠、水的重吸收增强，则可导致钠、水在体内的潴留。钠、水潴留是水肿发生的物质基础。

1.肾小球滤过率降低

(1)广泛肾小球病　如急性肾小球肾炎由于炎性渗出物阻塞肾小球血管和血管内皮细胞增生、肿胀，致使肾小球完全或部分阻塞，阻碍了肾小球的滤过。慢性肾小球肾炎则由于肾小球发生纤维化而影响滤过。

(2)有效循环血量下降　如出血、休克、充血性心力衰竭，可引起肾血流量减少而导致肾小球滤过降低。此外，有效循环血量下降还可反射性地引起交感-肾上腺髓质系统和肾素-血管紧张素-醛固酮系统兴奋，使肾小球小动脉广泛地收缩，导致肾血流量更加减少。一方面引起肾小球滤过减少，同时也引起肾素的释放。它们的作用都能使钠、水在体内潴留。

2. 肾小管重吸收增强

(1)激素　醛固酮可促进肾小管重吸收钠;抗利尿激素有促进远曲小管和集合管重吸收水的作用。任何能使抗利尿激素或醛固酮分泌增多的因素,都可引起肾小管重吸收水、钠增多。另外,肝功能严重损伤影响抗利尿激素和醛固酮的灭活,也可促进或加重水肿的发生。

(2)肾内血流重新分布　动物的肾单位有皮质肾单位和髓旁肾单位两种。皮质肾单位接近肾脏表面,它们的髓袢较短,因此重吸收钠、水的作用较弱。髓旁肾单位靠近肾髓质,它们的髓袢长,重吸收钠、水的作用也比皮质肾单位强得多。正常时,肾血流大部分通过皮质肾单位,只有小部分通过髓旁肾单位,但在某些病理情况下(如心力衰竭、休克),可出现肾血流的重新分配,这时肾血流大部分分配到髓旁肾单位,使较多的钠、水被重吸收,导致钠、水潴留。

(三)常见水肿及其发生机理

1. 心性水肿

心功能不全(心衰)可引起水肿,左心功能不全引起肺水肿,而右心功能不全(充血性心力衰竭)可引起全身水肿。右心衰早期,轻者水肿出现在身体下垂部或皮下组织比较疏松处,后期则可出现胸水和腹水等。

2. 肾性水肿

肾脏疾病时常常发生水肿,如肾病综合征、急性肾小球肾炎和肾功能不全等都可发生水肿。肾性水肿属全身性水肿,严重的病例也出现胸水和腹水。

3. 肝性水肿

许多严重的肝病特别是肝硬化可引起水肿,主要表现为腹水。

4. 肺水肿

在肺泡腔内及肺泡间隔内蓄积多量体液称为肺水肿。

5. 脑水肿

脑组织内液体量增多而引起的脑容积增大,称为脑水肿。脑水肿引起颅内压增高,扰乱脑的血液循环和脑脊液循环,影响脑细胞的功能并产生一系列神经症状。

6. 营养不良性水肿

营养不良性水肿也称恶病质性水肿。在慢性消耗性疾病(如严重的寄生虫病、慢性消化道疾病、恶性肿瘤等)和动物营养不良(如缺乏蛋白质饲料或某些微量元素物质)时,机体缺乏蛋白质,造成低蛋白血症,引起血浆胶体渗透压降低而导致水肿的发生。另外有毒的代谢产物蓄积,损伤毛细血管壁,在水肿的发生上也起一定作用。

三、常见水肿的病理变化

发生水肿的组织器官一般体积增大,颜色变淡,被膜紧张,切面有液体流出。但不同组织发生水肿时其形态学变化又有所不同。

1. 皮下水肿

皮下水肿的初期或水肿程度轻微时,水肿液与皮下疏松结缔组织中的凝胶网状物(胶原纤维和由透明质酸构成的凝胶基质等)结合而呈隐性水肿。随病情的发展,可见皮肤肿胀,颜色苍白或灰白，弹性降低，触之质如生面团，指压留痕。切开皮肤有大量浅黄色液体流出，皮下组织呈淡黄色胶冻状。

镜检可见皮下组织间隙增宽，其中有多量液体，间质中胶原纤维肿胀，甚至崩解。结缔组织细胞、肌纤维、腺上皮细胞肿大，胞浆内出现水疱，甚至发生坏死。腺上皮细胞往往与基底膜分离，淋巴管扩张。

2. 肺水肿

眼观肺脏体积增大，重量增加，质地变实，肺间质增宽，肺胸膜紧张而有光泽，肺表面因高度淤血而呈暗红色。肺切面呈紫红色，从支气管和细支气管内流出大量白色泡沫状液体。

镜检可见肺泡壁毛细血管高度扩张，肺泡腔内出现多量红染的浆液，其中混有少量脱落的肺泡上皮细胞。肺间质增宽，结缔组织疏松呈网状，淋巴管扩张。炎性水肿时，还可见肺泡壁结缔组织增生，有时病变肺组织发生纤维化。

3. 脑水肿

眼观可见软脑膜充血，脑回变宽而扁平，脑沟变浅。脉络丛血管常淤血，脑室扩张，脑脊液增多。

镜检可见软脑膜和脑实质内毛细血管充血，血管周围淋巴间隙扩张，充满水肿液。神经细胞肿胀，体积变大，胞浆内出现大小不等的水疱，核偏位，严重时可见核浓缩甚至消失，神经细胞内尼氏小体数量明显减少，细胞周围因水肿液积聚而出现空隙。

4. 实质器官水肿

肝、心、肾等实质性器官发生水肿时，器官的肿胀比较轻微，眼观变化不明显，只有镜检才能发现明显的病理变化。肝水肿时，水肿液主要蓄积于窦状隙内，使肝细胞索与窦状隙发生分离。心水肿时，心肌纤维之间出现水肿液，心肌纤维彼此分离，心肌纤维因受挤压发生变性。肾水肿时，水肿液蓄积在肾小管之间，使间质增宽，肾小管上皮细胞变性并与基底膜分离。

5. 浆膜腔积水

浆膜腔积水时，水肿液一般为淡黄色透明的液体。浆膜小血管和毛细血管扩张充血，浆膜面湿润有光泽。如伴有炎症，则水肿液内含较多蛋白质，并混有渗出的炎性细胞、纤维蛋白和脱落的间皮细胞，水肿液浑浊黏稠，呈黄白色或黄红色。浆膜肿胀、充血或出血，表面常被覆灰白色的网状纤维蛋白。

四、结局和对机体的影响

水肿是一种可逆的病理过程。当病因去除后，在心血管系统机能改善的条件下，水肿液可被吸收，水肿组织的形态结构和机能障碍也可完全恢复正常。水肿对机体的影响程度主要取决于水肿的原因、发生部位、严重程度和持续时间。一般水肿对机体影响不大；但长期水肿的病灶，如慢性肺水肿、慢性皮下淤血性水肿等，可发生变性、硬化；机体重要器官发生水肿时，可造成严重的后果，甚至危及生命，如脑水肿。

任务二　脱　水

细胞外液容量减少称为脱水，伴有或不伴有血钠浓度的变化。根据脱水形成的原因及特征，脱水可分为高渗性脱水、低渗性脱水和等渗性脱水 3 种类型。

一、高渗性脱水

高渗性脱水又称缺水性脱水或单纯性脱水，是以水分丧失为主的一种脱水。该型脱水的主要特征是血钠浓度和血浆渗透压均超过正常值，患畜表现口渴、尿少和尿比重增加等。

(一)发生原因

1.饮水不足

多见于在山地或沙漠放牧的动物，因水源缺乏而饮水不足。也可见于咽部发炎、食道阻塞以及破伤风等疾病时，由于饮水障碍而引起饮水不足。

2.失水过多

失水的途径很多，常见的有：

(1)经胃肠道丢失　如肠炎时，在短时间内排出大量低钠性水样便，造成机体失水多于失钠。

(2)经皮肤、肺脏丢失　如过度使役使动物大汗淋漓，换气过度导致大量水分随呼吸运动而丢失。

(3)经肾丢失　可见于丘脑因受肿瘤等压迫而使抗利尿激素合成分泌障碍，或由于肾小管上皮细胞代谢障碍而对抗利尿激素反应性降低，经肾排出大量低渗尿；也可见于因服用过量的利尿剂，使大量水分随尿排出而造成高渗性脱水。

(二)病理过程

高渗性脱水初期，由于血浆渗透压升高，机体常出现一系列代偿适应性反应，以保水排钠，恢复细胞内外的等渗环境。严重者发生脑细胞脱水，出现神经症状，如步态不稳、肌肉抽搐、嗜睡甚至昏迷。

(三)对机体的影响

1.脱水热

脱水病程过久，使血液黏稠、血容量减少而导致血液循环障碍，从各种腺体(如唾液腺)、皮肤、呼吸器官分泌和蒸发的水分相应减少，机体散热发生困难，热量在体内蓄积，引起体温升高，发生脱水热。

2.酸中毒

因细胞外液渗透压不断升高，细胞内的水分大量移出细胞外，细胞出现皱缩，细胞内氧化酶活性降低，酸性代谢产物大量蓄积而发生酸中毒。

3.自体中毒

由于血浆渗透压升高，组织液得不到及时更新和补充，加之血液循环障碍乃至衰竭，大量有毒代谢产物不能迅速排出而滞留体内，引起自体中毒。

脱水热、酸中毒、自体中毒发展到严重阶段时，引起大脑皮层和皮层下各级中枢机能紊乱，患畜出现运动失调、昏迷甚至死亡。

二、低渗性脱水

低渗性脱水又称缺钠性脱水，钠的丢失多于水分丧失。该型脱水的特点是血钠及血浆渗透压均降低、血浆容量及组织液减少，血液浓稠，细胞水肿。临床上患畜无口渴感，尿量多，比重低。

(一)发生原因

1. 补液不当

最常见的原因是腹泻、剧痛、中暑和过劳等引起体液大量丧失后只补充水分,忽视了电解质的补充,使血浆和组织液的钠含量减少,渗透压降低。

2. 丢钠过多

慢性肾功能不全时,醛固酮分泌减少,抑制肾小管对钠的重吸收。此外,治疗水肿时,使用排钠性利尿药物也可引起低渗性脱水。如长期连续给予氢氯噻嗪类等抑制肾小管对钠重吸收作用的利尿剂,导致钠离子大量丢失,同时还限制钠盐的摄入时,可引起低渗性脱水。

(二)病理过程

低渗性脱水主要表现为失盐类多于失水,血浆中 Na^+ 浓度降低,故使血浆渗透压降低。血浆渗透压降低是导致低渗性脱水所出现一系列病理变化的关键环节。由于血浆渗透压降低,机体常出现一系列代偿适应性反应,以保存 Na^+,恢复和维持血浆渗透压。

(三)对机体的影响

1. 细胞水肿

由于组织液的 Na^+ 不断进入血浆而引起组织液渗透压降低,组织液的水分向渗透压较高的细胞内转移,引起细胞水肿。此时若不适当补充电解质水即可导致水中毒。如果神经细胞出现水肿则可引起颅内压升高而出现神经症状。

2. 低血容量性休克

严重而持续的低渗性脱水,体液明显减少,水分又大量从尿排出或进入细胞内,从而导致血浆容量降低,有效循环血量进一步减少,引发低血容量性休克。

3. 自体中毒

低渗性脱水发展到严重阶段时,随着有效循环血量的下降,肾血液灌流量不足,肾小球滤过率降低,尿量锐减,加之细胞水肿、物质代谢障碍引起各种有毒产物在体内蓄积,病畜可发生自体中毒而死亡。

三、等渗性脱水

等渗性脱水又称混合性脱水,是指体内水分和盐类成比例大量丧失的一类脱水。其病理特点是血浆渗透压保持不变。

(一)发生原因

等渗性脱水多见于急性肠炎、剧烈而持续性腹痛及大面积烧伤等疾病。如急性肠炎时,肠液分泌增多,吸收障碍和严重的腹泻;剧烈而持续性腹痛(肠变位、肠扭转等)时,大量出汗,肠液分泌增多和大量血浆漏入腹腔;大面积烧伤时,体表失去皮肤遮盖,使大量浆液从创面流失等。上述这些病变,均可使机体内的水和盐大量丧失而引起等渗性脱水。中暑、过劳等疾病和长途运输等情况使动物大量出汗,也导致等渗性脱水。

(二)病理过程

病初由于体内的水分和钠盐等比例丧失,所以血浆渗透压一般保持不变。随着病情的发展,水分不断地通过呼吸道和皮肤蒸发而丢失,因此丧失的水分略多于盐,血浆渗透压则相对升高。血浆渗透压升高使丘脑下部视上核的渗透压感受器兴奋，引起患病动物饮欲增加；抑制肾上腺皮质分泌醛固酮，使钠排出增多；还可使细胞内、外液渗入血液而使血容量有所增多。上述这些变化，对于维持血浆渗透压的正常起着重要的调节作用，但此时又常因血液中的盐类也从肾脏丢失，所以从组织液和细胞内吸收而来的水分以及由外界摄入的水分仍不能保持而被排出体外，故最终导致血液浓缩，血流变慢乃至发生低血容量性休克。

(三)对机体的影响

脱水初期如果处理不及时，患畜可通过皮肤出汗和呼吸蒸发继续丧失水分，从而转变为高渗性脱水，机体出现与高渗性脱水相似的症状。也可因处理不当，如输入大量葡萄糖液，使患畜转变为低渗性脱水，甚至发生水中毒。

因水、钠同时丢失，所以从组织液和细胞内吸收而来的水分以及从外界摄入的水分仍不能保持而排出体外最终引发低血容量性休克。

细胞外液容量减少而细胞内液量变化不大，使单位体积血液中红细胞数增多，血红蛋白含量增高，红细胞比容增大，血液浓缩，血流变慢。

由此可见，等渗性脱水与高渗性脱水的不同之处是，其缺盐程度较重，若单纯补水，则缺盐症状就会急剧表现出来；等渗性脱水与低渗性脱水的不同之处是，其水分的损失较低渗性脱水为多，故细胞外液处于高渗状态，细胞内液也因之丧失。因此，等渗性脱水具有高渗性与低渗性脱水的综合特征。

任务三 酸中毒

体液 pH 的相对稳定对维持机体正常的生化、生理活动是非常重要的。体液分为细胞内液和细胞外液。细胞外液位于细胞之外，主要包括血浆和组织液，不同部位细胞外液的 pH 有差异。动物血浆的 pH 始终稳定在一个较小的范围内(7.24～7.54)，平均约为 7.4。动物生命活动所能承受的极限 pH 约为 7.0 和 7.8。

依据酸碱平衡紊乱的发展过程可分为急性(如牛急性瘤胃酸中毒、NH_3 中毒、窒息等)和慢性(如慢性缺氧、长期慢性腹泻)；根据其发生部位又可分为局部(如炎灶局部或肿瘤局部的酸中毒)性和全身性。酸碱平衡紊乱时，会引起物质代谢紊乱，甚至会导致动物死亡。

一、酸碱平衡及其调节

机体在代谢过程中，不断产生酸性和碱性物质，另外有一定量的酸性或碱性物质随饲料、饲草进入机体内。如糖、脂肪、蛋白质完全氧化产生 CO_2，进入血液与 H_2O 形成 H_2CO_3；糖、脂肪、蛋白质和核酸在分解代谢中，还产生一些有机酸(如丙酮酸、乳酸、乙酰乙酸、β-羟丁酸等)、无机酸(如硫酸及磷酸等)和氨、碳酸氢钠等。但通过机体的调节，可维持酸碱平衡。机体酸碱平衡的调节主要是通过下列途径进行的。

(一)血液的缓冲系统调节

由弱酸及弱酸盐组成的缓冲对分布于血浆和红细胞内，这些缓冲对共同构成血液的缓冲系统。缓冲系统能有效地将进入血液中的强酸转化为弱酸，强碱转化为弱碱，维持体液 pH 正常。

1. 碳酸氢盐-碳酸缓冲系统

在细胞内为 $KHCO_3/H_2CO_3$，在细胞外液中为 $NaHCO_3/H_2CO_3$，碳酸氢盐-碳酸缓冲系统是体内最强大的缓冲系统。

2. 磷酸盐缓冲系统（Na_2HPO_4/NaH_2PO_4）

磷酸盐缓冲系统是红细胞和其他细胞内的主要缓冲系统，特别是在肾小管内它的作用更为重要。

3. 蛋白缓冲系统（NaPr/HPr）

蛋白缓冲系统主要存在于血浆和细胞中。

4. 血红蛋白缓冲系统（KHb/HHb 和 $KHbO_2/HHbO_2$）

血红蛋白缓冲系统主要存在于红细胞内。

以上 4 对缓冲系统，以碳酸氢盐-碳酸缓冲系统的量最大，作用最强，故临床上常用每 100 mL 血液中所含 $NaHCO_3$ 质量（mg）代表体内的缓冲能力，称为碱储。

（二）肺脏的调节

肺可通过改变呼吸运动的频率和幅度，增加或减少 CO_2 的排出量以控制血浆 H_2CO_3 的浓度，从而调节血液的 pH。当动脉血 CO_2 分压升高、氧分压降低、血浆 pH 下降时，可反射性地引起呼吸中枢兴奋，呼吸加深加快，排出 CO_2 增多，使血液中 H_2CO_3 的浓度降低。当动脉血 CO_2 分压降低或血浆 pH 升高时，呼吸变慢变浅，排出 CO_2 减少，使血液中 H_2CO_3 的浓度升高。

（三）肾脏的调节

血液和肺的调节作用很迅速，肾的调节作用发生较慢，但维持时间较长。肾脏主要通过肾小管上皮细胞泌 H^+、泌 NH_4^+ 和重吸收 Na^+ 并保留 HCO_3^- 维持血浆中碳酸氢钠的含量来调节酸碱平衡。

（四）细胞的调节

组织细胞对酸碱平衡的调节作用，主要是通过细胞内外离子交换实现的。当细胞间液 H^+ 浓度升高时，H^+ 弥散入细胞内，而细胞内等量的 K^+ 移至细胞外，以维持细胞内外离子平衡。进入细胞内的 H^+ 可被细胞内缓冲系统处理。当细胞间液 H^+ 浓度降低时，上述过程则相反。

二、酸碱平衡紊乱的类型

机体虽然具有强大的调节酸碱平衡的能力，但是在许多疾病过程中，常可破坏这种平衡，引起酸碱平衡失调。酸碱平衡失调时，体内酸性或碱性物质过多，以致体液的 pH 超出正常范围。体液的 pH 是由 $NaHCO_3/H_2CO_3$ 决定的，正常为 20∶1，pH 为 7.4。如果 $NaHCO_3/H_2CO_3$ 小于 20∶1，pH 低于正常值，则体内酸过多，机体表现出多方面的临床症状，称为酸中毒。反之，若 $NaHCO_3/H_2CO_3$ 大于 20∶1，pH 高于正常值，则称为碱中毒。血浆中 $NaHCO_3$ 的含量受代谢状况的影响，对维持体液 pH 而言是代谢性成分。血浆中 H_2CO_3 的含量受呼吸状况的影响，对维持体液 pH 而言是呼吸性成分。由于血浆 $NaHCO_3$ 含量原发性降低（或升高）引起的酸中毒（或碱中毒）称代谢性酸中毒（或碱中毒），血浆中 H_2CO_3 的含量原发性升高（或降低）引起的酸中毒（或碱中毒），称呼吸性酸中毒（或碱中毒）。据此酸碱平衡紊乱可分为代谢性酸中毒、呼吸性酸中毒、代谢性碱中毒、呼吸性碱中毒。

(一)代谢性酸中毒

在某些情况下,由于机体内固定酸生成过多或 $NaHCO_3$ 大量丧失而引起血浆中碱储减少,称为代谢性酸中毒,酸中毒是临床酸碱平衡失调中最常见的一种类型。

1.发生原因

(1)固定酸生成过多　在许多内科病和传染病过程中,由于发热、缺氧、血液循环障碍或病原微生物及其毒素的作用,体内的糖、脂肪和蛋白质的分解代谢加强,引起乳酸、酮体等酸性物质生成过多并大量蓄积于体内,从而导致血浆 pH 下降。

(2)碱性物质丧失过多　常见于急性肠炎和肠阻塞等疾病时,肠液分泌加强,吸收障碍,使大量碱性物质丧失过多,酸性物质相对增多。

(3)肾脏排酸减少　肾功能不全时,常易发生酸性物质的排出障碍。如急性或慢性肾功能不全时,体内许多酸性代谢产物如磷酸、硫酸等均不能经肾脏排出而潴留于体内,成为引起代谢性酸中毒的主要原因。另外肾小管上皮细胞发生病变引起细胞内碳酸酐酶活性降低,H_2O 和 CO_2 不能生成 H_2CO_3 而致泌 H^+ 障碍,或肾小管上皮细胞产 NH_3、排 NH_4^+ 受限,均可导致酸性物质不能及时排出而在体内蓄积。

(4)酸性物质摄入过多　口服过量的氯化铵、氯化钙等酸性盐类药物时可引起酸中毒。这是因为上述药物在体内均可产生 H^+ 之故,如氯化铵在体内解离为 NH_4^+ 与 Cl^-,其中前者在肝内转变为尿素的同时,还可释放出 H^+,后者可酸化体液而使血流中 HCO_3^- 下降,形成高氯血症性酸中毒。

2.代偿适应性反应

(1)血浆缓冲系统代偿　当机体产生固定酸(乳酸、酮体、氨基酸等)增多而使血浆中氢离子浓度增加时,机体的缓冲系统首先用碱储与之中和,产生对酸碱平衡影响较小的弱酸和中性盐,达到对强酸性物质的代偿性缓冲作用,使体液特别是血液的 pH 保持恒定。其反应式如下:

$$CH_3CHOHCOOH(\text{乳酸}) + NaHCO_3 \longrightarrow CH_3CHOHCOONa + H_2CO_3$$

(2)呼吸代偿　经碱储缓冲而生成的大量 H_2CO_3,可不断解离为 H_2O 和 CO_2,这样不仅 H^+ 浓度增高,CO_2 分压也升高,二者均可刺激延髓化学感受器及颈动脉体的化学感受器,引起呼吸中枢兴奋,导致呼吸加深加快,肺泡通气量增多,加速呼出 CO_2,以降低血液中 CO_2 分压,随之血浆中 H_2CO_3 浓度也减少。由此可见,代谢性酸中毒时虽然 $NaHCO_3$ 含量减少,但经过呼吸代偿,使血浆中 H_2CO_3 浓度也相应减少,从而调整了 $NaHCO_3/H_2CO_3$,使其保持不变。一般来说呼吸系统的代偿是非常迅速的,它可在十几分钟内呈现出明显的呼吸增强作用。因此,呼吸加强是代谢性酸中毒的重要标志之一。

(3)肾脏排酸保碱功能增强　血浆中增多的 H_2CO_3 并非由呼吸加强所能完全消除,还有一部分被血液缓冲对中碱性磷酸钠(Na_2HPO_4)缓冲,生成 $NaHCO_3$ 和 NaH_2PO_4(酸性磷酸钠)。所生成的 $NaHCO_3$ 使血浆中的碱储得以补充,而产生的 NaH_2PO_4 则从肾脏排出。如肾脏机能正常,在排出 NaH_2PO_4 的过程中,其中的 Na^+ 还可与肾小管上皮生成的 NH_3 进行交换,结果回收了碱储而将新生的 $NH_4H_2PO_4$ 排出体外,但此时尿液呈酸性,并且铵盐的含量增加。其反应式如下:

在血液　$H_2CO_3 + Na_2HPO_4 \longrightarrow NaHCO_3 + NaH_2PO_4$

在肾脏　$NaH_2PO_4 + NH_3 + HCO_3^- + H^+ \longrightarrow NaHCO_3 + NH_4H_2PO_4$

酸中毒时，肾小管上皮分泌 H^+ 和 NH_3 的作用增强，以排酸而保碱。此时，由于肾小管排 H^+ 增多，故排 K^+ 相应减少，提高了血浆中的 K^+ 浓度。总之，肾小管上皮通过排出 H^+ 和 NH_3 而回收 Na^+ 及 HCO_3^-，使血液中的碱储得以恢复，$NaHCO_3/H_2CO_3$ 得到调整，从而把血浆 pH 维持在正常的范围内。但这种代偿功能是有限的，当代谢障碍进一步加重或肺功能发生障碍时，血浆的 pH 就继续下降，于是就发展为失代偿性酸中毒。

3. 对机体的影响

在失代偿性酸中毒时，血液中增高的氢离子浓度对机体各系统特别是循环系统影响较大。酸中毒不仅能使心肌收缩减弱（H^+ 增多可竞争性抑制 Ca^{2+} 和肌钙蛋白结合，从而抑制心肌的兴奋-收缩偶联过程），心肌弛缓，心输出量减少，而且降低心肌发生心室颤动的阈值，导致心脏传导阻滞和心室颤动。H^+ 还可降低外周血管对儿茶酚胺的反应性，使其扩张而血压下降；促进肺血管和支气管收缩，引起明显的代谢紊乱；中枢神经系统可因此而发生高度抑制，继之昏迷，最后多因呼吸中枢和血管运动中枢麻痹而死亡。

（二）呼吸性酸中毒

当机体呼吸功能发生障碍，使体内生成的 CO_2 排出受阻，或由于某些原因使 CO_2 吸入过多，从而引起血液中 H_2CO_3 浓度原发性增高而产生高碳酸血症时，称为呼吸性酸中毒。

1. 发生原因

呼吸性酸中毒在多数情况下是由于通气功能障碍，CO_2 排出受阻而引起的。

（1）呼吸中枢受抑制　脑炎、脑肿瘤等疾病，可使呼吸中枢受到抑制而导致肺通气不足或呼吸停止，CO_2 在体内潴留。

（2）呼吸肌麻痹　有机磷中毒等疾病，常可引起呼吸肌麻痹，使呼吸运动失去动力，以致 CO_2 排出障碍而发生呼吸性酸中毒。

（3）胸廓疾病　胸部创伤、胸膜腔积液等，均能严重地影响通气功能而引起呼吸性酸中毒。

（4）呼吸道阻塞或不畅　肿瘤压迫、喉头水肿、异物堵塞气管以及慢性支气管炎，都可以引起急性或慢性呼吸性酸中毒。

（5）肺部疾病　较广泛的肺组织病变，如肺水肿、肺气肿、大面积的肺萎缩或肺组织广泛性纤维化以及肺炎等病，都能因通气障碍或肺泡通气与血流比例失调而引起呼吸性酸中毒。

（6）血液循环障碍　心功能不全时，全身性淤血，CO_2 的运输和排出受阻，可使血浆中 H_2CO_3 浓度升高，导致呼吸性酸中毒的发生。

（7）吸入 CO_2 过多　厩舍过小、通风不良或畜群过于拥挤时，空气中 CO_2 含量过多，畜禽吸入多量的 CO_2，导致血浆中 H_2CO_3 浓度升高，发生酸中毒。

2. 代偿适应性反应

呼吸性酸中毒是呼吸中枢受抑制、呼吸肌麻痹、呼吸道阻塞等原因所引起的，此时的呼吸系统常失去代偿作用，机体的代偿调节主要靠血液中缓冲系统和肾脏来完成。

（1）血浆缓冲系统代偿　当 CO_2 排出受阻而使血液中 H_2CO_3 浓度升高时，就可导致 $NaHCO_3$ 与 H_2CO_3 的比值小于 20∶1，使 pH 下降，从而使血液缓冲作用大大降低。此时，缓冲系统主要靠血浆蛋白和血红蛋白缓冲系统来调节，其反应式如下：

$$H_2CO_3 + Hb \longrightarrow HHb + HCO_3^-$$

$$H_2CO_3 + HbO_2 \longrightarrow HHbO_2 + HCO_3^-$$

从上述缓冲反应中可以看出：血液中部分 CO_2 在生成 H_2CO_3 后，可与蛋白质起反应而生成 HCO_3^-，后者再与 Na^+ 结合而形成 $NaHCO_3$。这样就有助于使 $NaHCO_3/H_2CO_3$ 维持在正常范围之内。另外，当血液内 CO_2 分压升高时，CO_2 还可借助其分压差而弥散入红细胞内，在红细胞内碳酸酐酶的作用下与 H_2O 结合形成 H_2CO_3。H_2CO_3 离解后产生的 HCO_3^- 浓度如超过了血浆内 HCO_3^- 的浓度，就可由红细胞内向血浆中转移，为了维持阴阳离子的平衡，血浆内 Cl^- 则进入红细胞，以替补红细胞内所丧失的 HCO_3^-，使血浆中 HCO_3^- 浓度增高，$NaHCO_3/H_2CO_3$ 得到维持。

(2)肾脏的调节作用　与代谢性酸中毒时相同，但应注意肾脏虽然具有强大的代偿能力，但其生成 HCO_3^- 是一个缓慢的过程，要让这种代偿功能充分发挥作用，必须经过一定时间(数小时至数日)才有可能。

3. 对机体的影响

呼吸性酸中毒对机体的影响和代谢性酸中毒基本相同，不同的是呼吸性酸中毒有高碳酸血症，高浓度的 CO_2 可使脑血管扩张，颅内压升高，导致患病动物精神沉郁和疲乏无力。若 CO_2 含量不断升高，脑血管更加扩张，则可引起脑水肿，致使病畜昏迷。在急性呼吸性酸中毒或慢性呼吸性酸中毒急性发作时，K^+ 往往从细胞内移向细胞外，使血 K^+ 急剧升高，常可引起心室颤动，导致患病动物急速死亡。

任务四　缺　氧

一、缺氧的概念

氧为生命活动所必需。当组织(细胞)氧供应不足(绝对不足或相对不足)或由于细胞氧化过程障碍而不能利用氧时，组织的代谢、功能、形态结构都可能发生异常变化，这一病理过程称为缺氧。动物体内贮存的氧很少，一旦呼吸心跳停止，数分钟内就可能死于缺氧。缺氧不是一种单独的疾病，而是多种疾病的一种共同的病理过程。机体在缺氧时会发生一系列机能、代谢和形态结构的变化。这些变化有的对生命活动有利，如血液循环的改变、呼吸加强和红细胞生成加速等；有的则有害，如缺氧引起细胞功能障碍或死亡。

兽医临床上家畜缺氧极为常见，循环、呼吸、血液系统的疾病以及某些化学物质的中毒都可引起缺氧，是家畜死亡的直接原因之一。缺氧和窒息不同，缺氧指体内氧含量不足，窒息除缺氧外还伴有体内二氧化碳的增多。

二、常用的血氧指标

氧的获得和利用是个复杂的过程，包括外呼吸、气体的运输和内呼吸 3 个环节。血氧是反映组织供氧量与耗氧量的重要指标，常用的血氧指标如下。

1. 血氧分压

血氧分压是指以物理状态溶解在血浆内的氧分子所产生的张力。动脉血氧分压取决于吸入气体的氧分压和肺的呼吸功能，而静脉血氧分压反映内呼吸状况。正常时动脉血氧分压为 12.93 kPa，静脉血氧分压为 5.33 kPa。

2. 血氧容量

血氧容量是指每 1 L 血液中血红蛋白(Hb)充分结合氧和溶解于血浆中氧的总含量,它取决于血液中血红蛋白的数量及质量(结合氧的能力)。正常动物的血氧容量为 200 mL/L。

3. 血氧含量

血氧含量是指每 1 L 血液的实际携氧量,包括血红蛋白结合氧和血浆中物理溶解氧。血氧含量取决于氧分压和血氧容量。动脉血氧含量为 190 mL/L,静脉血氧含量为 140 mL/L。

4. 氧饱和度

氧饱和度是指氧含量与氧容量的百分比。

5. 氧离曲线(ODS)

ODS 为表示血红蛋白氧饱和度与氧分压关系的曲线,反映血红蛋白结合氧和解离氧的能力,呈 S 形。

三、缺氧的原因、类型及其特征

根据发生原因和血氧变化,缺氧一般分为 4 种类型。供氧减少有低张性缺氧、血液性缺氧、循环性缺氧 3 种,用氧减少只有组织中毒性缺氧 1 种。

(一)低张性缺氧(低张性低氧血症)

低张性缺氧又称大气性缺氧或低氧血症,是动脉血氧分压降低,动脉血氧含量减少,导致组织供氧不足,引起的缺氧。

1. 原因

吸入气中氧分压过低,如高原、高空或圈内拥挤通风不良等;喉头水肿等呼吸道狭窄或阻塞疾病,胸膜炎等胸腔疾病,肺炎等肺脏疾病,呼吸中枢抑制或麻痹性等疾病。

2. 机理

吸入气中氧分压过低或外呼吸功能障碍造成肺通气、换气功能障碍及呼吸面积缩小,引起低张性缺氧。此时,氧的弥散速度下降,弥散量少,供给细胞的氧减少,导致组织缺氧。

3. 病理特征

动脉血氧分压、血氧含量和血氧饱和度均降低,而因组织利用氧的功能正常,因而氧容量一般正常,动-静脉血氧含量差变化不明显,影响氧向组织内弥散,所以引起缺氧。低张性缺氧(严重通气障碍)时,毛细血管中氧合血红蛋白(HbO_2)浓度降低,还原血红蛋白(HHb)浓度增加,皮肤、黏膜呈青紫色(发绀),并反射性引起呼吸中枢兴奋,代偿性呼吸增加。

(二)血液性缺氧(等张性低氧血症)

血液性缺氧是由于血红蛋白数量减少或性质改变,故动脉血氧含量降低,或氧合血红蛋白释放氧不足,引起的供氧障碍性组织缺氧。

1. 原因

血液性缺氧是由于贫血、Hb 性质改变引起的。贫血常见的有失血性贫血、营养不良性贫血、溶血性贫血和再生障碍性贫血;Hb 性质改变见于亚硝酸盐、过氧酸盐、氧化剂、磺胺类药物、硝基苯化合物等中毒或一氧化碳中毒。

2. 机理

(1)贫血　贫血时,由于血红蛋白和红细胞数减少,其携带氧的数量减少,毛细血管处氧分压降低的速度加快，所以氧向组织弥散速度迅速减慢，供给组织的氧减少。

(2)Hb 性质改变

①高铁血红蛋白症　亚硝酸盐等中毒时，Hb 中的二价铁(Fe^{2+})在氧化剂作用下氧化成三价铁(Fe^{3+})形成高铁血红蛋白(MHb，又称变性血红蛋白或羟化血红蛋白)症。一方面 $HbFe^{3+}$ 丧失携带氧的能力；另一方面提高剩余 $HbFe^{2+}$ 与 O_2 的亲和力，造成缺氧。常见于大量食用含硝酸盐的腌菜水，硝酸盐在肠道细菌作用下还原为亚硝酸盐，导致中毒，称为肠源性发绀。

②一氧化碳(煤气)中毒　一氧化碳与血红蛋白亲和力比 O_2 与 Hb 大(210 倍)，而 HbCO 解离速度却是 HbO_2 的 1/2 100，另一方面，一氧化碳抑制正常红细胞的糖酵解，使 2,3-二磷酸甘油酸(2,3-DPG)生成减少，HbO_2 结合的氧不易释出。因此，一氧化碳中毒既妨碍 Hb 与 O_2 结合，又妨碍 O_2 的解离，从而造成严重的缺氧。

3. 病理特征

贫血性缺氧时血氧饱和度和血氧分压均正常，而动脉血氧含量和血氧容量均降低，静脉血液的血氧含量、血氧容量、血氧饱和度及血氧分压均降低。贫血时动脉血氧分压虽然正常，但是在毛细血管中的平均氧分压值低于生理常数，当血液在毛细血管网通过时，血氧分压下降较快，氧向组织弥散速度减慢，导致动-静脉血氧含量差减小。血红蛋白变性引起缺氧时，动脉血氧容量和血氧饱和度均降低。血液性缺氧时，不出现发绀。煤气中毒时，皮肤、可视黏膜呈樱桃红色；严重中毒时，因毛细血管收缩，可视黏膜呈苍白色。亚硝酸盐中毒时，由于 MHb 呈咖啡色或青石板色，故皮肤、可视黏膜呈咖啡色。

(三)循环性缺氧(低血流性缺氧)

由于组织器官供血量减少或血流速度减慢而引起的供氧不足，称为循环性缺氧。包括缺血性缺氧和淤血性缺氧，前者为动脉血流入组织不足所致，后者为静脉血回流受阻所致。

1. 原因

全身性血液循环障碍，见于心力衰竭、休克等，局部性血液循环障碍，见于栓塞、血栓形成、动脉狭窄、局部淤血等。

2. 机理

全身性血液循环障碍时，心脏输出血量减少，导致全身性缺氧，严重时心、脑、肾等重要器官组织缺氧、功能衰竭，可导致动物死亡。局部性血液循环障碍时，单位时间内从毛细血管流过的血量减少或变慢，弥散到组织细胞内的氧减少(供 O_2 减少)，导致组织缺氧。

3. 病理特征

循环性缺氧时动脉血氧分压、血氧饱和度、氧容量和动脉血氧含量正常，由于血流速度缓慢，一方面血在毛细血管网通过时间延长，氧向组织弥散的量增多，而静脉血氧分压和血氧含量降低，导致动-静脉血氧含量差增大；另一方面单位时间内毛细血管血流的总量少，氧向组织弥散的总量少，导致组织缺氧。毛细血管中还原血红蛋白(HHb)浓度增加，皮肤、黏膜发绀。全身性血液循环障碍可致肺水肿、休克等严重病变，甚至于死亡。

(四)组织性缺氧(组织中毒性缺氧)

组织细胞生物氧化过程障碍，利用氧能力降低引起的缺氧，又称为氧利用障碍性缺氧。

1. 原因

见于组织中毒、细胞损伤、维生素缺乏等。

2. 机理

(1)组织中毒　如氰化物中毒时,氰基(CN^-)迅速与线粒体中氧化型细胞色素氧化酶上的三价铁离子(Fe^{3+})结合,形成氰化高铁细胞色素氧化酶,而不能再接受并传递电子给氧原子以形成水,呼吸链中断,组织细胞利用氧障碍。硫化氢、砷化物等中毒也主要是由于抑制该氧化酶而致缺氧的。

(2)细胞损伤　当大量辐射或细菌毒素作用时,线粒体损伤而导致细胞利用氧障碍。

(3)维生素缺乏　如硫胺素(维生素 B_1)、烟酰胺(维生素 B_5)和核黄素(维生素 B_2)都是多种还原酶的辅酶,参与体内生物氧化还原反应,这些维生素严重缺乏时线粒体功能障碍,呼吸酶合成障碍,导致细胞利用氧障碍。

(4)组织需氧量过多　如剧烈运动时,心肌耗氧量和需氧量增加,而引起缺氧。

总之,组织性缺氧时外呼吸、血红蛋白与氧结合、血液携氧循环过程正常,但细胞不能利用氧,内呼吸环节发生障碍。

3. 病理特征

组织性缺氧时,血氧指标变化为动脉血氧分压、血红蛋白氧饱和度、氧容量和动脉血氧含量正常,但细胞不能利用氧,导致动-静脉血氧含量差减小。因为静脉、毛细血管中氧合血红蛋白浓度增加,所以动物皮肤、可视黏膜呈鲜红或玫瑰红色。

缺氧虽分为上述四型,但在临床上所见的缺氧常为混合性。如感染性休克时主要是循环性缺氧,但微生物所产生的内毒素还可引起组织细胞利用氧功能障碍而发生组织性缺氧,当并发休克时可出现低张性缺氧。失血性休克,既有血红蛋白减少所致的血液性缺氧,又有微循环障碍所致的循环性缺氧。心力衰竭时既有循环障碍引起的循环性缺氧,又可继发肺淤血、水肿而引起组织性缺氧。因此,对具体病情,要作全面的具体分析。

四、缺氧时机体的代谢变化

缺氧对机体的影响,取决于缺氧发生的程度、速度、持续时间和机体的代谢状态。

缺氧时机体的代谢变化,包括机体对缺氧的代偿性反应和由缺氧引起的代谢与机能障碍。轻度缺氧主要引起机体代偿性反应;快速严重缺氧而机体代偿不全时,出现的变化以代谢与机能障碍为主,出现不可逆性损伤,甚至于死亡。在缺氧时,机体的营养物质分解代谢加强,氧化不全产物蓄积,结果导致代谢性酸中毒。由于缺氧初期呼吸运动增强,体内 CO_2 排出增多,血液中 CO_2 含量相应减少,导致呼吸性碱中毒。

任务五　发　热

哺乳动物都属于恒温动物,具有相对恒定的体温。体温的相对恒定是在机体体温调节中枢的调控下完成的,它对维持正常的生命活动具有重要意义。体温调节的高级中枢位于下丘脑前部,脊髓、延脑和大脑皮层对体温也有一定的调节作用。

发热是指在致热原作用下，体温调节中枢的调定点上移，体温上升超过正常值 0.5 ℃以上。

发热不是一种单独的疾病，而是许多疾病过程中常出现的一个基本病理过程，是动物许多疾病，尤其是传染病和炎性疾病最常见的症状之一。

从本质上讲，发热是体温调节中枢的调定点上移后所表现出的体温调节活动；过热则是由于体温调节障碍（如体温调节中枢受到损伤），或机体的散热功能障碍（如环境温度过高、湿度过大或动物患有大面积皮肤病等），或产热器官功能异常所致。

一、发热的原因

（一）发热激活物与致热原性发热

凡能引起机体发热的物质称为热原刺激物或致热原。能激活产内生性致热原细胞，产生和释放内生性致热原的物质称为发热激活物。致热原包括外生性致热原和内生性致热原，外生性致热原又分感染性因素（包括微生物、寄生虫及其产物）和非感染性因素（恶性肿瘤、变态反应、无菌性炎症等）。

1. 外生性致热原

来自体外能致热的物质（如内毒素、外毒素和结核菌素）称为外生性致热原。

（1）细菌及毒素　包括革兰氏阴性细菌与内毒素、革兰氏阳性细菌与外毒素和分枝杆菌。

①革兰氏阴性细菌与内毒素　此类细菌感染是常见的发热原因，主要有葡萄球菌、溶血性链球菌、肺炎球菌等。临床上输液或输血过程中所产生的发热反应，多数是由于内毒素污染所致。

②革兰氏阳性细菌与外毒素　革兰氏阳性菌除了胞壁的肽聚糖有类似脂多糖性质的致热性以外，分泌的外毒素也有致热性，如葡萄球菌肠毒素。

（2）病毒　流感病毒等病毒可激活产致热原细胞产生、释放内生性致热原，引起发热。

（3）其他微生物　白念珠菌感染所致的肺炎、鹅口疮等，其致热因素是菌体及菌体内所含的荚膜多糖和蛋白质；钩端螺旋体内含有溶血素和细胞毒因子以及内毒素样物质；真菌、立克次氏体、衣原体等许多病原微生物的致热物质尚不清楚。

（4）非传染性致热原　某些体内产物以诱导产生内生性致热原的方式引起发热，也称为非传染性致热原。例如，大面积烧伤、创伤引起的无菌性炎症，某些药物、血清病引起的变态反应，抗原抗体复合物的形成和致敏淋巴细胞释放淋巴因子引起的发热，恶性淋巴瘤、肉瘤等引起的肿瘤性发热，中枢兴奋药兴奋体温调节中枢引起的化学药物性发热，甲状腺功能亢进时引起的激素性发热，中枢神经系统受到损伤或植物神经功能紊乱都可引起的神经性发热，体内某些类固醇产物（如睾酮的中间代谢产物本胆烷醇酮）的致热。

2. 内生性致热原

产内生性致热原细胞（能够产生和释放内生性致热原的细胞）在发热激活物的作用下所产生和释放的能引起体温升高的产物，统称为内生性致热原，主要有白细胞介素等（表 6-1）。

（二）非致热原性发热

非致热原性发热指没有致热原参与而引起的发热。体温调节中枢机能障碍（脑出血、脑肿瘤、中暑、脑膜炎等)、产热过多(甲状腺亢进、骨骼肌持续痉挛等)、散热减少(广泛皮炎、大面积烧伤、重度心衰和脱水性疾病等)均可引起发热。

表 6-1 主要内生性致热原的种类、来源及作用

<table>
<tr><th colspan="3">种类</th><th>生成部位</th><th>作用</th></tr>
<tr><td rowspan="2">白细胞介素</td><td>白细胞介素-1</td><td>IL-1</td><td>单核巨噬细胞、内皮细胞、星状细胞、肿瘤细胞</td><td>对急性期反应物的诱导,促进淋巴细胞活化增殖,增强吞噬细胞杀菌功能</td></tr>
<tr><td>白细胞介素-6</td><td>IL-6</td><td>可由多种细胞分泌:单核细胞、成纤维细胞、淋巴细胞</td><td>对急性期反应物的诱导,促进 B 淋巴细胞的增殖和分化以及 IgG 的合成,细胞毒 T 淋巴细胞(CTL)的诱导</td></tr>
<tr><td colspan="2">肿瘤坏死因子</td><td>TNF-α
TNF-β</td><td>单核巨噬细胞、淋巴细胞</td><td>杀伤肿瘤细胞</td></tr>
<tr><td colspan="2">干扰素</td><td>IFN-α
IFN-β
IFN-γ</td><td>白细胞、T 淋巴细胞、成纤维细胞、自然杀伤细胞(NK 细胞)</td><td>可能是病毒感染致热的重要致热原,还有抗病毒、增强 TNF 和 NK 细胞活性的作用</td></tr>
<tr><td colspan="2">白细胞三烯</td><td>LT</td><td>嗜碱性粒细胞、肥大细胞、单核细胞</td><td>吸引中性粒细胞,并使之黏附于血管内膜上</td></tr>
<tr><td colspan="2">巨噬细胞炎症蛋白-1</td><td>MIP-1</td><td>单核细胞因子,是一种肝素结合蛋白质</td><td>对白细胞有化学促活作用</td></tr>
</table>

二、发热的机理

发热机理较复杂,目前大多仍以"调定点"学说来解释,认为发热有三个环节:第一环节是内生性致热原的产生和释放;第二环节是体温调节中枢的"调定点"上移;第三环节是调温效应器的作用,产热增加,散热减少,即一方面通过运动神经引起骨骼肌的紧张度增高或寒战使产热增多,另一方面交感神经系统引起皮肤血管收缩,使散热减少,由于产热大于散热,体温相应上升直至与"调定点"新高度相适应。

三、发热的经过和热型

(一)发热的经过

多数发热尤其急性传染病和急性炎症的发热,其临床经过大致可分 3 个阶段,即体温上升期、高热持续期和体温下降期,每个时期有各自的临床症状和热代谢特点。

1. 体温上升期

(1)代谢特点　体温上升期产热量大于散热量(产热增多和散热减少)。此时体温调节中枢的体温"调定点"上移,肌肉收缩加强,肌糖原分解加强,皮肤血管收缩,汗腺分泌减少,减少皮肤的热散发,因而体温逐渐上升。动物体温升高的速度并不一致,如猪瘟、猪丹毒、牛恶性卡他热等,体温升高很快;而非典型马腺疫的体温则是缓慢地上升。

(2)临床表现　此时患病动物表现精神沉郁,食欲减退或废绝,呼吸和心跳加快,皮肤苍白，被毛逆立，寒战，皮肤干燥，被毛蓬乱等症状，反复寒战超过一天可能是菌血症，在传染病诊断上有参考意义。

2. 高热持续期（高热稽留期）

（1）代谢特点　产热量接近散热量，体温在较高水平上维持平衡。血温升高同时又使皮肤温度升高，皮肤血管扩张，散热增加。在不同的疾病和动物中，体温升高的水平和持续时间也有不同，如牛传染性胸膜肺炎的高热期 2～3 周，慢性猪瘟的高热期可维持 1 周以上；而牛流行性感冒的高热期仅为数小时或几天。

（2）临床表现　患病动物皮温增高，眼结膜充血潮红，呼吸和心跳加快，胃肠蠕动减弱，粪便干燥，尿少色深，口干舌燥等。

3. 体温下降期（退热期）

（1）代谢特点　产热量小于散热量。发热激活物、内生性致热原、发热介质得到控制和清除，或应用退热药物，使上升的"调定点"恢复到正常水平，此时血温仍偏高，热敏感神经元发放冲动，促进散热；冷敏感神经元受抑制，产热减少。

（2）临床表现　汗腺分泌增加，大量出汗以散发热量（又称出汗期），使体温下降。大量出汗是一种速效的散热反应，但出汗可造成脱水，甚至循环衰竭，应注意监护，补充水和电解质，尤其是对心肌炎患畜，更应密切注意。热的消退可快可慢，快者几小时或 24 h 内降至正常，称为体温骤退。慢者需几天到十几天才降至正常，称体温渐退。在兽医临床上要谨防动物体温骤退，引起急性循环衰竭而造成的死亡。

（二）热型

在许多疾病过程中，发热过程持续时间与体温升高水平是不完全相同的。临床上常常每日对动物定时检测体温两次，并逐日将体温记录点连接起来，绘制成曲线图，称为体温曲线，体温曲线的表现形式称热型。热型在疾病诊断和鉴别诊断上有一定的临床意义。

四、发热时机体的变化与生物学意义

（一）物质代谢的变化

发热机体的代谢改变包含两个方面：一方面是在致热原作用后，体温调节中枢对产热进行调节，提高骨骼肌的物质代谢，使调节性产热增多；另一方面是体温升高本身的作用，体温升高 1 ℃，基础代谢率提高 13%。因此持久发热使物质消耗明显增多。如果营养物质摄入不足，就会消耗自身物质，并易出现维生素 C 和 B 族维生素的缺乏。

1. 糖代谢

发热时糖分解代谢加强，血糖升高，葡萄糖的无氧酵解加强，组织内乳酸含量增加。

2. 脂肪代谢

发热时脂肪分解也明显加强，由于糖代谢加强使糖原储备不足，摄入相对减少，乃至大量消耗储备脂肪致动物消瘦。脂肪分解加强和氧化不全，出现酮血症和酮尿。

3. 蛋白质代谢与急性期反应

高热时蛋白质分解加强，尿素氮比正常增加 2～3 倍，可出现负氮平衡。急性期反应是机体一系列应激变化中的一种防御反应，多数发热有急性期反应，此时必须保证给机体大量蛋白质等营养，否则长期高热可造成肌肉和实质器官发生萎缩、变性，进而引起机体的衰竭。

4. 水、电解质及维生素代谢

发热时出汗、排尿增多及机体内代谢的加强，使水、电解质及维生素均大量消耗。高热可引起脱水，脱水又可加重发热，因此必须补足水分，尤其是高热期、退热期。此外，由于氧化不全的酸性产物（如乳酸、酮体）在体内增多，可导致代谢性酸中毒。

（二）机能的变化

1. 中枢神经系统功能改变

发热对中枢神经系统的影响较大，特别是高热时，神经系统兴奋性增高，易引起烦躁不安、惊厥。体温过高时可导致昏迷、死亡。

2. 循环系统功能改变

发热时心率加快，体温上升 1 ℃，心率增加 10～15 次/min。尤其是传染病引起的长期发热，由于氧化不全产物和毒素对心脏的作用，容易引起心肌变性；又因心动过速，心脏负担加重，若心肌有潜在病灶，则诱发心力衰竭。此外，体温骤退，可因大汗而致虚脱、休克甚至循环衰竭，应注意预防。

3. 呼吸系统功能改变

发热时血温升高刺激呼吸中枢并提高呼吸中枢对 CO_2 的敏感性，再加上代谢加强、CO_2 生成增多，共同促使呼吸加深加快。

4. 消化系统功能改变

发热时交感神经兴奋，水分蒸发过多，导致消化液减少，各种消化酶活性降低，食欲减退，胃肠道蠕动减弱，口干腹胀，便秘等现象。有时可因肠内容物发酵、腐败而引起自体中毒。

5. 泌尿系统的变化

发热初期，由于血压升高，肾脏血流量增加，尿量稍增多，尿比重较低。高热时，一方面由于呼吸加快，水分被蒸发；另一方面因肾组织发生轻度变性，体表血管舒张，肾脏血流量相应地减少，以及由于分解代谢增强，酸性代谢产物增多，水和钠盐被潴留在组织中，因而使尿量减少，尿比重增加，并且尿中常出现含氮产物。到退热期，肾脏血液循环的改善，大量盐类又从肾脏排出，因此又表现为尿量增加。

6. 防御功能改变

发热时，机体内单核巨噬细胞系统的功能活动增强，表现在抗感染能力增强，抗体形成增多，补体活性增高，肝脏解毒功能增强。

（三）发热的生物学意义

发热是机体在长期进化过程中所获得的一种以抗损伤为主的防御适应反应，对机体有利也有弊。

1. 有利方面

总体来看，一定程度的发热有利于机体抵抗感染，抑制对机体有害的致病因素，能增强单核巨噬细胞系统的吞噬能力，提高机体对致热原的清除能力；肝脏氧化过程加速，提高其解毒能力。从生物进化角度看,发热对机体的生存和种族延续具有重要的保护意义。

2. 不利方面

发热明显增大能量消耗,加重器官的负荷,诱发相关脏器的功能不全,动物消瘦和抵抗力下降。高热常使实质器官的细胞出现颗粒变性,中枢神经系统和血液循环系统发生损伤,动物表现精神沉郁以至昏迷,心肌变性会导致心力衰竭。发热可导致胎儿的发育障碍,是重要的致畸因子,因此母畜应尽量避免发热。

五、发热的处理原则

影响发热的主要因素是中枢神经的功能状态、内分泌系统的功能状态、营养状况、疾病状态、发热激活物的性质。除了采取对因治疗外,针对发热的治疗(退热治疗)应尽可能遵循以下原则。

(1)非高热者一般不要急于解热,否则干扰热型和热程不利于疾病的诊断。对长期不明原因的发热,应做详细检查,注意寻找体内隐蔽的化脓部位。

(2)持续高热(如 40 ℃以上)、患心脏病(发热加重心肌负荷)、有严重肺或心血管疾病、妊娠期,治疗原发病的同时采取退热措施,但高热不可骤退。

(3)解热措施包括药物解热、物理降温及其他措施(包括休息,补充水分、营养),高热惊厥者也可酌情应用镇静剂(如安定)。

(4)加强对高热或持久发热病畜的护理。补足水分,预防脱水,并纠正水、电解质和酸碱平衡紊乱;保证充足易消化的营养食物(包括维生素),监护心血管功能,大量排汗时要防止休克的发生。

任务六 黄 疸

黄疸又称高胆红素血症,是指由于血浆胆红素浓度增高而引起的皮肤、巩膜、黏膜、大部分组织和内脏器官及某些体液的黄染。多种疾病能引起黄疸,尤其是在肝胆疾病和溶血性疾病中最多见。

一、胆色素的正常代谢

体内胆红素主要是衰老红细胞被单核细胞吞噬分解后产生的,占 80%～85%。衰老红细胞被单核细胞吞噬后,分解为珠蛋白和血红素,其中珠蛋白分解为氨基酸被重新利用,而血红素则降解为胆绿素,胆绿素在胆绿素还原酶作用下,生成胆红素。胆红素在体内存在形式有非酯型胆红素(未结合胆红素)和酯型胆红素(结合胆红素)两种形式。在血液中为非酯型胆红素,在肝细胞内转化为酯型胆红素。酯型胆红素随胆汁排入肠道,进入毛细胆管的酯型胆红素随胆汁排入十二指肠,在回肠和结肠细菌的作用下,生成无色的胆素原(如粪胆素原、尿胆素原),在肠道下段与空气接触,氧化为黄褐色粪尿胆素,是粪尿的主要颜色来源。在肠道中,有 10%～20%的胆素原再吸收入血,经门静脉返回肝,大部分再经肝细胞分泌,排入胆汁而再进入肠腔,这一过程称为胆素原的肠肝循环。其中有少量胆素原进入血液,经体循环从肾脏排出。

二、黄疸的原因及类型

依据发生原因将黄疸分为溶血性黄疸、实质性黄疸和阻塞性黄疸(表 6-2)。

表 6-2 三种类型黄疸的主要特点

区别项目	溶血性黄疸	实质性黄疸	阻塞性黄疸
胆红素代谢情况	红细胞大量破坏，胆红素生成过多	肝细胞受损，胆红素处理障碍	胆道阻塞，胆红素排泄障碍
血清中未结合胆红素浓度	增多	增多	无变化或增多
血清中结合胆红素浓度	无变化	增多	增多明显
胆红素定性试验	间接反应阳性	双相反应阳性	直接反应阳性
尿胆红素	无	有	有
尿胆素原含量	增加	增加	无
粪胆素原含量	增加	减少	减少或无

(一)溶血性黄疸(肝前性黄疸)

1. 原因

有先天和后天两方面因素。常见于免疫性因素(血型不合的异型输血、溶血病、自身免疫性溶血性贫血、溶血或某些药物致敏)、生物性因素(细菌、病毒、某些毒蛇咬伤)、物理性因素和化学性因素所造成的红细胞破坏。

2. 病理特征

溶血性黄疸的特点是血液中非酯型胆红素增多，胆红素定性试验时，呈间接反应阳性，粪、尿胆素原都增多，粪尿颜色加深。

(二)实质性黄疸(肝性黄疸)

1. 原因

中毒(磷、汞)、肝炎等传染病、某些败血症和维生素 E 缺乏等引起肝细胞损坏。

2. 病理特征

血中非酯型和酯型胆红素均增多，胆红素定性试验时，呈双相反应阳性，肝分泌障碍，进入肠内的胆红素减少，粪胆素原也少，粪色淡。但是血中酯型胆红素透过肾小球毛细血管从尿排出，尿胆素原增多，尿色加深。

(三)阻塞性黄疸(肝后性黄疸)

由于结石、虫体等因素致胆管阻塞引起的黄疸，也称肝后性黄疸。

1. 原因

常见于十二指肠炎、胆道炎、胆道结石或寄生虫等阻塞胆管、肿块压迫胆道，导致肠肝循环障碍，引起黄疸。

2. 病理特征

血中酯型胆红素增多，胆红素定性试验时，呈直接反应阳性。由于胆汁未进入肠内，粪胆素原减少，粪色淡(灰白色)。但是没有尿胆素原，尿无色而且清亮。

三、黄疸对机体的影响

肝内与肝外胆汁淤滞时，胆红素及一部分胆汁均可损害细胞，导致细胞坏死、凋亡等。特别是阻塞性黄疸时对机体影响较大。由于肝细胞的坏死与凋亡,可进一步损害肝功能,可产生出血倾向等。胆酸盐刺激血管壁感受器,反射地兴奋迷走神经中枢,使心跳变慢,血压下降;胆酸盐在皮肤和汗腺中蓄积,可引起皮肤瘙痒。

同时,由于胆汁不能进入消化道,一方面可产生消化吸收功能障碍,另一方面因脂溶性维生素吸收不良,产生一系维生素缺乏的症状。

任务七 败血症

一、概念

机体受到病原微生物感染后,其抵抗力不能抗御病原微生物的侵袭,病原微生物迅速突破机体的防御系统,在体内增殖并大量向血液中释放,血液内持续存在病原微生物及其毒性产物,造成广泛的组织损伤,临床上出现严重的全身反应,这种全身性病理过程称为败血症。

败血症时血液内出现大量细菌是感染组织增殖的病原菌向血液侵入,机体一时不能将其完全清除的结果。除细菌外,一些病毒、寄生原虫及细菌毒素和其他毒性产物也会引起与其相类似的病理变化,也称为败血症。

在败血症的过程中往往伴有菌血症、病毒血症、虫血症或毒血症出现,这些是败血症的重要标志之一。但是,只有这些,并不能诊断为败血症,还必须结合是否有败血症的病理变化,方可做出确切诊断。

(一)菌血症

病原菌出现于循环血液中的现象,称为菌血症。菌血症的出现有下列两种可能:一种是败血症时的菌血症,当病原菌侵入机体后,在其嗜好的部位大量增殖,然后进入血液,由于机体防御机能瓦解,所以不能将其清除,病原菌持续存在于血液中,并且有明显的全身症状和病理变化。另一种是非败血症时的菌血症,病原菌出现于血液中为暂时性或称为一过性,并不出现全身症状和病理变化。

(二)病毒血症

病毒粒子存在于血液中的现象,称为病毒血症。病毒血症的出现也有两种可能:一种是败血症时的病毒血症,常发生于由病毒引起的某些传染病的败血型,当病毒侵入机体后,在其嗜好部位进行复制,然后向血液释放大量病毒粒子,由于机体防御机能瓦解,所以不能将其清除,大量病毒存在于血液中,同时伴有明显的全身性感染过程。另一种是非败血症时的病毒血症,病毒出现于血液中为临时性或称为一过性,并不出现全身症状和病理变化。

(三)虫血症

寄生原虫侵入血液的现象,称为虫血症。败血型原虫病时的虫血症,主要是由于原虫在其适于寄生的部位繁殖后,大量原虫进入血液,同时伴有明显的全身性病理过程。

(四)毒血症

血液内有细菌毒素和其他毒性产物蓄积而引起的全身中毒现象,称为毒血症。毒血症的发生主要是由于病原微生物侵入机体后,在其嗜好部位增殖,不断产生毒素,并形成大量组织崩解产物,被吸收进入血液而引起机体中毒;毒血症的发生也与全身发生的物质代谢障碍、肝脏的解毒功能降低以及肾脏的排毒机能下降等因素有关。

二、败血症的原因和类型

根据引起败血症的病原体的不同，败血症可分为传染病型败血症和非传染病型败血症。

(一)非传染病型败血症

如葡萄球菌、链球菌、铜绿假单胞菌、腐败梭菌等，病原体由侵入门户进入机体内，引起局部炎症，若未能被消除，则在局部生长繁殖，当机体抵抗力降低、治疗不当等，则病菌不断向淋巴管、血管扩散，毒性产物大量进入血液，导致器官组织损伤，机能紊乱，最终引起败血症。如果是化脓菌，则先在侵入局部引起化脓性炎，随病情恶化，引起全身转移性化脓灶，称全身性脓血症或脓毒败血症。

(二)传染病型败血症

如细菌(炭疽杆菌、巴氏杆菌、猪丹毒杆菌等)、病毒(猪瘟病毒、新城疫病毒、牛瘟病毒、鸭瘟病毒、马传染性贫血病病毒等)、原虫(弓形虫、牛泰勒虫等)等病原体侵入机体后，呈明显的局部炎症过程，在合适部位繁殖，并迅速经血液向全身播散，造成广泛的组织损害。其机理与非传染性病原体引起的败血症一样，只不过传染性病原体毒力强，侵袭力强。

三、败血症的病理变化

(一)传染病型败血症

1. 最急性型

当病原体毒力特别强或机体抵抗力很弱时，体内防御系统迅速被破坏，体内出现了严重的物质代谢障碍，危及生命，动物很快死亡。此种类型的败血症因为病程特别短，所以形态学变化未能充分形成，一般无肉眼可见的病理变化。

2. 急性型

死于急性败血症的动物具有典型的病理变化，其共同点如下。

(1)尸僵不全，尸体腐败臌气　这是由于动物体内有大量病原微生物及其毒素存在，肠道腐败菌在机体抵抗力降低的情况下进入血液，极易引起尸体腐败，肌肉组织发生退行性改变。肌肉内的乳酸被细菌的碱性物质中和，使存在于肌肉中的乳酸变少，往往不出现尸僵或尸僵不完全。

(2)血液凝固不良　常见从尸体的天然孔流出黑红色不凝固的浓稠血液。

(3)溶血现象　可见大血管内膜、心内膜和气管黏膜被血红蛋白染成污红色，可视黏膜和皮下组织黄染。这是因为在细菌毒素的作用下，红细胞遭到破坏，发生溶血现象，血管内膜等处被血红素染成污红色。

(4)全身黏膜、浆膜出血　可见四肢、背腰部和腹部皮下、黏膜和浆膜下的结缔组织有浆液性出血性或出血性胶样浸润，在心包膜、心外膜、胸膜、腹膜、肠黏膜、气管黏膜、肠浆膜及一些实质器官的被膜上有散在的出血点或出血斑。

(5)急性脾肿　脾脏肿大可达正常时的 3～5 倍，可见被膜紧张，边缘钝圆，质地松软易碎，呈黑紫色。切面隆突，白髓和小梁不明显，切面流出紫黑色液体，呈浓稠粥样。用刀背轻刮切面有多量紫红色粥样物，有时脾髓因高度软化而从切面自动流出，称为败血脾。脾肿大特别严重时，可造成脾破裂而引起内出血。

(6)淋巴结肿大明显 在病程较长的病例，全身各处的淋巴结均见肿大，呈现急性浆液性和出血性淋巴结炎的变化。

(7)心脏、肝脏、肾脏等实质器官 以退行性变化为主，有时也见炎症变化。心脏表现心肌变性，弹性降低，心腔扩张，心肌质地松软，切面无光泽，呈土黄色。有时因局部心肌组织充血、出血、变性、坏死的程度不同而呈现红、黄、灰等不同色彩。心内膜、心外膜有散在的出血点。心腔内有多量暗红色凝固不良的血液，为急性心力衰竭的表现。肝脏因变性而肿大，呈灰黄或土黄色，质地脆弱。常因肝组织淤血和脂肪变性同时发生，而呈“槟榔肝”变化。肾脏因变性而肿大，质地松软，被膜易剥离，皮质部呈灰黄或土黄色，皮质部和髓质部交界处因淤血呈紫红色。肺脏可见淤血、水肿，体积增大，呈紫红色，有时呈现出血性支气管肺炎的变化。

(8)神经系统 眼观脑软膜充血，脑实质无明显病变。

(9)肾上腺 因明显变性，类脂质消失，皮质部失去固有的黄色，呈浅红色，皮质与髓质部可见出血灶。

(二)非传染病型败血症

非传染病型败血症又称为感染创型败血症，其特点是在机体发生局灶性创伤的基础上，有细菌感染引起炎症，进而发展为败血症。如体表创伤、手术创伤(包括去势创伤)、产后的子宫及新生畜的脐带等损伤，因护理不当或治疗不及时造成细菌感染并引起败血症。

感染创型败血症除具上述败血症的病理变化外，不同的感染创型败血症又各有其原发病灶的变化特点，可分为以下几种。

1.创伤败血症

原发病灶在于各种创伤(如鞍伤、蹄伤、去势创等)。原发病灶多呈浆液性化脓性炎或蜂窝织炎。病原体多沿淋巴管扩散，致使病灶附近的淋巴管和淋巴结发炎。淋巴管肿胀、变粗，呈条索状，管壁增厚而管腔狭窄，管腔内积有脓汁或纤维素凝块。淋巴结为单纯淋巴结炎或化脓性淋巴结炎。病灶周围静脉有时可呈静脉炎，静脉管壁肿胀，内膜坏死和脱落，管腔内积有血凝块或脓汁。

2.产后败血症

母畜分娩后，当子宫黏膜损伤或子宫内遗有胎盘碎片时，易感染化脓菌或腐败菌，引起化脓性子宫炎或腐败性子宫炎，往往因继发败血症而死亡。子宫肿大，压之有波动感，子宫内蓄积多量污秽不洁并有臭味的脓样液体。子宫黏膜淤血、出血及坏死，坏死的黏膜脱落后，形成糜烂或溃疡。

3.脐败血症

新生幼畜断脐时消毒不严，致使细菌感染并引起败血症。此时脐带根部可见有出血性化脓性炎，肝脏往往发生脓肿。

此外，感染创型败血症有时因化脓性细菌从原发病灶向淋巴或血流转移，而在机体的其他组织、器官内形成转移性化脓灶，这种现象可称为脓毒败血症。

四、结局和对机体的影响

(一)结局

1.死亡

在机体与病原微生物进行斗争的过程中，机体的抵抗力不能抵御病原微生物的攻击，病原微生物迅速突破机体的防御系统，在体内增殖并大量向血液中释放，血液内持续存在病原微生物及其毒性产物，在机体各组织造成广泛的损伤，当机体重要器官组织出现严重损伤导致机能衰竭或出现败血性休克时，可引起动物死亡。最急性型败血症可导致动物机体内出现严重的物质代谢障碍，并危及生命，动物则很快死亡。

2.痊愈

根据败血症的病理变化特点作出初步诊断，结合流行病学、临床症状以及实验室检查等查明引起败血症的病原体。针对引起败血症的病原体，如果及时治疗，用药合理，可以迅速控制病情的发展，达到治愈的目的。

(二)对机体的影响

传染病型败血症多为急性经过，如果未能及时查明病原，治疗用药错误，则会很快引起动物死亡。但是，当传染病型败血症刚刚发生时，及时有效地治疗可减少动物的死亡。治愈的动物有时也会出现一定的机能障碍。对于传染病型败血症，还可以进行免疫接种。感染创型败血症为慢性经过的急性化，及早发现原发病灶，及时恰当地治疗，可有效地阻止局部组织损伤的加剧和向全身的扩散，也可阻止感染创型败血症的发生。

【学习要求】

识记 水肿、低渗性脱水、高渗性脱水、等渗性脱水、代谢性酸中毒、呼吸性酸中毒、缺氧、低张性缺氧、血液性缺氧、循环性缺氧、组织性缺氧、发热、黄疸、败血症、菌血症、毒血症、脓毒败血症等的概念。

理解 水肿、各型脱水、各型酸中毒、各型缺氧、发热、败血症发生的原因、机理及对机体的影响。

应用 在实际临床中能结合动物所表现出的临床症状及病理剖检变化做出准确的诊断。

【知识拓展一】

脱水后的补液

脱水是一种常见的病理过程，应查明原因，积极治疗原发病。可通过补液来纠正、治疗。补液时，应根据脱水的类型、程度，确定补液量和水盐比例。

一、补液原则

补液的基本原则是缺什么补什么，缺多少补多少。

二、补液方法

1.确定脱水类型

在三种类型的脱水中，细胞外液渗透压变化各不相同，可通过测定血清钠离子浓度来确定脱水的类型，并根据病因、患畜脱水的临床表现，做出正确诊断。

2.确定补液量

根据脱水时患畜的临床症状，可将脱水分为 3 级。

(1)轻度脱水　临床症状不明显,患畜仅表现为口渴,失水量可达体重的4%。

(2)中度脱水　患畜口渴,少尿,皮肤和黏膜干燥,眼球内陷,失水量可达体重的6%。

(3)重度脱水　患畜口干舌燥,眼球深陷,脉搏微弱,静脉塌陷,血液浓缩,四肢无力,共济失调,甚至昏迷,失水量超过体重的6%。

3. 确定补液中水和盐的比例

(1)高渗性脱水　血浆钠离子浓度虽然升高,但仍有钠的丢失,故在补足水分的同时,也要适当补充钠盐,以防因补充大量水分而使机体的细胞外液处于低渗状态。临床上常用5%葡萄糖溶液和生理盐水治疗,水和盐的比例为2∶1。

(2)低渗性脱水　由于细胞外液钠离子大量丢失,一般要给予生理盐水以恢复细胞外液容量,补液中水和盐的比例为1∶2。对缺钠严重者应补充高渗盐水(25% NaCl),以迅速提高细胞外液的渗透压。

(3)等渗性脱水　可先给予生理盐水以扩充血容量,一旦血压恢复,可改用5%葡萄糖溶液加等量生理盐水,补液中水和盐的比例为1∶1。

【知识拓展二】

发热症状与关联疾病

发热症状与关联疾病见表6-3。

表6-3　发热症状与关联疾病

发热伴随的症状	发热时可能患上的疾病	发热伴随的症状	发热时可能患上的疾病
流鼻涕、咳嗽	上呼吸道感染(感冒)	心悸、呼吸困难、喘息	肺炎、气管炎、支气管炎、胸膜炎
呕吐、惊厥、昏迷、	脑炎、脑膜炎、中暑等	急性发热或休克	心内膜炎、心肌炎、心包炎等
腹泻、腹痛	菌痢、细菌性食物中毒	腰痛、尿频、尿急、尿痛	肾脏、膀胱、尿路感染
肝脾肿大、黄疸	肝胆系统感染	低热、食欲亢进、心悸	甲状腺功能亢进
剧烈腹痛	肠炎、胰腺炎、腹膜炎等	关节明显肿痛、心律失常	风湿热
皮肤或黏膜有出血点	败血症、心内膜炎或血液病	皮肤有化脓性病灶	金黄色葡萄球菌败血症
用磺胺类药物、青霉素等1周之后,常伴有皮疹	有可能是药物热,停药2 d后退热,再次用药,可重复出现发热	发热伴皮疹	痘病等
		淋巴结肿大	局部急性炎症、淋巴结结核等

【知识拓展三】

休　　克

一、休克的概念

休克是机体在受到各种有害因子作用后,所发生的急性循环障碍,特别是微循环血液灌流量严重不足,导致各器官组织细胞的机能代谢紊乱和结构损害,严重危及生命活动的一种全身性综合征。

二、休克的分类

休克的分类主要是以病因学分类为主，临床一般将其分为 3 大类：

（一）低血容量性休克

低血容量性休克为血管内血量不足，引起心室充盈不足和心输出量减少，如果增加心率仍不能代偿，可导致心输出量降低。

1. 失血性休克

失血性休克是指因大量失血，迅速导致有效循环血量锐减而引起周围循环衰竭的一种综合征。一般 15 min 内失血少于机体总血量的 10％时，机体可代偿。若快速失血量超过血液总量的 20％，即可引起休克。

2. 失液性休克

剧烈呕吐和腹泻、肠梗阻、大汗淋漓导致失液。体液丢失也可引起有效循环血量的锐减，又称虚脱，虚脱与失血性休克的本质和表现都相似，均与低血容量性休克有关。

3. 烧伤性休克

大面积烧伤，伴有血浆大量丢失，可引起烧伤性休克。休克早期与疼痛及低血容量有关，晚期可继发感染，发展为感染性休克。

4. 创伤性休克

这种休克的发生与疼痛和失血有关。

（二）血管扩张性休克

血管扩张性休克通常是由于血管扩张所致的血管容量增大血容量相对不足，其循环血容量正常或增加，但心脏充盈和组织灌注不足。临床上以革兰氏阴性杆菌感染引起的休克最常见。过敏性休克发生时使容量血管扩张，毛细血管通透性增加并出现弥散性非纤维蛋白血栓，血压下降、组织灌注不良可使多脏器受累。交感神经系统急性损伤或被药物阻滞可引起神经所支配的小动脉扩张，血容量增加，出现相对血容量不足和血压下降。

（三）心源性休克

心源性休克是指心脏泵功能受损或心脏血流排出道受损引起的心输出量快速下降而代偿性血管快速收缩不足所致的有效循环血量不足、低灌注和低血压状态。心源性休克包括心脏本身病变、心脏压迫或梗阻引起的休克。

三、休克发生发展中的微循环障碍

不同类型的休克，虽然发生机理不同，但最基本的发病环节都是有效循环血量减少、心功能衰竭和血管舒缩失常，导致微循环有效灌注量不足，而促进休克的发生发展。以典型的失血性休克为例，按微循环的改变分为以下 3 期：

（一）微循环缺血性缺氧期（休克代偿期）

在休克早期由于血容量和血压降低，交感-肾上腺髓质系统兴奋，微血管系统包括小动脉、微动脉、后微动脉、毛细血管前括约肌和微静脉、小静脉都持续痉挛，毛细血管前阻力显著增加，微血管运动增强，同时大量真毛细血管关闭。开放的毛细血管减少，此时微循环内血流速度显著减慢。毛细血管血流限于直捷通路，动静脉吻合支开放，组织灌流量减少，出现少灌少流，灌少于流的情况。这些代偿反应可保证心、脑等重要器官的血液供应。

休克早期病畜可视黏膜苍白，皮肤发凉，脉搏细弱，尿量减少，血压下降，出汗，烦躁不安。中毒性休克者，还有腹泻症状。

(二)微循环淤血性缺氧期(休克期、代偿不全期)

如果休克的原始病因不能及时除去，病情继续发展，交感-肾上腺髓质系统长期过度兴奋，组织持续缺血和缺氧，引起酸性代谢产物增加，酸性环境使微动脉对儿茶酚胺的反应性降低，而微静脉具有耐受性仍处于收缩状态，此时血液不再局限于通过直捷通路，而是经过开放的毛细血管前括约肌大量涌入真毛细血管网，但不能及时流出，毛细血管的后阻力大于前阻力，组织灌大于流，而导致淤血现象。主要发生肝、肠、肺等内脏器官。

微循环淤血导致毛细血管内流体静压增高，血管壁通透性增大，血浆漏出，血液浓缩，血浆黏度和血细胞压积增大，红细胞聚集，血小板黏附聚集和形成血小板微聚物。此外，淤血导致血流变慢，白细胞贴壁、滚动黏附于内皮细胞上。激活的白细胞通过释放氧自由基和溶酶体酶导致内皮细胞和其他组织细胞损伤，进一步引起微循环障碍及组织损伤。

由于微循环血管网大量开放，血液淤滞在内脏器官如肠、肝和肺内，造成有效循环血量的锐减，静脉充盈不良，回心血量减少，心输出量和血压进行性下降。此期交感-肾上腺髓质更为兴奋，组织血液灌流量进行性下降，组织缺氧趋于严重，形成恶性循环。

组织缺氧和酸中毒，皮肤、可视黏膜发绀，皮温下降，心跳快而弱，少尿或无尿，血压下降。精神沉郁，甚至昏迷。

(三)微循环凝血期(DIC 期)

微循环凝血期微血管平滑肌麻痹，对任何血管活性药物均失去反应，所以又称为微循环衰竭期。缺氧和酸中毒加重、血液黏稠、血流速度变慢、血管内皮细胞受损，因而发生弥漫性血管内凝血(DIC)，并导致重要器官功能衰竭，甚至发生多系统器官障碍。

休克后期，血流动力学障碍和细胞损伤越来越严重，心、脑、肝、肺、肾各重要器官功能代谢障碍也更加严重，酸中毒、缺氧、休克时的许多因素的作用，可能使多个重要生命器官发生不可逆性损伤。促炎介质与抗炎介质稳态失衡以及氧自由基和溶酶体酶的损伤作用导致内皮细胞和实质脏器细胞的损伤和多器官功能障碍。

组织器官的小血管内广泛形成微血栓，动物血压继续下降，脉搏弱不感手，呼吸不规则，少尿或无尿，全身皮肤有出血点或出血斑，四肢厥冷，各器官机能严重障碍。

四、各型休克的特点

各型休克虽有共同的规律，但又各具特点，现介绍较重要休克类型的某些特点。

(一)低血容量性休克

低血容量性休克主要见于大失血、严重脱水、大面积烧伤及急性过敏等过程中，其血流动力学特点是血压降低，心输出量减少，中心静脉压降低和外周阻力增高。

(二)感染性休克

感染性休克是指因病原微生物(如细菌、病毒、真菌、立克次氏体等,其中以革兰氏阴性细菌为最重要)感染引起的休克,包括败血症性休克和内毒素性休克,感染性休克的临床发生率和病死率较高。常见于流行性脑脊髓炎、细菌性疾病、大叶性肺炎和腹膜炎等严重感染性疾病。

(三)过敏性休克

某些变应原进入机体后,使机体处于致敏状态;当同一变应原再次进入机体时,可发生抗原-抗体反应,使血管扩张,血管网容量增大,毛细血管壁通透性增高,血浆外渗。回心血量急剧减少和血压下降,导致休克发生。

(四)心源性休克

心源性休克是急性心功能障碍(包括严重心律失常)而导致的休克。常见于大面积心肌梗死、急性心肌炎和急性心包压塞等。心源性休克患畜因心输出量迅速减少,血压在早期即可显著下降。

(五)神经源性休克

神经源性休克是指由于血管运动张力丧失而发生大量血管扩张所引起的休克。常见于深度麻醉、脊髓前位麻醉或损伤、剧烈疼痛等。当剧烈疼痛使血管运动中枢抑制或脊髓前位麻醉或损伤使交感传出神经被阻断时,小血管扩张,血管网容量增加,大量血液淤滞在外周血管网,回心血量急剧减少,血压下降,引起神经源性休克。这种休克有时不经治疗也可自愈,必要时可注射缩血管药物,预后良好。

项目七
动物病理诊断技术

【学习目标】

• 掌握尸体变化，正确进行动物尸体剖检，识别器官变化，综合分析做出初步诊断并填写剖检报告；

• 掌握病料采集、包装及送检方法；

• 了解尸体剖检前的准备工作、尸体剖检的注意事项。

【学习内容】

任务一　动物尸体剖检技术

一、尸体剖检概述

动物尸体剖检是运用病理解剖知识，通过检查尸体的病理变化，来诊断疾病的一种方法。剖检时，必须对病尸的病理变化做到全面观察，客观描述，详细记录，然后进行科学分析和推理判断，从而作出符合客观实际的病理解剖诊断。

(一)尸体剖检的意义

1. 提高临床诊断和治疗质量

在临床实践中，通过尸体剖检，可以检验临床诊断和治疗的准确性，及时总结经验，提高诊疗质量。

2. 尸体剖检是最为客观、快速的畜禽疾病诊断方法之一

对于一些群发性疾病，如传染病、寄生虫病、中毒性疾病和营养缺乏症等，或对一些群养动物(尤其是中、小动物如猪和鸡)疾病，通过尸体剖检，观察器官病变特征，可以及早做出诊断，及时采取有效的防治措施。

3. 促进病理学教学和病理学研究

尸体剖检是病理学不可分割的、重要的实际操作技术，是研究疾病的必需手段，也是病理学理论与实践结合的一条途径。

(二)尸体的变化

动物死亡后,有机体变为尸体。因体内存在着的酶和细菌的作用以及外界环境的影响,动物死亡后逐渐发生一系列死后变化。

1. 尸冷

尸冷是指动物死亡后,尸体温度逐渐降至外界环境温度水平的现象。通常在室温条件下,一般尸冷速度是 1 ℃/h,因此动物的死亡时间大约等于动物的正常体温与尸体温度之差。

2. 尸僵

动物死亡后,肢体肌肉收缩变硬,四肢各关节不能伸屈,使尸体固定于一定的形状,这种现象称为尸僵。尸僵开始的时间,因外界条件及机体状态不同而异。大、中动物一般在死后 1.5～6 h 开始发生,10～24 h 最明显,24～48 h 开始缓解。尸僵从头部开始,然后是颈部、前肢、躯干和后肢的肌肉逐渐发生,此时各关节因肌肉僵硬而被固定,不能屈曲。解僵的过程也是从头、颈、前肢、躯干到后肢。

死于破伤风或番木鳖碱中毒的动物,尸僵发生得快而且明显;死于败血症的动物,尸僵不显著或不出现;发生慢性关节炎时部分关节始终不能屈伸。

3. 尸斑

动物死亡后,由于心脏和大动脉的临终收缩及尸僵的发生,血液被排挤到静脉内,并由于重力作用,血液流向尸体的低下部位,血管充盈血液,呈青紫色,这种现象称为坠积性淤血。尸体倒卧侧组织器官的坠积性淤血现象称为尸斑。

4. 尸体自溶和尸体腐败

尸体自溶是指动物体内的溶酶体酶和消化酶如胃液、胰液中的蛋白分解酶,在动物死亡后引起的自体消化过程。自溶过程中细胞组织发生溶解,表现最明显的是胃和胰腺,胃黏膜自溶时表现为黏膜肿胀、变软、透明,极易剥离或自行脱落和露出黏膜下层,严重时自溶可波及肌层和浆膜层,甚至可出现死后穿孔。尸体腐败是指尸体组织蛋白由于细菌作用而发生腐败分解的现象,主要是由于肠道内的厌氧菌的分解、消化作用,或血液、肺脏内的细菌的作用,也有从外界进入体内的细菌的作用。在腐败过程中,体内复杂的有机物被分解为简单的化合物,并产生大量气体,如氨、二氧化碳、甲烷、氮、硫化氢等。因此,腐败的尸体内含有多量的气体,并产生恶臭。尸体腐败的变化可表现为死后臌气,肝、肾、脾等内脏器官的腐败,尸绿、尸臭等。

5. 血液凝固

动物死后不久还会出现血液凝固,即心脏和大血管内的血液凝固成血凝块。

(三)尸体剖检前的准备

进行尸体剖检,尤其是剖检传染病尸体时,剖检者既要注意防止病原扩散,又要预防自身感染。因此,必须做好如下工作:

1. 剖检场地的选择

尸体剖检,特别是剖检传染病尸体,一般应在病理剖检室进行,以便消毒和防止病原扩散。如果条件不许可而在室外剖检时,应选择地势较高、环境较干燥,远离水源、道路、房舍和畜舍的地点进行。剖检前挖深 2 m 的深坑,便于剖检后尸体处理。

2. 尸体剖检常用的器械和药品

根据死前症状或尸体特点准备解剖器械。一般应有解剖刀、剥皮刀、脏器刀、外科刀、脑刀、外科剪、肠剪、骨剪、骨钳、镊子、骨锯、双刃锯、斧头、骨凿、阔唇虎头钳、探针、量尺、量杯、注射器、针头、天平、磨刀棒或磨刀石等。如没有专用解剖器材，可用其他合适的刀、剪代替。准备装检验样品的灭菌平皿、棉拭子和固定组织用的内盛10%福尔马林或95%乙醇的广口瓶。消毒液有3%～5%来苏尔、石炭酸、0.2%高锰酸钾、70%乙醇、3%～5%碘酊等。此外，还应准备凡士林、滑石粉、肥皂、棉花和纱布等。

3.剖检人员的防护

剖检人员，特别是在剖检传染病尸体时，应穿工作服，外罩胶皮或塑料围裙，戴乳胶手套、线手套、工作帽，穿胶鞋，必要时还要戴上口罩和眼镜。如缺乏上述用品，可在手上涂抹凡士林或其他油类，保护皮肤，以防感染。在剖检中不慎切破皮肤时应立即消毒和包扎。

在剖检过程中，应保持清洁，注意消毒。常用清水或消毒液洗去剖检人员手上和刀剪等器械上的血液、脓液和各种污染物。

剖检后，先用肥皂洗涤双手，再用消毒液冲洗。消除粪便和尸臭味，可先用0.2%高锰酸钾溶液浸洗，再用2%～3%草酸溶液洗涤，退去棕褐色后，再用清水冲洗。

(四)尸体剖检的注意事项

1.尸体剖检的时间

尸体剖检的时间在病畜死后越早越好。尸体放久后，容易腐败，尤其是在夏天，尸体腐败更快，影响对原有病变的观察。剖检最好在白天进行，在灯光下，一些病变的颜色如黄疸、变性等不易辨认。一般死亡超过24 h的尸体，没有剖检意义。

2.流行病学调查

尸体剖检前，应先调查病畜所在地区疾病的流行情况、病畜生前病史，包括临床化验、检查和临床诊断等。此外，还应了解治疗、饲养管理和临死前的表现等方面的情况。

3.自我防护意识

剖检前应在尸体体表喷洒消毒液；搬运尸体时，特别是搬运炭疽、开放性鼻疽等传染病尸体时，须用浸透消毒液的棉花团塞住天然孔，并用消毒液喷洒尸体后方可运送。

4.病变组织的切取

未经检查的脏器切面，不可用水冲洗，以免改变其原来的颜色和性状。切脏器的刀、剪应锋利，切开脏器时，要由前向后，一刀切开，不要由上向下挤压或拉锯式地切开。切开未经固定的脑和脊髓时，应先浸湿刀口，然后下刀，否则切面粗糙不平。

5.尸检后处理

(1)衣物和器材　剖检中所用衣物和器材最好直接放入煮锅或手提高压锅内，经灭菌后，方可清洗和处理；解剖器械也可直接放入消毒液内浸泡消毒后，再清洗处理。乳胶手套消毒后，用清水洗净，擦干，撒上滑石粉。金属器械消毒清洁后擦干，涂抹凡士林，以免生锈。

(2)尸体　为了不使尸体和解剖时的污染物成为传染源，剖检后的尸体最好是焚化或深埋。特殊情况如人兽共患病或烈性病尸体要先用消毒药处理再焚烧。野外剖检后，尸体要就地深埋，深埋之前在尸体上洒具有强烈刺激异味的消毒药如甲醛等，以免尸体被意外挖出。

(3)场地　剖检场地要进行彻底消毒，以防污染周围环境。如遇特殊情况(如禽流感)，剖检工作在现场进行，当撤离工作点时，要做终末消毒。

(五)尸体剖检的步骤

为了全面系统地检查尸体所呈现的病理变化,尸体剖检必须按照一定的方法和顺序进行。鉴于各种动物解剖结构的特点、疾病的性质以及术式的简便和效果等,各种动物的剖检方法和顺序有所不同。剖检方法和顺序依具体条件和要求有一定的灵活性。对于所有的动物而言,一般剖检先由体表开始,然后是体内,体内的剖检顺序,通常从腹腔开始,之后胸腔,然后是其他。

1.外部检查

外部检查的内容主要包括以下几方面:尸体概况(包括畜别、品种、性别、年龄、毛色、特征、体态等),营养状态,皮肤,天然孔(眼、鼻、口、肛门、外生殖器等);尸体变化。

2.致死动物

发病但未死亡进行剖检前先致死动物,致死的方法有放血、窒息。

3.内部检查

(1)剥皮和皮下检查　为了检查皮下病理变化并利用皮革的经济价值,应先剥皮。在剥皮过程中,注意检查皮下有无充血、出血、水肿、炎症和脓肿等病变,观察皮下脂肪组织的多少、颜色、性状变化等。剥皮后,应对肌肉和生殖器官做一大概的检查。

(2)暴露腹腔,视检腹腔脏器　按不同的切线将腹壁掀开,露出腹腔内的脏器,并立即进行视检。检查的内容包括:腹腔液的数量和性状,腹腔内有无异常内容物,腹膜的性状,腹腔脏器的位置和外形,横膈膜的紧张程度,有无破裂等。

(3)胸腔的剖开和胸腔脏器的视检　剖开胸腔,注意检查胸腔液的数量和性状,胸腔内有无异常内容物,胸膜,肺脏,胸腺,心脏等。

(4)腹腔脏器的采出　腹腔脏器的采出与检查可以同时进行,也可以先采出后检查。腹腔脏器的采出包括胃、肠、肝、脾、胰、肾和肾上腺等。

(5)胸腔脏器的采出　为使咽、喉头、气管、食道和肺联系起来,以观察其病变的互相联系,可把口腔、颈部器官和肺脏一同采出。但对大家畜一般都采用口腔、颈部器官、胸腔器官分别采出。

(6)口腔和颈部器官的采出　先检查颈部动静脉、甲状腺、唾液腺及其导管,颌下和颈部淋巴结有无病变,然后采出口腔和颈部的器官。

(7)颈部、胸腔和腹腔器官的检查　腹腔、胸腔和颈部各器官和病畜发病致死等问题的关系最密切,所以这三部分脏器采出之后要立即进行检查。检查后,再按需要采出和检查其他各部分。这三部分器官的检查顺序应服从疾病的情况,即先取与发病和致死的原因最有关系的器官进行检查,与该病理过程发生发展有联系的器官可一并检查。或考虑到对环境的污染,应先检查口腔器官,再检查胸腔器官,之后检查腹腔脏器中的脾和肝脏,最后检查胃肠道。总之,检查顺序服从于检查目的和现场的情况,要细致搜索和观察重点的病变,又要照顾到全身一般性检查。脏器在检查前要注意保持其原有的湿润程度和色彩,尽量缩短在外界环境中暴露的时间。

(8)骨盆腔脏器的采出和检查　在未采出骨盆腔脏器前,先检查各器官的位置和概貌。可在保持各器官的生理联系下一同采出。公畜先分离直肠并进行检查。然后检查包皮、龟头、尿道黏膜、膀胱、睾丸、附睾、输精管、前列腺及尿道球腺等;母畜检查直肠、膀胱、尿道、阴道、子宫、输卵管和卵巢的状态。剖检妊娠子宫，要注意检查胎儿、羊水、胎膜和脐带等。

(9)脑的采出和检查 剖开颅腔采出脑后，先观察脑膜有无充血、出血和淤血；再检查脑回和脑沟的状态，然后切开大脑，检查脉络丛的性状和脑室有无积水；最后横切脑组织，检查有无出血及溶解性坏死等变化。

(10)鼻腔的剖开和检查 用骨锯(大、中动物)或骨剪(小动物和禽)纵行把头骨分成两半，其中的一半带有鼻中隔，或剪开鼻腔，检查鼻中隔、鼻道黏膜、额窦、鼻甲、眶下窦等。

(11)脊髓的采出和检查 剖开脊柱取出脊髓，检查脊软膜、脊髓液、脊髓表面和内部。

(12)肌肉和关节的检查 肌肉的检查通常只是对眼观有明显变化的部分进行，注意其色泽、硬度，有无出血、水肿、变性、坏死、炎症等病变；关节的检查通常只检查有肿大的关节，可以切开关节囊，检查关节液的含量、性质和关节软骨表面的状态。

(13)骨和骨髓的检查 主要对骨组织发生疾病的病例进行，先进行肉眼观察，检验其硬度及其断面的形象。骨髓的检查对于与造血系统有关的各种疾病极为重要。检查骨干和骨端的状态，红骨髓、黄骨髓的性质、分布等。

4.组织器官检查要点

(1)淋巴结 要特别注意颌下淋巴结、颈浅淋巴结、髂下淋巴结、肠系膜淋巴结、肺门淋巴结等的检查。注意检查其大小、颜色、硬度，与其周围组织的关系及横切面的变化。

(2)肺脏 首先注意其大小、色泽、重量、质度、弹性、有无病灶及表面附着物等。然后用剪刀将支气管剪开，注意检查支气管黏膜的色泽，表面附着物的数量、黏稠度。最后将整个肺脏纵横切割数刀，观察切面有无病变，切面流出物的数量、色泽变化等。

(3)心脏 先检查心脏纵沟、冠状沟的脂肪量和性状，有无出血。然后检查心脏的外形、大小、色泽及心外膜的性状。最后切开心脏检查心腔，沿左侧纵沟切开右心室及肺动脉，同样再切开左心室及主动脉。检查心腔内血液的性状，心内膜、心瓣膜是否光滑，有无变形、增厚，心肌的色泽、质度，心壁的厚薄等。

(4)脾脏 脾脏摘出后，注意其形态、大小、质度；然后纵行切开，检查脾小梁、脾髓的颜色，红、白髓的比例，脾髓是否容易刮脱。

(5)肝脏 先检查肝门部的动脉、静脉、胆管和淋巴结。然后检查肝脏的形态、大小、色泽、包膜性状(有无出血、结节、坏死等)。最后切开肝组织，观察切面的色泽、质度和含血量等情况。注意切面是否隆突，肝小叶结构是否清晰，有无脓肿、寄生虫性结节和坏死等。

(6)肾脏 先检查肾脏的形态、大小、色泽和质度，然后由肾的外侧缘向肾门部将肾脏纵切为相等的两半，检查包膜是否容易剥离，肾表面是否光滑，皮质和髓质的颜色、质度、比例、结构，肾盂黏膜及肾盂内有无结石等。

(7)胃 检查胃的大小、质度，浆膜的色泽、有无粘连，胃壁有无破裂和穿孔等，然后沿胃大弯剖开胃，检查胃内容物的性状、黏膜的变化等。

反刍动物胃的检查，特别要注意网胃有无创伤，是否与膈相粘连。如果没有粘连，可将瘤胃、网胃、瓣胃、皱胃之间的联系分离，使四个胃展开。然后沿皱胃小弯与瓣胃、网胃的大弯剪开；瘤胃则沿背缘和腹缘剪开，检查胃内容物及黏膜的情况。

(8)肠管 十二指肠、空肠、回肠、盲肠、结肠、直肠分段进行检查。在检查时，先检查肠管浆膜面的情况。然后沿肠系膜附着处剪开肠腔，检查肠内容物及黏膜情况。

(9)骨盆腔器官 公畜生殖系统的检查，从腹侧剪开膀胱、输尿管、阴茎，检查输尿管开口及膀胱、尿道黏膜，尿道中有无结石，包皮、龟头有无异常分泌物；切开睾丸及副性腺检查有无异常。母畜生殖系统的检查，沿腹侧剪开膀胱，沿背侧剪开子宫及阴道，检查黏膜、内腔有无异常；检查卵巢形状，卵泡、黄体的发育情况，输卵管是否扩张等。

（六）尸体剖检记录

剖检记录必须包括主诉、发病经过、主要症状及体征、临床诊断、治疗经过、各种实验室检查结果、死亡前的表现及临床死亡原因等（表 7-1）。

表 7-1　动物尸体剖检记录表式样

动物尸体剖检记录表

<table>
<tr><td colspan="2">剖检号</td><td colspan="8"></td></tr>
<tr><td>畜主</td><td></td><td>畜种</td><td></td><td>性别</td><td></td><td>年龄</td><td></td><td>特征</td><td></td></tr>
<tr><td colspan="3">临床摘要及临床诊断</td><td colspan="7"></td></tr>
<tr><td colspan="3">死亡时间</td><td colspan="7">年　月　日</td></tr>
<tr><td colspan="3">剖检地点</td><td colspan="2"></td><td colspan="2">剖检时间</td><td colspan="3">年　月　日　时</td></tr>
<tr><td colspan="3">剖检所见</td><td colspan="7"></td></tr>
<tr><td colspan="3">病理解剖学诊断</td><td colspan="7"></td></tr>
<tr><td colspan="3">结论</td><td colspan="7"></td></tr>
<tr><td colspan="3">剖检者</td><td colspan="7"></td></tr>
<tr><td colspan="10">年　月　日　时</td></tr>
</table>

剖检记录应遵守系统、客观、准确的原则，对病变的形态、大小、重量、位置、色彩、硬度、性质、切面的结构变化等都要客观地描述和说明，应尽可能避免采用诊断术语或名词来代替。有的病变用文字难以表达时，可绘图补充说明，有的可以拍照或将整个器官保存下来。

二、尸体剖检术式

（一）牛的尸体剖检术式

牛的尸体剖检，通常采取左侧卧位，以便于观察腹腔内脏器官。

1. 外部检查

外部检查包括检查畜别、品种、年龄、性别、毛色、营养状态、皮肤和可视黏膜以及部分尸征等。

2. 内部检查

内部检查包括剥皮、皮下检查、体腔的剖开及内脏器官的采出等。

（1）剥皮　将尸体仰卧，自下颌部起沿腹部正中线切开皮肤，至脐部后把切线分为两条，绕开生殖器或乳房、肛门，最后于尾根部会合。再沿四肢内侧的正中线切开皮肤，到球节作一环形切线，然后剥下全身皮肤。传染病尸体，一般不剥皮。在剥皮过程中，应注意检查皮下组织的变化。

(2)切离前、后肢　为了便于内脏的检查与摘除，牛先将右侧前、后肢切离。切离的方法是将前肢或后肢向背侧牵引，切断肢内侧肌肉、关节囊、血管、神经和结缔组织，再切离其外、前、后三方面肌肉即可取下。

(3)腹腔脏器的采出

①切开腹腔　先将母畜乳房或公畜外生殖器从腹壁切除，然后从肷窝沿肋弓切开腹壁至剑状软骨，再从肷窝沿髂骨体切开腹壁至耻骨前缘。注意不要刺破肠管，造成粪水污染。切开腹腔后，检查有无肠变位、腹膜炎、腹水或腹腔积血等异常。

②腹腔器官采出　剖开腹腔后，在剑状软骨部可见到网胃，右侧肋骨后缘部为肝脏、胆囊和皱胃，右肷部可见盲肠，其余脏器均被网膜覆盖。因此，为了采出牛的腹腔器官，应先将网膜切除，并依次采出小肠、大肠、胃和其他器官。**网膜的采出**：检查网膜的一般情况，然后将两层网膜撕下。**小肠的采出**：提起牛盲肠的盲端，沿盲肠体向前，在三角形的回盲韧带处分离一段回肠，在距盲肠约 15 cm 处作双重结扎，从结扎间切断。再抓住回肠断端向身前牵引，使肠系膜呈紧张态，在接近小肠部切断肠系膜。由回肠向前分离至十二指肠空肠曲，再作双重结扎，于两结扎间切断，即可取出全部小肠。采出小肠的同时，要边切边检查肠系膜和淋巴结等有无变化。**大肠的采出**：先在骨盆口找出直肠，将直肠内粪便向前挤压并在直肠末端作一次结扎，并在结扎后方切断直肠。抓住直肠断端，由后向前分离直肠系膜至前肠系膜根部。再把横结肠、肠盘与十二指肠回行部之间的联系切断。最后切断前肠系膜根部的血管、神经和结缔组织，可取出整个大肠。**胃、十二指肠和脾的采出**：先将胆管、胰管与十二指肠之间的联系切断，然后分离十二指肠系膜。将瘤胃向后牵引，露出食管，并在末端结扎切断。再用力向后下方牵引瘤胃，用刀切离瘤胃与背部联系的组织，切断脾膈韧带，将牛的胃、十二指肠及脾脏同时采出。**胰、肝、肾和肾上腺的采出**：胰脏可从左叶开始逐渐切下或将胰脏附于肝门部和肝脏一同取出，也可随腔动脉、肠系膜一并采出。**肝脏的采出**：先切断左叶周围的韧带及后腔静脉，然后切断右叶周围的韧带、门静脉和肝动脉(勿伤右肾)，便可采出肝脏。**肾脏和肾上腺的采出**：首先应检查输尿管的状态，然后先取左肾，即沿腰肌剥离其周围的脂肪囊，并切断肾门处的血管和输尿管，采出左肾。右肾用同样方法采出。肾上腺可与肾脏同时采出，也可单独采出。

(4)胸腔脏器的采出

①锯开胸腔　锯开胸腔之前，应先检查肋骨的高低及肋骨与肋软骨结合部的状态。然后将膈的右半部从季肋部切下，用锯把右侧肋骨的上下两端锯断，只留第一肋骨，即可将右胸腔全部暴露。

锯开胸腔后，应注意检查右侧胸腔积液的量和性状，胸膜的色泽，有无充血、出血或粘连等。

②心脏的采出　先在心包右侧中央作十字形切口，将手洗净，把食指和中指插入心包腔，提取心尖，检查心包液的量和性状；然后沿心脏的左侧纵沟左右各 1 cm 处，切开左、右心室，检查血量及其性状；最后将左手拇指和食指分别伸入左、右心室的切口内，轻轻提起心脏，切断心基部的血管，取出心脏。

③肺脏的采出　先切断纵隔的背侧部，检查胸腔液的量和性状；然后切断纵隔的后部；最

后切断胸腔前部的纵隔、气管、食管和前腔动脉,并在气管轮上做一小切口,将食指和中指伸入切口牵引气管,将肺脏取出。

④腔动脉的采出　从主动脉至腹主动脉的最后分支部,沿胸椎、腰椎的下面切断肋间动脉,即可将腔动脉和肠系膜一并采出。

(5)骨盆腔脏器的采出　先锯断髂骨体,然后锯断耻骨和坐骨的髋臼支,除去锯断的骨体,盆腔即暴露。用刀切离直肠与盆腔上壁的结缔组织。母牛还应切离子宫和卵巢,再由盆腔下壁切离膀胱颈、阴道及生殖腺等,最后切断附着于直肠的肌肉,将肛门、阴门做圆形切离,即可取出骨盆腔脏器。

(6)口腔及颈部器官的采出　先切断咬肌,再在下颌骨的第一臼齿前,锯断右侧下颌支;再切断下颌支内面的肌肉和后缘的腮腺、下颌关节的韧带及冠状突周围的肌肉,将右侧下颌支取下;然后用左手握住舌头,切断舌骨支及其周围组织,再将喉、气管和食管的周围组织切离,直至胸腔入口处,即可采出口腔及颈部器官。

(7)颅腔的打开与脑的采出

①切断头部　沿寰枕关节切断颈部,使头与颈分离,然后除去下颌骨体及右侧下颌支,切除颅顶部附着的肌肉。

②取脑　先沿两眼的后缘用锯横行锯断,再沿两角外缘与第一锯相接锯开,并于两角的中间纵锯一正中线,然后两手握住左右两角,用力向外分开,使颅顶骨分成左右两半,这样脑即可取出。

(8)鼻腔的锯开　沿鼻中线两侧各 1 cm 纵行锯开鼻骨、额骨,暴露鼻腔、鼻中隔、鼻甲骨及鼻窦。

(9)脊髓的采出　剔去椎弓两侧的肌肉,凿(锯)断椎体,暴露椎管,切断脊神经,即可取出脊髓。

上述各体腔的打开和内脏的采出,是系统剖检的程序。在实际工作中,可根据生前的病情,进行重点剖检,适当地改变或取舍某些剖检环节。

(二)猪的尸体剖检术式

1. 外部检查

在进行尸体检查前,先仔细了解病死猪的生前情况,尤其是比较明显的临床症状,这将缩小对所患疾病的考虑范围,使剖检有一定导向性。

2. 内部检查

猪的剖检一般采用背位姿势,为了使尸体保持背位,需切断四肢内侧的所有肌肉和髋关节的圆韧带,使四肢平摊借以抵住躯体,保持不倒。然后再从颈、胸、腹的正中线切开皮肤,只腹侧剥皮。如果是成年猪,又不是传染病死亡,皮肤可以加工利用时,建议仍按常规方法剥皮,然后再切断四肢内侧肌肉,使尸体保持背位。

(1)皮下检查　皮下检查在剥皮过程中进行。除检查皮下有无充血、炎症、出血、淤血、水肿(多呈胶冻样)等病变外,还必须检查体表淋巴结的大小、颜色,有无出血,是否充血,有无水肿、坏死、化脓等病变。仔猪(断奶前)还要检查肋骨和肋软骨交界处有无串珠样肿大。

(2)腹腔的剖开和腹腔脏器的采出　从剑状软骨后方沿白线由前向后切开腹壁至耻骨前缘,观察腹腔中有无渗出物;渗出液的数量、颜色和性状,腹膜及腹腔器官浆膜是否光滑,肠壁有无粘连；再沿肋弓将腹壁两侧切开，则腹腔器官全部暴露。腹腔脏器的采出可先取出脾脏与网膜，其次为空肠、回肠、大肠、胃和十二指肠。**脾脏和网膜的采出：**在右季肋部可见脾脏。提起脾脏，并在接近脾脏根部切断网膜和其他联系后取出脾脏。然后将网膜从其附着部分离采出。**空肠和回肠的采出：**将结肠盘向右侧牵引，盲肠拉向左侧，显露回盲韧带与回肠。在离盲肠约 15 cm 处，将回肠做二重结扎并切断。然后握住回肠断端，用刀切离回肠、空肠上附着的肠系膜，直至十二指肠空肠曲，在空肠起始部做二重结扎并切断，取出空肠和回肠。边分离肠系膜边检查肠浆膜有无出血，肠系膜有无出血、水肿，肠系膜淋巴结有无肿胀、出血、坏死。**大肠的采出：**在骨盆腔口分离直肠，将其中粪便挤向前方作一次结扎，并在结扎后方切断直肠。从直肠断端向前方分离肠系膜，至前肠系膜根部。分离结肠与十二指肠、胰腺之间的联系，切断前肠系膜根部血管、神经和结缔组织，以及结肠与背部之间的联系，即可取出大肠。然后依次可将胃和十二指肠，肾脏和肾上腺，胰腺和肝脏采出。

(3)胸腔的剖开及胸腔脏器的采出　用刀先分离胸壁两侧表面的脂肪和肌肉，检查胸腔的压力，用刀切断两侧肋骨与肋软骨的接合部，再切断其他软组织，除去胸壁腹面，胸腔即可露出。检查胸腔、心包腔有无积液及其性状，胸膜是否光滑，有无粘连。

分离咽喉、气管、食道周围的肌肉和结缔组织，将喉、气管、食道、心和肺一同采出。

(4)颅腔剖开　可在脏器检查完后进行。清除头部的皮肤和肌肉，在两眼眶之间横劈额骨，然后再将两侧颞骨(与颧骨平行)及枕骨髁劈开，即可揭掉颅顶骨，暴露颅腔。检查脑膜有无充血、出血。必要时，取材送检。

(5)剖检仔猪　可自下颌沿颈部、腹部正中线至肛门切开，暴露胸腹腔，切开耻骨联合露出骨盆腔。然后将口腔、颈部，胸腔、腹腔和骨盆腔的器官一起取出。

(三)禽的尸体剖检术式

剖检前主要了解家禽的种别、性别、年龄等，还要了解禽群的饲养管理状况，发病经过、发病症状、治疗经过、死亡数等。这里以鸡的尸体剖检为例。

1. 鸡的致死

活鸡用脱颈法或颈部放血致死。

2. 外部检查

先观察全身羽毛的状况，看看是否光泽，有无污染、蓬乱、脱毛等现象；泄殖腔周围的羽毛有无粪便污染；皮肤有无肿胀；关节及脚趾有无脓肿或其他异常。检查冠、肉髯和面部的颜色、厚度，有无痘疹等。压挤鼻孔和鼻窦下窦，观察有无液体流出，口腔有无黏液。检查两眼虹膜的颜色。最后触摸腹部有无变软或积有液体。

3. 内部检查

剖检前最好用水或消毒液将尸体表面及羽毛浸湿，以防剖检时有绒毛和尘埃飞扬。

(1)剥皮及皮下检查　将尸体仰卧(即背位)放在搪瓷盘内或垫纸上用力掰开两腿，使髋关节脱位，拔掉颈、胸、腹正中部的羽毛，沿胸骨嵴部纵行切开皮肤，然后向前、后延伸至嘴角和肛门，向两侧剥离颈、胸、腹部皮肤。观察皮下有无充血、出血、水肿、坏死等病变，注意胸部肌肉的丰满程度、颜色，有无出血、坏死，观察胸骨嵴是否变形、弯曲。在颈椎两侧寻找并观察胸腺的大小及颜色，有无小的出血、坏死点。检查嗉囊是否充盈食物，内容物的数量及性状。

(2)体腔打开　体腔打开前先检查腹围大小，腹壁的颜色等。在后腹部，将腹壁横行切开。

顺切口的两侧分别向前剪断胸肋骨(注意别剪破肝和肺)、乌喙骨及锁骨,最后把整个胸壁翻向头部,使整个胸腔和腹腔器官都清楚地显露出来。如进行细菌分离,应采用无菌技术打开胸、腹腔,进行分离接种。

(3)胸腹腔检查　体腔打开后,注意观察各脏器的位置、颜色、浆膜的状况,体腔内有无液体,各脏器之间有无粘连。然后再分别取出各个内脏器官,方法是:可先将心脏连心包一起剪离,再取出肝。在食管末端将其切断,将胃肠道、胰、脾一同取出,方法是:向后牵拉腺胃,边牵拉边剪断胃肠与背部的联系,然后在泄殖腔前切断直肠(或连同泄殖腔一同取出),即可取出胃肠道。在分离肠系膜时,要注意肠系膜是否光滑,有无肿瘤,在胃肠采出时,注意检查在泄殖腔背侧的腔上囊(原位检查即可,也可采出)。气囊在禽类分布很广,胸腔、腹腔皆有,在体腔打开、内脏器官采取过程中,随时注意检查,主要是看气囊的厚薄,有无渗出物、霉斑等。陷藏于肋间隙内及腰荐骨的凹陷处的肺和肾,可用外科刀柄或手术剪剥离取出。取出肾脏时,要注意输尿管的检查。卵巢可在原位检查,注意其大小、形状、颜色(注意和同日龄鸡比较),卵黄发育状况或病变。输卵管位于左侧,右侧已退化,只见一水泡样结构,输卵管检查可在原位进行。睾丸检查可在原位进行,注意其大小、颜色,两侧是否一致。

(4)口腔、颈部器官检查　剪开一侧口角,观察后鼻孔、腭裂及喉口有无分泌物堵塞,口腔黏膜有无伪膜。再剪开喉头、气管、食道及嗉囊,观察管腔及黏膜的性状,有无渗出物,渗出物的性状,黏膜的颜色,有无出血、伪膜等,注意嗉囊内容物的数量、性状及内膜的变化。

(5)脑的采出　可先用刀剥离头部皮肤,再剪除颅顶骨(成年鸡用骨剪或普通剪,雏鸡用手术剪),即可露出大脑和小脑,将头顶部朝下,剪断脑下部神经,将脑取出。

(6)外周神经检查　在大腿内侧,剥离内收肌,即可暴露坐骨神经;在脊椎的两侧,仔细地将肾脏剔除,露出腰荐神经丛。对比观察两侧神经的粗细、横纹及色彩、光滑度。

鹅、鸭与鸡的解剖结构相似,鹅与鸭的尸体剖检可参照鸡的进行。所不同的是,鹅、鸭有两对淋巴结,一对颈胸淋巴结位于颈的基部,紧贴颈静脉,呈纺锤形,另一对为腰淋巴结,位于腹部主动脉两侧,呈长圆形。剖检时要注意检查。

(四)兔的剖检法

1.询问病史及外部检查

尸检者在尸检前了解病情和兔的有关情况。然后再进行仔细的外部检查,主要检查天然孔、被毛、皮肤和营养状况有什么异常和变化。

2.剖检术式

(1)剥皮　用水或消毒液将尸体浸湿,尸僵时用力将四肢掰开,腹部朝上,置于小动物尸检台上或搪瓷盘内。是否剥皮视情况而定,一般情况剥皮较好,至少腹侧剥皮,便于检查皮下病变。剥皮时,从下颌角开始,沿下颌间隙中线经过颈部腹面沿胸腹壁正中线做一纵行切口至肛门。用镊子提起皮肤,用手术剪或手术刀剥离皮肤,一般只剥离腹侧皮肤。若全剥,则在口角稍后部,做一环形切开与纵行切口会合。前肢在桡骨中部,后肢在跗关节处做环形切口,在四肢内侧垂直于纵行切口切开皮肤,将尸体皮肤全部剥离。在剥皮过程中要注意检查皮下病变,如创伤、化脓、炎症、淤血、水肿、黄染等。检查、采取体表淋巴结(颌下、腋下、腹股沟淋巴结),同时注意检查肌肉的异常变化。

(2)腹腔的剖开及腹腔脏器的采出　已剥皮或未经剥皮背侧卧位的尸体,将两前肢与腹壁附着处少许切割，使两前肢充分向两侧伸展，对两后肢往下施加压力，使耻骨联合断裂、骨盆腔充分暴露。在腹壁正中松弛部位，用镊子提起腹壁，剪一小孔。用圆头剪刀插入腹腔内，剪开腹壁。前方止于胸骨的剑状软骨，后方止于肛门。在胸骨剑状软骨处，垂直于第一切口，紧靠着最后肋骨后缘，剪开左右侧腹壁到腰肌为止，使整个腹腔充分暴露出来。观察腹腔渗出液的数量及性状，并可直接涂片检查或培养，然后仔细检查腹膜有无炎症、增厚及粘连，腹腔器官的位置有无异常。兔的腹腔大部被盲肠所占据，几乎充满右腹部，回肠进入盲肠处膨大，称圆小囊。盲肠末端为壁厚细长的蚓突，两者为淋巴组织。腹腔视检完后，开始摘除腹腔器官，先摘除脾和网膜。用镊子提起胃贲门部，切断贲门部和食道，向后一边牵拉一边分离，将胃肠从腹腔内一起摘出。用镊子夹住静脉根部，小心将肝脏摘出。剥离肾脏周围脂肪，将肾脏和肾上腺一同摘出。最后摘出膀胱与生殖器官（可在原位检查）。摘出的器官按一定顺序摆放在盘中（为防止干燥，可盖浸有生理盐水的纱布）。

（3）胸腔的剖开及胸腔器官的采出　在肋骨上端，肋骨与胸骨交界处由后向前剪断两侧肋骨，提起胸骨，胸腔器官即暴露。胸腔暴露后，要注意检查胸腔和心包液体的数量及性状；胸膜和心包膜有无炎症、增厚及粘连。胸腔脏器的摘除：先摘除胸腺，然后将心、肺、气管及喉头一同摘出。

（4）口腔及颅腔的剖开　如有必要，要打开口腔、鼻腔及颅腔进行检查。通常在检查完内脏器官之后进行。从颊部做纵行切口，然后将一侧的下颌支剪断，向外侧翻转，使舌及口腔全部暴露出来。颅腔的剖检：在枕骨与寰椎的关节处切断，将头与尸体分离。以两内眼角连一条直线，在此直线两端向枕骨大孔各连一条线，用外科刀沿这三条直线破坏骨组织。去掉头盖骨后，用镊子提起脑膜，用剪子剪开，即可检查颅腔液体的数量、颜色、透明度以及脑膜等情况。最后用镊子钝性剥离大脑与周围联系，然后将大脑从颅腔内撬出。按一定顺序，对各组织器官逐一进行检查。

任务二　动物病料的采取、保存、包装和送检

在动物疾病临床诊断、动物检疫、动物科学实验等过程中，需要从动物体中采取病料，包括脏器病料如心、肝、脾、肺、肾、脑、淋巴结等，液体病料如粪便、血液、尿液、分泌物、排泄物、渗出液等；检验目的不同采取的病料也不同，对病料做不同的保存、包装和运送。

一、病料采取

（一）准备工作

1. 器具准备

手术刀，组织镊，量尺，器械盘，切板，试管，量筒，量杯，干消棉，纱布，洁净的玻瓶、桶、塑料袋、平皿，结扎线，载玻片等。

2. 药品准备

固定液如10%福尔马林等，消毒药品如0.1%新洁尔灭溶液、氯乙啶、3%碘酊、2%硼酸、70%乙醇等。

3. 防护装备准备

工作服、线手套、乳胶手套、工作帽、胶鞋、围裙、防护眼镜等。

4. 记录用品

记录纸、记录笔、记号笔、照相机、摄像机等。

(二)采取

1. 剖检前检查

凡急性死亡的患畜,剖检前必须先用显微镜检查其末梢血液抹片中是否有炭疽杆菌存在。如怀疑是炭疽,则不可随意剖检,只有在确定不是炭疽时方可进行剖检。

2. 病料采集时间

内脏病料的采取,须于死亡后立即进行,最好不超过 6 h。时间过长,因肠内侵入其他细菌,易使尸体腐败,影响病原微生物的检出。

3. 器械的消毒

刀、剪、镊子、注射器、针头等煮沸消毒 30 min,器皿(玻璃制品、陶瓷制品等)可用高压灭菌或干热灭菌,软木塞、橡皮塞置于 0.5%石炭酸水溶液中煮沸 10 min。每采取一种病料,使用一套器械和容器,不可混用。

4. 病料采取

应根据不同的传染病,相应地采取该病常侵害的脏器或内容物。如败血性传染病可采取心、肝、脾、肺、肾、淋巴结、胃、肠等;肠毒血症采取小肠及其内容物;有神经症状的传染病采取脑、脊髓等。如无法估计是何种传染病,可进行全面采取。检查血清抗体时,采取血液待凝固后析出血清,将血清装入灭菌青霉素瓶送检。为避免杂菌污染,病变检查应在病料采取完毕后再进行。各种组织及液体病料的采取方法如下。

(1)淋巴结及内脏 将淋巴结、肺、肝、脾及肾等有病变的部位各采取边长 1~2 cm 的小方块,分别置于灭菌试管或平皿中。若为供病理组织切片的材料,应将典型病变部分及相连的健康组织一并切取,组织块每边长约 2 cm,避免使用金属容器,尤其是病料供色素检查时(如马传染性贫血、马脑炎及焦虫病等)更应注意。

(2)血液

血清:以无菌操作吸取血液 10 mL,置于灭菌试管中,待血液凝固(经 1~2 d)析出血清后,吸出血清置于另一灭菌试管内,如供血清学反应时,可于每毫升中加入 5%石炭酸溶液 1~2 滴。

全血:采取 10 mL 全血,立即注入盛有 5%柠檬酸钠 1 mL 的灭菌试管中,搓转混合片刻后即可。

心血:心血通常在右心房处采取,先用烧红的铁片或刀片烙烫心肌表面,然后用灭菌的尖刃外科刀自烙烫处刺一小孔,再用灭菌吸管或注射器吸出血液,盛于灭菌试管中。

(3)肠 用烧红的刀片或铁片将欲采取的肠表面烙烫后穿一小孔,持灭菌棉签插入肠内,以便采取肠管黏膜或其内容物;也可用线扎紧一段(约 6 cm)肠道两端,然后将两端切断,置于灭菌器皿内。

(4)胎儿 将流产后的整个胎儿,用塑料薄膜、油布或数层不透水的油纸包紧,装入木箱内,立即送往实验室。

(5)小家畜及家禽 将整个尸体包入不透水塑料薄膜、油纸或油布中,装入木箱内,送往实验室。

(6)脑、脊髓 如采取脑、脊髓作病毒检查,可将脑、脊髓浸入 50%甘油缓冲盐水液中或将整个头部割下，包入浸过0.1%升汞液的纱布或油布中，装入木箱或铁桶中送检。

供显微镜检查用的脓汁、血液及黏液，可用载玻片做成抹片，组织块可做成触片，然后在两块玻片之间靠近两端边沿处各垫一根火柴棍或牙签，以免抹片或触片上的病料互相接触。如玻片有多张，可按上法依次垫火柴棍或牙签重叠起来，最上面的一张玻片上的涂、抹面应朝下，最后用细线包扎，玻片上应注明号码，并另附说明。

二、病料的保存、包装和运送

（一）保存

病料采取后，如不能立即检验，或需送往有关单位检验，应当加入适量的保存剂使病料尽量保持新鲜状态。

1. 细菌检验材料的保存

将采取的脏器组织块，保存于饱和氯化钠溶液或30%甘油缓冲盐水溶液中，容器加塞封固。如系液体，可装在封闭的毛细玻管或试管中运送。

2. 病毒检验材料的保存

将采取的脏器组织块，保存于50%甘油缓冲盐水溶液或鸡蛋生理盐水中，容器加塞封固。

3. 病理组织学检验材料的保存

将采取的脏器组织块放入10%福尔马林溶液或95%乙醇中固定；固定液的用量应为送检病料体积的10倍以上。如用10%福尔马林溶液固定，应在24 h后换新鲜溶液一次。严寒季节为防病料冻结，可将上述固定好的组织块取出，保存于甘油和10%福尔马林的等量混合液中。

（二）包装和运送

装病料的容器要一一标号，详细记录，并附病料送检单。病料包装容器要牢固，做到安全稳妥，对于疑似烈性传染病材料、易腐败变质的材料要分别采取措施。一般病原学检验的材料怕热，应放入加有冰块的保温瓶或冷藏箱内送检，如无冰块，可在保温瓶内放入氯化铵450～500 g，加水1 500 mL，上层放病料，这样能使保温瓶内保持0 ℃达24 h。供病理学检验的材料放入10%福尔马林溶液中，不必冷藏。包装好的病料要尽快运送，长途运输以空运为宜。

【学习要求】

识记　尸斑、尸冷、尸僵、尸体自溶、尸体腐败的概念。

理解　尸体剖检的意义；病料采集的重要性及采集过程中的注意事项。

应用　能够对常见动物尸体进行剖检并按要求描述记录；能够采取动物常见病料并合理保存、运送。

【知识拓展】

病料保存液的配制

饱和氯化钠溶液的配制法：蒸馏水100 mL，氯化钠38～39 g，充分搅拌溶解后，用数层纱布过滤，高压灭菌后备用。

30%甘油缓冲盐水溶液的配制法：中性甘油 30 mL，氯化钠 0.5 g，碱性磷酸钠 1.0 g，加蒸馏水至 100 mL，混合后高压灭菌备用。

50%甘油缓冲盐水溶液的配制法：氯化钠 2.5 g，酸性磷酸钠 0.46 g，碱性磷酸钠 10.74 g，溶于 100 mL 中性蒸馏水中，加纯中性甘油 150 mL，中性蒸馏水 50 mL，混合分装后，高压灭菌备用。

鸡蛋生理盐水的配制法：先将新鲜的鸡蛋表面用碘酊消毒，然后打开，将内容物倾入灭菌容器内，按全蛋 9 份加入灭菌生理盐水 1 份，摇匀后用灭菌纱布过滤，再加热至 56～58 ℃，持续 30 min，第 2 天及第 3 天按上法再加热一次，即可应用。

病原微生物实验室生物安全管理条例

模块二　药理基础

项目八
兽药基本知识

【学习目标】

- 掌握兽药的概念、保管与使用，理解兽药的制剂与剂型；
- 了解兽药的来源及兽药管理。

【学习内容】

一、兽药的概念

兽药是指用于预防、治疗、诊断动物疾病或者有目的地调节动物生理机能的物质（含药物饲料添加剂），主要包括：血清制品、疫苗、诊断制品、微生态制品、中药材、中成药、化学药品、抗生素、生化药品、放射性药品及外用杀虫剂、消毒剂等。

兽药应用得当，能促进或调节动物机体的某些生理生化过程，促进动物生长，或使患病动物的病理过程得到纠正，恢复健康，从而达到防治疾病或提高饲养水平的目的。所有药物如果用量过大或用法不当都会对动物机体产生毒性，损害动物健康，甚至引起死亡，则成为毒物。

二、兽药的来源

兽药种类多，来源广泛，大体可分为两大类：

1. 天然药物

天然药物是利用自然界的物质，经过适当加工而作为药用者。

来自植物的——中草药：黄连、板蓝根等。

来自动物的——生化药物：胰岛素、胃蛋白酶等。

来自矿物的——无机药物：氯化钠、硫酸钠等。

来自微生物的——抗菌素和生物制品：青霉素、疫苗等。

其中植物药中所含有的有效成分非常丰富。有生物碱、苷类、有机酸、挥发油、鞣酸等，它们在制剂中有不同的生物活性。

2. 人工合成和半合成的药物

人工合成的药物是用化学方法（如分解、加成、取代等）人工合成的有机化合物，如磺胺药、喹诺酮类药物；或根据天然药物的化学结构，用化学方法制备的药物，如肾上腺素、麻黄碱等。

半合成的药物是在原有天然药物的化学结构基础上，引入不同的化学基团，制得的一系列化学药物，如半合成抗生素。人工合成和半合成的药物应用非常广泛，是获得新药的主要途径。

三、兽药的制剂与剂型

根据《中华人民共和国兽药典》及《兽药生产质量管理规范》将药物经过适当加工，制成应用方便、便于保存、运输，能更好地发挥疗效的制品，称为制剂。经过加工后药物的各种物理形态，称为剂型。

根据《中华人民共和国兽药典》附录 7～27 规定，兽药制剂主要有以下几种类型。

（一）片剂

片剂指原料药物或与适宜的辅料制成的圆片状或异形的片状固体制剂。片剂以内服普通片为主，另有咀嚼片、泡腾片、缓释片、控释片与肠溶片等。

1. 咀嚼片

指于口腔中咀嚼后吞服的片剂。

2. 泡腾片

指含有碳酸氢钠和有机酸，遇水可产生气体而呈泡腾状的片剂。

3. 缓释片

指在规定的释放介质中缓慢地非恒速释放药物的片剂。

4. 控释片

指在规定的释放介质中缓慢地恒速释放药物的片剂。

5. 肠溶片

指用肠溶性包衣材料进行包衣的片剂。

（二）注射剂

注射剂指原料药物成与适宜的辅料制成的供注入体内的无菌制剂。注射剂可分为注射液、注射用无菌粉末与注射用浓溶液。

1. 注射液

注射液指原料药物与适宜的辅料制成的供注入体内的无菌液体制剂，包括溶液型、乳状液型或混悬型等注射液，可用于皮下注射、皮内注射、肌内注射、静脉注射、静脉滴注等。

2. 注射用无菌粉末

注射用无菌粉末指原料药物或与适宜辅料制成供临用前用无菌溶液配制成注射液的无菌粉末或无菌块状物，一般采用无菌分装或冷冻干燥法制得。

3. 注射用浓溶液

注射用浓溶液指原料药物与适宜辅料制成的供临用前稀释后静脉滴注用的无菌浓溶液。

（三）酊剂

酊剂指将原料药物用规定浓度的乙醇提取或溶解而制成的澄清液体制剂，也可用流浸膏稀释制成。供内服或外用。

（四）栓剂

栓剂指原料药物与适宜基质制成供腔道给药的固体制剂。栓剂因施用腔道的不同，分为直肠栓、阴道栓和尿道栓。直肠栓为鱼雷形、圆锥形或圆柱形等；阴道栓为鸭嘴形、球形或卵形等；尿道栓一般为棒状。

(五)胶囊剂

胶囊剂指原料药物或与适宜辅料充填于空心胶囊或密封于软质囊材中制成的固体制剂。可分为硬胶囊、软胶囊(胶丸)、缓释胶囊、控释胶囊和肠溶胶囊，主要供内服用。

1. 硬胶囊(通称为胶囊)

指采用适宜的制剂技术，将原料药物或加适宜辅料制成的均匀粉末、颗粒、小片、小丸、半固体或液体等充填于空心胶囊中的胶囊剂。

2. 软胶囊

指将一定量的液体原料药物直接包封，或将固体原料药物溶解或分散在适宜的辅料中制备成溶液、混悬液、乳状液或半固体，密封于软质囊材中的胶囊剂。

3. 缓释胶囊

指在规定的释放介质中缓慢地非恒速释放药物的胶囊剂。

4. 控释胶囊

指在规定的释放介质中缓慢地恒速释放药物的胶囊剂。

5. 肠溶胶囊

指用肠溶材料包衣的颗粒或小丸充填于胶囊而制成的硬胶囊，或用适宜的肠溶材料制备而得的硬胶囊或软胶囊。肠溶胶囊不溶于胃液，但能在肠液中崩解而释放活性成分。

(六)软膏剂、乳膏剂、糊剂

1. 软膏剂

软膏剂指原料药物与油脂性或水溶性基质混合制成的均匀的半固体外用制剂。因药物在基质中分散状态不同，分为溶液型软膏剂和混悬型软膏剂。

2. 乳膏剂

乳膏剂指原料药物分散于乳状液型基质中形成的均匀的半固体制剂。乳膏剂由于基质不同，可分为水包油型乳膏剂与油包水型乳膏剂。

3. 糊剂

糊剂指大量的原药物固体粉末(一般 25%以上)均匀地分散在适宜基质中所组成的半固体外用制剂。可分为含水凝胶性糊剂和脂肪糊剂。

(七)眼用制剂

眼用制剂指直接用于眼部发挥治疗作用的无菌制剂。眼用制剂可分为眼用液体制剂(如滴眼剂、洗眼剂、眼内注射溶液)眼用半固体制剂(如眼膏剂、眼用乳膏剂、眼用凝胶剂等)。

1. 滴眼剂

指由原料药物与适宜辅料制成的供滴入眼内的无菌液体制剂，可分为溶液、混悬液或乳状液。

2. 洗眼剂

指由原料药物制成的无菌澄明水溶液，供冲洗眼部异物或分泌液、中和外来化学物质的眼用液体制剂。

3.眼内注射溶液

指由原料药物与适宜辅料制成的无菌澄明溶液，供眼周围组织（包括球结膜下、筋膜下及球后）或眼内注射（包括前房注射、前房冲洗、玻璃体内注射、玻璃体内灌注等）的无菌眼用液体制剂。

4.眼膏剂

指由原料药物与适宜基质均匀混合，制成溶液型或混悬型膏状的无菌眼用半固体制剂。

5.眼用乳膏剂

指由原料药物与适宜基质均匀混合，制成乳膏状的无菌眼用半固体制剂。

6.眼用凝胶剂

指由原料药物与适宜辅料制成凝胶状的无菌眼用半固体制剂。

（八）粉剂

粉剂指原料药物或与适宜的辅料经粉碎、均匀混合制成的干燥粉末状制剂，分为内服粉剂和局部用粉剂。局部用粉剂可用于皮肤、黏膜和创伤等疾患，又称撒粉。

（九）预混剂

预混剂指原料药物与适宜的辅料均匀混合制成的粉末状或颗粒状制剂。预混剂通过饲料以一定的药物浓度给药。

（十）颗粒剂

颗粒剂指原料药物与适宜的辅料混合制成具有一定粒度的干燥颗粒状制剂。颗粒剂可分为可溶颗粒（通称为颗粒）、混悬颗粒、泡腾颗粒、肠溶颗粒、缓释颗粒和控释颗粒等。

1.混悬颗粒

指难溶性原料药物与适宜辅料混合制成的颗粒剂。临用前加水或其他适宜的液体振摇即可分散成混悬液。

2.泡腾颗粒

指含有碳酸氢钠和有机酸，遇水可放出大量气体而呈泡腾状的颗粒剂。

3.肠溶颗粒

指采用肠溶材料包裹颗粒或其他适宜方法制成的颗粒剂。肠溶颗粒可防止药物在胃内分解失效，避免对胃的刺激。

4.缓释颗粒

指在规定的释放介质中缓慢地非恒速释放药物的颗粒剂。

5.控释颗粒

指在规定的释放介质中缓慢地恒速释放药物的颗粒剂。

（十一）内服溶液剂、内服混悬剂、内服乳剂

1.内服溶液剂

指原料药物溶解于适宜溶剂中制成供内服的澄清液体制剂。

2.内服混悬剂

指难溶性固体原料药物，分散在液体介质中，制成的供内服的混悬液体制剂，也包括干混

悬剂或浓混悬液。

3. 内服乳剂

指两种互不相溶的液体制成的供内服的水包油型液体制剂。

用适宜的量具以小体积或以滴计量的内服溶液剂、内服混悬剂或内服乳剂称为滴剂。

(十二)耳用制剂

耳用制剂指原料药物与适宜辅料制成的直接用于耳部发挥局部治疗作用的制剂。耳用制剂可分为耳用液体制剂(如滴耳剂、洗耳剂、耳用喷雾剂)、耳用半固体制剂(如耳用软膏剂、耳用乳膏剂、耳用凝胶剂等)。

1. 滴耳剂

指原料药物与适宜辅料制成的水溶液,或由甘油或其他适宜溶剂和分散介质制成的澄明溶液、混悬液或乳状液,供滴入外耳道用的液体制剂。

2. 洗耳剂

指由原料药物与适宜辅料制成澄明水溶液,用于清洁外耳道的液体制剂。

3. 耳用喷雾剂

指由原料药物与适宜辅料制成澄明溶液、混悬液或乳状液,借喷雾器雾化的耳用液体制剂。

4. 耳用软膏剂

指由原料药物与适宜基质均匀混合制成溶液型或混悬型膏状的耳用半固体制剂。

5. 耳用乳膏剂

指由原料药物与适宜基质均匀混合制成乳膏状的耳用半固体制剂。

6. 耳用凝胶剂

指由原料药物与适宜辅料制成凝胶状的耳用半固体制剂。

(十三)可溶性粉剂

可溶性粉剂指原料药物或与适宜的辅料经粉碎、均匀混合制成的可溶于水的干燥粉末状制剂。专用于饮水给药。

(十四)外用液体制剂

外用液体制剂指原料药物与适宜的溶剂或分散介质制成的,通过动物体表给药以产生局部或全身性作用的溶液、混悬液或乳状液及供临用前稀释的高浓度液体制剂。一般有涂剂、浇泼剂、滴剂、乳头浸剂、浸洗剂等。

1. 涂剂

指原料药物与适宜的溶剂、透皮促进剂制成的涂于动物特定部位,通过皮肤吸收而达到治疗目的的液体制剂。

2. 浇泼剂

指原料药物与适宜溶剂制成的浇泼于动物体表的澄清液体制剂。浇泼剂易在皮肤上分散和吸收,使用量通常在 5 mL 以上,使用时沿动物的背中线进行浇泼。

3. 滴剂

指原料药物与适宜的溶剂或分散介质制成的用适宜的量具以小体积或以滴计量,滴至动物的头、背等部位局部给药的液体制剂。滴剂的使用量通常在 10 mL 以下。

4. 乳头浸剂

指原料药物与适宜的溶剂或分散介质制成的用于乳头浸洗的液体制剂。乳头浸剂供奶牛挤奶前或挤奶后(必要时)浸洗乳头用。

5. 浸洗剂

浸洗剂是指原料药物与适宜的溶剂或分散介质制成的,对动物进行全身浸浴的液体制剂。

(十五)子宫注入剂

子宫注入剂指原料药物与适宜的辅料制成供子宫注入的无菌制剂。子宫注入剂可分为溶液型、乳状液型、混悬液型、乳膏以及供临用前配制成溶液或混悬液的无菌粉末。

(十六)乳房注入剂

乳房注入剂指由一种或多种原料药物与适宜的辅料制成经乳管注入,用于乳腺的无菌制剂,可分为泌乳期型或干乳期型。乳房注入剂可分为溶液型、混悬液型、乳液型、半固体型以及供临用前配制成溶液或混悬液的无菌粉末。半固体型乳房注入剂为软膏、乳膏等。

(十七)阴道用制剂

阴道用制剂指原料药物与适宜基质或辅料制成直接用于阴道发挥治疗作用的制剂。阴道用制剂包括阴道药绵及阴道片与阴道泡腾片等。

1. 阴道药绵

指原料药物经适宜溶剂溶解后定量吸附在海绵基质中,经干燥后制成的通过塞入阴道一定时间以发挥药效的单剂量固体制剂。

2. 阴道片与阴道泡腾片

指置于阴道内使用的片剂,阴道片与阴道泡腾片形状应易置于阴道内,可借助器具将阴道片送入阴道。

(十八)内服糊剂

内服糊剂指一种或多种大量的原料药物固体粉末(一般 25%以上)均匀地分散在适宜基质中制成的半固体内服制剂。内服糊剂可分为含水凝胶性糊剂和脂肪糊剂。

兽药的剂型种类繁多,对不同养殖情况,不同病况的动物,必须采用不同的给药方法,采用不同剂型的制剂,才能使药物产生良好的药效又便于使用,使患病个体能接受到药物并达到预期的目的。总的来讲,内服剂型投药方便,适用于多种药物,但易受胃肠内容物的影响,吸收不规则和不完全,药效出现较慢。有些药物可通过肠黏膜吸收进入血液循环,首次经门静脉至肝脏时,有一部分可被胃肠的酶和肝脏的药酶代谢消除,而使药效下降。一般药物的吸收速率顺序为:注射剂>溶液剂>散剂>片剂>丸剂。必须注意,剂量相同而剂型不同,剂型相同而厂家不同,甚至同一药厂不同批号的制剂,在内服后其血药浓度可相差数倍之多,这是原料药、赋形剂、制造工艺等因素影响药物的生物利用度所致。因此,选购兽药时,必须选择合适剂型,同时选择品质优良、质量稳定的兽药厂家的产品。

四、兽药管理

兽药是一种特殊商品,既要保证疗效,又要保障生物安全和公共卫生安全。现代兽药安全的概念包括兽药对靶动物,对生产使用兽药的人,对动物性食品的消费者以及对环境的安全。

兽药与人用药品本质上是一样的，最大的区别是兽药还需要考虑食品安全和环境污染。兽药与养殖业产品的安全有着密切的联系。兽药用于食品动物一般都是群体用药，一旦使用不当即造成大批动物性食品出现兽药残留，给消费者的健康带来危害。兽药的使用还会给生态环境带来问题，大量使用兽药，兽药从动物排泄物进入环境，造成局部甚至大范围环境污染。

1.兽药管理条例

依据相关法律法规，加强兽药的监督管理，保证兽药质量，有效地防治畜禽等动物疾病，促进畜牧业发展和维护人体健康具有重要意义。现行的《兽药管理条例》以国务院第726号令发布，并于2020年3月27日起实施。为保障《兽药管理条例》的实施，与之配套的规章有：《处方药和非处方药管理办法》《兽用生物制品管理办法》《兽药进口管理办法》《兽药标签和说明书管理办法》《兽药广告管理办法》《兽药生产质量管理办法》《兽药经营质量管理办法》和《新兽药及兽药新制剂管理办法》等。这些法规对兽药生产、经营和使用及医疗单位配制兽药制剂等实行许可证制度。兽药需有批准文号。对新兽药审批和兽药进出口管理也都作了明确规定。条例明文禁止生产、经营假劣兽药。

为进行兽药监督，规定设立从中央到地方的各级兽药监察机构，县级以上农牧行政管理机构设有兽药监督员，负责兽药质量监督与检验工作。条例还指出，兽用麻醉药品、精神药品、毒性药品和放射性药品等特殊药品，按照国家有关规定进行管理(参见《中华人民共和国药品管理法》第三十九条、第四十条及《兽用麻醉药品的供应、使用管理办法》)。《兽药管理条例》是具有法律性质的兽药管理法规，从事兽医医药工作的人员都必须认真执行和严格遵守。

2.中华人民共和国兽药典

按照《兽药管理条例》第四十五条规定，兽药只有国家标准，不存在地方标准。《中华人民共和国兽药典》(以下简称《中国兽药典》)是由国家兽药典委员会拟订的、国务院畜牧兽医行政管理部门发布的强制性标准，是必须执行的标准。《中国兽药典》是国家为保证兽药产品质量而制定的具有强制约束力的技术法规，是兽药生产、经营、进出口、使用、检验和监督管理部门共同遵守的法定依据。它不仅对我国的兽药生产具有指导作用，而且是兽药监督管理和兽药使用的技术依据，也是保障动物性食品安全的基础。

我国现行的《中国兽药典》是2020年11月19日颁布的，为我国第六版兽药典，收载品种总计2 221种，其中新增52种；收载附录总计299项，其中新增12项。一部收载化学药品、抗生素、生化药品和药用辅料等，品种共计752种，其中新增22种，不收载22种，修订28种；收载附录139项，其中新增2项，修订6项。二部收载药材和饮片、植物油脂和提取物、成方制剂和单味制剂等，品种共计1 370种(包括饮片626种)，其中新增19种，修订59种；收载附录110项，其中新增4项，修订1项。三部收载生物制品99种，其中新增11种，不收载43种，修订47种；收载附录50项，其中新增6项，修订22项。

3.兽药GMP

GMP即“生产质量管理规范”，是英文good manufacturing practices的缩写，直译为“优良的生产实践”，现已成为国际通用词汇，意指一套系统、科学的管理制度。

随着医药学领域的技术进步与消费者医药知识水平的普遍提高，人们对药品质量有了更加严格的要求。为确保药品质量，世界上许多国家都颁布实行了药品GMP。在国际药品贸易中，GMP成为药品质量控制和检查的依据。各国的GMP内容基本上是一致的，但也各有特点。我国法定的药品 GMP 即《药品生产质量管理规范》，是 1998 年由国家卫生部颁布的。1995 年卫生部下达了“关于开展药品 GMP 认证工作的通知”，这是国家依法对药品生产企业和药品品种实施 GMP 监督检查并予以认可的一种制度。2020 年国家药品监督管理局又颁布了新版的《药品生产质量管理规范》，对合格的制药企业，由药品监督管理局颁发“药品 GMP 证书”。

在国外，兽药与人医药物基本上是一起管理的，它的药品概念包括了兽药，所以兽药生产企业也都是按照本国的药品 GMP 进行管理。在我国兽药是由农业农村部畜牧兽医局管理的。1989 年农业部颁布了我国自己的《兽药生产质量管理规范(试行)》(即兽药 GMP)，共 11 章 50 条。现行为 2020 年 4 月 2 日修订并发布的《兽药生产质量管理规范》，共 13 章 287 条。

GMP 的内容可以概括为湿件、硬件和软件。湿件是指制药企业人员构成，硬件指厂房与设施、设备等，软件指组织、制度、工艺、操作、卫生标准、记录、教育等管理规定。GMP 对药品生产过程的各个环节、各个方面实行严格监督管理都提出了具体要求，它已成为保证药品安全有效的重要的质量法规。同时，GMP 也赋予药品质量以新的概念：药品不仅要符合质量标准，而且其生产过程必须符合 GMP，只有同时符合这两个条件的药品，才是合格的药品。

五、药物的保管和使用

(一)药物的保管

药物保管得好坏，直接影响药物的质量。药物有普通药、剧药及毒药之分，应按照要求分类保存。

(1)兽用麻醉药品、精神药品、毒性药品和放射性药品等特殊药品，依照国家有关规定加强保管，应有专账、专柜，并有专人负责。应有醒目式样和颜色的标签，以便与普通药相区别。

(2)对易潮解、易挥发的药物要密闭、干燥保存。

(3)遇光易氧化、分解的药物除用有色瓶包装外，应放在阴暗处。

(4)生物制品或某些脏器制剂，应置于冰箱内冷藏。

(5)易燃易爆炸的药物，小包装应密闭贮于阴凉处，注意烟火。量大的应贮于远离其他房屋的专用阴凉通风室内。

(二)药物的使用

按照《兽药管理条例》兽药分为兽用非处方药和兽用处方药。兽用非处方药是指由国务院兽医行政管理部门公布的、不需要凭兽医处方就可以自行购买并按照说明书使用的兽药；兽用处方药是指凭兽医处方方可购买和使用的兽药。

兽医临床用药必须建立在正确的诊断基础上，采用适当的给药方法和剂量，用药和停药时间，以节约人力、药品，减少疾病应激，提高治疗效果为原则。用药前应仔细阅读说明书，注意药物限用、禁用对象、范围、剂量、用法、配伍禁忌以及药物的残留和休药期等。所用药物的浓度、剂量、用法、批号、用药时间和用药效果应详细登记，以便查阅。

【学习要求】

识记 兽药、制剂、剂型、兽药 GMP。

理解 兽药的来源、兽药管理、保管及使用方法。

应用 常见兽药剂型及特点。

【知识拓展】

GSP

GSP 是英文 good supplying practices 缩写，直译为良好的药品供应规范，在我国称为《药品经营质量管理规范》。它是指在药品流通过程中，针对计划采购、购进验收、储藏、销售及售后服务等环节而制定的保证药品符合质量标准的一项管理制度。其核心是通过严格的管理制度来约束企业的行为，对药品经营全过程进行质量控制，保证向用户提供优质的药品。

兽药管理条例

兽药生产质量管理规范

项目九
兽药药理

【学习目标】

• 掌握药物作用的表现形式、作用方式，不良反应，剂量，半衰期，影响药物作用的因素，处方的格式与开写方法；

• 理解药物的效价与效能，跨膜运动、吸收、分布、转化及排泄；了解安全范围与治疗指数，生物利用度。

【学习内容】

任务一　药物对机体的作用

药物对机体的作用，又称药物效应动力学（简称药效动力学或药效学），是研究药物对机体所产生的生物效应及其作用原理的科学，是药理学的主要内容。

一、药物的基本作用

药物对机体作用一般是指药物作用于机体而引起机体机能改变的反应，即药物的效应。作用与效应两词经常是通用的，如要严格加以区分，则药物的作用是指药物与机体组织一接触时的初始作用，而药物的效应是指药物作用于机体后所产生的在组织细胞生理机能、生化过程或形态学上的变化。如肾上腺素对心脏的作用是它与心肌 β 受体的结合，其效应则是所继发的心肌收缩力的加强。此外，还有对入侵机体的病原体的杀灭，补充机体维生素、激素等的不足，以及改变机体的反应性，增强机体的抗病能力等，也属于药物的作用。

（一）药物作用的表现形式

药物作为化学刺激物，对机体的作用表现为两方面：一方面是机能活动的增强和提高，称为兴奋，如腺体分泌增多、肌肉收缩等；另一方面是机能活动的减弱或降低，称为抑制，如腺体分泌减少或停止、肌肉松弛等。兴奋与抑制不是固定不变的，兴奋药用量过大或兴奋时间过久，便会转入超限抑制状态；而有些抑制药在产生抑制之前也可能出现短时间的兴奋。

(二)药物作用的方式

1. 局部作用与吸收作用

从药物作用的范围来看,当药物与机体接触,发生在用药部位的作用称为局部作用,如酒精对皮肤表面的消毒。用药后,药物进入血液循环而发挥的作用称为吸收作用。吸收作用一般也指药物被运送到全身各组织器官后发生的作用,有时也称全身作用,如各种抗生素吸收后分布至全身而发挥抗菌作用。由于神经体液的联系,有时药物的局部作用也可通过反射作用,引起全身性的反应。

2. 直接作用和间接作用

从药物作用的顺序来看,药物进入机体与器官组织接触后首先或直接发生的作用,称为直接作用,也称原发性作用。直接作用之后,药物通过神经和体液的联系,继发远隔器官机能的变化,称为间接作用或继发性作用。如洋地黄吸收后使心肌收缩力加强是直接作用,由于直接作用的结果,血液循环改善,间接地使肾脏泌尿量增加,即为间接作用或继发性作用。

(三)药物作用的选择性

机体各器官组织对药物的敏感性并不一样,因此大多数药物吸收之后,仅仅表现出对某一器官或组织发生明显的作用,而对另一些器官或组织并不表现作用或作用不明显,称为药物作用的选择性。如麦角选择性作用于子宫肌;洋地黄强心苷对于心肌有高度的选择作用,而对于骨骼肌则不产生影响。许多有治疗价值的药物都具有此特点,这也是各类药物应用于临床治疗的基础。如化学治疗药就是利用其对体内病原体有选择作用,而对机体细胞并无显著影响而应用于临床的。

但是,药物的选择作用一般是相对的,这与药物的用量密切相关。如小剂量的咖啡因对大脑皮层有高度选择性的兴奋作用,但当其剂量增大时,兴奋作用就可出现在延髓乃至脊髓,甚至引起惊厥。

一些能沉淀原生质或使原生质变性的药物,也能影响一切细胞原浆的最基本的生化过程,从而影响该组织,称为原浆毒或原生质毒。如许多防腐消毒药即属于这一类选择性较低的药物,一般称此作用为普遍细胞毒作用,多用于环境或体表。

(四)药物的防治作用

用药后能达到防治疾病效果的作用,称为防治作用,或分别称为预防作用和治疗作用。如在群体给药的情况下则是有病治病,无病防病。防和治是一体的,就很难再区分为预防或治疗,也可笼统称为防治作用。治疗作用一般可分为对因治疗和对症治疗两种。

1. 对因治疗

针对疾病发生的原因进行治疗,目的在于消除病因,又称治本。

2. 对症治疗

针对疾病的症状进行治疗,目的在于改善或减轻症状,又称治标。

临床上往往采取对因、对症兼顾的综合疗法,两者不可偏废。利用化学治疗药(如抗生素、磺胺药等)消灭体内病原体以消灭病因固然重要,但在病因未明、症状严重的情况下,如处于休克、心力衰竭、惊厥等情况时,就必须立即采取有效的对症治疗,以减轻症状,赢得治疗时间,就显得相当重要。

(五)药物的不良反应

药物在防治疾病的同时可能出现不利于机体的反应称为不良反应。常见的有如下几种。

1. 副作用

副作用是指药物在治疗剂量内出现的与治疗目的无关的作用。它是药物所固有的药理作用,是可以预知的。这些药物多具有选择性低、作用多的特点,当利用其某一作用为治疗目的时,其他作用就成为副作用;当改变治疗目的时,所谓的副作用也就成为治疗作用。如应用阿托品解除胃肠道平滑肌痉挛时,可出现腺体分泌减少,口腔干燥的副作用;但后者在应用阿托品作为麻醉前给药时却成为治疗作用,同时也必定出现胃肠平滑肌弛缓的副作用。由于副作用在用药前是可以预料到的,所以当其较严重时是可以设法纠正或加以消除的。

2. 毒性反应

毒性反应是指药物用量过大或用药时间过久导致药理作用的延伸和加重,而出现对机体的毒害,称为毒性反应。各种药物毒性反应不同,但也是可以预知和预防的。一次用量过大而立即发生中毒者,称为急性中毒。为避免急性中毒,应防止盲目地靠增加剂量来增强药物的疗效。长期用药而蓄积后逐渐产生中毒者,称为慢性中毒,临床用药除注意掌握用药的剂量外,还应控制用药的期限,避免毒性反应的产生。

3. 过敏反应

过敏反应是指极少数动物个体在应用某药致敏后,再次用该药时发生的一种不良的免疫反应,又称变态反应。致敏原可能是药物本身,也可能是药物在体内的代谢产物,或是药物制剂中的杂质。它们本身多具半抗原性质,进入体内后与蛋白结合形成抗原,刺激机体产生抗体;当药物再次进入机体时,抗原与抗体结合形成抗原一抗体复合物,从而导致组织细胞损伤或功能紊乱,发生变态反应。这种反应与药物剂量无关,也不属于药物所固有的药理作用。一般表现皮疹、支气管哮喘、血清病综合征以至过敏性休克。对此可皮下或静脉注射肾上腺素进行抢救。

过敏反应事先不易预料,严重的(如青霉素的过敏性休克)过敏反应有时会引起死亡,故用药前必须问明用药史、过敏史,必要时可作皮内变态反应试验。

4. 继发反应

继发反应是指在应用药物治疗之后所引起的一种不良后果,又称治疗矛盾。如反刍动物瘤胃内有多种微生物,这些菌群之间因存在着相互制约的关系而维持着平衡的共生状态。当长期应用广谱抗生素(如四环素类等)时,许多敏感的细菌被抑制,一些不敏感的细菌或真菌则大量繁殖,菌群间的平衡状态遭到破坏,引起真菌性胃肠炎的继发性感染,又称为二重感染。

5. 后遗效应

某些药物使用后,当血药浓度已降到阈值以下时,还残存某种药理效应。这种效应可能对机体产生不利影响,如长期使用糖皮质激素可导致药源性疾病;有些药物也可能对机体产生有利影响,如某些抗生素可提高吞噬细胞的吞噬能力。

此外,有的药物在临床应用时还须注意其致突变、致畸和致癌等作用。

二、量效关系

药物的效应随着剂量的增加而增强,这种剂量与效应之间的关系称为量效关系。

(一)剂量的概念

剂量是指药物的用量,它是决定药物效应的关键因素。在一定范围内,剂量越大,药物在体内的浓度越高,效应也越强。但超过一定的剂量范围就可以由量变引起药物作用质的变化,发生中毒,甚至死亡。

药物的剂量过小,不产生任何效应的量,称为无效量。达到开始出现疗效的剂量,称为最小有效量。随着剂量的增加,治疗作用也逐渐增强,达到最大治疗量(最大安全量)时,称为极量。极量再增加,即可引起中毒,最低的中毒量,称为最小中毒量。剂量再增加,中毒严重以致引起死亡的剂量,称为致死量(最小致死量)。(图 9-1)

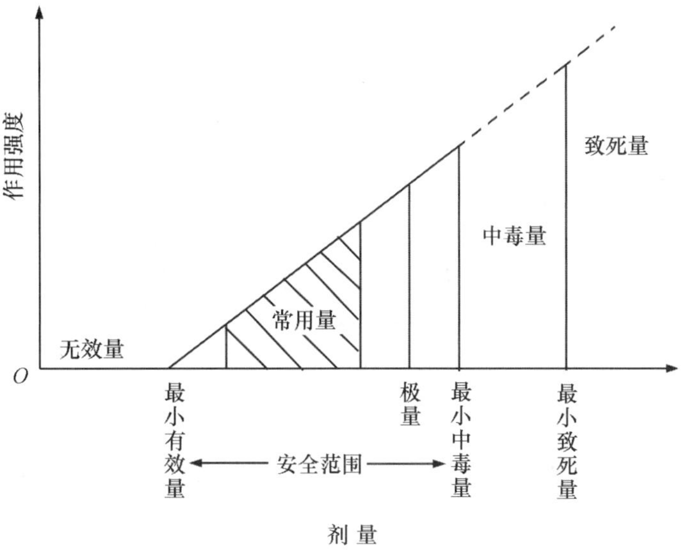

图 9-1　剂量与药物作用关系示意图

临床用药为了安全而有效,常采用比最小有效量大而比极量小的剂量,作为治疗量或常用量。对此,兽药典上都规定有一定的剂量范围,兽医临床使用时不宜超过规定剂量。

(二)药物的效价与效能

药物的效价(强度)是指产生一定效应所需要药物剂量的大小。剂量越小,效价越高,即强度越大。效能是指该药物在安全范围内能达到的最大效应。如利尿药中,以排钠为排尿效应指标,环戊噻嗪效价最强,氢氯噻嗪次之,但也比呋噻米强;但以效能比较,则呋噻米为最高,而氢氯噻嗪与环戊噻嗪几乎相等。因此,不比较效价与效能,只讲某药比他药强若干倍是无实际应用意义的。就临床而言,药物效能高比效价高更有价值。

(三)安全范围与治疗指数

药物的最小有效量与最小中毒量之间的距离称为安全范围。安全范围越大,用药越安全,反之,安全性小。治疗指数是指半数致死量(LD_{50})与半数有效量(ED_{50})的比值。治疗指数是衡量药物安全度的指标,治疗指数大表示毒性低,疗效高,用药比较安全。

研究药物的剂量-效应关系,一直是药理学的重要任务之一。在整体条件下,定量地研究剂量-效应关系,是设计合理给药方案的基础。药代动力学主要通过定时采血研究生物体内血药浓度与时间的关系，如何在整体条件下，通过体内药量与时间的关系，把剂量与药物效应联系起来。目前可行的办法是在分别进行药代动力学与药效动力学研究基础上，建立药代动力学与药效动力学的统一(同步)模型，才有可能实现。

任务二　机体对药物的作用

动物机体对药物的作用，又称药物代谢动力学(简称药代动力学或药动学)，是研究动物机体对药物的处置过程，即研究药物在动物机体内的吸收、分布、代谢和排泄的规律。

一、药物跨膜转运方式

药物进入动物机体吸收后到达作用部位引起药物效应，最后从动物体内排出，都要通过动物机体的生物膜，这一过程是药物的跨膜转运(图 9-2)。

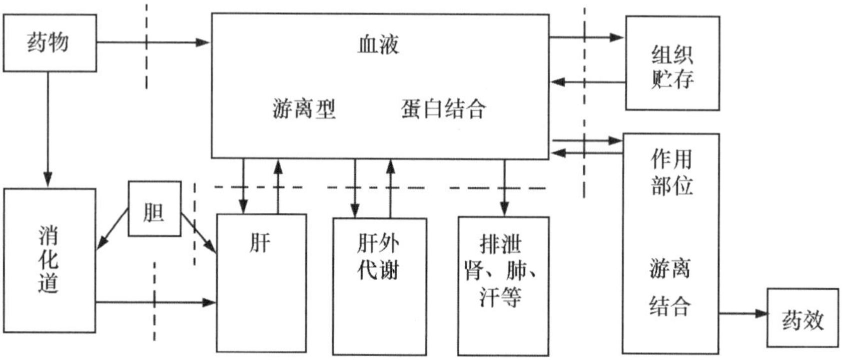

图 9-2　药物在体内跨膜转运示意图(图中虚线代表生物膜)

(一)被动转运

被动转运是药物顺浓度差向膜的对侧扩散或滤过。药物依其脂溶性的大小通过双分子层脂膜，脂溶性越大，越易溶于液态脂质中，易扩散。绝大多数药物以这种简单扩散进行转运。通过膜孔转运称为滤过，受药物分子大小的影响，分子越小越易滤过，超过一般细胞膜膜孔直径 0.8 nm 的药物分子则难以滤过。毛细血管壁及肾小球膜孔达 6～12 nm，又有外力促进时(如血压或静水压的影响)，滤过速度更快。这些转运不消耗能量，也不需要载体。还有一种不耗能，但需要特殊载体的顺差扩散，称为易化扩散。如葡萄糖、氨基酸及核苷酸靠这种转运方式进入细胞，速度增快 10～10 000 倍。但易化扩散特异性高，或因竞争受体而产生抑制，或因载体饱和而受到限制。易化扩散虽属于被动转运，却又是不同于简单转运的一种特殊转运。

(二)主动转运

主动转运是药物逆浓度(或电位)差的转运，即药物从浓度低的一侧向浓度高的一侧转运，它需要膜中的特殊载体，并为之提供能量。这种载体被认为是一种蛋白质成分或脂蛋白，它具有特异选择性，转运能力有一定限度，如果两种类似的药物都由该载体转运，则出现竞争性抑制。转运电解质(K^+、Na^+、Ca^{2+}、Cl^-、I^-等)常称为离子泵，如钠泵、钙泵等。主动转运对药物在体内的分布和自肾脏排泄影响较大，而与吸收关系较小。

此外，还有些药物可经过胞饮作用来转运，如某些蛋白质或固体微粒可以通过细胞膜凹陷向内形成小泡，而进入细胞内。胞饮转运也是一种耗能的主动过程。

二、药物的吸收

药物从用药部位进入血液循环的过程，称为药物的吸收。

(一)胃肠道外的吸收

通过各种注射或吸入方法给药的吸收。

静脉注射是直接把药物注入血液循环，无吸收过程，能迅速达到有效浓度，表现药理作用。挥发性药物或气雾剂通过肺泡扩散进入血液，吸收速度仅次于静脉注射。

皮下或肌内注射时，药物通过注射部位的毛细血管、毛细淋巴管吸收。毛细血管壁是多孔的类脂质膜，膜孔较大，多数药物都能顺利通过，吸收较快。脂溶性药物以简单扩散通过为主，非脂溶性或水溶性药物的小分子或离子则通过膜孔通道而吸收。不溶解的固体药物的微粒则可能被巨噬细胞所吞噬；少量大分子蛋白质可通过胞饮作用进入细胞，被消化而吸收。

注射给药的吸收速度与水溶性有关。不溶性制剂，如注射用普鲁卡因青霉素 G 混悬液吸收较慢，注射油剂在局部形成一个小贮库，吸收也较慢，但作用持久。同时，注射部位毛细血管丰富程度和血液循环情况也影响吸收的速度。如休克时必须静脉注射给药，否则吸收缓慢，又不完全，会贻误病情。

(二)胃肠道的吸收

胃肠道是动物体营养物质的重要吸收部位，也是药物的主要吸收部位。胃肠道黏膜也是类脂质膜，内服的药物以被动转运方式透过胃肠道黏膜而吸收，脂溶性药物或非解离的药物可通过简单扩散而吸收，而解离的药物则难吸收。

绝大多数药物属于弱酸性或弱碱性，在体液中总以解离型和非解离型混合存在。由于非解离型多属于脂溶性的，故易于通过细胞膜，而解离型较难溶于类脂质，故不易通过细胞膜，因此，其吸收速率与药物本身的解离度有关。药物的解离度受内环境 pH 的影响，从而影响药物吸收速度的快慢。各种动物胃内的 pH 差异很大，马为 1.13～6.8，牛、羊瘤胃 pH 为 5.5～7.5，皱胃 pH 接近 3，猪、犬和猫胃内的 pH 可达 1～2。故弱酸性或中性药物在猪、犬和猫胃中就容易完全吸收，而在草食动物的胃内则吸收较慢。弱碱性药物，如生物碱等在肠道碱性环境中以非离子型游离存在，故易于吸收。胃肠道对药物的吸收，还受到胃内容物充盈程度、胃排空速度、胃肠蠕动以及反刍动物复胃的影响。

通过胃肠道吸收的药物，透过胃肠黏膜进入毛细血管后，又汇集于肝门静脉随即进入肝脏。许多药物在肠黏膜细胞中及肝内经过转化灭活，因而由肝静脉进入体循环的有效药量减少，称为首过效应，因此内服药物药效损失较大。直肠给药吸收后药物不进入肝，直接进入体循环，避免了首过效应，药量损失较少，因而产生作用较快。

三、药物的分布

药物吸收后随血液循环转运到全身组织中，称为分布。药物在各组织之间的分布，虽也有比较均匀的，但多数药物的分布是不均匀的、有选择性的。影响药物在体内分布的因素很多，一般情况下，器官组织的毛细血管越丰富，血流量越多，则药物分布也较多。药物分布不均主要决定于以下几个因素。

1. 药物与组织的亲和力

有些药物对某些组织有特殊的亲和力，因此对某组织的亲和力强的药物分布得就较多。如碘在甲状腺中的分布就比其他组织高 1 万倍。进入机体的洋地黄毒苷，吸附于心脏的量(按每单位组织重量计算)比肠中多 7 倍，比横纹肌中多 36 倍。麻醉药分布于中枢神经系统较多，而且这种分布与其作用的发挥也是平行的。如脂溶性的硫喷妥钠静脉注射后迅速进入脑组织，使动物麻醉；但硫喷妥钠很快又从脑组织向脂肪组织中再分布，此时动物便迅速苏醒，这又使得药效在很短时间内消失。这种脂溶性药物在脂肪组织中的分布，实际上是药物的贮存，脂肪组织成为脂溶性药物的巨大贮库。

有些药物分布的器官组织与其作用的发挥并不完全相符，如吗啡作用于中枢，却大量集中于肝脏。

2. 屏障结构

屏障结构是指机体对包括药物在内的各种外界因素的防御性结构。

血脑屏障是指脑组织中的毛细血管壁及其周围神经胶质细胞所形成的血液与脑细胞间的屏障和脉络膜上皮细胞所形成的血液与脑脊液间的屏障。血脑屏障能阻止水溶性、大分子药物或化合物的通过，从而减少许多化合物对脑组织的损害。正常情况下，青霉素 G、链霉素等抗生素或抗菌药物在脑脊液中的浓度很低，但脑组织发生炎症时其通过性会增高，脂溶性药物如巴比妥类、氯丙嗪等则易通过。

胎盘屏障是母体与胎儿血液之间的屏障。各种家畜胎盘构造虽有不同，但其通透性相仿，一般简单物质均可通过，但也有些物质不能通过，这种选择性的机理尚不清楚。在应用麻醉药、士的宁、拟胆碱和抗胆碱类药物时，必须考虑对胎儿的影响。

3. 与血浆蛋白的结合

药物进入血液后不同程度地与血浆蛋白(主要是清蛋白)相结合，结合后分子量增大，影响药物的转运与分布。如磺胺嘧啶(SD)与血浆蛋白的结合率比其他磺胺药都低，由于只有非结合型才能通过血脑屏障，所以 SD 在脑脊液中的浓度比任何磺胺药都高，成为治疗细菌性脑脊髓膜炎的首选药。

血浆中的结合型药物都暂时失去活性，只有未结合的、游离的药物才能发挥药效。一般情况下，这种结合是可逆的，这种结合也可认为是一种药物的暂时贮存，血浆成为药物的贮存库。药物与血浆蛋白结合也有饱和性，而且在同时应用两种与血浆蛋白结合率都很高的药物时，彼此间还可发生竞争性置换现象，使结合率低的药物在血中游离的浓度增高和效应加强。

4. 生物膜两侧 pH 的差别与药物解离度

在生理情况下，细胞外液(pH 为 7.4)比细胞内液(pH 为 7.0)偏碱，因此弱酸性药物在细胞内液不易解离，故在细胞外液的浓度较高，反之弱碱性药物则在细胞内液的浓度高。提高血液的 pH，可促使弱酸性药物向细胞外转移。

四、药物的转化

机体对药物的化学处理过程称为药物的代谢，或称为生物转化或转化。除了少数药物可以原形排泄外，绝大多数药物在排泄之前都要经历不同程度的化学变化。多数药物经过代谢变化后失去药理活性，水溶性增强，使其更加易于从肾脏排泄。代谢也是药物消除的一种方式。

药物代谢的器官主要是肝脏，但也可在血浆、肾、肺、肠上皮以及神经组织中进行。在肝脏功能不全的动物，许多主要在肝脏代谢的药物，可因灭活减慢、减弱而使作用或毒性增强。兽医临床上必须加以注意。

药物在体内的转化方式主要有氧化、还原、水解和结合。按代谢的顺序及代谢产物的活性变化，一般可分为两个步骤。

1. 第一步骤

多数药物主要通过氧化、还原和水解失去活性。但少数药物经过第一步骤其代谢产物仍有活性，甚至活性更强，如阿司匹林分解为有活性的水杨酸。有的药物本身并无活性，代谢后却成为有效的活性物质，如百浪多息还原成氨苯磺胺而出现抗菌作用，不能简单地把这一步代谢变化称为解毒作用。

2. 第二步骤

原形药物或第一步骤代谢的中间产物，进一步与体内的葡糖醛酸、乙酰基、硫酸、甘氨酸等相结合，结合后失去活性而从肾脏排出。药物在体内的转化主要靠酶的催化。在肝细胞内质网上有一些专门催化药物等外源性化学物质代谢的微粒体酶，目前已知有 200 多种药物由它催化代谢，故简称药酶。药酶是一种混合型的酶系统（或酶族），其中主要是细胞色素 P-450，它是一种多功能氧化还原酶，能对药物进行氧化、还原作用；还有水解酶和结合酶，参与药物的水解和结合。

除肝脏外，还有酶存在于许多细胞内（如线粒体内的单胺氧化酶）和细胞外（如血浆中的脂酶），同样参与药物的生物转化。既然肝微粒体酶是催化许多药物代谢的重要酶系，因此该酶系的活性就直接影响药物的代谢。有些药物可以提高或抑制药酶的活性，从而影响药物的代谢。

凡能促进或提高肝药酶活性的过程，称为酶的诱导；能使药酶诱导的药物称为药酶诱导剂。合并用药时，它能加速其他药物的代谢，从而降低其药效和缩短作用时间。如苯巴比妥对乳牛、犊牛、绵羊、山羊及猪的肝药酶活性都有诱导作用，能降低洋地黄的作用与毒性。凡阻碍或降低肝药酶活性的过程，称为酶的抑制；能使药酶抑制的药物称为药酶抑制剂。合并用药时，能减慢其他药物的代谢与转化，从而增强或延长这些药物的作用。如在用四氯化碳 8 h 后，药酶活性降低到正常的 10%左右，7 d 内才能恢复正常，在此期间给予其他药物时，这些药物的作用都加强。

有些药物本身是由肝药酶所代谢，而反复应用时又能诱导肝药酶活性增加，从而加速自身的代谢效率，导致药效的减弱。这可用以解释连续用药产生的耐药性、交叉耐药性和停药后恢复敏感性的问题。

各种畜禽由于体内药酶的不同，对药物的代谢也各异。如家禽缺乏氧化酶而对巴比妥类药的转化就比较困难，故可产生持久的抑制作用。哺乳动物具有丰富的脂酶，表现对马拉硫磷的耐受，但该药对昆虫毒性大因而产生毒杀作用。

五、药物的排泄

药物从体内最后排出的过程称为排泄，也是药物最终消除的主要方式。

肾脏是药物排泄的最主要器官，胃肠道（包括胆道）、肺、乳腺、汗腺等也可排泄某些药物。药物从这些器官排泄多以被动扩散和主动分泌的方式排出体外。

1.肾脏排泄

大多数药物经过转化从肾脏排出，也有的药物未经转化全部以原形排出。肾脏排泄药物的主要机理是肾小球的过滤与肾小管上皮细胞的排泄与再吸收。

肾小球毛细血管膜通透性较大，膜孔直径可达 7～10 nm，除了分子量大于 68 000 的药物或与血浆蛋白结合的药物外，多数游离型药物及其代谢产物均易通过。药物滤过速度与肾小球滤过率成正比。滤过的药物到达肾小管，还可根据药物的脂溶度、离子化程度及分子大小进行再吸收。脂溶性或不解离的药物，如葡萄糖等，容易经肾小管主动转运而再吸收。多数药物经生物转化变为极性很高的水溶性代谢物，在肾小管不易被再吸收，排泄较快。未经变化的弱酸弱碱性药物再吸收决定于尿液的酸碱度，从而影响药物从尿中排出的速度。弱酸性药可因碱性尿（解离多）减少其在肾小管的再吸收，排泄加快；反之，酸性尿可使弱碱性药排泄加快。在药物中毒时，可根据药物的性质，运用这一原理促进药物从尿中的排泄，进行解毒。增加尿量也可加速某些在肾小管不易被再吸收的药物自肾排出。临床上以静脉输液和用呋噻米强迫利尿，以利于某些药物急性中毒的解毒。

肾小管还能通过有载体参与的主动转运排泄一些药物，如青霉素从近曲小管排泄，几乎不再吸收，排泄速度相当快。如果并用与青霉素排泄机理相同的药物（如丙磺舒）共同竞争同一载体时，就会抑制青霉素自肾小管的排泄速度，提高青霉素在血浆中的浓度，延长其作用时间。

自肾脏排泄的药物，常因尿液的浓缩，使得尿中的药物浓度往往高于血浆中的浓度，因此某些抗菌药物或抗生素从尿中排出时常能发挥其尿路抗感染作用。但要注意一些药物浓度高对肾脏的刺激作用。磺胺及其乙酰化物在尿中浓缩超过其溶解度时，会析出结晶，阻塞肾小管，造成对肾脏的毒害。

药物自肾脏排出的速度快慢各不相同。多数药物排出较快，须反复给药以维持有效的血药浓度；少数药物排泄缓慢，应注意用药的剂量、间隔时间和次数等，以免引起蓄积中毒。但对有些排泄缓慢的药物，却要利用其蓄积作用，逐渐达到有效水平，以长期保持药效。如应用洋地黄则须制定给药方案。

肾功能不良时，应禁用或慎用那些主要经肾排泄的或对肾脏有刺激作用的药物，以免排出减慢而引起中毒或损害肾脏。

2.胆汁排泄

某些药物经肝脏生物转化后，以简单扩散或主动转运的方式向胆管分泌，随胆汁排出，进入肠道；排入肠道的药物，又可从肠道吸收，形成肠肝循环。如洋地黄毒苷 26% 由胆汁排出，重新被吸收形成肠肝循环，作用时间显著延长，是洋地黄药效持久的原因之一。

3.乳汁排泄

药物从乳汁排泄属被动扩散。由于乳汁偏酸性，弱碱性药物（如阿托品等生物碱）易从乳汁排出，故必须注意对幼畜的中毒问题。当然，剂量控制适当，也能起治疗作用。

4.其他排泄途径

肺是挥发性药物的排泄器官，如酒精从呼出气中排出。在肠道未被吸收的药物从粪便中排出体外。唾液和汗液也能排泄一些药物。

任务三　影响药物作用的因素

药物的作用是药物与动物机体相互作用的综合表现，受动物方面因素、药物方面因素、给药方法因素以及环境方面因素的影响。这些因素不仅能影响药物作用的强度，有时甚至还能改变药物作用的性质和用药目的。因此，在临床用药时，应掌握各种常用药物的药理作用，还必须了解影响药物作用的各种因素，才能更好地运用药物防治动物疾病，以达到理想的防治效果。

一、动物方面的因素

（一）种属差异

多数药物对各种动物一般都具有类似的作用。但由于各种动物的解剖构造、生理机能、生化特点以及进化程度等的不同，对同一药物的敏感性存在一定的差异。不同动物对同一药物耐受性不一，如催吐药对猪、犬易引起呕吐，对马则不易呕吐，用于牛、羊则呈现促进反刍和祛痰的作用。反刍动物因具复胃结构，其消化特点迥异，给予不稳定药物时易被破坏，如内服洋地黄等时，往往无效，或药效出现很慢。有的家畜对某些药物特殊敏感，如猫对石炭酸等已属禁忌范围，家禽对有机磷酸酯类和呋喃类药极为敏感。

同种动物的不同品种对药物的敏感性也不相同，如北京鸭就比其他品种鸭对硫氯酚敏感得多。这些在用药时，都必须加以注意。

（二）生理差异

不同年龄、性别的动物对药物的反应差别很大。幼年、老年动物及妊娠母畜、哺乳母畜一般对药物比较敏感。主要是幼畜药酶活性较低或肝、肾功能发育不全，老年动物则因机能衰退，对药物转化能力弱，因此均比较容易中毒。如甲砜霉素对仔猪毒性就比较大。

妊娠母畜对某些药物也比较敏感，有些药物有胚胎毒性或有致畸作用，妊娠后期要避免应用拟胆碱药或峻泻类药物，以防引起流产。母畜泌乳期间应考虑药物是否经乳汁排泄的问题。

体重不同的同种家畜对相同剂量的药物的反应程度是不同的，要想得到相等的血液或组织中的药物浓度就必须按体重计算剂量。脂溶性药物易富集在脂肪组织中，对多脂肪或肥胖的动物适当增加剂量是必要的。

（三）个体差异

在年龄、性别和体重等因素基本相同的情况下，同种动物中个别个体对药物有特殊的敏感性，称为个体差异。个体差异的原因复杂多样，其中很多与遗传因素有关。

1. 特异质

这是体质的特殊。一般给马注射吗啡后，产生痛觉减轻、中枢抑制，并能很快安静下来；但临床上偶尔见个别马匹在注射吗啡之后，反而兴奋不安；也有出现荨麻疹、瘙痒等特异质反应的个体。

2. 变态反应

这是一种对机体有害的免疫反应，如青霉素等药物引起的过敏反应。

（四）机体的机能状态和病理状态

机体的机能状态不同常能影响药物的作用，一般是在病理情况下对药物较为敏感。如治疗剂量的解热药对正常体温无影响，但能使病畜升高的体温恢复正常；洋地黄强心苷只有在心脏机能衰竭、血液循环调节障碍时，才产生治疗效果；在呼吸处于抑制状态的时候，尼可刹米作用才显著；神经功能抑制时，能耐受较大剂量的兴奋剂；等等。

瘦弱、营养不良的动物对同样剂量的药物比较敏感，如饲料中缺乏蛋白质、维生素或钙、镁等成分，可使肝微粒体酶活性降低。

肝功能障碍时，对药物转化能力降低，药物的半衰期延长，其作用便得到加强或延长，还可能增加对药物的不良反应。肾功能不全时，药物排泄发生障碍，必须延长给药的间隔时间，否则会因药物在体内蓄积而发生中毒。在循环机能减退、休克和脱水的情况下，药物的吸收、转运发生障碍，也都会影响药物的作用。

二、药物方面的因素

（一）药物的化学性质与物理性状

药物的化学性质——包括药物的稳定性、酸碱性和解离度等，以及某些物理性状——溶解度（脂溶性、水溶性）、挥发性和吸附力等，都能影响药物的作用。

一般来讲，水溶性药物容易吸收，但硫酸镁虽易溶于水，内服却难吸收。难溶性的硫酸钡在医学上内服作为造影剂，而可溶性的钡盐，如氯化钡却是对中枢、平滑肌毒性很强的毒物。

酸性药物易丢失 H^+，变成带负电的阴离子。碱性药物易接受 H^+，变成带正电的阳离子。其解离度的高低，还受体液 pH 的影响，从而影响药物在体内的吸收和转运。解离度高的药物一般脂溶性较低，不易穿透类脂质屏障。

有些药物是通过其物理性状而发挥作用的，如药用炭吸附力的大小决定于其表面积的大小，颗粒越细，表面积越大，其吸附力越强。大多数口服药物吸收量与颗粒大小有关，细微颗粒（0.7 μm）的吸收量比大颗粒（10 μm）高。

（二）剂量

在安全范围内，药物的作用也因剂量大小不同而有差异，一般表现为量的差异，即剂量越大，血药浓度越高，作用越强。但有的药物随剂量由小到大，其作用会发生质的变化。如大黄小剂量时呈健胃作用，中等剂量时呈止泻作用，而大剂量时则表现泻下。又如大多数金属性收敛药用于局部时，低浓度时表现收敛作用，中等浓度则出现刺激作用，高浓度时则表现为腐蚀作用。

在临床用药治疗疾病时，为了安全用药，必须随时注意观察动物对药物的反应并及时调整剂量，尽可能做到剂量个体化。在集约化饲养条件下群体给药时，则应注意药物与饲料充分混匀，防止个别强壮个体摄入量大而中毒的问题。

（三）剂型

剂型及其质量直接影响药物的生物利用度，对药效的发挥关系重大。不同质量的药物制剂，乃至同一药厂不同批号的制剂，都会影响药物的吸收以及血药浓度，进而影响药物作用的快慢和强弱。

气体剂型吸收最快，液体剂型次之，固体剂型因其必须经过崩解和再溶解的过程才能被吸收，因而吸收最慢。酒精属于脂溶性的、不易解离的药物，易在胃中吸收，又是许多药物良好的溶媒，因此用其制成的酊剂，广泛用于临床。

在兽医临床实践中，既要求选用吸收快又能迅速达到有效血药浓度的速效制剂，也要求能长时间维持血药浓度而又能减少给药次数的长效制剂，以及各种类型的缓释剂型。如置于瘤胃的弹丸和驱避蝇、蚤、虱等的项圈都是通过缓释发挥作用的制剂。同时还要根据集约化饲养大群畜禽防治工作的需要，研制新剂型，如气雾剂、涂皮剂等，都有节时省工的特点，值得重视。

三、给药方法的因素

(一)给药途径

不同的给药途径主要影响药物的吸收速度、吸收量以及血药浓度，影响药物产生作用的快慢与强弱。但个别药物给药途径不同其作用就不同，如硫酸镁内服产生泻下作用，肌内注射或静脉注射则产生中枢抑制、抗惊厥作用。临床应根据疾病的具体情况和需要来选择适宜的给药途径。常用的给药途径及其对药物作用的影响如下。

1. 内服

药物用灌角或胃管经口灌服后，主要在小肠吸收。药物在胃肠吸收比其他给药途径为慢，起效也慢，而且易受许多条件如胃肠道内容物的充盈度、酸碱度(影响药物的解离度)以及胃肠疾患的影响，致使药物吸收缓慢而不规则。

一般易被消化液破坏的药物不宜内服，如青霉素。内服药物要考虑到首过效应，是否需要考虑增加剂量或改用其他给药途径。内服一般适用于大多数在胃肠道具有吸收作用的药物，也常用于在胃肠道难以吸收从而发挥局部作用的药物。后者如磺胺脒等肠道抗菌药、驱虫药、制酵药或泻药等。

2. 注射法

药物通过皮下、肌肉或静脉注射进入体内，优点较多，临床上常用。

(1)静脉注射　把药液直接输入或滴入静脉内，其优点是作用迅速，剂量准确，效果可靠，可用于急性病例。由于血液中存在多种缓冲系统(如碳酸、磷酸氢盐及血浆蛋白缓冲系统)，故可注入高渗或带有刺激性的药液，但应注意不要将药液漏到血管外。注射液必须澄清、无异物或致热原，油剂、混悬液不可静脉注射，注射时勿使气泡进入静脉。较大容量液体宜采取静脉注射，速度可根据病情及添加药物的浓度而定；两种及以上药物混合静脉注射时，应注意其配伍禁忌。

(2)肌内注射　常用于兽医临床，对药物吸收速度不如静脉注射快。注射部位多选择在肌肉组织丰厚、感觉神经末梢少、大血管较少的臀部或颈部。吸收较皮下注射快，疼痛较轻。注射水溶液可在局部迅速散开，吸收较快；注射油溶液或混悬液等长效制剂，多形成贮库后再逐渐散开，吸收较慢，维持较长的作用时间。如一次肌内注射剂量较大时，可分数点注射；刺激性较强的药物肌内注射后可致局部坏死，形成硬结，不宜作肌内注射。对刺激性轻微的药物可作深层肌内注射。

(3)皮下注射　将药液注入皮下疏松结缔组织中，经毛细血管或淋巴管缓慢吸收，其发生作用的速度比肌内注射稍慢,但药效较持久。混悬的油剂及有刺激性的药物不宜作皮下注射。

(4)腹腔注射　多用于不能内服或静脉注射但又须补充大量营养性液体的病畜。因为腹腔具有较大的吸收面积,吸收速度较快,效果较好。腹腔感染时也可注入化疗药,但不可注入有刺激性的药物。

3. 直肠、阴道及乳管内注入

主要目的是在用药局部发挥药物的作用,如治疗阴道炎、滴虫病或乳腺炎。

直肠给药,除通过灌肠解除便秘之外,还可给不能内服或静脉注射的患畜补充营养(葡萄糖)。直肠给药后,吸收的药物由直肠后静脉,经髂总静脉入后腔静脉,进入体循环,因此有免除首过效应的优点。但直肠吸收功能较差,并且受直肠内容物干扰,因而需较大剂量。

4. 皮肤、黏膜用药

主要发挥药物的局部作用,以治疗皮肤、黏膜疾病或消灭体表寄生虫等。完整的皮肤对药物的吸收能力很差,但有伤口时,能增加对药物的吸收。临床上在治疗体表寄生虫时要注意外用药物接触皮肤面积的大小和涂药的次数,以免吸收增多而引起中毒。刺激性强的药物不可用于黏膜。应用动物油脂作软膏的基质,可增加药物对完整皮肤的渗透能力。

5. 吸入

气体或挥发性药物以及气雾剂可应用吸入法给药。此法给药方便易行,发生作用快而短暂,如输氧、吸入麻醉或治疗某些呼吸道炎症以及气雾免疫等。现行的气雾免疫法,在集约化养鸡场或大规模饲养条件下,是值得重视的一种给药方法。

(二)给药时间

给药时间是决定药物作用的重要因素。许多药物在适当的时间应用,可以提高药效。如健胃药在动物饲喂前 30 min 内灌服,效果较好;驱虫药在空腹时给予,才能确保药效。内服药物在空腹时给予,吸收较快,也比较完全。对胃肠有刺激作用的药物,要求在饲喂后 1 h 给予为宜。

药物在白天代谢较快,在夜间代谢较慢。如在临床上可见到破伤风病畜夜间用小剂量镇静剂即可达到镇静目的。许多药物都有明显的昼夜节律。在给母畜催情时,给药时间上也必须与性周期相符,效果才较为明显。

(三)用药次数与反复用药

用药的次数和间隔时间则须参考药物的血浆半衰期。一般在体内消除快的药物应增加给药次数;在体内消除慢的药物应延长给药的间隔时间。磺胺类、抗生素等抗菌药物,以能维持血中有效的药物浓度为准,每天 2～4 次,长效制剂每天 1～2 次。为了达到治疗的目的,通常需要反复用药一段时间,这段时间过程称为疗程。反复用药的目的在于维持有效血药浓度,维持给药到症状好转或病原体消灭以后,才停止给药。必要时,可继续第二疗程。否则在剂量不足或疗程不够的情况下,病原体很容易产生耐药性。

某些药物在反复给药后,机体也会产生对药物的反应性逐渐降低的现象,这种情况称为耐受性。这时需要不断增加剂量,才能维持药效。这种耐受性是反复用药引起的,属于后天获得性的,与先天性的个体耐受性不同。前者在停药一段时间后逐渐消失,机体又恢复对药物的敏感性,后者一般是保持不变的。垂体后叶素等药物,在短期内连续应用几次后,作用明显减弱,这种迅速产生的耐受性，称为快速耐受性。

有些药物反复应用后，除产生耐受性外，还可产生依赖性或成瘾性。如果反复用药产生成瘾性后，一旦停药还会出现戒断现象。

(四)联合用药和药物的相互作用

临床上为了增强药物的疗效，减少或消除药物的不良反应，或分别治疗不同症状与并发症，常常采取同时或短期内先后应用两种或两种以上药物，称为联合用药。联合用药时药物之间常有相互作用，使得药物的作用、治疗效果以及不良反应等产生质和量的变化。为了合理地联合用药以取得更好的疗效，避免不合理的联合用药，必须对药物的相互作用有全面的了解。

一般药物在体内的相互作用主要表现在药效学与药动学两方面，具体作用如下。

1.药效学方面的相互作用

主要是指两种药物在药物效应方面的相互影响。两种作用相似的药物，合用后药效增加，称为协同作用，两种药物作用相反，合用后药效减弱，称为拮抗作用或对抗作用。

两种等效剂量的药物合用后的效应，等于单独应用各药时双倍剂量的效应，称为相加作用。一般指两药作用于同一部位或受体，所以各药不减半剂量使用，就有可能产生中毒，因而也是属于协同作用范围，如磺胺合剂。如两种药物分别作用于不同的部位或受体而诱发出相同的效应，使两药合用时引起的效应大于各药单用时效应的总和，称为协同作用或增强作用。如肾上腺素与阿托品合用，能使瞳孔散大作用增强；磺胺药与甲氧苄啶合用，可增强其抗菌效果达几十倍。

必须注意，作用相似的药物并不一定都能并用，如强心苷洋地黄与钙制剂，虽都能强心，却不能并用，并用时会增加洋地黄对心脏的毒性，是属于药理性配伍禁忌。药理作用相反的药物不能配伍使用，否则药效抵消或产生毒性。但也有例外情况。

药物的拮抗作用经常用于药物中毒的解毒，或用以抵消某些药物的副作用。如用阿托品对抗以乙醚作吸入麻醉时引起的支气管腺体分泌增加的副作用。拮抗作用通过受体作用而降低药效的，有两种不同形式。

(1)竞争性拮抗作用　两种药物是在同一作用部位或受体上而拮抗，即两种药物直接竞争受体，阻断受体与另一种药物的结合。如阿托品与乙酰胆碱竞争 M 受体，从而阻断后者的效应。

(2)非竞争性拮抗作用　两种药物作用于不同受体或与受体的不同部分相结合，因此有任何一个存在，不排除与另一个的结合。如肾上腺素与乙酰胆碱的拮抗作用。

2.药动学方面的相互作用

主要是指一种药物能使另一种药物在体内的吸收、分布、代谢、排泄等任何一个环节发生变化，即影响另一种药物的血浆浓度，从而改变其作用强度。包括以下几个环节：

(1)吸收方面的相互作用　如含钙、镁、铝、铁的药物与四环素类同时合用内服，则相互作用后形成难溶性的复合物，降低四环素在胃肠道内的吸收。

(2)分布方面的相互作用　主要是药物与血浆蛋白结合的竞争。各种药物与蛋白的结合率不同。如两种药物都能与血浆蛋白结合，它们在结合部位互相竞争，结果结合率高的药物可将另一种结合率低的药物从血浆蛋白结合部位上置换出来，使后一种药物游离部分增多，即提高此药在血中的有效浓度,作用增强。提高过多时也可能引起毒性反应。

(3)代谢转化方面的相互作用　主要是一些药物能影响药酶的活性,因此在联合用药时影响药物的代谢转此。表现为药酶的诱导和抑制,使得药物转化加快和减慢,从而降低或增强药物的作用。

(4)排泄方面的相互作用　许多药物能互相竞争肾小管主动分泌系统,表现出一种药物抑制另一种药物自肾小管分泌,如丙磺舒与青霉素的竞争,能延长青霉素的作用时间。此外,某些药物能改变尿液的酸碱性,影响药物的解离度,进而影响排泄的快慢,最终会影响药物的作用和毒性。

3.配伍禁忌

配伍禁忌也是药物的相互作用,它发生在体外,属于药剂学的范畴。配伍禁忌是指药物的理化性质不同,相互配伍时可能出现沉淀、变色、析出、吸附、熔化、产气、燃烧、爆炸等物理、化学变化,使药效减弱或失效,甚至毒性增加,分为物理配伍禁忌和化学配伍禁忌。前者如吸附药与抗生素配合使用时,则抗生素被吸附而降低疗效;后者如盐酸四环素以碳酸氢钠注射液稀释时,由于 pH 升高而析出四环素结晶。

兽医临床上采取多种注射液联合应用时,应特别注意以上物理性、化学性配伍禁忌。

四、环境方面的因素

(一)外界环境

药物的作用与动物饲养管理等外界环境因素有着密切的关系。动物对药物的敏感性可能增高,也可能降低。环境因素包括温度、湿度、时间和饲养管理条件等。

许多防腐消毒药的抗菌作用都受环境的温度、湿度和作用时间以及环境中的有机物多少等条件的影响。如甲醛的气体消毒要求空间有较高的温度(20 ℃以上)和较高的相对湿度(60%～80%),温度低,相对湿度不够,甲醛易聚合,聚合物没有杀菌力,故影响其抗菌效果。

当动物饲养在黑暗而通风不良的畜舍中时,药物的副作用表现较为强烈,治疗效果减弱。对士的宁中毒或破伤风病畜在整个治疗过程中应特别强调环境黑暗、安静的重要性。动物在炎热天对强心苷要比寒冷时更为敏感;疲劳的动物对药物的反应比休息好的动物强烈。

动物在白昼与黑夜对药物的敏感性也不一样,夜间往往比白天反应弱,但对药物作用耐受的时间增长,也许是昼夜节律影响所致。

此外,不同季节对药物的作用也有重大影响。

(二)病原体状态和抵抗力

各种抗菌性药物都有各自的抗菌谱,即敏感细菌的种类。但对其敏感细菌的不同状态,药效也不尽一致。如青霉素对繁殖期的细菌效果好,对静止期的细菌效果差;有的抗寄生虫药只对成虫有效,对幼虫却无效果。化学治疗中更普遍存在的严重问题是病原体对药物产生耐受性,即耐药性问题。原来对某种药物敏感的细菌,长期低剂量用药,有些细菌逐渐通过基因突变(或改变代谢途径)等适应性改变,使药物失去了作用。某些原虫也有很强的耐药能力。临床上应用药物治疗时,应特别注意防止耐药性的产生。

任务四　处　方

处方是由执业兽医在诊疗活动中开具的临床治疗的重要书面文件，是药剂人员调配药品的依据，也是检定药物疗效和其毒性的重要依据，具有法律、技术、经济责任。

一、处方格式

(一)处方笺规格和样式

从事动物诊疗活动的单位，应当按照农业农村部兽医主管部门规定的规格和样式印制兽医处方笺或设计电子处方笺。兽医处方笺规格如下。

(1)兽医处方笺一式三联，可以使用同一种颜色纸张，也可以使用三种不同颜色纸张。

(2)兽医处方笺分为两种规格，小规格为：长 210 mm、宽 148 mm；大规格为：长 296 mm、宽 210 mm。

(二)兽医处方笺内容

兽医处方笺内容包括前记、正文、后记三部分，要符合以下标准。见表 9-1。

1. 前记

对个体动物进行诊疗的，至少包括动物主人姓名或者动物饲养单位名称、档案号、开具日期和动物的种类、性别、体重、年(日)龄。

对群体动物进行诊疗的，至少包括饲养单位名称、档案号、开具日期和动物的种类、数量、年(日)龄。

2. 正文

包括初步诊断情况和 Rp(拉丁文 Recipe“请取”的缩写)。Rp 应当分列兽药名称、规格、数量、用法、用量等内容；对于食品动物还应当注明休药期。

3. 后记

至少包括执业兽医师签名或盖章和注册号、发药人签名或盖章。

表 9-1　兽医处方笺示例

×××兽医院(站)处方笺

No:　　　　　　　　　　　　　　　　　　年　　月　　日

畜主			地址				
畜别		性别		年龄		特征	

Rp:

磺胺嘧啶	2.0 g	
氨基比林	0.6 g	
碳酸氢钠	4.0 g	
甘草粉	6.0 g	
常水	适量	药价
配制方法：调制成糊状		
用法：一次投服。		

兽医师(签名)：　　　年　　月　　日　　调剂师(签名)：　　　年　　月　　日

二、处方种类

1. 法定处方

《中国兽药典》上收载的处方为法定处方。它有法律的约束力，对制剂的组成、浓度、配制法等，都有明文规定，必须遵守。书写时仅写明名称及剂量即可。例如：

处方：复方水杨酸钠注射液　　100.0 mL

用法：一次静脉注射（马）

2. 医疗处方

兽医师根据动物病情做出诊断而书写的各种不同组合的处方。

3. 协定处方

由某单位的药房与兽医师等协商制定的有效而常用的处方，提前加以配制，以便应用。书写时仅写明名称与剂量即可。例如：

处方：消肿灵注射液　　500.0 mL

用法：一次静脉注射（马）

三、处方书写要求

兽医处方书写应当符合下列要求。

（1）动物基本信息、临床诊断情况应当填写清晰、完整，并与病历记载一致。

（2）字迹清楚，原则上不得涂改；如需修改，应当在修改处签名或盖章，并注明修改日期。

（3）兽药名称应当以兽药国家标准载明的名称为准。兽药名称简写或者缩写应当符合国内通用写法，不得自行编制兽药缩写名或者使用代号。

（4）书写兽药规格、数量、用法、用量及休药期要准确规范。

（5）兽医处方中包含兽用化学药品、生物制品、中成药的，每种兽药应当另起一行。

（6）兽药剂量与数量用阿拉伯数字书写。剂量应当使用法定计量单位：质量以千克（kg）、克（g）、毫克（mg）、微克（μg）、纳克（ng）为单位；容量以升（L）、毫升（mL）为单位；有效量单位以国际单位（IU）、单位（U）为单位。

（7）片剂、丸剂、胶囊剂以及单剂量包装的散剂、颗粒剂分别以片、丸、粒、袋为单位；多剂量包装的散剂、颗粒剂以千克（kg）或克（g）为单位；单剂量包装的溶液剂以支、瓶为单位，多剂量包装的溶液剂以毫升（mL）或升（L）为单位；软膏及乳膏剂以支、盒为单位；单剂量包装的注射剂以支、瓶为单位，多剂量包装的注射剂以毫升（mL）或升（L）、克（g）或千克（kg）为单位，应当注明含量；兽用中药自拟方应当以剂为单位。

（8）开具处方后的空白处应当划一斜线，以示处方完毕。

（9）执业兽医师注册号可采用印刷或盖章方式填写。

四、处方保存

（1）兽医处方开具后，第一联由从事动物诊疗活动的单位留存，第二联由药房或者兽药经营企业留存，第三联由动物主人或者饲养单位留存。

（2）兽医处方由处方开具、兽药核发单位妥善保存 2 年以上。保存期满后，经所在单位主要负责人批准、登记备案，方可销毁。

【学习要求】

识记　不良反应、副作用、剂量、半衰期、安全范围、药物代谢动力学、药无效应学、治疗指数、生物利用度。

理解　药物作用的表现形式、作用方式，影响药物作用的因素，药物转运和转化的生化基础，药物安全范围与治疗指数。

应用　药物不良反应的合理减少，学会开写处方。

【知识拓展】

血浆药物浓度与药动学参数

一、血药浓度与药-时曲线

进入机体的药物，随血液的循环到达作用部位或受体部位，达到至一定浓度后便产生药效。根据机体对药物进行转运和转化的规律，体内药量(浓度)总是由低到高，再由高到低以至消失的动态变化，同时呈现出药物效应从显现到消失的过程。说明药效的大小决定于体内特别是作用部位的药物浓度，而作用部位药物浓度又决定于血浆中的药物浓度，因此，血浆药物浓度是反映作用部位药物浓度的可靠指标，即药效强度的指标。多数药物的药理作用强度与血浆药物浓度之间存在着正相关，比药效与剂量之间的关系更为密切。血浆药物浓度在种属和个体之间的差异比普通最适剂量间的差异要小，即有些药物虽然有效剂量差异很大，而有效血药浓度却很接近。如垂体促性腺激素抑制剂有效剂量的种属间差异高达250倍，但其有效血药浓度却均近于3 μg/mL。又如保泰松在兔和人体中的抗炎作用有效剂量分别为300 mg/kg及5～10 mg/kg，相差达几十倍，但有效血药浓度都在100～150 μg/mL之间。

药物浓度下降消除是有其规律性的，按其性质可分两种类型。

1. 恒比消除

是指血浆中药物消除的速率与血浆中药物浓度成正比的消除，即一定时间内药物浓度降低呈恒定比值，也称一级消除或一级动力学。如氯霉素每小时血药浓度降低29.3%，假定原来药物浓度为100 mg/L，1 h后药物浓度降至70.7 mg/L，再隔1 h降低至49.98 mg/L，其下降的数量随原来的药量而变化。

2. 恒量消除

血浆中药物消除的速率与原来药物的浓度无关，而是在一定时间内药物浓度降低恒定的数量，称为恒量消除或零级消除(零级动力学)。如乙醇每小时药物浓度下降0.17 mg/mL。常用药物中符合恒量消除规律的为数不多，有些药物(如水杨酸、苯妥英钠等)的消除规律与上述两种消除均不相同，称为非线性药物动力学。这些药物在浓度较高时基本属于恒量消除，但在浓度较低时则转成恒比消除。这一现象是因机体对该药的代谢速度存在着极限现象。

二、房室模型

在药代动力学上以数学模型来模拟身体，即把整个身体视为一个系统并分为若干房室。

房室并不具体代表特定的某一器官或组织，也不代表特定的解剖部位，只是抽象的空间概念的组合。房室的划分是便于进行药代谢动力学分析，特将药物在体内转运速率近似的“空间”划归为一个房室。如给药后，药物能迅速地、均匀地分布在可到达的体液或组织中并与血液中药物浓度达到平衡状态，在此情况下可把机体视为一个分布容积与之相同的容器，即为一室模型(图 9-3A)。当药物在体内各器官的转运速率有差异时，血流丰富并能迅速与血液中的药物浓度达到平衡的器官，如心、肝、肺、肾、内分泌腺等，可视为中央室；而血流量少贫乏、转运速率慢的器官，给药后不能立即与血液中的药物浓度达到平衡，如皮肤、肌肉、脂肪组织等，则被视为周边室，这就把机体设想为二室模型(图 9-3B)。

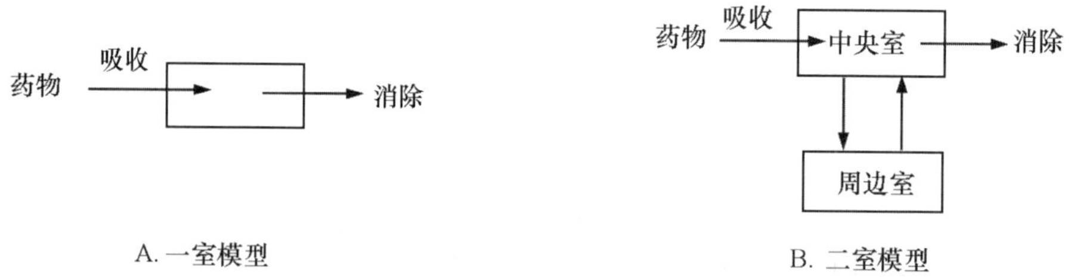

图 9-3　一室模型、二室模型示意图

三、药物的消除半衰期

药物的消除半衰期($T_{1/2}$)一般是指血浆半衰期，为血浆药物浓度下降一半所需要的时间，它反映药物在体内消除的速度。绝大多数药物是按恒比消除规律消除的，因此其半衰期是固定的数值，不因血浆药物的浓度高低而改变，也不受药物剂量和给药方法的影响。

药物半衰期具有重要的实践意义。临床上一次给药后，约经过 5 个半衰期血浆药物浓度降低 96.87%，可认为药物已消除殆尽。为了保持比较稳定的有效浓度常连续给药，给药间隔时间一般不宜超过该药的半衰期。如果每隔一个半衰期给药一次(或连续恒速静脉滴入)，须经 5 个半衰期血药浓度才能达到稳态浓度，此时药物吸收速度与消除速度达到平衡，除连续恒速静滴浓度呈一条近乎水平的直线外，其他给药方法，血药浓度都在药物浓度高限和低限之间呈锯齿状波动。

四、表观分布容积

表观分布容积(V_d)是指体内全部药物总量(A)按血中药物浓度(C)溶解时所需的体液总容积。计算公式如下：

$$V_d = A/C$$

由于理论计算所得分布容积与实际体液总容量并不完全相等，故又称为“表观分布容积”。这是一个假想的容积，因为大多数药物都不同程度地和血浆蛋白或组织蛋白相结合，而不是均匀分布的。但从分布容积的大小可以推测药物在体内的分布范围，如计算出来的分布容积大于体液的总容积，可能表示该药分布到周边室的较深部位或者在周边室贮存起来，如果小于体液的总容积，则可能表示该药大部分分布在血液循环里。

五、药-时曲线下面积

药-时曲线下面积（AUC）表示药物进入血液循环后整个时间过程中的数量，即血浆内药物从零时起至所有原形药物全部排尽为止，这一段时间内算得的药-时曲线下的总面积。它代表药物的吸收总量，反应药物的吸收程度。单位是药物浓度与时间的乘积[（mg/mL）・min]。

六、生物利用度

生物利用度是指给予药物制剂后能被动物机体吸收利用的有效性。一般用吸收百分率表示，即药物的吸收率。

项目十
抗寄生虫药

【学习目标】

- 掌握抗寄生虫药的概念，常用驱虫药的作用与应用，常用杀虫药的应用方法。

【学习内容】

抗寄生虫药是指能杀灭寄生虫或抑制其生长繁殖的物质。可分为抗蠕虫药、抗原虫药和杀虫药。抗寄生虫药物主要是影响寄生虫的细胞物质转运、代谢、神经肌肉信息传递和生殖系统功能等。理想的抗寄生虫药应具备广谱、高效、低毒、便于投药、价格便宜、无残留和不易产生耐药性等特点。

任务一　抗蠕虫药

抗蠕虫药是指对动物寄生蠕虫具有驱除、杀灭或抑制作用的药物。根据寄生于动物体内的蠕虫类别，抗蠕虫药相应地分为抗线虫药、抗吸虫药、抗绦虫药、抗血吸虫药。但这种分类也是相对的，有些药物兼有多种作用，如吡喹酮具有抗绦虫和抗吸虫作用，苯并咪唑类具有抗线虫、抗吸虫和抗绦虫作用。

一、抗线虫药

感染动物的线虫种类繁多，可以寄生于动物的各种器官和组织。在 20 世纪初叶以前，兽医是采用天然药物控制线虫感染。自 20 世纪 30 年代发现吩噻嗪、50 年代出现噻苯达唑以来，陆续有多种化学合成和抗生素类抗线虫药物应用于兽医临床。根据抗线虫药的化学结构特点，可将这些药物分为：苯并咪唑类、咪唑并噻唑类、四氢嘧啶类、哌嗪类、抗生素类和其他类。

(一)苯并咪唑类

苯并咪唑类是广谱、高效、低毒的一类驱虫药，主要有阿苯达唑、芬苯达唑、奥芬达唑、氧阿苯达唑等。这类药物的驱虫机理是抑制虫体内的酶系统活性，干扰其能量代谢，阻断了 ATP 的产生、导致虫体肌肉麻痹死亡。本类药物具有胚胎毒性，妊娠前期忌用。

阿苯达唑片，用于畜禽线虫病、绦虫病和吸虫病。内服一次量：每 1 kg 体重，牛、羊 10～

15 mg,马 5～10 mg,猪 5～10 mg,禽 10～20 mg,犬 25～50 mg。可引起犬的再生障碍性贫血。

芬苯达唑片、芬苯达唑粉,用于畜禽线虫病和绦虫病。内服一次量:每 1 kg 体重,牛、马、猪、羊 5～7.5 mg,犬、猫 25～50 mg,禽 10～50 mg。连用 3 d。

奥芬达唑片,用于驱除线虫和绦虫。内服一次量:每 1 kg 体重,牛 5 mg,羊 5～7.5 mg,猪 4 mg,马 10 mg,犬 10 mg。

氧阿苯达唑片,主要用于驱除线虫和绦虫。内服一次量:每 1 kg 体重,羊 5～10 mg。

(二)咪唑并噻唑类

本类药物除驱虫作用外,还可增强机体的免疫作用,调节抗体的产生。

左旋咪唑　是噻咪唑的左旋体。盐酸盐或磷酸盐为白色或类白色针状结晶或结晶粉末,易溶于水。为广谱驱虫药,对畜禽的多种线虫和丝虫均有杀灭作用。左旋咪唑对牛、猪、羊、禽安全范围较大,但马和骆驼较为敏感,故马慎用,骆驼禁用。主要用于牛、羊、猪、犬、猫和禽的胃肠道线虫、肺线虫及猪肾虫病。中毒可用阿托品解毒和对症治疗。

盐酸左旋咪唑片,内服一次量:每 1 kg 体重,牛、猪、羊 7.5 mg,犬、猫 10 mg,家禽 25 mg。

盐酸左旋咪唑注射液,肌内或皮下注射一次量:每 1 kg 体重,牛、猪、羊 7.5 mg,犬、猫 10 mg,禽 25 mg。

(三)四氢嘧啶类

四氢嘧啶类主要有噻嘧啶和甲噻嘧啶两种。四氢嘧啶类是广谱、高效、低毒的胃肠线虫驱除药。通过抑制胆碱酯酶对寄生虫的神经肌产生阻滞作用,能麻痹虫体使之止动,安全排出体外,不致引起胆道梗阻或肠梗阻。噻嘧啶、甲噻嘧啶所引起的肌肉收缩作用虽比乙酰胆碱慢,但作用要比乙酰胆碱强 100 倍。噻嘧啶对宿主具有较强的烟碱样作用,忌与安定药、肌松药以及其他拟胆碱药、抗胆碱酯酶药(如有机磷驱虫剂)并用;与左旋咪唑、乙胺嗪并用时也能使毒性增强,用时慎重;噻嘧啶的驱虫作用能为哌嗪相互拮抗,故不能伍用。对马副蛔虫、普通圆形线虫、马圆形线虫、胎生普氏线虫有高效。

双羟萘酸噻嘧啶　淡黄色粉末,无臭,乙醇中微溶,水中几乎不溶。对多种线虫和未成熟的幼虫有效,而且本药对畜禽安全范围大,但不能与有机磷酸酯类合用,防止毒性增强。用于治疗胃肠道线虫病。双羟萘酸噻嘧啶片,内服一次量:每 1 kg 体重,马 7.5～15 mg,犬、猫 5～10 mg。

(四)哌嗪类

哌嗪类为窄谱驱线虫药。哌嗪类驱虫药包括哌嗪、乙胺嗪,前者的枸橼酸盐又称驱蛔灵,后者的枸橼酸盐又称海群生。本类药物对蛔虫效果较好,毒性小,安全可靠,对肺丝虫也有驱杀效果。微丝蚴阳性的犬不能使用。

枸橼酸哌嗪片,主用于马、羊脊髓丝虫病,犬心丝虫病,也可用于家畜肺丝虫病。内服一次量:每 1 kg 体重,牛、马 0.25 g,羊、猪 0.25～0.3 g,犬 0.1 g,禽 0.25 g。

磷酸哌嗪片,主用于畜禽蛔虫,也用于马蛲虫,犬、猫弓首蛔虫等。内服一次量:每 1 kg 体重,马、猪 0.2～0.25 g,犬、猫 0.07～0.1 g,禽 0.2～0.5 g。

枸橼酸乙胺嗪片,主用于畜禽蛔虫病,也用于马蛲虫病、毛线虫病,牛、羊、猪食道口线虫病。内服一次量:每 1 kg 体重,牛、马、猪、羊 20 mg,犬、猫 50 mg。

(五)抗生素类

阿维菌素类药是广谱、高效、低毒的抗寄生虫的半合成抗生素。作用机理在于增加虫体的抑制性递质γ-氨基丁酸(GABA)的释放,以及打开谷氨酸控制的 Cl^- 通道,增强神经膜对 Cl^- 的通透性,从而阻断神经信号的传递,最终虫体神经麻痹,肌肉细胞失去收缩能力,而导致虫体死亡。对体内外寄生虫特别是线虫和节肢动物均有良好驱杀作用,但对绦虫、吸虫及原生动物无效。常用的药物有伊维菌素和乙酰氨基阿维菌素等。

1. 伊维菌素

为伊维菌素 H_2B_{1a} 和伊维菌素 H_2B_{1b} 的混合物,白色结晶性粉末;有微引湿性,在甲醇、乙醇、丙酮、醋酸乙酯中易溶,在水中几乎不溶。给牛皮下注射(200 μg/kg),半衰期($T_{1/2}$ = 8 d),48 h 血药达峰值,药效能维持 2 周。吸收后广泛分布于全身组织,并以肝脏和脂肪组织中浓度最高,在肝脏中氧化成代谢产物,在 5～6 d 内经粪便排泄的占 90%以上,经尿排泄仅占 0.5%～2%。本药的毒性小,无论内服、注射,10 倍治疗量用于猪、羊均未发现不良反应。广泛用于牛、羊、马、猪的胃肠道线虫、肺线虫和寄生节肢动物;犬的肠道线虫,耳螨、疥螨、心丝虫和微丝蚴。

伊维菌素片、伊维菌素溶液,用于防治羊、猪的线虫病,螨病和寄生性昆虫病。内服一次量:每 1 kg 体重,羊 0.2 mg,猪 0.3 mg。母猪妊娠期前 45 d 慎用;产乳供人食用的动物,在泌乳期不得使用。

伊维菌素注射液,用于防治家畜线虫病、螨病和寄生性昆虫病。皮下注射一次量:每 1 kg 体重,牛、羊 0.2 mg,猪 0.3 mg。牛、羊泌乳期禁用;皮下每个注射点,不宜超过 10 mL。

2. 乙酰氨基阿维菌素

为乙酰氨基阿维菌素 B_{1a} 和乙酰氨基阿维菌素 B_{1b} 的混合物,白色或类白色结晶性粉末;有引湿性,在水中几乎不溶。抗虫谱与伊维菌素相似。皮下注射对大多数常见线虫的成虫和幼虫驱杀率为 95%。对古柏线虫、辐射食道口线虫和蛇行毛圆线虫的杀灭作用强于伊维菌素。对牛皮蝇的幼虫有 100%杀灭作用,对牛蜱有较强的杀灭作用。给奶牛颈部皮下注射(0.2 mg/kg)后,血药浓度达峰值时间为 28.2 h,消除半衰期为 35.7 h。按规定的用法用量使用尚未见不良反应,但与乙胺嗪同时使用可能产生严重的或致死性脑病。主要用于驱杀牛体内寄生虫如胃肠道线虫、肺线虫以及体外寄生虫如蜱、螨、虱、牛皮蝇蛆、纹皮蝇蛆等。

乙酰氨基阿维菌素注射液,皮下注射一次量:每 1 kg 体重,牛 0.2 mg。不得做肌内或静脉注射,使用时,操作后应洗手。

(六)其他类

碘硝酚　窄谱驱线虫药。为黄色澄明的黏稠液体。其作用方式除了作为氧化磷酸化的解偶联剂外,还直接作用于虫体神经和表皮膜,产生离子载体型作用,使虫体麻痹和膜破坏。寄生虫(如钩虫)仅在摄入含药物的血液后才受到影响,非吸血寄生虫则不会受影响。可从注射部位迅速吸收,并在血浆中蓄积。不良反应通常表现为肝毒性症状,治疗量时,可见心率、呼吸加快,体温升高;剂量过大时可见失明、呼吸困难、抽搐甚至死亡。用于羊线虫、羊鼻蝇蛆、螨和蜱感染。

碘硝酚注射液,皮下注射一次量:每 1 kg 体重,羊 10～20 mg。

二、抗吸虫药

1. 氯氰碘柳胺钠

为浅黄色粉末，无臭，在水中不溶。是通过增加寄生虫线粒体渗透性，对氧化磷酸化进行解偶联作用，从而发挥驱杀作用。对牛、羊片形吸虫、捻转血矛线虫以及某些节肢动物均有驱除活性。对前后盘吸虫无效。对多数胃肠道线虫，如血矛线虫、仰口线虫、食道口线虫，驱除率均超过 90%。某些羊捻转血矛线虫虫株能对本药产生耐药性。对一、二、三期羊鼻蝇蛆均有100%杀灭效果，对牛皮蝇三期幼虫也有较好驱杀效果。在绵羊体内的血浆蛋白结合率很高（>99%），消除半衰期 14.5 d。主要经粪便排泄（80%），经尿排出不足 0.5%。主要用于防治牛、羊肝片吸虫、胃肠道线虫及羊鼻蝇蛆病等。

氯氰碘柳胺钠注射液，皮下或肌内注射一次量：每 1 kg 体重，牛 2.5～5 mg，羊 5～10 mg。

2. 硝氯酚

又称拜耳 9015，为黄色结晶性粉末，不溶于水和乙醇，易溶于碱液。其抗虫机制为抑制虫体琥珀酸脱氢酶，从而影响片形吸虫的能量代谢而发挥抗吸虫作用。内服后由肠道吸收，但在瘤胃内能逐渐降解失效。牛内服后，通常 24～48 h 血药浓度达峰值，从体内排泄较缓慢，用药后 5～8 d，经乳汁排泄药物仍达 0.1 mg/kg。对肝片吸虫的成虫有效，对幼虫部分有效。与硫双二氯酚相比，其毒性小，安全范围大是较好的驱吸虫药。硝氯酚配成溶液给牛灌服前，若先灌服浓氯化钠溶液，能反射性使食管沟唇闭合，药物直接进入皱胃，可增强驱虫效果。若采用此方法必须适当减少剂量，以免发生不良反应。硝氯酚中毒时，静脉注射钙制剂可增强毒性。用于治疗牛、羊片形吸虫病。

硝氯酚片，内服一次量：每 1 kg 体重，黄牛 3～7 mg，水牛 1～3 mg，羊 3～4 mg。

3. 碘醚柳胺

为灰白色至淡棕色粉末，不溶于甲醇和水。其抗吸虫机理是其作为一种质子离子载体，跨细胞膜转运阳离子，最终对虫体线粒体氧化磷酸化过程进行解偶联，减少 ATP 的产生，降低糖原含量，并使琥珀酸积蓄，从而影响虫体的能量代谢过程，使虫体死亡。内服后迅速由小肠吸收而进入血流，24～48 h 血药浓度达峰值。在牛、绵羊体内不被代谢，血浆蛋白结合率极高（99%以上），半衰期长。对羊不同周龄肝片吸虫效果较好，还对血矛线虫和羊鼻蝇蛆、牛血矛线虫和仰口线虫成虫和未成熟的虫体有效率超过 96%。对羊鼻蝇蛆的各期幼虫有效率达98%。用于治疗牛羊肝片吸虫病。产乳供人食用的牛、羊，泌乳期禁用。

碘醚柳胺混悬液，内服一次量：每 1 kg 体重，牛、羊 7～12 mg。

4. 三氯苯达唑

为白色或类白色粉末，微有臭味，不溶于水。对不同日龄的肝片形吸虫均有明显驱杀效果，是较理想的肝片形吸虫治疗药。药物吸收后，干扰虫体的微管结构和功能，抑制虫体水解蛋白酶的释放。生物利用度较高，半衰期约 22 h。羊用药 10 d 后，约有 95%药物由粪便排泄，2%经尿排泄，经乳汁排出的不足 1%。对牛、绵羊、山羊等反刍动物肝片吸虫具有良好的效果。对羊 12 周龄肝片吸虫成虫有效率达 98%～100%，对牛肝片吸虫与羊相似。主要用于防治牛、羊肝片吸虫病。治疗急性肝片吸虫感染，应在 5 周后重复用药一次。产乳供人食用的牛、羊，泌乳期禁用。

三氯苯达唑片、三氯苯达唑颗粒，内服一次量：每 1 kg 体重，牛 12 mg，羊 10 mg。

三、抗绦虫药

氯硝柳胺（灭绦灵）

为淡黄色粉末，难溶于水。毒性小，安全范围大。能抑制绦虫线粒体的氧化磷酸化过程，可杀死绦虫的头节和体节段。主要对牛、羊莫尼茨绦虫、曲子宫绦虫、无卵黄绦虫、马裸头绦虫、鸡绦虫有效。对移行在真胃和小肠的前后盘吸虫也有作用。用于动物绦虫病、反刍动物前后盘吸虫感染。给药前应禁食 12 h。

氯硝柳胺片，内服量一次量：每 1 kg 体重，牛 40～60 mg，羊 60～70 mg，犬、猫 80～100 mg，禽 50～60 mg。

四、抗血吸虫药

吡喹酮

又称环吡异喹酮，为白色或类白色结晶粉末。难溶于水和乙醚，易溶于乙醇。可增加虫体细胞膜的通透性，使细胞内钙离子丧失，使虫体肌肉发生强直性收缩而产生痉挛性麻痹，还可产生虫体皮层损害与宿主免疫功能参与。口服后吸收迅速，80%以上的药物可从肠道吸收，主要分布于肝脏，其次为肾脏、肺等，主要由肾脏以代谢物形式排出。对日本血吸虫的成虫和童虫均有较好的疗效，对虫卵无效。对畜禽多种绦虫，人、畜的姜片吸虫等也有效。主要用于动物血吸虫病，也用于绦虫病和囊尾蚴病。4 周龄以内幼犬和 6 周龄以内小猫慎用。

吡喹酮片，内服一次量：每 1 kg 体重，牛、猪、羊 10～35 mg，犬、猫 2.5～5 mg，禽 10～20 mg。

五、抗锥虫药

喹嘧氯胺

为白色或微黄色结晶性粉末，在有机溶剂中几乎不溶。通过影响虫体的代谢过程，使锥虫生长繁殖抑制。有甲基硫酸盐和氯化物两种。前者易溶于水，吸收快，药效迅速，主要用于治疗；后者微溶于水，吸收慢，药效久，主要用于预防。治疗量较为安全，马属动物较牛敏感。用药后有时表现兴奋不安、肌肉震颤、腹痛、呼吸急促、心率加快等症状，在 5～6 h 自行消失。主要用于伊氏锥虫和马媾疫锥虫病。

注射用喹嘧胺（喹嘧氯胺与甲硫喹嘧胺 4∶3 混合物），肌内、皮下注射一次量：每 1 kg 体重，牛、马、骆驼 4～5 mg。临用前配成 10%水悬液，可引起注射部位肿胀和硬结。

六、抗梨形虫药

三氮脒

又名贝尼尔、血虫净。为黄色或橙色结晶性粉末，在水中溶解，不溶于有机溶剂。其作用机理是选择性地阻断锥虫体的 DNA 合成或复制，并与细胞核产生不可逆性结合，从而使锥虫的动基体消失，并不能分裂繁殖。为广谱抗血液原虫药，对家畜梨形虫、锥虫均有治疗作用，但预防效果较差。对牛双芽巴贝斯虫疗效极佳，对分歧巴贝斯虫和牛巴贝斯虫作用不佳。毒性大，有刺激性，用药后常出现不安、起卧、频繁排尿、肌肉震颤等反应，过量使用可引起死亡。马慎用，骆驼不用，其他家畜若连用须间隔 24 h，且连用不得超过 3 次。临床用于家畜巴贝斯梨形虫病、泰勒梨形虫病、伊氏锥虫病和媾疫锥虫病。

注射用三氮脒，肌内注射一次量：每 1 kg 体重，牛、羊 3～5 mg，马 3～4 mg。临用前配成 5%～7%灭菌溶液，分点深层肌内注射。

七、抗球虫药

球虫病是球虫寄生于胆管或肠道上皮细胞的一种原虫病，以消瘦、贫血、下痢、便血为主要临床特征。严重危害雏鸡、犊牛、羔羊、幼兔的生长发育，甚至造成大批雏鸡、幼兔死亡，威胁养鸡业和养兔业。危害最大的是艾美耳属（*Eimeria*）的 9 种球虫，其次是等孢子属（*Isospora*）球虫。临床上可用于抗球虫的药物很多，作用峰期（指药物对球虫发育起作用的主要阶段）各不相同。作用于第一代无性增殖的药物，如氯羟吡啶、离子载体抗生素等，预防性强，但不利于动物形成对球虫的免疫力；作用于第二代裂殖体的药物，如磺胺喹噁啉、磺胺氯吡嗪、二硝托胺，既有治疗作用又对动物抗球虫免疫力的形成影响不大。

不论何种抗球虫药，长期反复使用均可诱发明显的耐药性。为了避免或减少耐药性产生，抗球虫药通常采用轮换用药、穿梭用药或联合用药等方式。轮换用药是指一种抗球虫药连用数月后，换用另一种作用机理不同的药；穿梭用药是指在同一个饲养期内，换用两种或两种以上不同性质的药；联合用药是指在同一个饲养期内使用两种或两种以上抗球虫药，通过药物间的协同作用既可延缓耐药虫株的产生，又可增强药效或减少用量。不得采用加大剂量的办法以避免耐药性，加大剂量不仅会增强毒副作用，而且还影响对球虫免疫力的形成，甚至造成药物在可食性组织残留。

1. 马度米星

聚醚类离子载体抗球虫药，白色或类白色结晶性粉末，水中不溶。马度米星在球虫生活史的第一个无性生殖阶段，它能选择性地与钾、钠等一价阳离子结合，造成球虫的子孢子和第一代裂殖体细胞内离子失调，导致球虫的新陈代谢紊乱以至死亡。马度米星是抗球虫活性最高的鸡用抗球虫药。马度米星铵用于肉鸡球虫病的防治，如柔嫩、巨型、毒害、堆型、布氏和早熟艾美耳球虫等引起的球虫病。

1%马度米星铵预混剂，混饲：每 1 000 kg 饲料，鸡 500 g。产蛋期禁用。

2. 盐酸氨丙啉

为白色或类白色粉末，在水中易溶，乙醇中微溶，在乙醚中几乎不溶或不溶。可竞争性的抑制球虫对硫胺的摄取，从而抑制球虫的发育。对鸡、羔羊、犊牛的球虫均有效，可用于混合感染的雏鸡球虫病。用于鸡球虫病。产蛋期禁用。

盐酸氨丙啉乙氧酰胺苯甲酯预混剂，混饲：每 1 000 kg 饲料，鸡 500 g。

盐酸氨丙啉乙氧酰胺苯甲酯磺胺喹噁啉预混剂，混饲：每 1 000 kg 饲料，鸡 500 g。连续饲喂不得超过 5 d。

3. 氯苯胍

为白色或淡黄色结晶性粉末，无臭，遇光色渐变深，在水中或乙醚中几乎不溶。主要作用是抑制虫体内氧化磷酸化，使虫体能量供应中断，抑制裂殖体的生长和繁殖。对球虫的作用峰期主要在第 1 代裂殖体阶段(即球虫生命周期的第 2 天),它能阻止裂殖体形成裂殖子。宜在感染早期(第 2 天)开始连续用药。用于鸡球虫病,须连续用药。产蛋期禁用。

盐酸氯苯胍片,内服一次量:每 1 kg 体重,鸡、兔 10～15 mg。

盐酸氯苯胍预混剂,混饲:每 1 000 kg 饲料,禽 300～600 g,兔 1 000～1 500 g。

4. 氯羟吡啶(克球粉)

吡啶类化合物。为白色或类白色粉末,在水、丙酮、乙醚或苯中不溶。氯羟吡啶对球虫的作用峰期是子孢子期,即感染后第 1 天,主要抑制孢子体发育,在鸡感染球虫前或同时给药最好。对鸡的 9 种艾美耳球虫均有效。用于预防禽、兔球虫病。蛋鸡在产蛋期不得使用。能抑制鸡对球虫产生免疫力,过早停药易导致球虫病暴发。

氯羟吡啶预混剂,混饲:每 1 000 kg 饲料,鸡 500 g,兔 800 g。

5. 盐霉素

系由白色链霉菌培养液中提取的聚醚类离子载体抗生素。其作用机理是通过干扰球虫细胞内 K^+、Na^+ 的正常渗透,使大量的 Na^+ 和水分进入细胞内,引起肿胀而死亡。对大多数革兰氏阳性菌和各种球虫有较强的抑制和杀灭作用,不易产生耐药性和交叉抗药性,排泄迅速,残留量极低。对鸡柔嫩、毒害、堆型、巨型、布氏和缓艾美耳球虫均有良效,尤其对巨型及布氏艾美耳球虫效果最强。对鸡球虫的子孢子,第一、二代裂殖子均有明显作用。主要用于鸡球虫病。

盐霉素钠预混剂,混饲:每 1 000 kg 饲料,禽 60 g。

6. 地克珠利

为类白色或淡黄色粉末,几乎无臭,在水和乙醇中几乎不溶。地克珠利对球虫主要作用峰期,随球虫的不同种属而异,如对柔嫩艾美耳球虫主要作用点在第二代裂殖体球虫的有性周期。对巨型、布氏艾美耳球虫裂殖体无效;对巨型艾美耳球虫作用点在球虫的合子阶段;对布氏艾美耳球虫小配子体阶段有高效。地克珠利对形成孢子化卵囊也有抑制作用。用于预防禽、兔球虫病。产蛋期禁用。

地克珠利预混剂,混饲:每 1 000 kg 饲料,禽、兔 1 g。

7. 二硝托胺(球痢灵)

为淡黄色或淡黄褐色粉末,无臭,丙酮中溶解,乙醇中微溶,氯仿或乙醚中极微溶解,水中不溶。主要作用于第一代裂殖体,同时对卵囊的子孢子形成也有抑杀作用。对鸡毒害、柔嫩、布氏、巨型艾美耳球虫均有良好防治效果,特别是对小肠致病性最强的毒害艾美耳球虫作用最佳,但对堆型艾美耳球虫作用稍差。不影响机体对球虫的免疫力。用于鸡球虫病,产蛋期禁用。

二硝托胺预混剂,混饲:每 1 000 kg 饲料,鸡 500 g。

8. 磺胺喹噁啉

为淡黄色或黄色粉末,无臭,在水和乙醚中几乎不溶。为治疗球虫病的专用磺胺类药。作用峰期在第二代裂殖体(球虫感染第 3～4 天),不影响禽只产生球虫免疫力;有一定的抑菌活性,可预防球虫病的继发感染。对鸡巨型、布氏和堆型艾美耳球虫作用最强,但对柔嫩、毒害艾美耳球虫作用较弱,通常需更高浓度才能有效。常与氨丙啉或二甲氧苄啶合用,以增强药效。应用磺胺喹噁啉不影响宿主对球虫的免疫力。用于鸡球虫病治疗。产蛋期禁用。

磺胺喹噁啉钠可溶性粉，混饮：每 1 L 饮水，禽 0.3～0.5 g(有效成分)。

磺胺喹噁啉二甲氧苄啶预混剂，混饲：每 1 000 kg 饲料，鸡 500 g。

9. 磺胺氯吡嗪钠

白色或淡黄色粉末，在水和甲醇中溶解，乙醇和丙酮中微溶。作用峰期是球虫第二代裂殖体，对第一代裂殖体也有一定作用。抗菌作用较强，对禽巴氏杆菌病、伤寒也有效。不影响宿主对球虫产生免疫力。内服后在消化道迅速吸收，3～4 h 血药浓度达峰值，并很快经肾脏排出。用于治疗羊、鸡、兔球虫病。产蛋期禁用。

磺胺氯吡嗪钠可溶性粉，混饮：每 1 L 水，肉鸡、火鸡 0.3 g，连用 3 d。混饲：每 1 000 kg 饲料，肉鸡、火鸡 600 g，连用 3 d；兔 600 g，连用 5～10 d。内服一日量：每 1 kg 体重，羊 120 mg，连用 3～5 d。

10. 癸氧喹酯

为类白色或微黄色结晶性粉末，无臭，在水、乙醇、乙醚中不溶。主要作用是阻碍球虫 DNA 合成而影响球虫子孢子的发育，作用峰期为球虫感染后的第 1 天。能明显抑制宿主机体对球虫产生免疫力，停药易导致球虫病暴发。易产生耐药性，应定期轮换用药。用于预防由各种球虫引起的鸡球虫病。

癸氧喹酯干悬混剂，混饮：每 1 L 水，鸡 15～30 mg，连用 7 d。

癸氧喹酯预混剂，混饲：每 1 000 kg 饲料，肉鸡 453 g，连用 7～14 d。

11. 乙氧酰胺苯甲酯

为白色或类白色粉末，甲醇、乙醇或三氯甲烷中溶解，水中不溶。常与氨丙啉合用治疗球虫病，制剂和用法见氨丙啉。

任务二　杀虫药

杀虫药系指能杀灭动物体外寄生虫，从而防治由这些外寄生虫所引起的畜禽皮肤病的一类药物。由螨、蜱、虱、蚤、蝇、蚊等节肢动物引起的畜禽外寄生虫病，能直接危害动物机体，夺取营养，损坏皮毛，影响增重，传播疾病，不仅给畜牧业造成极大损失，而且能传播许多人兽共患病，严重地危害人体健康。

控制外寄生虫感染的杀虫剂很多，但是所有杀虫药对哺乳动物都有一定的毒性，选择性较低，甚至按推荐剂量使用也会出现程度不同的不良反应。因此，在选用杀虫药时，应注意其安全性，不可直接将农药用作杀虫药。选用高效、安全、经济、方便的杀虫药具有极其重要的意义。目前在《中国兽药典》中收录的是阿维菌素、乙酰氨基阿维菌素、双甲脒。

1. 双甲脒

广谱杀虫药，对各种螨、蜱、蝇、虱等均有效，主要为接触毒，兼有胃毒和内吸毒作用。双甲脒的杀虫作用与其抑制单胺氧化酶有关，单胺氧化酶是参与蜱、螨等虫体神经系统胺类神经递质的代谢酶，吸血节肢昆虫过度兴奋，以致不能吸附动物体表而掉落。产生杀虫作用较慢，一般在用药后 24 h 才能使虱、蜱等解体，48 h 可使螨从患部皮肤自行脱落。一次用药可维持药效 6～8 周，保护畜体不再受外寄生虫的侵袭。此外，对大蜂螨和小蜂螨也有较强的杀虫作用。主用于防治牛、羊、猪的体外寄生虫病，如疥螨、痒螨、蜱、虱等；也可用于驱杀蜂螨。

双甲脒溶液，由双甲脒加适宜的乳化剂和溶剂等制成，为微黄色澄清液体。药浴、喷洒或涂擦家畜：凉开水稀释成 0.025%～0.05%的溶液，现配现用。蜂用喷雾：0.5 mL 加水 500 mL 稀释，可用于 100 框蜂。

对皮肤有刺激作用，使用时防止药液沾污皮肤和眼睛；马敏感，慎用；对鱼有剧毒，禁用；勿使药液污染鱼塘、河流。

2. 中草药杀虫剂

临床上有些中草药可以杀掉体内的寄生虫，如百部、天南星、透骨草、半夏、槟榔、南瓜籽等。天南星就可以杀掉体内的虫卵，但是天南星本身带有一定的毒性，临床应用应该谨慎。槟榔和南瓜子合用对于体内有绦虫可以进行对症治疗。

3. 百部

为百部科多年生直立百部或其同属植物的干燥块根。主要成分有百部碱和百部次碱等。常用百部酊剂或 10%～50%水煎液，局部喷洒或涂擦灭虱用。也可用其粉剂以 1∶5 与食用植物油混合共熬制，涂于患处治疥癣，滴入羊鼻腔治羊鼻蝇蛆。马、牛 15～30 g，羊、猪 6～12 g，犬、猫 3～5 g。

4. 烟叶

烟叶有效成分为烟碱，有剧毒。可杀虫灭虱和治疗疥癣。以含 2%烟叶的饲料，2 次/d，连喂 4～5 d。可治鸡蛔虫病。

【学习要求】

识记 抗寄生虫药、驱虫药、杀虫药。

理解 抗寄生虫药的特点，抗寄生虫药的分类，各类抗寄生虫药的作用机理。

应用 抗寄生虫药的选择方法，主要抗寄生虫药的应用方法。

项目十一
防腐消毒药

【学习目标】

• 掌握防腐消毒药的概念、分类,影响防腐消毒药作用的因素及常用的防腐消毒药;
• 理解防腐消毒药的作用、作用机理;了解防腐消毒药的重要性,获得理想防腐消毒药的条件。

【学习内容】

一、防腐消毒药的定义、作用和分类

防腐消毒药是具有抑制或杀灭病原微生物生长繁殖的一类药物。防腐消毒药与抗生素和其他抗菌药物不同,这类药物没有明显的抗菌谱。在临床应用达到有效浓度时,往往也对机体脏器产生损伤作用,一般不能作全身给药。

防腐消毒药可分为防腐药和消毒药。防腐药是指能抑制病原微生物生长繁殖的化学药物,主要用于抑制生物体表(皮肤、黏膜和创面等)微生物感染,也用于食品及生物制品等的防腐。消毒药是指能杀灭病原微生物的化学药物,主要用于环境、厩舍、动物排泄物、用具和手术器械等非生物表面的消毒。防腐药和消毒药是根据用途和特性来分类的,在两者之间并无严格的界限,低浓度的消毒药仅能抑菌,而高浓度的防腐药也能杀菌。有些防腐药用于非生物体表时不起作用,而有些消毒药会损伤活组织,因而两者不应替换使用,绝大部分防腐消毒药只能使病原微生物的数量减少到公共卫生标准所允许的限量范围内,而不能达到完全灭菌,畜牧兽医生产实践中也不需要杀死与传染病无关的腐生细菌。

二、防腐消毒药的重要性

在畜牧业日益向集约化、标准化、智能化发展的今天,各种传染性疾病的防制更显示其重要性。规模化饲养,动物互相接触的机会越频繁,病原微生物传播的速度也越快,一旦暴发传染病后,再采取治疗措施,将造成的损失巨大。在畜牧业生产现场实行定期环境消毒,使动物周围环境中的病原微生物数量减少至最低程度,以预防其侵入动物机体,从而可有效地控制各种传染病的发生和扩散。目前防腐消毒药的使用日益广泛,已从单纯的环境消毒发展到动物体表、空气、饮水和饲料等的消毒。随着科技的进步,新型高效、低毒、刺激性和腐蚀性较小的防腐消毒药被不断地研发和应用。

过去曾被视为低毒或无毒的某些消毒药,近年来却发现在一定条件下(如长期使用等),仍然具有相当强的毒副作用。从安全角度考虑，防腐消毒药的刺激性、腐蚀性、对环境的污染等的重要性，不亚于其急性毒性。由于频繁使用防腐消毒药，对配制、操作等人员的健康和动物性食品中药物残留对消费者的安全问题以及对保持环境卫生和维持生态平衡等问题已逐渐成为公众关心的问题。

三、理想防腐消毒药的条件

理想的防腐消毒药具备的条件：广谱的抗菌作用，对革兰氏阴性菌、革兰氏阳性菌、芽孢菌、病毒、霉菌等均有作用；对黏膜和组织无刺激性；毒性低，无吸收作用；对创液和坏死组织穿透力强，药效不受脓汁和坏死组织的影响；不影响正常的创伤愈合过程；价格低廉，易于得到；对金属器械无腐蚀性；药液带色，能够区分用药的界限；性质稳定，作用持久，又能与肥皂等常用的清洁剂能够配合。这些是消毒药应具备的良好性能，也是防腐消毒药的开发方向。

四、防腐消毒药的作用机理

各类防腐消毒药的作用机理各不相同，可归纳为以下 3 种。

1. 使菌体蛋白变性或沉淀

极大部分的防腐消毒药是通过这一机理起作用的，其作用不具选择性，可损害一切生活物质(一般原浆毒)，由于不仅能杀菌，也能破坏宿主组织，故适用于环境消毒。酚类、醛类、醇类、重金属盐类等是通过这一机理而产生作用。

2. 改变菌体细胞膜的通透性

表面活性剂等的杀菌作用是通过降低菌体的表面张力，增加菌体细胞膜的通透性，从而引起重要的酶和营养物质漏失，水则向菌体内渗入，使菌体溶解和破裂。

3. 干扰或损害细菌生命必需的酶系统

当防腐消毒药的化学结构与菌体内的代谢物相似时，可竞争或非竞争性地与酶结合，从而抑制酶的活性，导致菌体的抑制或死亡；也可通过氧化、还原等反应损害酶的活性，如氧化剂的氧化、卤化物的卤化等。

往往一种消毒药不只是通过一种途径而起抗菌作用的，如高浓度的甲醛是蛋白变性剂，但在低于沉淀蛋白的浓度时，可通过抑制酶或损害细胞膜而呈现抗菌作用。

五、影响防腐消毒药作用的因素

防腐消毒药的抗菌作用不仅决定于其理化性质，而且还受许多因素的影响。为正确使用和充分发挥消毒作用，必须全面了解各种能增强或减弱其作用的因素。

1. 病原微生物类型

不同的病原微生物和处于不同生理状态的微生物，在形态结构和生理生化上各有特点，故对同一种消毒药的敏感性不同，如革兰氏阳性菌对消毒药一般比革兰氏阴性菌敏感；病毒对碱类很敏感，对酚类的抵抗力很大；适当浓度的酚类化合物几乎对所有不产生芽孢的繁殖型细菌均有杀灭作用，但对处于休眠期的芽孢作用不强。

2. 消毒药溶液的浓度和作用时间

当其他条件一致时，消毒药的杀菌效力一般随其溶液浓度的增加而增强；或者说呈现相同杀菌效力所需的时间，一般随消毒药液浓度的增加而缩短，两者的关系是一种指数函数。为取得良好的消毒效果，应选择有效时间长的消毒药溶液，并应选取其合适的浓度和按消毒药的理化特性，达到规定的消毒时间。

3. 环境温度

消毒药的抗菌效果与环境温度呈正相关，即温度越高，杀菌力越强。一般情况下，温度每增加 10 ℃，消毒效果增强 1～2 倍。防腐消毒药抗菌效力的检定，通常都在 15～20 ℃气温下进行，以与实际的环境温度相近。对热稳定的药物，常用其热溶液消毒。

4. pH

环境或病变部位的 pH 对有些防腐消毒药作用的影响较大。如戊二醛在酸性环境中较稳定，但杀菌能力较弱；当加入 0.3%碳酸氢钠，使其溶液 pH 为 7.5～8.5 时，杀菌活性显著增强，不仅能杀死多种繁殖型细菌，还能杀死芽孢。含氯消毒剂作用的最佳 pH 为 5.0～6.0。以分子形式起作用的酚、苯甲酸等，当环境 pH 升高时，其分子的解离程度相应增加，杀菌效力随之减弱或消失。环境 pH 升高可使菌体表面负电基团相应地增多，从而导致其与带正电荷的消毒药分子结合数量的增多，这是季铵盐类、染料类等防腐药作用增强的原因。

5. 有机物的存在

消毒环境中粪、尿等或创面上的脓、血、体液等有机物的存在，必然会影响杀菌效力，因为它们与防腐消毒药结合形成不溶性化合物，或将其吸附、发生化学反应或对微生物起机械性保护作用。有机物越多，对防腐消毒药抗菌效力影响越大，因此在消毒前务必清扫消毒场所或清理创面。

6. 水质硬度

硬水中的 Ca^{2+} 和 Mg^{2+} 能与季铵盐类或碘等结合形成不溶性盐类，从而降低其抗菌效力。

7. 配伍禁忌

实践中常见到两种消毒药合用，或者消毒药与清洁剂或除臭剂合用时，消毒效果降低，这是由于物理性或化学性配伍禁忌造成的。如阴离子表面活性剂肥皂与阳离子表面活性剂合用时，发生置换反应，使消毒效果减弱，甚至完全消失；高锰酸钾、过氧乙酸等氧化剂与碘酊等还原剂之间可发生氧化还原反应，不但减弱消毒作用，而且会加重对皮肤的刺激性和毒性。

8. 其他因素

消毒物表面的形状、结构和化学活性，消毒液的表面张力，消毒药的剂型以及在溶液中的解离度等，都会影响抗菌作用。

六、常用的防腐消毒药

（一）主要用于环境和用具的消毒药

1. 苯酚

因能使微生物的蛋白质沉淀而发挥抗菌作用，对皮肤和黏膜有腐蚀性，对人和动物有较强的毒性，不能用于创面和皮肤的消毒。临床以 2%～5%溶液浸泡外科器械、用具等。

2. 福尔马林

为 36%～38%的甲醛溶液，与蛋白质氨基结合，有强大的杀菌作用，能杀灭芽孢、病毒，对皮肤黏膜刺激性强。以 5%～10%溶液喷洒用具、环境或固定生物标本。也可应用甲醛气体消毒密闭的空舍或种蛋（每立方米空间用 25 mL 本品，加水 12.5 mL，加热蒸发或加高锰酸钾 25 g，消毒 3 h 以上）。

3. 戊二醛

为无色油状液体,味苦。当 pH7.5～8.5 时,作用最强,可杀灭细菌的繁殖体和芽孢、真菌、病毒,其作用较甲醛强 2～10 倍。消毒作用不受有机物的影响,刺激性较弱,缺点是稳定性差,在碱性溶液中尤其容易分解。0.78%的戊二醛主要用于厩舍及器具消毒,喷洒浸透保持 5 min 以上。

4. 氢氧化钠(钾)

杀菌作用强,热水溶液可杀病毒。对机体有腐蚀性,消毒后须用清水冲洗。常以 2%溶液作用具、环境、车、船等喷洒消毒,5%溶液消毒炭疽芽孢污染区。

5. 含氯石灰(漂白粉)

为次氯酸钙和氢氧化钙的混合物,含有效氯不得少于 25%。次氯酸钙在酸性溶液中释放游离氯而与细菌蛋白质中的氨基结合而发挥抗菌作用,对组织有刺激性。饮水消毒:每 50 L 水加漂白粉 1 g。厩舍、场地、畜栏、车辆、排泄物等消毒:配成 5%～20%混悬液。

6. 二氯异氰尿酸钠

又称优氯净。为白色结晶粉末,有浓氯臭。杀菌谱广,对繁殖型细菌和芽孢、病毒、真菌孢子均有强大的杀灭作用。溶液 pH 越低,杀菌作用越强。主要用于厩舍、排泄物和饮水等消毒。

7. 过氧乙酸

又称过醋酸。为无色透明液体,呈弱酸性,有刺激性酸味。是一种高效灭菌剂,作用产生快,能杀死细菌、真菌、病毒和芽孢,在低浓度下仍有杀菌和抗芽孢能力。用于厩舍、食品厂地面、墙壁、用具和车船等消毒。

8. 双链季铵盐类消毒剂

这类药物的商品名很多,如百毒杀、百菌杀等,消毒剂属阳离子表面活性剂,对细菌、病毒等具有较强的灭活能力。0.03%浓度为环境消毒,0.005%～0.01%浓度为饮水消毒。

(二)主要用于皮肤黏膜的消毒药

1. 乙醇

能使蛋白变性,起杀菌作用,以 70%溶液消毒作用最强,高浓度可使细菌表面蛋白凝固过快,影响醇的消毒作用。常用于体表皮肤消毒和体温计、手术用器械等消毒。

2. 碘

有强大的杀菌、杀霉、杀芽孢、抗原虫和蠕虫作用。对黏膜、皮肤有刺激性。临床与乙醇配成 2%～5%的溶液称碘酊,用于消毒皮肤及术野;10%浓碘酊局部涂擦于慢性炎症局部;碘甘油溶液涂擦黏膜消毒。

3. 聚维酮碘

卤素类防腐消毒药。通过不断释放游离碘,破坏病原微生物的新陈代谢而使之死亡。是一种高效低毒的消毒药物,对细菌、病毒和真菌均有良好的杀灭作用。用于手术部位、皮肤黏膜消毒。5%溶液用于皮肤消毒及治疗皮肤病,0.5%～1.0%溶液用于奶牛乳头浸泡消毒,0.1%溶液用于黏膜及创面冲洗。

4. 硼酸

酸类防腐消毒药。为白色粉末状结晶或三斜轴面鳞片状光泽结晶,有滑腻手感,无臭味。溶于水、酒精、甘油、醚类及香精油中,水溶液呈弱酸性。抑菌作用虽弱,但无刺激性。常以

2%～4%溶液冲洗黏膜、眼结膜，以10%软膏涂敷皮肤溃疡面。

5.苯扎溴铵

又名新洁尔灭。苯扎溴铵的自由醛基作用于菌体蛋白，引起蛋白质凝固致细菌死亡。苯扎溴铵为阳离子表面活性剂，阳离子通过表面活性剂分子与蛋白质结合作用，结合后聚集在细胞壁上，破坏细胞壁，造成细菌生长抑制而死亡。苯扎溴铵可改变膜的通透性，造成溶胞，导致细菌溶解死亡。两者合用降低了醛的腐蚀性和刺激性，又提高了杀菌效果，扩大抗菌谱。对部分真菌和病毒也有效，刺激性小。0.1%作浸泡器械和手的消毒，0.01%溶液作黏膜及创面的消毒。

6.氯己啶

不溶于水，其盐酸盐、醋酸盐、葡萄糖酸盐溶于水。易吸附在细菌胞浆膜，使内容物漏出，低浓度抑菌，高浓度杀菌。广谱抑菌和杀菌，作用快而持久，毒性小，无刺激性。0.02%溶液消毒手，0.05%溶液冲洗创面，0.1%溶液消毒器械，0.5%溶液作无菌室及用具消毒，0.5%醇溶液作皮肤术野消毒。不能与肥皂、碱性物质和其他阳离子表面活性剂混合使用。

7.乌洛托品

无色、有光泽的结晶或白色结晶性粉末，几乎无臭，遇火能燃烧，水溶液显碱性反应。乌洛托品在酸性溶液中可分解释放出甲醛和氨，呈杀菌作用。内服吸收后大部分以原形随尿排出。在酸性尿中缓慢分解释放出甲醛，并在尿道中呈现杀菌作用。应用尿液碱化剂(如碳酸氢钠、噻嗪类利尿药、含有钙和镁的抗酸药)可降低乌洛托品的作用；酸化剂可加速甲醛释放，增强杀菌效果。适用于尿路感染。宜加服氯化铵，使尿呈酸性。

乌洛托品注射液，静脉注射一次量：牛、马15～30 g，羊、猪5～10 g，犬、猫0.5～2 g。

(三)主要用于创伤的防腐消毒药

1.过氧化氢溶液

为氧化剂，在组织中的过氧化氢酶作用下分解出新生态氧，发挥消毒、防腐、除臭作用。游离氧的气泡有机械去污作用，常以3%溶液冲洗污染或陈旧的化脓创伤，对新鲜创不宜应用，以免撕裂组织，扩大感染。

2.度米芬(消毒灵)

阳离子表面活性剂型广谱杀菌剂，为白或微黄色片状结晶，能溶于水及醇。易吸附于菌体表面，改变细菌胞浆膜的通透性，扰乱其新陈代谢，从而产生抗菌作用。用于创面、黏膜、皮肤和器械消毒。0.02%～0.05%溶液为创面、黏膜消毒，0.05%～0.1%溶液为皮肤、器械消毒。

3.乳酸依沙吖啶(黄药水、利凡诺、雷夫诺尔)

吖啶类黄色碱性染料，黄色结晶性粉末，无臭，味苦，热水中易溶，沸无水乙醇中溶解，水中略溶，乙醇中微溶，乙醚中不溶。与细菌蛋白结合后产生抑菌作用，对革兰氏阳性菌和少数革兰氏阴性菌有抑制作用，毒性小，无刺激性，不受有机物影响。常以0.1%溶液冲洗黏膜或创伤。

【学习要求】

识记　防腐消毒药、防腐药、消毒药。

理解　防腐消毒药的作用和分类，理想防腐消毒药的条件，防腐消毒药的作用机理，影响防腐消毒药作用的因素。

应用　畜禽场防腐消毒药的选用。

项目十二
抗微生物药

【学习目标】

- 掌握各类抗微生物药的作用与应用；
- 理解各类抗微生物药的化学结构、理化性质与分类，耐药性；
- 了解各类抗微生物药的抗菌机理。

【学习内容】

抗微生物药包括化学治疗药和防腐消毒药。凡能选择性地作用于体内外病原微生物，发挥抑制和杀灭病原体作用，而对病畜机体毒性较小的药物称化学治疗药，简称化疗药，如抗生素、磺胺类、喹诺酮类等。相反选择性小，在抑菌和杀菌的同时，对机体的毒性也很大，属原浆毒，称防腐消毒药，如苯酚、乙醇、甲醛等。本项目主要介绍化学治疗药。

任务一　抗生素

抗生素又称抗菌素，是细菌、真菌、放线菌等微生物在生长繁殖过程中产生的代谢产物，在很低的浓度下即能抑制成杀灭其他微生物的化学物质。抗生素主要采用微生物发酵的方法进行生产，如青霉素、四环素等；也有少数抗生素如甲砜霉素和氟苯尼考等可用化学方法合成。把天然抗生素进行结构改造或以微生物发酵产物为前体生产了大量半合成抗生素，如氨苄西林、阿莫西林、头孢菌素类等。除了具有抗微生物作用外，有的抗生素主要具有抗寄生虫作用，如阿维菌素类、离子载体类抗生素等。根据抗生素的化学结构，可将其分类为β-内酰胺类、氨基糖苷类、大环内酯类、四环素类、酰胺醇类、林可胺类、多肽类和截短侧耳素类等。

抗生素一般以游离碱的重量做效价单位计算，如链霉素、土霉素、红霉素和庆大霉素等，以 1 μg 为一个效价单位，即 1 g 为 100 万 IU。但青霉素类有特别规定，以青霉素钠盐 0.6 μg 为一个单位。

一、抗生素的作用机理

目前公认的抗生素的作用机理主要有以下几种方式。

1. 抑制细菌细胞壁的合成

细菌细胞壁有维持细菌的形状、保护细菌不受周围环境渗透压的影响和机械损伤的作用。

青霉素类、头孢菌素类可阻碍其合成，影响细菌生长繁殖。

2. 改变胞浆膜的通透性

细胞膜是渗透压的屏障，受到损伤后使细菌体内的重要成分，如核酸、蛋白质等漏出，多肽类抗生素可改变其通透性，使细菌死亡。

3. 抑制细菌蛋白质合成

分别作用于细菌蛋白质合成的起始、肽链延伸和终止三个阶段。如四环素类、氨基糖苷类等。

4. 影响细菌的核酸和叶酸代谢

如喹诺酮类、磺胺类、抗菌增效剂类、对氨基水杨酸等。

二、常用抗生素

（一）β-内酰胺类

黏肽是革兰氏阳性菌菌体细胞壁的主要成分。β-内酰胺类抗生素的作用机制均相似，都能抑制菌体胞壁黏肽合成酶，从而阻碍细胞壁粘肽合成，使细菌胞壁缺损，菌体膨胀裂解。主要用于革兰氏阳性菌感染所致的疾病。

1. 青霉素类

凡是从青霉菌培养液中提取的称天然青霉素，如青霉素 G 等。利用青霉素的基本结构以化学方法合成的衍生物为半合成耐酶青霉素和半合成广谱青霉素。

青霉素　天然的青霉素中的青霉素 G 性质最稳定、作用最强、产量较高，故临床上应用广泛。

理化性质：为有机酸，临床应用其钾盐或钠盐，白色结晶粉末，无臭或微有特异性臭，遇酸、碱或氧化剂等即迅速失效，水溶液在室温放置易失效，宜临用时现配。遇醇形成青霉酸的酯而失效。

体内过程：肌内注射吸收快，15～30 min 可达最高血药浓度，并迅速广泛地分布到各组织及体液，而脑脊液及关节腔内较少，脑膜有急性炎症时，脑脊液中浓度增高。主要经肾排出，部分以原形排出，对泌尿道感染有疗效。

抗菌作用和用途：青霉素的抗菌作用强大，低浓度为抑菌作用，高浓度为杀菌作用。对革兰氏阳性杆菌（如破伤风杆菌、炭疽杆菌、气肿疽杆菌、李氏杆菌、猪丹毒杆菌等）、革兰氏阳性球菌（如溶血性链球菌、肺炎双球菌、葡萄球菌等）和革兰氏阴性球菌（如脑膜炎双球菌）有效。此外，对放线菌、钩端螺旋体也有一定作用。

不良反应：青霉素对家畜的毒性很小，个别家畜会发生注射局部肿胀、皮疹或过敏性休克，一般反应于停药后，可自行消失，但过敏性休克应立即皮下注射盐酸肾上腺素进行急救。

注射用青霉素钾（钠），临用时以注射水或生理盐水稀释，肌内注射一次量：每 1 kg 体重，牛、马 1 万～2 万 IU，猪、羊、驹、犊 2 万～3 万 IU，犬、猫 3 万～4 万 IU，禽 5 万 IU；2～3 次/d，连用 2～3 d。

普鲁卡因青霉素　为青霉素与普鲁卡因的结合物，白色结晶性粉末，遇酸、碱或氧化剂等即迅速失效，甲醇中易溶，乙醇中略溶，水中微溶。注射后吸收缓慢。主要用于畜禽革兰氏阳性菌感染，也用于放线菌和钩端螺旋体等感染。

注射用普鲁卡因青霉素(粉针剂),肌内注射一次量:每 1 kg 体重,牛、马 1 万～2 万 IU,猪、羊、驹、犊 2 万～3 万 IU,犬、猫 3 万～4 万 IU,禽 5 万 IU;1 次/d,连用 2～3 d。

普鲁卡因青霉素注射液(油混悬液),肌内注射一次量:每 1 kg 体重,牛、马 1 万～2 万 IU,猪、羊、驹、犊 2 万～3 万 IU,犬、猫 3 万～4 万 IU,禽 5 万 IU;1 次/d,连用 2～3 d。

苄星青霉素 G 白色结晶性粉末,乙醇中微溶,水中极微溶。吸收缓慢,一次肌内注射可维持有效浓度 3～5 d,主要用于长期用药病畜。用于革兰氏阳性菌感染。临用前配制,急性感染时应与青霉素钠合用。

注射用苄星青霉素,肌内注射一次量:每 1 kg 体重,牛、马 2 万～3 万 IU,猪、羊 3 万～4 万 IU,犬、猫 4 万～5 万 IU,禽每羽 5 万 IU;必要时 3～4 d 重复一次。

苯唑西林钠 白色粉末或结晶性粉末,无臭或微臭,水中易溶,丙酮或乙醇中极微溶解。主要用于敏感菌引起的败血症、肺炎、乳腺炎,烧伤创面感染。

注射用苯唑西林钠,肌内注射一次量:每 1 kg 体重,牛、马、猪、羊 10～15 mg,犬、猫 15～20 mg,2～3 次/d,连用 2～3 d。

苄星氯唑西林 白色或类白色结晶性粉末,甲醇中易溶,在水或乙醇中不溶。主要用于敏感菌引起的奶牛干乳期乳腺炎。产犊前 42 d 内禁用。

苄星氯唑西林乳房注入剂(油混悬液),乳管注入:干乳期奶牛,每个乳室 0.5 g。

氨苄西林 白色结晶性粉末,水中微溶,乙醇、乙醚或不挥发油中不溶,稀酸溶液或稀碱溶液中溶解。为广谱半合成青霉素,耐酸,口服易吸收,可分布到各种组织,但较难透过血脑屏障。以原形经肾排出。对大部分革兰氏阳性及阴性菌有作用,但对革兰氏阳性球菌作用略小于青霉素,对阴性杆菌如沙门菌、痢疾杆菌、巴氏杆菌、大肠杆菌等的作用与氯霉素相似或稍强。

注射用氨苄西林钠,肌内、静脉注射一次量:每 1 kg 体重,家畜 10～20 mg,2～3 次/d,连用 2～3 d。

阿莫西林 白色或类白色结晶粉末,水中微溶,乙醇中几乎不溶。对大多数革兰氏阳作的抗菌活性稍弱于青霉素,对耐青霉素的金黄色葡萄球菌无效;对革兰氏阴性如大肠埃希菌、变形杆菌、沙门菌、嗜血杆菌、布鲁氏菌和巴氏杆菌等有较强的作用,但这些细菌易产生药性。对铜绿假单胞菌不敏感。由于其单胃动物的吸收比氨苄西林好,血药浓度较高,故对全身性感染的疗效较好。阿莫西林对胃酸相当稳定,单胃动物内服后 74%～92%吸收。胃肠道内容物影响其吸收速率,但不影响吸收程度,故可混饲给药,同等剂量内服后,阿莫西林血药浓度比氨苄西林高 1.5～3 倍。与氨基糖苷类合用,呈现协同作用;与大环内酯类、四环素类和酰胺醇类等快效抑菌剂有拮抗。用于治疗对阿莫西林敏感的革兰氏阳性菌和革兰氏阴性菌感染。

阿莫西林可溶性粉,内服一次量:每 1 kg 体重,鸡 20～30 mg,2 次/d,连用 5 d;混饮:每 1 L 水,鸡 60 mg,连用 3～5 d。对胃肠道正常菌群有较强的干扰作用;产蛋期禁用;对青霉素耐药的革兰氏阳性菌感染不宜使用。

注射用阿莫西林钠,皮下或肌内注射一次量:每 1 kg 体重,家畜 5～10 mg,2 次/d,连用 3～5 d。对青霉素过敏者禁用,现配现用。

2.头孢菌素类

又称先锋霉素类,是一种广谱半合成抗生素,其杀菌力强,过敏反应较小,性状稳定。头孢菌素的抗菌机制同青霉素类,主要是阻碍细菌细胞壁的合成,起到杀菌作用。

头孢噻呋　类白色至淡黄色粉末，丙酮中极微溶解，水和乙醇中几乎不溶。肌内和皮下注射吸收迅速且分布广泛，但不能透过血脑屏障。血中和组织中药物浓度高，有效血药浓度维持时间较长。在体内能生成具有活性的代谢物脱氧呋喃甲酰头孢噻呋，并进一步代谢为无活性的产物从尿和粪中排泄。具有广谱杀菌作用，对革兰氏阳性菌、革兰氏阴性菌（包括产β-内酰胺酶菌）均有效。抗菌活性比氨苄西林强，对链球菌的活性比氟喹诺酮类强。

注射用头孢噻呋，用于猪细菌性呼吸道感染和鸡的大肠埃希菌、沙门菌感染。肌内注射一次量：猪每千克体重 3 mg，1 次/d，连用 3 d。

注射用头孢噻呋钠，用于猪细菌性呼吸道感染和鸡的大肠埃希菌、沙门菌感染。肌内注射一次量：猪每千克体重 3～5 mg，1 次/d，连用 3 d；皮下注射：1 日龄鸡，每羽 0.1 mg。

头孢噻呋注射液，用于猪细菌性呼吸道感染，如猪的副猪嗜血杆菌病。肌内注射一次量：猪每千克体重 5 mg，3 d 一次，连用 2 次。

盐酸头孢噻呋乳房注入剂（干乳期），用于预防和治疗由金黄色葡萄球菌、停乳链球菌、乳房链球菌和大肠埃希菌等细菌引起的奶牛干乳期乳腺炎。乳管内注入：干乳期奶牛，在最后一次完全挤奶后，每个乳室注入一支，给药后，轻轻按摩乳房。

头孢喹肟　是动物专用第四代头孢菌素类抗生素。具有广谱抗菌活性，对β-内酰胺酶菌稳定。对常见的革兰氏阳性菌和革兰氏阴性菌敏感，包括大肠埃希菌、枸橼酸杆菌、克雷伯菌、巴氏杆菌、变形杆菌、沙门菌、牛嗜血杆菌、化脓放线菌、芽孢杆菌属的细菌、棒状杆菌、金黄色葡萄球菌、链球菌、梭状芽孢杆菌、梭杆菌属的细菌、放线杆菌和猪丹毒杆菌等。猪体内消除半衰期约为 1.4 h。用于治疗由多杀性巴氏杆菌或胸膜肺炎放线杆菌引起的猪呼吸道疾病。

注射用硫酸头孢喹肟，用于治疗由多杀性巴氏杆菌或胸膜肺炎放线杆菌引起的猪呼吸系统疾病，以及由葡萄球菌、链球菌、大肠埃希菌等引起的犬脓皮症等细菌性疾病。肌内注射一次量：每 1 kg 体重，猪 2 mg，1 次/d，连用 3～5 d。皮下注射一次量：每 1 kg 体重，犬 5 mg，1～2 次/d，连用 7 d。

硫酸头孢喹肟注射液，用于治疗由多杀性巴氏杆菌或胸膜肺炎放线杆菌引起的猪呼吸系统疾病。肌内注射一次量：每 1 kg 体重，猪 2～3 mg，1 次/d，连用 3 d。

硫酸头孢喹肟乳房注入剂（干乳期），用于预防由金黄色葡萄球菌、停乳链球菌、乳房链球菌和大肠埃希菌等细菌引起的奶牛干乳期乳腺炎。乳管内注入：干乳期奶牛，在最后一次完全挤奶后，每个乳室注入一支，给药后，轻轻按摩乳房。

硫酸头孢喹肟乳房注入剂（泌乳期），用于治疗敏感菌引起的奶牛泌乳期乳腺炎。乳管内注入：挤奶后每个受感染乳室注入一支，间隔 12 h 一次，连用 3 次。给药后，轻轻按摩乳房。

（二）氨基糖苷类

氨基糖苷类抗生素是与菌体 30S 核糖体亚单位结合而抑制菌体蛋白质合成，为静止期杀菌性抗生素。其杀菌作用呈浓度依赖性，仅对需氧菌有效，尤其以对需氧革兰阴性杆菌的抗菌作用为最强，具有明显的抗生素后效应和首次接触效应，在碱性环境中的抗菌活性增强。本类药物的不良反应为不同程度的耳毒性、肾毒性和神经肌肉阻滞作用。

1. 链霉素

从灰链霉菌的培养液中提取的抗生素，性质较稳定。白色或类白色的粉末，水中易溶，乙醇中不溶。肌内注射吸收后，即分布到全身细胞外液，但脑脊液中较少，可经胎盘进入胎儿血液，经肾排出为主。对大多数革兰氏阴性杆菌和阳性球菌有效，如牛放线菌、大肠杆菌、布鲁氏菌、巴氏杆菌、沙门菌、变形杆菌、产气荚膜杆菌等，结核分枝杆菌尤其敏感。内服后不易吸收也不易破坏。用于治疗敏感的革兰氏阴性菌和结核分枝杆菌感染。

注射用硫酸链霉素，肌内注射一次量：每 1 kg 体重，家畜 10～15 mg，2 次/d，连用 2～3 d。

2. 卡那霉素

是由卡那链霉菌产生的抗生素，白色或类白色的粉末，无臭，有引湿性，水中易溶，乙醇、丙酮、乙醚中不溶。抗菌力强，毒性小，内服吸收少，肌内注射吸收快。抗菌谱较广，对很多革兰氏阳性菌、革兰氏阴性菌和结核杆菌均有抑制作用，如炭疽杆菌、大肠杆菌、变形杆菌、肺炎杆菌、沙门菌属等都是敏感菌。对耐青霉素的金黄色葡萄球菌、耐链霉素的结核杆菌均有抑菌效力。用于治疗败血症及呼吸道、泌尿道感染，也用于猪气喘病。

注射用硫酸卡那霉素（粉针剂）、硫酸卡那霉素注射液，肌内注射一次量：每 1 kg 体重，家畜 10～15 mg，2 次/d，连用 3～5 d。

3. 庆大霉素

硫酸盐呈白色或类白色粉末，易溶于水，性质稳定，内服不易吸收，可肌内注射治疗全身感染，对革兰氏阴性菌如绿脓杆菌、大肠杆菌、痢疾杆菌、沙门菌、产气杆菌、伤寒杆菌及革兰氏阳性球菌如葡萄球菌、链球菌等有杀菌作用。不良反应比链霉素小。

硫酸庆大霉素注射液，肌内注射一次量：每 1 kg 体重，家畜 2～4 mg，犬、猫 3～5 mg，2 次/d，连用 2～3 d。

4. 安普霉素

硫酸盐为微黄色或黄褐色粉末，易溶于水，性质稳定。内服给药吸收差。

硫酸安普霉素可溶性粉，主要用于治疗猪、鸡革兰氏阴性菌引起的肠道感染。混饮：1 L 水，鸡 250～500 mg，连用 5 d；每 1 kg 体重，猪 12.5 mg，连用 7 d。

硫酸安普霉素预混剂，混饲：每 1 000 kg 饲料，猪 80～100 mg，连用 7 d。

5. 大观霉素

盐酸盐为白色或类白色结晶性粉末，在水中易溶，在乙醇、乙醚中不溶。主要从尿中以原形排泄。

盐酸大观霉素可溶性粉，用于革兰氏阴性菌及支原体感染，混饮：每 1 L 水，鸡 1～2 g，连用 3～5 d。

盐酸大观霉素盐酸林可霉素可溶性粉，用于革兰氏阴性菌、革兰氏阳性菌及支原体感染，混饮：每 1 L 水，5～7 日龄雏鸡 200～320 mg，连用 3～5 d。

6. 新霉素

硫酸盐为白色或类白色粉末，无臭；易溶于水，在乙醇、乙醚或丙酮中几乎不溶。新霉素在氨基糖苷类药物中的毒性最大，但内服给药或局部给药吸收少，很少出现毒性反应。新霉素抗菌谱与卡那霉素相似。对大多数革兰氏阴性杆菌如大肠杆菌、变形杆菌、沙门菌和多杀性巴氏杆菌等有强大抗菌作用，对金黄色葡萄球菌也较敏感。铜绿假单胞菌、革兰氏阳性菌（金黄色葡萄球菌除外）、立克次氏体、厌氧菌和真菌等对本药耐药。

硫酸新霉素片，主要用于治疗犬、猫敏感的革兰氏阴性菌所致的胃肠道感染，内服一次量：每 1 kg 体重，犬、猫 10～20 mg，2 次/d，连用 3～5 d。

硫酸新霉素可溶性粉，主要用于治疗禽敏感的革兰氏阴性菌所致的胃肠道感染，混饮：每1 L水，禽50～75 mg，连用3～5 d。

硫酸新霉素滴眼液，主要用于结膜炎、角膜炎等。滴眼，适量。

(三)大环内酯类

大环内酯类抗生素是通过抑制细菌蛋白质的合成从而产生抗菌作用。

1. 红霉素

呈白色或类白色结晶或粉末，无臭，微有引湿性，难溶于水，易溶于甲醇、乙醇或丙酮。其硫酸氢盐在水中微溶。主要用于治疗耐青霉素葡萄球菌感染，也用于其他革兰氏阳性菌感染及畜禽支原体感染。与链霉素等合用可减少或避免细菌产生耐药性。

红霉素片，内服一次量：每1 kg体重，犬、猫10～20 mg，2次/d，连用3～5 d。

注射用乳糖酸红霉素(粉针剂)，局部刺激性强，不宜肌内注射。静脉注射：每1 kg体重，家畜3～5 mg，犬、猫5～10 mg，2次/d，连用2～3 d。临用前先用灭菌注射用水溶解(不可用氯化钠注射液)，然后用5%葡萄糖液稀释成浓度不超过0.1%的溶液。

硫氰酸红霉素可溶性粉，用于治疗鸡的革兰氏阳性菌和支原体引起感染性疾病。如鸡的葡萄球菌病、链球菌病、慢性呼吸道病和传染性鼻炎。混饮：每1 L水，鸡125 mg，连用3～5 d。

2. 泰乐菌素

为畜禽专用抗生素，是以泰乐菌素A、B、C、D等组分为主的混合物。在甲醇中易溶，在水中微溶。泰乐菌素酒石酸盐为白色至淡黄色粉末，在水和甲醇中溶解。吸收后在体内广泛分布，注射给药的脏器浓度比内服高2～3倍但不易透入脑脊液。进入乳汁中的浓度约为血清浓度的20%，以原形在尿和胆汁中排出。消除半衰期犬为0.9 h，犊牛为0.95～2.3 h。对革兰氏阳性菌和一些阴性菌、支原体、螺旋体等均有抑制作用。主要用于治疗支原体及敏感革兰氏阳性菌引起的感染性疾病。

注射用酒石酸泰乐菌素，皮下或肌内注射：每1 kg体重，猪、禽5～13 mg。具有刺激性，肌内注射可引起剧烈的疼痛。

酒石酸泰乐菌素可溶性粉，混饮：每1 L水，禽0.5 g，连用3～5 d。产蛋期不得使用。

磷酸泰乐菌素预混剂，混饲：每1 000 kg饲料，猪10～100 g，鸡4～50 g。

3. 吉他霉素(柱晶白霉素)

类白色或淡黄色粉末，味苦，无臭。内服吸收良好，2 h后达血药峰浓度，广泛分布于主要脏器，其中以肝、肺、肾、肌肉中浓度较高，常超过血药浓度。主要经肝胆系统排泄，在胆汁和粪中浓度高，少量经肾排泄。吉他霉素抗菌谱广，对革兰氏阳性菌、部分革兰氏阴性菌、支原体、螺旋体及立克次氏体等有效，对金黄葡萄球菌等主要敏感菌的抗菌作用较强，与其他大环内酯类抗生素间有交叉耐药性产生。对大多数耐青霉素和红霉素的金黄色葡萄球菌有效是其特点。主要用于治疗革兰氏阳性菌、支原体及钩端螺旋体等感染。

吉他霉素片，内服一次量：每1 kg体重，猪20～30 mg，禽20～50 mg，2次/d，连用3～5 d。

吉他霉素预混剂，混饲，每1 000 kg饲料，猪80～300 g(8 000万～30 000万U)，鸡100～300 g(10 000万～30 000万U)，连用5～7 d。

酒石酸吉他霉素可溶性粉，混饮：每 1 L 水，鸡 0.25～0.5 g，连用 3～5 d。

4.替米考星

半合成的畜禽专用大环内酯类抗生素。白色或类白色粉末，在甲醇、丙酮中易溶，水中不溶。肌内注射给药吸收快，血液中药物半衰期可达到 1～2 d，在动物体内产生的代谢物的活性更强。对所有的兰氏阳性菌和部分革兰氏阴性菌、衣原体、支原体、螺旋体等均有抑制作用。主要用于防治畜禽胸膜肺炎放线杆菌、巴氏杆菌、支原体感染等。

替米考星注射液，用于治疗牛胸膜肺炎放线杆菌、巴氏杆菌及支原体感染，皮下注射：每 1 kg 体重，牛 10 mg，仅注射 1 次。

替米考星预混剂，用于治疗猪胸膜肺炎放线杆菌、巴氏杆菌及支原体感染，混饲：每 1 000 kg 饲料，猪 200～400 g，连用 15 d。

替米考星溶液，用于治疗鸡巴氏杆菌及支原体感染，混饮：每 1 L 水，鸡 75 mg，连用 3 d。

(四)四环素类

四环素类包括土霉素、四环素、金霉素、多西环素(强力霉素)等。四环素类药物，结构相似，作用、用途也大致相同。

四环素类药物能特异性地与细菌核糖体 30S 亚基的 A 位置结合，阻止氨基酰-tRNA 在该位上的联结，从而抑制肽链的增长和影响细菌蛋白质的合成而发挥抑菌作用，高浓度有杀菌作用。对革兰氏阳性菌、革兰氏阴性菌均有作用，此外对衣原体、支原体、立克次氏体、螺旋体和某些原虫也有抑制作用。对革兰氏阳性菌效力不及青霉素类，对革兰氏阴性菌作用与氯霉素相似。强力霉素对多数细菌的作用胜于其他四环素类。四环素类不易形成耐药性，一旦形成则相互间有交叉耐药性。

草食动物长期服用四环素类药物可破坏消化道正常菌群的平衡，使不敏感菌或耐药菌株过度繁殖引起二重感染，或产生 B 族维生素和维生素 K 的缺乏症。局部刺激性强，不能作肌内注射，静脉注射浓度过大或漏入皮下可致静脉炎、静脉周围炎或形成血栓。四环素进入机体后与钙结合，随钙沉积于牙齿和骨骼中，影响牙齿和骨骼发育。本类药物还易透过胎盘和进入乳汁，因此孕畜、哺乳畜和小动物禁用，泌乳牛用药期间乳禁止上市。本类药物对肝、肾细胞有毒效应。牛静脉注射四环素速度过快，可出现急性心力衰竭。四环素类药物可引起氮血症，而且可因类固醇类药物的存在而加剧，本类药物还可引起代谢性酸中毒及电解质失衡。

1.土霉素

淡黄色至暗黄色的结晶性粉末或无定形粉末，无臭，日光下颜色变暗，碱性溶液中易破坏失效，乙醇中微溶，水中极微溶解，在氢氧化钠试液和稀盐酸中溶解。

土霉素片，用于敏感的革兰氏阳性菌、革兰氏阴性菌和支原体等感染。内服一次量：每 1 kg 体重，猪、驹、犊、羔 10～25 mg，禽 25～50 mg，犬 15～50 mg，2～3 次/d，连用 3～5 d。

注射用盐酸土霉素，粉针剂，用于治疗某些革兰氏阳性菌和革兰氏阴性菌、立克次氏体、支原体等引起的感染性疾病。静脉注射一次量：每 1 kg 体重，家畜 5～10 mg，2 次/d，连用 2～3 d。

2.四环素

黄色结晶性粉末，无臭，遇光色渐变深，水中溶解，乙醇微溶，乙醚不溶。在碱性溶液中易破坏失效。孕畜、哺乳母畜禁用，马慎用，肝肾功能不良者忌用。主要用于革兰氏阳性菌、革兰氏阴性菌和支原体的感染。

注射用盐酸四环素（粉针剂），静脉注射一次量：每 1 kg 体重，家畜 5～10 mg，2 次/d，连用 2～3 d。

3. 多西环素（强力霉素）

淡黄色至黄色的结晶性粉末，无臭，乙醇或丙酮中微溶，水或甲醇中易溶。成年反刍动物和马属动物不宜内服；孕畜、哺乳母畜慎用。用于革兰氏阳性菌、革兰氏阴性菌和支原体等的感染。

盐酸多西环素片，内服量一次量：每 1 kg 体重，猪、驹、犊、羊 3～5 mg，犬、猫 5～10 mg，禽 15～25 mg，1 次/d，连用 3～5 d。

（五）酰胺醇类

酰胺醇类药物主要为抑菌剂，作用机制为抑制细菌蛋白质的合成。能可逆地与细菌 70S 核糖体中较大的 50S 亚基结合，这一结合阻止了氨基酰-tRNA 附着到它本该结合的部位，使肽基转移酶和它的氨基酸底物之间的转肽作用不能发生，肽链的形成被阻断，蛋白质合成被抑制而致细菌死亡。哺乳动物的细胞核糖体主要是 80S 核糖体，并不受本类药的影响，但哺乳动物的线粒体中含有 70S 微粒，甲砜霉素同样会与其作用，这是本类药物产生血液系统毒性的原因所在。对革兰氏阳性菌和革兰氏阴性菌均有效，对衣原体、支原体、立克次氏体、钩端螺旋体及某些原虫也有抑制作用。

1. 甲砜霉素

白色结晶性粉末，无臭，在无水乙醇中略溶，在水中微溶。吸收后在体内广泛分布，以肾、脾、肝、肺等中的含量较多，甲砜霉素在肝内不与葡糖醛酸结合，因此体内抗菌活性较高，血浆消除半衰期（$T_{1/2}$）约 1.5 h，大部分尿中排出，少部分自胆汁中排泄。具广谱抗微生物作用，包括需氧革兰氏阴性菌及革兰氏阳性菌、厌氧菌、立克次氏体属、螺旋体和衣原体属。具有较强的免疫抑制作用，有血液毒性和胚胎毒性。主要用于畜禽肠道、呼吸道等细菌感染。

甲砜霉素片、甲砜霉素粉，内服一次量：每 1 kg 体重，畜、禽 5～10 mg，2 次/d，连用 2～3 d。

2. 氟苯尼考

白色或类白色粉末或结晶性粉末，无臭，甲醇中溶解，在水中几乎不溶。对多种革兰氏阳性菌、革兰氏阴性菌有较强的抗菌活性。溶血性巴氏杆菌、多杀性巴氏杆菌和猪胸膜肺炎放线杆菌对氟苯尼考高度敏感。内服吸收迅速，生物利用度达 80%以上，在动物体内广泛分布，能透过血脑屏障，主要以原形从尿排出，少量随粪便排出。与大环内酯类和林可胺类合用时可产生相互拮抗作用。

主要用于敏感菌所致的猪、鸡的细菌性疾病，如溶血性巴氏杆菌、多杀性巴氏杆菌和猪胸膜肺炎放线杆菌引起的牛、猪呼吸系统疾病，沙门菌引起的伤寒和副伤寒，禽霍乱、鸡白痢、大肠杆菌病等。临床用于巴氏杆菌和大肠杆菌感染。产蛋供人食用的鸡，在产蛋期不得使用；种鸡慎用。

氟苯尼考子宫注入剂，敏感菌所致牛的子宫内膜炎。子宫内灌注一次量：牛 25 mL，每 3 d 用 1 次，连用 2～4 次。

氟苯尼考可溶性粉，用于治疗鸡敏感菌所致的细菌性疾病。混饮：每 1 L 水，鸡 100～

200 mg，连用 3～5 d。

氟苯尼考注射液，用于巴氏杆菌和大肠埃希菌感染。肌内注射一次量：每 1 kg 体重，鸡 20 mg，猪 15～20 mg；每隔 2 d 用 1 次，连用 2 次。

氟苯尼考粉，用于巴氏杆菌和大肠埃希菌感染。内服一次量：每 1 kg 体重，猪、鸡 20～30 mg，2 次/d，连用 3～5 d。

氟苯尼考溶液，用于巴氏杆菌和大肠埃希菌感染。混饮：每 1 L 水，鸡 100～150 mg，连用 5 d。

（六）林可胺类

林可霉素 白色结晶性粉末，微臭或特臭，水和甲醇中易溶，乙醇中略溶。林可霉素为抑菌剂，作用于敏感菌核糖体的 50S 亚基，阻止肽链的延长，从而抑制细菌细胞的蛋白质合成。但在高浓度下，对高度敏感细菌也具有杀菌作用。林可霉素内服吸收不完全，肌内注射吸收良好。用于革兰氏阳性菌感染，也可用于猪密螺旋体病和支原体等感染。

盐酸林可霉素片，内服一次量：每 1 kg 体重，猪 10～15 mg，犬、猫 10～15 mg，1～2 次/d，连用 3～5 d。

盐酸林可霉素注射液，肌内注射一次量：每 1 kg 体重，猪 10 mg 每天一次，犬、猫 10 mg 每天两次，连用 3～5 d。

盐酸林可霉素乳房注入剂（泌乳期），用于金黄色葡萄球菌、无乳链球菌、停乳链球菌等敏感菌引起的临床型牛乳腺炎和牛隐性乳腺炎。乳房内灌注：挤乳后每个乳区一支，2 次/d，连用 2～3 d。

（七）多肽类抗生素

本类抗生素包括多黏菌素、杆菌肽等，属多黏杆菌培养液提取物。具有抗革兰氏阴性菌和革兰氏阳性菌作用，如绿脓杆菌、大肠杆菌、沙门菌、巴氏杆菌、弧菌、痢疾杆菌等。内服不易吸收，毒性较大，易引起肾脏和神经系统的毒性反应。

1. 硫酸黏菌素

为多黏菌素的硫酸盐，白色至微黄色粉末，无臭或几乎无臭，有引湿性，水中易溶，乙醇中微溶。硫酸黏菌素通过破坏细菌细胞膜结构，引起膜通透性发生变化，导致细菌死亡，产生杀菌作用。对需氧菌、大肠杆菌、嗜血杆菌、克雷伯菌、巴氏杆菌、铜绿假单胞菌、沙门菌、志贺菌等革兰氏阴性菌有较强的抗菌作用。革兰氏阳性菌通常不敏感。经口给药几乎不吸收，但非胃肠道给药吸收迅速。进入体内的药物可迅速分布进入心、肺、肝、肾和骨骼肌，但不易进入脑脊髓、胸腔、关节腔和感染病灶。主要经肾排泄。禁止与肌松药和氨基糖苷类等合用。主要用于防治革兰氏阴性菌所致的肠道感染。

硫酸黏菌素可溶性粉，混饮：每 1 L 水，猪 40～200 mg，鸡 20～60 mg；混饲：每 1 kg 饲料，猪 40～80 mg。在鸡产蛋期内不得使用。

2. 亚甲基水杨酸杆菌肽

亚甲基水杨酸杆菌肽阻止肽聚糖前体的运输，进而抑制肽聚糖的合成，主要作用于细菌的裂殖阶段，使其生长繁殖受阻，不仅杀菌，而且溶菌。用于抗革兰氏阳性菌，对梭菌尤其敏感。

亚甲基水杨酸杆菌肽可溶性粉，用于治疗产气荚膜梭菌所引起的肉鸡坏死性肠炎。混饮：每 1 L 水，肉鸡 200 mg，连用 5 d。

(八)截短侧耳素类抗生素

截短侧耳素是由侧耳菌产生的一类广谱的二萜烯类抗生素,是截短侧耳素类半合成衍生物的前体。兽医临床主要有泰妙菌素。

泰妙菌素　动物专用抗生素。白色或类白色结晶粉末,溶于甲醇和乙醇,在水中溶解。主要抗革兰氏阳性菌,对金黄色葡萄球菌、链球菌、支原体、猪胸膜肺炎放线杆菌、猪密螺旋体痢疾等有较强的抑制作用,对支原体的作用强于大环内酯类。对革兰氏阴性菌尤其是肠道菌作用较弱。适用于防治鸡慢性呼吸道病,猪支原体肺炎、放线菌性胸膜肺炎和密螺旋体性痢疾等。低剂量可以促进生长,提高饲料利用率。禁止与莫能菌素、盐霉素、甲基盐霉素等聚醚类抗生素合用。

延胡索酸泰妙菌素可溶性粉,主要用于防治鸡慢性呼吸道疾病、猪支原体肺炎、猪放线杆菌胸膜肺炎,也用于密螺旋体引起的猪痢疾和猪增生性肠炎。混饮:每 1 L 水,猪 45～60 mg,连用 5 d;鸡 125～250 mg,连用 3 d。

延胡索酸泰妙菌素预混剂,主要用于防治猪支原体肺炎、猪放线杆菌胸膜肺炎,也用于密螺旋体引起的猪痢疾。混饲:每 1 000 kg 饲料,猪 40～100 g,连用 5～10 d。

任务二　合成抗菌药

抗菌药除了上述抗生素之外,还有许多人工合成的药物,在防治动物疾病方面起着重要的作用。合成抗菌药可分为:磺胺类、抗菌增效剂、喹诺酮类、喹噁啉类、硝基呋喃类和硝基咪唑类。这六类药物中,目前仍在应用的是磺胺类、抗菌增效剂与喹诺酮类,其他类 2020 版《中华人民共和国兽药典》均未收录。

一、磺胺类药物

磺胺类药物是临床上应用广泛,人工合成的抗菌药物。优点是抗菌谱广、性质稳定,吸收后可分布到全身各组织及体液中,甚至脑脊液。尤其是人工合成的长效、高效磺胺药在兽医临床中起到了重要作用。

(一)磺胺类药物的化学结构、理化性质与分类

磺胺类药物的基本结构是苯环上具有磺酰胺基(R_2)及氨基(R_1),其结构与作用有关。磺酰胺基和氨基必须在苯环的对位上,其氨基必须呈游离状态才有抗菌作用;磺酰胺基及氨基中的氢原于如被其他基团取代,可得到许多磺胺类衍生物。

磺胺类药物为白色或淡黄色结晶粉末,性稳定,耐热,难溶于水,其钠盐易溶于水,但呈碱性,刺激性较大,需深部肌内注射。磺胺类药物根据其药理作用可分为三类:在肠道内易吸收的磺胺,如磺胺二甲嘧啶、磺胺甲噁唑等;在肠道内不易吸收的磺胺,如磺胺脒、酞磺胺噻唑等;外用磺胺,如磺胺醋酰等。

(二)体内过程

1. 吸收

治疗全身感染时,内服易吸收的磺胺吸收快而安全,其吸收率可因家畜种类和磺胺药种类的不同而稍有差异,其平均吸收率按下列顺序递减:磺胺二甲嘧啶＞磺胺对甲基嘧啶＞磺胺邻二甲

嘧啶>磺胺嘧啶>氨苯磺胺。在各种动物中吸收率的顺序为禽>犬(猫)>猪>马>羊>牛。

2. 分布及转化

磺胺类药物吸收入血液,广泛分布于全身组织及体液,包括乳腺、胎盘,磺胺嘧啶还能到达脑脊液中。磺胺药吸收后主要在肝脏内进行乙酰化而失去抗菌作用,部分与血浆蛋白结合。乙酰化程度因家畜种类和磺胺药种类的不同而异,犬的乙酰化率较低而牛则较高。磺胺类药物有一部分能和蛋白结合,但并不牢固,可逐渐分离继续发挥作用。

3. 排泄

以原形或乙酰化型自肾脏排出。以原形排出时仍可发挥抗菌作用。磺胺类药物的排出速度与其在肾小管的重吸收程度有关,磺胺二甲嘧啶被重吸收较多,排泄慢,血药浓度维持时间较长。

(三)抗菌作用及机理

1. 抗菌作用

磺胺药抗菌范围广,主要是抑菌作用,对大部分革兰氏阳性菌、部分革兰氏阴性菌有效,对立克次氏体、支原体、病毒等无效。高度敏感的细菌有链球菌、肺炎球菌、脑膜炎球菌、沙门菌、化脓棒状杆菌等;次敏感的菌有葡萄球菌、痢疾杆菌、大肠杆菌、巴氏杆菌、布鲁氏菌、炭疽杆菌等;对球虫、放线菌和衣原体也有效。不同的磺胺类药物对相同的病原菌的抑制作用也有差异,其抗菌作用的强弱顺序为:磺胺间甲氧嘧啶>磺胺甲噁唑>磺胺嘧啶>磺胺二甲氧嘧啶>磺胺对甲氧嘧啶>磺胺二甲嘧啶>氨苯磺胺。

2. 抗菌机理

细菌在生长繁殖过程中所需的物质——对氨基苯甲酸(PABA),它和二氢蝶啶等在二氢叶酸合成酶的作用下合成二氢叶酸,二氢叶酸在二氢叶酸还原酶的作用下形成四氢叶酸,四氢叶酸是合成核酸所必需的辅酶,缺乏它细菌就不能生长繁殖。由于磺胺类药物和 PABA 在化学结构上相似,当给予磺胺药后,二者就互相竞争,如果磺胺药和二氢叶酸合成酶结合,就使细菌不能利用 PABA 合成二氢叶酸,最终影响菌体核蛋白的合成而抑菌。

(四)耐药性

原来对磺胺类药物敏感的细菌,由于长期接触低浓度药物,对该药不再敏感,欲抑制这种细菌需加大药量或改用其他抗菌药,细菌的这种特性称耐药性,也叫抗药性。该细菌称耐药菌株。

(五)不良反应

一般说来磺胺类药物的毒副作用小,但在大量或长期用药的情况下可见到血尿、尿闭等肾脏毒害反应,也可能出现 B 族维生素缺乏和食欲不振、腹泻以及中枢神经系统的兴奋、惊厥或昏迷等。磺胺类遇酸类可析出结晶,故注射剂不宜用 5% 葡萄糖液稀释。在家畜出现过敏反应时,应立即停药并给予对症治疗。

(六)应用和选药

磺胺类药物可治疗家畜由敏感菌感染的各种病症。

1. 磺胺噻唑(ST)

白色或淡黄色的结晶颗粒或粉末,无臭或几乎无臭,遇光色渐变深,乙醇中微溶,水中几乎不溶。内服吸收不完全,其可溶性钠盐肌内注射后迅速吸收。吸收后排泄迅速,单胃动物内服后，在 12 h 内经肾排出约 50%，24 h 约 90%。其半衰期短，不易维持有效血药浓度。在体内与血浆蛋白的结合率和乙酰化程度均较高，其乙酰化物溶解度比原药低，易产生结晶尿而损害肾脏。用于敏感菌所致的肺炎、出血性败血症、子宫内膜炎及禽霍乱、雏鸡白痢等。

磺胺噻唑片，内服一次量：每 1 kg 体重，家畜首次量 0.14～0.2 g，维持量 0.07～0.1 g，2～3 次/d，连用 3～5 d。

磺胺噻唑钠注射液，静脉注射一次量：每 1 kg 体重，家畜 50～100 mg，2 次/d，连用 2～3 d。

2. 磺胺嘧啶(SD)

白色或类白色的结晶或粉末，无臭，遇光色渐变暗，乙醇或丙酮中微溶，水中几乎不溶。用于各种动物敏感菌的全身感染，是磺胺类药物中用于治疗脑部细菌感染的首选药物。主要适应证有巴氏杆菌病、乳腺炎、子宫内膜炎、腹膜炎、败血症等，对坏死杆菌病、牛传染性腐蹄病、猪萎缩性鼻炎、链球菌病、仔猪水肿病、弓形虫病、兔葡萄球菌病、鸡传染性鼻炎、副伤寒、球虫病均有效。也可用于弓形虫感染。

磺胺嘧啶片，内服一次量：每 1 kg 体重，家畜首次量：0.14～0.2 g，维持量 0.07～0.1 g，2 次/d，连用 3～5 d。

磺胺嘧啶钠注射液，肌内注射一次量：每 1 kg 体重，家畜 50～100 mg，1～2 次/d，连用 2～3 d。

复方磺胺嘧啶钠注射液(磺胺嘧啶钠和甲氧苄啶 5：1)，用于敏感菌及弓形虫感染，肌内注射一次量：每 1 kg 体重，家畜 20～30 mg，1～2 次/d，连用 2～3 d。

3. 磺胺二甲嘧啶(SM_2)

白色或微黄色的结晶或粉末，无臭，遇光色渐变深，热乙醇中溶解，在水或乙醇中几乎不溶，在稀酸或稀碱中易溶。抗菌作用及疗效较磺胺嘧啶稍弱，但对球虫和弓形虫有抑制作用。吸收迅速而完全，但排泄慢。药物本身及其乙酰化物都易溶于水，不易引起结晶尿或血尿。具有不良反应少、在家畜体内有效浓度维持时间长等特点，还可防治球虫病。主要用于巴氏杆菌病、乳腺炎、子宫内膜炎、呼吸道及消化道感染，也可用于防治兔球虫病、禽球虫病和猪弓形虫病。

磺胺二甲嘧啶片，内服一次量：每 1 kg 体重，家畜首次量 140～200 mg，维持量 70～100 mg，1～2 次/d，连用 3～5 d。

磺胺二甲嘧啶钠注射液，静脉注射一次量：每 1 kg 体重，家畜 50～100 mg，1～2 次/d，连用 2～3 d。

4. 磺胺甲噁唑(SMZ)

白色结晶性粉末，无臭，在水中几乎不溶，在稀盐酸、碱性液体中易溶。抗菌作用较强。与抗菌增效剂 TMP 合用，抗菌作用可增强数倍至数十倍，疗效近似氯霉素、四环素和氨苄西林，临床应用范围也相应扩大。与蛋白结合率高，排泄较慢，乙酰化率高(山羊为 50%～70%)，且溶解度较低，较易出现结晶尿和血尿等。常用于敏感菌所致的呼吸道、泌尿道等感染。

磺胺甲噁唑片，内服一次量：每 1 kg 体重，家畜首次量 50～100 mg，维持量 25～50 mg，2 次/d，连用 3～5 d。

复方磺胺甲噁唑片，内服一次量：每 1 kg 体重，家畜 25～50 mg，2 次/d，连用 3～5 d。

5. 磺胺对甲嘧啶(SDM)

白色或微黄色的结晶或粉末，无臭，在乙醇中微溶，在水或乙醚中几乎不溶，在氢氧化钠试液中易溶。对革兰氏阳性菌和革兰氏阴性菌如化脓性链球菌、沙门菌和肺炎球菌等均有良好的抗菌作用,但较磺胺间甲氧嘧啶弱。内服吸收迅速,血中维持有效浓度近 24 h;乙酰化率较低,游离型及乙酰化型的溶解度较高;主要经尿排出,排泄缓慢,对尿路感染疗效显著。与甲氧苄啶合用,可增强疗效。主要用于泌尿道、呼吸道、消化道、皮肤、生殖道感染,也可用于球虫病的治疗。

磺胺对甲嘧啶片,内服一次量:每 1 kg 体重,家畜首次量 50～100 mg,维持量 25～50 mg,1～2 次/d,连用 3～5 d。

复方磺胺对甲嘧啶注射液,肌内注射一次量:每 1 kg 体重,家畜 15～20 mg,1～2 次/d,连用 2～3 d。

6. 磺胺间甲氧嘧啶(SMM)

白色或类白色结晶性粉末,无臭,遇光渐变色,在乙醇中微溶,水中不溶,在稀酸或氢氧化钠试液中易溶。磺胺间甲氧嘧啶是体内外抗菌作用最强的磺胺类药物,对球虫、弓形虫、住白细胞虫等也有显著作用。内服吸收良好,血中浓度高,维持作用时间近 24 h;乙酰化率低,乙酰化物溶解度大,不易引起结晶尿和血尿,与甲氧苄啶合用疗效增强。用于各种敏感菌引起的呼吸道、消化道、泌尿道感染及球虫病、猪弓形虫病、猪水肿病、鸡住白细胞虫病、猪萎缩性鼻炎。其钠盐局部灌注可治疗乳腺炎和子宫内膜炎。

磺胺间甲氧嘧啶片,内服一次量:每 1 kg 体重,家畜首次量 50～100 mg,维持量 25～50 mg,2 次/d,连用 3～5 d。

磺胺间甲氧嘧啶钠注射液,静脉注射一次量:每 1 kg 体重,家畜 50 mg,1～2 次/d,连用 2～3 d;

7. 磺胺脒(SG)

白色针状结晶性粉末,无臭或几乎无臭,遇光渐变色,在沸水中溶解,在水、乙醇或丙酮中微溶,在稀盐酸中易溶,在氢氧化钠试液中几乎不溶。内服后虽有一定量从肠道吸收,但不足以达到有效血浓度,多用于家畜肠道细菌性感染。

磺胺脒片,内服一次量:每 1 kg 体重,家畜 100～200 mg,2 次/d,连用 3～5 d。

8. 磺胺氯达嗪钠(SPDZ)

白色或淡黄色粉末,在水中易溶,在甲醇中溶解,在乙醇中略溶。用于畜禽大肠埃希菌和巴氏杆菌感染。

复方磺胺氯哒嗪钠粉,内服一日量:每 1 kg 体重,猪、鸡 20 mg,猪连用 5～10 d,鸡连用 3～6 d。

9. 酞磺胺噻唑(PST)　白色或类白色的结晶性粉末,无臭,在乙醇中微溶,在水中几乎不溶,在氢氧化钠试液中易溶。内服后肠道极少吸收,经肠道细菌的作用,释出游离磺胺噻唑而产生抑菌作用,作用比磺胺脒强。用于幼畜和中、小动物肠道细菌性感染,成年反刍动物少用。

酞磺胺噻唑片,内服一次量:每 1 kg 体重,犊、羔、猪、犬、猫 100～150 mg,2 次/d,连用 3～5 d。

二、抗菌增效剂

抗菌增效剂属二氨基嘧啶类药物。本身具有抗菌作用,与磺胺类、抗生素等药物配合运用，可使抗菌效力增强几倍至几十倍，故称抗菌增效剂。有甲氧苄啶(TMP)和二甲氧苄啶(DVD)两种，后者为动物专用药。

1. 抗菌机理

增效剂类的抗菌机理是抑制细菌的二氢叶酸还原酶，使二氢叶酸不能还原成四氢叶酸，阻断了叶酸代谢，影响核蛋白的合成，使细菌的生长繁殖受到抑制。与磺胺类药物合用时，可双重阻断细菌叶酸的代谢，因而增加了磺胺类药物的抗菌效力。

2. 制剂和用量

甲氧苄啶为白色或淡黄色结晶粉末，味微苦，不溶于水，微溶于乙醇。TMP 与 SD、SDM 等以 1∶5 混合制成粉剂，畜禽内服量(均按磺胺类药量计算)：每 1 kg 体重，20～25 mg，12～24 h 内服 1 次；注射剂：每 1 kg 体重，畜禽 20～25 mg，每 12～24 h 肌内注射或静脉注射 1 次。

甲氧苄啶　白色或类白色结晶性粉末，无臭，水中几乎不溶，在冰醋酸中易溶。按 1∶5 与磺胺类药物合用。

二甲氧苄啶　白色或微黄色结晶性粉末，几乎无臭，水、乙醇或乙醚中不溶，在盐酸中溶解，在稀盐酸中微溶。按 1∶5 与磺胺类药物合用，如磺胺喹噁啉二甲氧苄啶预混剂。

三、喹诺酮类药物

喹诺酮类药是指具有 4-喹诺酮环结构的一类药物。这类药物的特点是：抗菌谱广，对革兰氏阴性菌、革兰氏阳性菌、支原体等均有作用；杀菌力强，在体外很低的药物浓度即可显示高度抗菌活性，临床疗效好；吸收快，体内分布广泛，可治疗各个系统或组织的感染性疾病；抗菌作用独特，与其他抗生素无交叉耐药性；使用方便，不良反应小。

喹诺酮类的作用机理是抑制细菌脱氧核糖核酸(DNA)合成酶，使细菌 DNA、核糖核酸(RNA)及蛋白质的合成受干扰，不能进行繁殖，而起到杀菌作用。由于细菌细胞的 DNA 是裸露状态(原核细胞)，而动物体细胞的 DNA 是包被状态(真核细胞)，所以这类药物是进入菌体并选择性地与 DNA 接触。

喹诺酮类的药物在兽医临床常用的为恩诺沙星、马波沙星。

1. 恩诺沙星

动物专用的广谱杀菌药。微黄色或淡橙黄色结晶性粉末，无臭，遇光逐渐变为橙红色，三氯甲烷中易溶，水中极微溶。对大肠杆菌、沙门菌、克雷伯菌、布鲁氏菌、巴氏杆菌、胸膜肺炎放线杆菌、丹毒杆菌、变形杆菌、化脓性棒状杆菌、金黄色葡萄球菌、支原体、衣原体等均有良好作用，对铜绿假单胞菌和链球菌的作用较弱，对厌氧菌作用微弱。肌内注射吸收迅速而完全，在动物体内广泛分布，几乎所有组织的药物浓度均高于血浆，15%～50%以原形从尿中排出。用于细菌性疾病和支原体感染。产蛋供人食用的鸡，在产蛋期不得使用。

恩诺沙星片，内服一次量：每 1 kg 体重，犬、猫 2.5～5 mg，家禽 5～7.5 mg，2 次/d，连用 3～5 d。

恩诺沙星可溶性粉，混饮：每 1 L 水，鸡 25～75 mg，赛鸽 250 mg，连用 3～5 d。

恩诺沙星注射液，肌内注射一次量：每 1 kg 体重，牛、猪、羊 2.5 mg，犬、猫、兔 2.5～5 mg，1～2 次/d，连用 2～3 d。

恩诺沙星溶液，混饮：每 1 L 水，禽 50～75 mg。

2. 马波沙星

淡黄色结晶性粉末，无臭，遇光颜色加深，在水或二氯甲烷中微溶，在乙醇中极微溶解。小于 12 月龄的小型犬和小于 18 月龄的大丹犬或藏獒等成长期较长的大型犬禁用，孕犬及哺乳犬慎用。

注射用马波沙星，敏感菌引起的犬阴道炎、包皮炎等。皮下注射一次量：每 1 kg 体重，犬 2 mg，1 次/d，连用 3 d。

马波沙星片，用于治疗由肺炎链球菌等敏感菌引起的犬呼吸道感染。内服一次量：每 1 kg 体重，犬 2 mg，急性呼吸道感染连用 7 d，慢性呼吸道感染连用 21 d。

马波沙星注射液，治疗猪乳腺炎-子宫炎-无乳综合征（MMA）。肌内注射一次量：猪 2 mg，1 次/d，连用 3 d。

任务三　抗真菌药

真菌感染分为浅部真菌感染及深部真菌感染，发病率前者高于后者。浅部真菌病，即皮肤、毛发甲癣菌感染，其治疗大多采用抗真菌药局部应用，如吡咯类中的克霉唑、咪康唑等均属此类；抗深部真菌感染药物中目前最有效者仍为两性霉素 B，但其毒性大。抗真菌药还有酮康唑、氟康唑等。目前我国准许在兽医临床上应用的抗真菌药只有水杨酸及其软膏制剂。

水杨酸

为白色细微的针状结晶或白色结晶性粉末，无臭或几乎无臭，水溶液显酸性反应。在乙醇或乙醚中易溶，在沸水中溶解，在三氯甲烷中略溶，在水中微溶。有中等程度的抗真菌作用。在低浓度（1%～2%）时有角质增生作用，能促进表皮的生长；在高浓度（10%～20%）时可溶解角质，对局部有刺激性。在体表真菌感染外用时，配成 1%醇溶液或软膏。

任务四　常用抗菌中草药

本类中草药大多属于清热解毒药。具有抗菌消炎，清热泻火，解热凉血的功能。临床用于微生物所致的各种感染。优点是药源丰富，就地取材，副作用小，疗效良好。

1. 黄连

毛茛科植物黄连或其同属植物的根茎，主要成分为小檗碱（黄连素）。可治疗细菌性痢疾、急性胃肠炎、仔猪白痢、消化不良、腹泻等。

黄连片，内服一次量：牛、马 15～30 g，猪、羊 5～10 g，家禽 0.5～1.0 g。

盐酸小檗碱片，内服一次量：牛、马 2～5 g，猪、羊 0.5～1 g，驼 3～6 g。

2. 大蒜

百合科植物大蒜鳞茎。主要成分是蒜辣素（大蒜素），对革兰氏阳性菌、革兰氏阴性菌的大部分均有抑制作用，对真菌和某些原虫也有效。可治肠炎、下痢、仔猪白痢、仔猪副伤寒及食欲下降、瘤胃臌气等。

大蒜泥，内服一次量：牛、马 30～90 g，猪、羊 15～30 g。

大蒜酊（40%），内服一次量：牛、马 50～100 mL，禽 2～4 mL，兔 5～10 mL。

3. 板蓝根

十字花科植物菘蓝的干燥根，其叶称大青叶，大青叶加工后所得色素即称青黛。板蓝根有效成分板蓝根乙素对多种革兰氏阳性菌、革兰氏阴性菌及流感病毒等均有抑制作用。可治咽炎、支气管炎、肺炎、家畜流感、脑炎及其他全身感染。

板蓝根片，内服一次量：牛、马 30～100 g，猪、羊 15～30 g，犬、猫 3～5 g，兔、鸡 1～2 g。

4. 穿心莲（一见喜、榄核莲）

爵床科植物穿心莲全草或叶。主要成分为内酯类（穿心莲内酯等）和黄酮类，用于畜禽肠道细菌感染及呼吸道、泌尿道和其他细菌及病毒感染。

散剂内服一次量：牛、马 60～120 g，猪、羊 30～60 g，犬、猫 3～10 g，兔、禽 1～2 g。

5. 金银花（双花、忍冬）

忍冬科植物忍冬的干燥花蕾，其茎称金银藤（忍冬藤）。藤和花的作用相似，但效力较差。主要成分为忍冬苷、肌醇等。常与板蓝根、黄芩配伍。

散剂内服一次量：牛、马 15～60 g，猪、羊 5～10 g，犬、猫 3～5 g，家禽 1～3 g。其藤用量则加倍。

6. 连翘

木樨科植物连翘的干燥果实。有效成分为连翘酚等，对多数细菌及流感病毒均有抑制作用。可治呼吸道感染，常与金银花合用治疗感冒。

散剂内服一次量：牛、马 20～30 g，猪、羊 10～15 g，兔、禽 1～2 g。

7. 马齿苋

马齿苋科植物马齿苋的全草。主要含有儿茶酚胺、生物碱及多种维生素等。其乙醇液能抑制多种肠道杆菌。尚有利尿、止血、增强子宫收缩和肠蠕动，促进溃疡愈合作用。可治疗肠炎下痢、仔猪白痢等消化道感染。捣汁外用可治疮癀、肿毒、湿疹等。

散剂内服一次量：牛、马 30～120 g，猪、羊 15～30 g。鲜草用量加倍。

8. 鱼腥草（蕺菜）

三白草科植物蕺菜的干燥全草。具有强烈鱼腥味的挥发油，主要成分为鱼腥草素。性质极不稳定，易聚合，故合成其亚硫酸钠合成物称癸酰乙醛，尚有槲皮素苷等。对肺炎双球菌、金黄色葡萄球菌、溶血性链球菌等作用最显著，也可提高机体免疫机能。用于治疗呼吸道感染，如咽炎、肺炎、支气管炎、异物性肺炎、肺脓肿等。

散剂内服一次量：牛、马 30～120 g，猪、羊 15～30 g，犬、猫 3～5 g，禽 1～3 g。

鱼腥草注射液，肌内注射一次量：牛、马 20～40 mL，猪、羊 5～10 mL，犬 2～5 mL，猫 0.5～2 mL。

【学习要求】

识记　抗微生物药、抗生素、抗菌活性、抗菌谱。

理解　抗生素的抗菌机理，磺胺类药物的抗菌机理，喹诺酮类药物的特点，抗微生物药物的分类，磺胺类药物的不良反应。

应用　各类抗微生物药物作用及临床应用。

项目十三
调节新陈代谢的药物

【学习目标】

• 掌握维生素、钙、磷、铁及微量元素的作用及药物的应用，糖皮质激素的作用与应用，调节酸碱平衡药物的作用与应用；

• 理解肾上腺皮质激素的特点及分类，调节酸碱平衡药物的作用机理。

【学习内容】

任务一　维生素类药

维生素是维持动物体正常代谢和机能所必需的一类低分子化合物，大多数必须从食物中获得，仅少数可在体内合成或由肠道内的微生物合成。根据其溶解性分为脂溶性维生素和水溶性维生素两类。动物机体每日对维生素的需要量很少，但其作用是其他物质所无法替代的。多数维生素是体内某些酶的辅酶（或辅基）中的组分，在物质代谢中起着重要的催化剂作用。维生素类药物主要用于防治维生素缺乏症，也用于某些疾病的辅助治疗。

一、脂溶性维生素

脂溶性维生素溶于大多数有机溶剂，不溶于水。在食物中常与脂类共存，脂类吸收不良时其吸收也减少，甚至发生缺乏症。脂溶性维生素包括维生素 A、维生素 D、维生素 E、维生素 K 等。脂溶性维生素吸收后可在体内的肝、脂肪组织中贮存，长期超量使用超过机体的贮存限量时可引起动物中毒。

1. 维生素 A

维生素 A 具有促进动物生长，维持上皮组织的正常机能的作用，还参与视紫质的合成，增强视网膜感光力。临床上主要用于预防和治疗皮肤和角膜角质化、眼干燥、视力障碍、幼畜生长不良、受精力下降、抗病力减弱等。维生素 A 通常与维生素 D 联合使用。局部应用能促进创伤、溃疡愈合。

维生素 AD 油（每克含维生素 A 5 000 IU、维生素 D 500 IU），内服一次量：牛、马 20～60 mL，猪、羊 10～15 mL，犬 5～10 mL，禽 1～2 mL。

2. 维生素 D

维生素 D 主要有维生素 D_2（骨化醇）和维生素 D_3（胆钙化醇）。能促进钙、磷在小肠内吸收，并贮存于骨骼中，促使骨钙化和维持血钙平衡，促进幼畜生长，骨齿发育，使禽蛋壳变厚等。用于维生素 D 缺乏症，如幼畜的佝偻病、成年畜的骨软病、妊娠或泌乳母畜、骨折病畜等。

维生素 D_2 胶性钙注射液（钙 0.5 mg、维生素 D_2 0.5 万 IU），肌内注射量：牛、马 2.5 万～10 万 IU，猪、羊 0.5 万～2 万 IU。

维生素 D_3 注射液，肌内注射一次量：每 1 kg 体重，家畜 1 500～3 000 IU。

3. 维生素 E

维生素 E 主要是维持生殖器官、神经系统和横纹肌的正常机能以及抗氧化作用，又名生育酚。临床用于治疗维生素 E 缺乏症，如犊牛、羔羊、仔猪的肌萎缩（白肌病和心肌变性），猪的死胎、黄膘病以及动物的习惯性流产、不孕症等。

维生素 E 注射液，皮下、肌内注射一次量：犊、驹 0.5～1.5 g，仔猪、羔羊 0.1～0.5 g，犬 0.03～0.1 g。

4. 维生素 K

维生素 K 促进血液凝固，又称凝血维生素。有维生素 K_1、维生素 K_2、维生素 K_3、维生素 K_4 四种形式。其中维生素 K_1、维生素 K_2 是天然存在的，是从绿色植物中提取的维生素 K_1 和肠道细菌（如大肠杆菌）合成的维生素 K_2；维生素 K_3、维生素 K_4 是人工合成的。

维生素 K_1 注射液，用于维生素 K 缺乏所致的出血。肌内、静脉注射一次量：每 1 kg 体重，犊 1 mg；犬、猫 0.5～2 mg。静脉注射宜缓慢。

二、水溶性维生素

水溶性维生素包括 B 族维生素和维生素 C，均易溶于水。已发现的 B 族维生素有 20 多种。动物胃肠道内微生物，尤其是反刍动物瘤胃内的微生物能合成部分 B 族维生素，成年健康反刍动物一般不会缺乏，但家禽、犊牛、羔羊等则需要从饲料中获得足够的 B 族维生素才能满足其生长发育需要。水溶性维生素在体内不易贮存，多余的全部由尿排出，因此毒性很低。

1. 维生素 B_1

维生素 B_1 又名硫胺素。维生素 B_1 结合三磷酸腺苷形成维生素 B_1 焦磷酸盐，是碳水化合物代谢时所必需的辅酶；维生素 B_1 能抑制胆碱酯酶的活性，缺乏时胆碱酯酶活性增强，乙酰胆碱水解加速，致神经冲动传导障碍，影响胃肠、心肌功能。临床用于防治维生素 B_1 缺乏症，如多发性神经炎、各种原因引起的疲劳和衰竭，也可用于高热、重度损伤以及牛酮血症、心肌炎等的辅助治疗，也用于胃肠迟缓。

维生素 B_1 片，内服一次量：牛、马 100～500 mg，猪、羊 25～50 mg，犬 10～50 mg，猫 5～30 mg。

维生素 B_1 注射液，皮下、肌内注射一次量：牛、马 100～500 mg，猪、羊 25～50 mg，犬 10～50 mg，猫 5～15 mg。

2. 维生素 B_2

维生素 B_2 又名核黄素。维生素 B_2 主要参与机体细胞氧化还原过程，与糖、蛋白质和脂肪代谢有关。用于维生素 B_2 缺乏症，如结膜炎、角膜炎、口炎、消化不良、皮肤粗糙、雏鸡卷趾、母鸡产蛋率下降等。

维生素 B_2 注射液，皮下、肌内注射一次量：牛、马 100～150 mg，猪、羊 20～30 mg，犬 10～20 mg，猫 5～10 mg。片剂内服剂量同注射量。

3. 维生素 B_6

维生素 B_6 为吡哆醇、吡哆醛和吡哆胺的总称。维生素 B_6 广泛存在于谷类和豆类的外皮、青绿饲料中，肉、蛋及肝中含量也多。维生素 B_6 是氨基酸代谢中转氨酶和脱羧酶的辅酶，对氨基酸代谢和中枢递质的生成有重要影响。用于维生素 B_6 缺乏，如皮炎和周围神经炎。

维生素 B_6 注射液，皮下、肌内或静脉注射一次量：牛、马 3～5 g，猪、羊 0.5～1 g，犬 0.02～0.08 g。片剂内服剂量同注射量。

4. 维生素 B_{12}

维生素 B_{12} 参与体内核酸、胆碱、蛋氨酸的合成及脂肪与糖的代谢。能维持骨髓正常的造血机能，并保持中枢及周围有髓神经的正常代谢和生理功能。常用于维生素 B_{12} 的缺乏症，如贫血、营养不良、生长迟缓、神经炎等。

维生素 B_{12} 注射液，肌内注射一次量：牛、马 1～2 mg，猪、羊 0.3～0.4 mg，犬、猫 0.1 mg。

5. 维生素 C

维生素 C 又名抗坏血酸。维生素 C 能增加毛细血管壁的致密性，刺激造血机能，增强机体对感染的抵抗力，促进创伤愈合。用于维生素 C 缺乏症（坏血病），发热，慢性消耗性疾病等。

维生素 C 片，内服一次量：马 1～3 g，猪 0.2～0.5 g，犬 0.1～0.5 g。

维生素 C 注射液，静脉、肌内注射一次量：牛 2～4 g，马 1～3 g，猪、羊 0.2～0.5 g，犬 0.02～0.1 g。

6. 烟酰胺

烟酰胺白色的结晶性粉末，无臭或几乎无臭，水和乙醇中易溶。烟酰胺是辅酶Ⅰ和辅酶Ⅱ的组成部分。参与体内的代谢过程，为脂类代谢、组织呼吸的氧化作用和糖原分解所必需。用于烟酸缺乏症。

烟酸片、烟酰胺片，内服一次量：每 1 kg 体重，家畜 3～5 mg。

烟酰胺注射液，肌内注射一次量：每 1 kg 体重，家畜 0.2～0.6 mg。幼畜不得超过 0.3 mg。肌内注射可引起注射部位疼痛。

7. 叶酸

叶酸为黄色或橙黄色结晶性粉末，无臭，无味。在水、乙醇、丙酮、氯仿或乙醚中不溶，在氢氧化钠或碳酸钠的稀溶液中易溶。叶酸代谢物作为辅酶参与体内多种氨基酸、嘌呤及嘧啶的合成和代谢，并与维生素 B_{12} 共同促进红细胞的生长和成熟。叶酸缺乏时，表现为巨幼红细胞性贫血、腹泻、皮肤功能受损及生长发育受阻等。用于防治因叶酸缺乏所致的畜禽贫血症。与维生素 B_{12} 合用效果更好。

叶酸片，内服一次量：犬、猫 2.5～5 mg。

任务二 钙和磷

钙和磷广泛分布于土壤和植物中，为动植物的生长所必需。钙离子可以维持神经肌肉的正常兴奋性，促进神经末梢分泌乙酰胆碱，血清钙降低时可出现神经肌肉兴奋性升高，发生抽搐，血钙过高则兴奋性降低，出现软弱无力等。钙离子能改善细胞膜的通透性，增加毛细管的致密性，使渗出减少，起抗过敏作用。钙离子能促进骨骼与牙齿的钙化形成，高浓度钙与镁离子间存在竞争性拮抗作用，可用于镁中毒的解救；钙离子可与氟化物生成不溶性氟化钙，用于氟中毒的解救。在现代畜牧业生产中，钙和磷常以钙、磷制剂的形式按适当比例混合添加在动物日粮中，以保证畜禽健康生长。

1. 氯化钙

用于低钙血症以及毛细血管通透性增强所致的疾病。局部刺激性强，其 5%溶液不可直接静脉注射，应以 10～20 倍葡萄糖注射液稀释，静脉注射不可漏出血管外。应用强心苷期间禁用。

氯化钙注射液，静脉注射一次量：牛、马 5～15 g，猪、羊 1～5 g，犬 0.1～1.0 g。

氯化钙葡萄糖注射液，静脉注射一次量：马、牛 100～300 mL，猪、羊 20～100 mL，犬 5～10 mL。

葡萄糖酸钙　钙补充药，主要用于钙缺乏症及过敏性疾病，也可解除镁离子中毒引起的中枢抑制。静脉注射宜缓慢。

葡萄糖酸钙注射液，静脉注射一次量：牛、马 20～60 g，猪、羊 5～15 g，犬 0.5～2 g。

2. 硼葡萄糖酸钙

钙补充药，具有促进骨骼和牙齿的钙化维持神经肌肉的正常兴奋性、降低毛细血管通透性和促进血液凝固等作用。临床上作为钙的补充药，用于低钙血症以及毛细血管通透性增加所致疾病。用于钙缺乏症。

硼葡萄糖酸钙注射液，静脉注射一次量：每 1 kg 体重，牛 10 mg。

3. 碳酸钙

用于钙缺乏症。常混入饲料以预防骨软症、佝偻病等。内服一次量：牛、马 30～120 g，猪、羊 3～10 g，犬 0.5～2 g。

磷酸氢钙　钙磷补充药。

任务三　微量元素

微量元素是指动物体含量低于 0.01%的矿物质，动物机体所必需的微量元素有铁、硒、钴、铜、锰、锌等，它们对动物的生长代谢过程起着重要的调节作用，缺乏时可引起各种疾病，并影响动物生长和繁殖性能，但过多也会引起中毒，甚至死亡。

1. 铁制剂

铁是动物机体内不可缺少的微量元素之一，铁是构成血红蛋白、肌红蛋白和多种酶（细胞色素氧化酶、琥珀酸脱氢酶、黄嘌呤氧化酶等）的重要成分。可兴奋骨髓的造血机能，促进红细胞的生成，以及氧和二氧化碳的运输。主要用于治疗仔猪缺铁性贫血。

硫酸亚铁，淡蓝绿色结晶，易溶于水。用于缺铁性贫血。禁用于消化道溃疡、肠炎等。内服一次量：牛、马 2～10 g，猪、羊 0.5～3.0 g，犬 0.05～0.5 g，猫 0.05～0.1 g，配成 0.2%～1%溶液。

右旋糖酐铁注射液，为深褐色的胶体溶液。肌内注射后主要通过毛细淋巴管缓慢吸收，注射后3 d内约有60%的铁被吸收，1～3周及以后吸收达到90%，余下的药物可能在数月内被缓慢吸收。主要用于驹、犊、仔猪、幼犬和毛皮兽的缺铁性贫血。深部肌内注射一次量(以Fe计)：驹、犊0.2～0.6 g，仔猪0.1～0.2 g，幼犬0.02～0.2 g，狐狸0.05～0.2 g，水貂0.03～0.1 g。

2. 硒制剂

硒是动物体内具有特殊作用的微量元素。硒具有抗氧化性，硒作为谷胱甘肽过氧化物酶的组成成分，在体内能清除脂质过氧化自由基中间产物，防止生物膜的脂质过氧化，维持细胞膜的正常结构和功能；硒还参与辅酶A和辅酶Q的合成，在体内三羧酸循环及电子传递过程中起重要作用。羔羊、犊牛、仔猪的白肌病与缺乏硒和维生素E有关。用于防治幼畜白肌病和雏鸡渗出性素质病等。

亚硒酸钠注射液，肌内注射一次量：牛、马30～50 mg，犊、驹5～8 mg，仔猪、羔羊1～2 mg。与维生素E合用，有协同作用。

亚硒酸钠维生素E注射液，肌内注射一次量：犊、驹5～8 mL，仔猪、羔羊1～2 mL。

3. 锌制剂

锌在动物机体所有器官中含量少，在肝、肌肉、胰以及骨内含量较高，钙可以影响其吸收。动物缺锌时表现为皮肤粗糙、角化不全、生长受阻等。临床上主要用于锌缺乏症。硫酸锌可作为收敛剂，有收敛与抗菌作用，主要用于结膜炎。

任务四　肾上腺皮质激素

肾上腺皮质激素根据生理功能可分为盐皮质激素、糖皮质激素和氮皮质激素。糖皮质激素具有明显的药理作用，包括抗炎、抗过敏、抗毒素、抗休克和影响代谢等。临床上常用于严重的感染性疾病、过敏性疾病、休克、局部炎症、奶牛酮血症和羊妊娠毒血症、引产和预防手术后遗症等。

本类药物应用时，要严格掌握适应证，避免滥用，否则会发生不良反应和并发症。持续大剂量使用时，可引起类似肾上腺皮质功能亢进的症状，或者引起肾上腺功能低下，甚至萎缩。连续使用超过一周，切不可突然停药，应逐渐减量，以免疾病复发或出现肾上腺皮质功能不全。严重肝功能不良、骨质疏松、骨折治疗期、创伤修复期、角膜溃疡初期、疫苗接种期和缺乏有效抗菌药治疗的感染性疾病等，均应禁用。孕畜应慎用或禁用，妊娠期间(特别是妊娠早期)使用，可能影响胎儿的发育，甚至致畸。妊娠后期大剂量使用，会导致流产。

本类药物对病原微生物无抑制作用，但能抑制炎症和免疫反应，降低机体的防御功能，有可能使潜在的感染灶扩散。因此，本类药物仅限于危及生命或严重影响生产力的感染，一般感染不宜使用。用于感染性疾病时，需与足量、有效的抗菌药配合使用，同时要尽量使用小剂量，病情控制后应减量或停药，用药时间不宜长。

糖皮质激素包括地塞米松、可的松、氢化可的松、强的松和倍他米松等。兽医临床上大多肌内注射给药，虽然作用慢，但维持时间较长。用于炎症性、过敏性疾病、牛酮血症、羊妊娠毒血症等。

1. 氢化可的松

氢化可的松为白色或几乎白色的结晶性粉末；无臭，初无味，随后有持续的苦味；遇光渐变质。在乙醇或丙酮中略溶，在氯仿中微溶，在乙醚中几乎不溶，在水中不溶。超生理量的氢化可的松具有抗炎、抗过敏和抑制免疫等多种药理作用。可经消化道迅速吸收，血浆蛋白相结合率高。大多数代谢产物结合成葡糖醛酸酯，极少量以原形经尿排泄。软膏剂可经皮肤吸收，尤其在皮肤破损处吸收更快。可用于类风湿性关节炎、风湿性发热、痛风、支气管哮喘、过敏性疾病，并可用于严重感染和抗休克治疗等。

氢化可的松注射液，静脉注射一次量：牛、马 200～500 mg，羊 20～80 mg。

醋酸可的松注射液，肌内注射一次量：牛、马 250～750 mg，猪 50～100 mg，羊 12.5～25 mg，犬 25～100 mg。滑囊、腱鞘或关节囊内注射一次量：马、牛 50～250 mg。

醋酸氢化可的松注射液，肌内注射一次量：牛、马 250～750 mg，羊 12.5～25 mg，猪 50～100 mg，犬 25～100 mg。

醋酸氢化可的松滴眼液，用于结膜炎、虹膜炎、角膜炎和巩膜炎等，滴眼。

2. 地塞米松

地塞米松的作用与氢化可的松基本相似，但作用较强，显效时间长，副作用较小。抗炎作用与糖原异生作用为氢化可的松的 25 倍，而水钠潴留和排钾的作用比氢化可的松的稍小。肌内注射给药后，显示出快速的全身作用，主要经粪和尿排泄。

地塞米松磷酸钠注射液，肌内注射或静脉注射一日量：牛 5～20 mg，马 2.5～5 mg，猪、羊 4～12 mg，犬、猫 0.125～1 mg。

醋酸地塞米松片，内服一次量：牛、马 5～20 mg，犬、猫 0.5～2 mg。

3. 泼尼松

泼尼松具有抗炎及抗过敏作用，能抑制结缔组织的增生，降低毛细血管壁和细胞膜的通透性，减少炎性渗出，能抑制组胺及其他毒性物质的形成与释放；促进蛋白质分解转变为糖，减少葡萄糖的利用，使血糖及肝糖原都增加，可出现糖尿；增加胃液分泌，增进食欲。当严重中毒性感染时，与大量抗菌药物配合使用，可有良好的降温、抗毒、抗炎、抗休克及促进症状缓解作用。其水钠潴留及排钾作用比可的松小，抗炎及抗过敏作用较强，副作用较少，故比较常用。

醋酸泼尼松片（强的松），内服一次量：牛、马 100～300 mg，猪、羊 10～20 mg；每 1 kg 体重，犬、猫 0.5～2 mg。

醋酸泼尼松眼膏，用于结膜炎、虹膜炎、角膜炎和巩膜炎等，眼部外用，2～3 次/d。

任务五　调节酸碱平衡的药物

体液由水和溶于水中的物质（电解质及非电解质）所组成，细胞正常代谢需要相对稳定的内环境，即体液容量和分布、各种电解质的浓度及彼此间比例和体液酸碱度的相对稳定性，即体液平衡。为维持相对稳定的内环境，水的摄入量和排出量必须维持动态平衡，否则便会出现水肿或脱水。动物发生体液、电解质平衡紊乱时，由静脉输入不同质量和一定数量的溶液进行纠正，此种方法称液体疗法，目的是纠正脱水或水过多、电解质的不平衡以及补充营养，以维持机体正常生理机能。

机体正常活动要求保持相对稳定的体液酸碱度，即体液 pH 的相对稳定性，称为酸碱平衡。

动物机体在新陈代谢过程中不断产生大量的酸性物质，饲料中也可摄入各种酸碱物质，当肺、肾功能障碍，代谢异常、高热、缺氧、腹泻或其他重症疾病引起酸碱平衡紊乱时，使用酸碱平衡调节药进行对症治疗，可使紊乱恢复正常。同时要进行对因治疗，才能消除引起酸碱平衡紊乱的原因，使动物恢复健康。

1. 碳酸氢钠

碳酸氢钠为白色结晶性粉末，无臭，味咸；在潮湿空气中即缓缓分解；水溶液放置稍久，或振摇，或加热，碱性即增强。在水中溶解，在乙醇中不溶。

碳酸氢钠内服或静脉注射后能直接增加碱储，迅速纠正酸中毒，并碱化尿液。主要用于严重酸中毒、胃肠卡他；也用于碱化尿液，防止乙酰化磺胺对肾脏的损害，以及加速酸性药物的排泄。充血性心力衰竭、肾功能不全和水肿或缺钾等患畜慎用；避免与酸性药物、复方氯化钠、硫酸镁或盐酸氯丙嗪注射液等混合应用；对组织有刺激性，静脉注射时勿漏出血管外。

碳酸氢钠片，用于治疗酸血症、胃肠卡他，碱化尿液。内服一次量：牛 30～100 g，马 15～60 g，羊 5～10 g，猪 2～5 g，犬 0.5～2 g。

碳酸氢钠注射液，用于治疗酸血症，静脉注射一次量：牛、马 15～30 g，猪、羊 2～6 g，犬 0.5～1.5 g。静脉注射的浓度为 1.5%。

2. 乳酸钠

乳酸钠纠正酸中毒的作用机理基本上与碳酸氢钠相似。作用缓慢而温和，不能用于乳酸血症，水肿患畜慎用。

乳酸钠注射液，静脉注射一次量：牛、马 200～400 mL，猪、羊 40～60 mL。用时稀释 5 倍。

【学习要求】

识记 液体疗法、酸碱平衡。

理解 脂溶性维生素、水溶性维生素的作用，糖皮质激素类药物的作用。

应用 维生素、微量元素、糖皮质激素、酸碱平衡调节药物的临床选用。

项目十四 作用于消化系统的药物

【学习目标】

• 掌握健胃药的分类及主要药物、常用助消化药的应用，制酵药的应用，常用的瘤胃兴奋药，泻药与止泻药的分类及常用药物、消化系统药物的合理应用；

• 理解各类健胃药、制酵药、泻药与止泻药的作用机理。

【学习内容】

在兽医临床上引起消化系统疾病的病因很多，从发病原因来看可分为原发性和继发性两种。原发性消化系统疾病主要是由于饲料品质不良，饲养管理不善等引起，而继发性消化系统疾病则是以某些疾病如传染病、寄生虫病、中毒性疾病等的并发症形式出现。

无论何种原因引起的消化系统疾病，其治疗原则都是相同的，即在解除病因，改善饲养管理的前提下，合理使用调节消化系统功能的药物才能取得良好的效果。作用于消化系统的药物很多，这些药物主要通过调节胃肠道的蠕动和消化腺的分泌机能、维持胃肠道内环境稳定和微生态平衡，来改善和恢复消化系统的机能。根据药理作用和临床应用特点，消化系统药物可分为健胃药、助消化药、瘤胃兴奋药(反刍促进药)、制酵药、消沫药、泻药及止泻药等。

任务一　健胃药与助消化药

凡能促进动物的唾液和胃液分泌，调整胃的机能活动，提高食欲和加强消化的药物称为健胃药。根据其性能和药理作用特点可分为苦味健胃药、芳辛性健胃药和盐类健胃药三类。

助消化药系指能促进胃肠道消化的药物，助消化药多为消化液中成分或促进消化液分泌的药物。在消化腺分泌不足时，具有代替疗法的作用。因能促进食物消化，常用于哺乳期幼畜的消化不良。

在兽医临床上健胃与助消化是密切相关的，往往同时使用，相辅相成。

一、健胃药

(一)苦味健胃药

本类药物的健胃作用，是苦味质刺激味觉感受器(味蕾)，反射地兴奋食物中枢，引起唾液和胃液分泌增加，增进食欲。制成舔剂、散剂，且饲前灌服。

龙胆末，内服一次量：牛、马 15～45 g，猪、羊 6～15 g。

龙胆酊，内服一次量：牛、马 50～100 mL，猪、羊 5～10 mL。

番木鳖酊，内服一次量：马 10～20 mL，牛 10～30 mL，猪、羊 1～2.5 mL。

龙胆碳酸氢钠片，内服一次量：猪、羊 10～30 片，犬、猫 2～5 片。

（二）芳辛健胃药

本类药物均为含有挥发油的中药，有健胃、制酵、祛风等作用。如陈皮、生姜、桂皮、豆蔻、茴香等。经口内服后，由于香味刺激反射性地促进唾液和胃液分泌，增加食欲；还可直接刺激胃肠的运动，有助于胃肠道中气体的排出，减轻腹胀；同时抑制肠内异常发酵，减少气体的产生，发挥祛风作用。挥发油吸收后一部分经呼吸道排出时，还可增加支气管腺的分泌，稀释痰液，有轻度的祛痰作用。

陈皮粉，内服一次量：牛、马 15～45 g，猪、羊 5～10 g，犬、猫 2～5 g，兔、禽 1～3 g。

陈皮酊，内服一次量：牛、马 30～100 mL，羊、猫 10～20 mL。

小茴香末，内服一次量：牛、马 15～60 g，猪、羊 5～10 g，犬、猫 1～3 g，兔、禽 0.5～2 g。

豆蔻末，内服一次量：牛、马 15～30 g，猪、羊 3～6 g，兔、禽 0.5～1.5 g。

生姜末，内服一次量：牛、马 15～60 g，猪、羊 6～15 g。

姜流浸膏，内服一次量：牛、马 5～10 mL，猪、羊 1.5～6 mL。

姜酊，内服一次量：牛、马 40～60 mL，猪、羊 15～30 mL。

（三）盐类健胃药

本类药物具有咸味，可刺激味觉感受器，反射地引起消化腺分泌增加；对消化道黏膜也有轻微刺激，引起胃肠蠕动增强而发挥健胃作用；剂量增大能起缓泻作用，常用于消化不良、胃肠卡他、猪便秘等。

人工盐，由干燥硫酸钠 44%、碳酸钠 36%、氯化钠 18% 和硫酸钾 2% 混合而成。健胃，内服一次量：牛 50～150 g，马 50～100 g，猪、羊 10～30 g。缓泻量：牛、马 200～400 g，猪、羊 50～100 g。

二、助消化药

1. 稀盐酸

稀盐酸为正常胃液的主要成分之一，适当浓度的稀盐酸可激活胃蛋白酶原，并提供酸性环境维持一定的酸度以利于胃蛋白酶活动，有利于胃的排空活动和钙、铁的溶解吸收。常用于胃酸缺乏所致的消化不良。市售稀盐酸含氯化氢 9.5%～10.5%，内服时必须稀释 20 倍以上。禁与碱类、盐类健胃药、有机酸、洋地黄及其制剂合用。内服一次量：牛 15～30 mL，马 10～20 mL，猪 1～2 mL，羊 2～5 mL，犬 0.1～0.5 mL。

2. 稀醋酸

稀醋酸内服后的作用与稀盐酸基本相同，有防腐、制酵和助消化作用。由于醋酸的局部防腐和刺激作用较强，外用对扭伤和挫伤有一定的效果，2%～3%的稀释液可冲洗口腔治疗口腔炎，0.1%～0.5%的稀释液冲洗阴道治疗阴道滴虫病等。临床多用于治疗幼畜消化不良，反刍动物瘤胃臌气、前胃弛缓和马属动物的急性胃扩张等。内服一次量：牛、马 50～200 mL，猪、羊

5～10 mL，犬 1～2 mL。

3. 胃蛋白酶

猪、羊或牛的胃黏膜中提取制得的胃蛋白酶，干燥品每 1 g 中含胃蛋白酶活力不得少于 3 800 U。在酸性环境(pH 1.8)作用最大，使蛋白质分解成蛋白胨。临床上用于幼畜因胃蛋白酶缺乏而引起的消化不良。内服时必须与稀盐酸同时服用。内服一次量：牛、马 4 000～8 000 U，猪、羊 800～1 600 U，驹、犊 1 600～4 000 U，犬 80～800 U，猫 80～240 U。

任务二　制酵药与消沫药

凡能制止胃内容物异常发酵的药物称制酵药。常用的药物有鱼石脂等，另外抗生素、磺胺药、防腐消毒药都有一定程度的止酵作用。消沫药则是降低泡沫液膜的局部表面张力，使泡沫破裂融合将气体从胃肠内容物中游离出来。制酵药主要是以杀菌为主，作用迅速可靠、毒性小，内服时对机体损害小。本类药物主要用于反刍兽前胃弛缓、瘤胃臌气，马属动物胃扩张等。以阻止胃肠内容物发酵产气及促使气体排出。

(一)一般性臌气

这种臌气表现为有游离气体积于瘤胃上部或马胃肠中。

鱼石脂，内服一次量：马、牛 10～30 g，羊、猪 15 g，加 2 倍量酒精溶解后，以水稀释为 3%～5%溶液。禁与酸性药物如稀盐酸、乳酸等混合使用。

福尔马林，内服一次量：牛 8～25 mL，羊 1～3 mL，用时以水稀释 20～30 倍。

烟丝 200 g、植物油 250 g，植物油加热后放入烟丝炸至金黄，候温灌服。

(二)泡沫性臌气

由于家畜过食皂苷含量高的紫云英、紫苜蓿等，使瘤胃内液体表面张力降低，从而产生大量较黏稠的泡沫，不能通过嗳气排出而致的臌气。临床可给以降低液体表面张力的药物，促进泡沫的破裂，游离而排出气体。

二甲硅油，为非挥发性黏稠液体，可降低液体表面张力，内服一次量：牛 3～5 g，羊 1～2 g，用时以酒精配成 2%～5%溶液，胃管投服，灌前宜灌注少量温水。

植物油，内服一次量：牛 250～500 mL。

任务三　瘤胃兴奋药

反刍动物消化生理的主要特征是在瘤胃内进行发酵消化或微生物消化，这种瘤胃消化要比肉食或杂食动物以消化酶进行的消化更为复杂。当饲养管理不良、饲料质量低劣，以及某些全身性疾病如高热、低钙血症等，均可引起瘤胃运动弛缓、反刍减弱或停止，造成瘤胃积食、瘤胃臌胀等一系列疾病。此时，在消除原发病的同时，可配合应用瘤胃兴奋药治疗。

瘤胃兴奋药是指能加强瘤胃收缩、促进蠕动、兴奋反刍的药物，又称反刍兴奋药。临床上常用的瘤胃兴奋药有拟胆碱药(如氨甲酰胆碱、氯化氨甲酰甲胆碱)、抗胆碱酯酶药(如新斯的明)及浓氯化钠注射液等。

浓氯化钠注射液　静脉注射能增加血液中的钠离子和氯离子，对调节渗透压、维持电解质平衡和神经廿肌肉兴奋性起重要作用，可提高瘤胃运动机能，促进蠕动。临床用于瘤胃积食、前胃弛缓、马胃扩张、肠便秘等。静脉注射一次量：每 1 kg 体重，家畜 0.1 g。肺水肿患畜禁用。

拟胆碱药和抗胆碱酯酶药 详见模块二项目十八任务二中的拟胆碱药与抗胆碱酯酶药。

任务四　泻药与止泻药

一、泻药

泻药是一类能促进肠道蠕动，增加肠内容积，润滑肠腔，软化粪便，加速粪便排出的药物。临床主要用于治疗便秘和排出胃肠毒物及腐败物，还可与驱虫药合用驱除肠道寄生虫。

（一）容积性泻药（盐类泻药）

本类药物内服后，SO_4^{2-} 不易被吸收，并因是高渗溶液可阻止肠内水的吸收，借助渗透压作用，在肠道中保持大量水分，扩大肠道容积，软化粪便，并刺激肠壁增强其蠕动，加速排便而产生泻下作用。使用时应给以大量饮水，以免机体脱水或延缓作用时间。

硫酸钠（芒硝） 临床上一般以 6%～8%硫酸钠溶液灌服，治疗家畜便秘；治疗牛瓣胃阻塞时以 25%溶液瓣胃注射。马属动物适用于大肠便秘，对小肠阻塞、急性胃扩张都不宜应用。内服一次量：牛 300～800 g，马 200～500 g，猪 25～50 g，羊 40～100 g，犬、猫 5～15 g，兔、禽 2～4 g。同时大量饮水。孕畜禁用。

硫酸镁（泻盐） 用法和用量同硫酸钠。

（二）刺激性泻药

本类药物由于对消化道的刺激作用而增强肠管蠕动，使肠内容物迅速经肠管排出，常用的有如下几种。

大黄 植物药大黄的根茎，含有蒽醌配糖体、鞣酸等。小剂量时呈苦味健胃作用，中等量时其所含的鞣酸发挥收敛止泻作用，大量内服后在肠的碱性环境中水解出三羟甲基蒽醌（大黄泻素），刺激消化道而产生泻下作用。下泻作用缓慢而不持久，由于泻后鞣酸仍可发挥作用而导致便秘，故单独应用较少，常与盐类泻药或其他中药配伍应用。粉剂内服一次量，健胃：牛、马 10～40 g，猪、羊 1～5 g；收敛止泻：牛 50～100 g，马 25～50 g；猪、羊 5～10 g，犬 3～7 g；泻下：牛、马 100～150 g，猪、羊 50～80 g，驹、犊 10～30 g。

（三）润滑性泻药

本类药物为无刺激性的植物、动物和矿物性油类。内服后不吸收，通过肠壁时，能润滑肠壁，阻碍水分的吸收，因而软化粪便，易于排出。主要用于小肠便秘、瘤胃积食，有肠炎的家畜及孕畜的便秘。不宜反复或多次服用，以免阻碍脂溶性维生素及钙、磷的吸收。

液状石蜡 内服一次量：牛、马 500～1 500 mL，驹、犊 60～120 mL，猪 50～100 mL，羊 100～300 mL，犬 10～30 mL，猫、禽 5～10 mL。

二、止泻药

能够制止腹泻，保护肠黏膜、吸附有毒物质或收敛消炎的药物。腹泻本身是机体的防御机能，有利于排出有害物，但过度腹泻，影响营养的吸收，易造成机体水与电解质平衡失调以及酸中毒。常用止泻药有以下几种。

(一)抗菌止泻药

常用的有磺胺脒、恩诺沙星、黄连素、大蒜等。

(二)收敛药

收敛药是一种蛋白沉淀剂。收敛药与组织接触后使组织表层蛋白凝固,形成一层致密的蛋白膜,保护感觉神经末梢,消除痛觉反射和局部炎症反应,以致分泌减少,胃肠蠕动减慢,排便减少。

碱式硝酸铋和碱式碳酸铋　能游离出铋离子,和肠内硫化氢结合后形成不溶性的硫化铋,减少硫化氢对肠壁的刺激,使肠蠕动减慢,所形成的硫化铋覆于肠壁,对肠黏膜有保护作用而止泻。用于胃肠炎和腹泻,内服一次量:牛、马 15～30 g,猪、羊、驹、犊 2～4 g,犬 0.3～2 g。

(三)吸附药

本类药物系不溶于水,性质稳定的微细粉末,依其表面积而吸附大量的刺激物、毒物和生物碱。外用撒布于创伤有机械保护作用。

药用炭　内服用于毒物中毒及腹泻、胃肠臌气等。用于排出毒物时,须与盐类泻药配合用。内服一次量:牛 20～200 g,马 20～150 g,猪 3～10 g,羊 5～50 g,犬 0.3～2 g。

白陶土　系天然的含水硅酸盐,用水淘洗去沙,经稀酸处理并冲洗除去杂质制成。在水、稀酸或碱性溶液中几乎不溶。用水湿润后,有类似黏土的气味,颜色变深。具有一定的吸附作用,但较药用炭差,同时还有收敛作用。临床主要用于治疗幼畜腹泻,内服一次量:牛、马 50～150 g,猪、羊 10～30 g,犬 1～5 g。

(四)神经性止泻药

当有腹泻不止或剧烈腹痛现象时,为了防止脱水,消除腹痛,可选用肠道平滑肌抑制药,如阿托品、颠茄等,松弛肠道平滑肌,减少肠管蠕动而制止腹泻。

【学习要求】

识记　健胃药、助消化药、瘤胃兴奋药、泻药、止泻药。

理解　消化系统药物的分类,各类消化系统药物的作用机理。

应用　消化系统的主要药物及临床应用。

项目十五

作用于呼吸系统的药物

【学习目标】

- 掌握祛痰药、镇咳药及平喘药的作用与应用；
- 理解各类药物的作用机理。

【学习内容】

动物呼吸系统疾病的主要表现是咳嗽、气管和支气管分泌物增多、呼吸困难。该病的病因包括物理或化学因素刺激、过敏反应、病毒、细菌、支原体、真菌和蠕虫感染等。生产中较多的是微生物感染引起的炎性疾病，所以一般首先应进行对因治疗，同时适当使用祛痰、镇咳和平喘药，以缓解症状。

一、抗菌消炎药

常用的有青霉素、链霉素、土霉素、四环素、恩诺沙星、磺胺嘧啶、磺胺二甲基嘧啶等（详见模块二项目十二抗微生物药）。

二、祛痰药

祛痰药是能增加呼吸道分泌、使痰液变稀并易于咳出的药物。氯化铵内服后，反射性地引起支气管稀薄分泌增加，既保护急性发炎的黏膜，又稀释黏痰，因而减轻咳嗽症状；尤其是当黏膜干燥、痰稠而不易咳出时效果更好，适用于支气管炎初期。碘化钾内服后部分从呼吸道腺体排出，刺激呼吸道黏膜，使腺体分泌增加，痰液稀释，易于咳出，呈现祛痰作用，但刺激性较大，适用于慢性呼吸道炎症。

1. 氯化铵片

主要用于支气管炎初期祛痰。内服一次量：牛 10～25 g，马 8～15 g，猪 1～2 g，羊 2～5 g，犬、猫 0.2～1 g。禁与碱性药物、重金属盐、磺胺类药物配伍应用。

2. 碘化钾片

用于慢性支气管炎祛痰。内服一次量：牛、马 5～10 g，猪、羊 1～3 g，犬 0.2～1 g。也可用于治疗牛放线菌病（局部注射用）。

三、镇咳药

能降低咳嗽中枢的兴奋性，减轻或制止咳嗽的药物称镇咳药。

咳嗽是当呼吸道受到异物或炎性产物刺激时，引起的防御性反射，通过咳嗽，能使异物或炎性产物排出。轻度咳嗽有助于祛痰，对机体有利。剧烈和频繁的咳嗽易导致肺气肿或心脏功能障碍等不良后果，也会影响动物休息，故应使用镇咳药。临床上治疗急性或慢性支气管炎时，常配合应用祛痰药，对无痰干咳可单用镇咳药。在有痰剧咳情况下，可在应用祛痰药的同时，适当配合少量作用较弱的镇咳药，以减轻咳嗽，但不应单独使用强镇咳药。

1. 苦杏仁

蔷薇科植物杏及其变种山杏的种子。含2%苦杏仁苷、50%脂肪油。内服后，苦杏仁苷在体内缓慢分解形成氢氰酸对呼吸中枢有镇静作用，呈镇咳平喘作用。内服一次量：牛、马15～30 g，猪、羊3～10 g。过量时可致氢氰酸中毒。

2. 川贝母（川贝）

百合科植物川贝母、暗紫贝母、甘肃贝母和梭砂贝母的干燥鳞茎。含西贝碱、川贝碱等。对支气管平滑肌有舒张作用。内服一次量：马、牛15～30 g，猪、羊3～10 g，犬、猫1～2 g。

具有镇咳作用的中药有半夏、枇杷叶等。

3. 甘草流浸膏

为甘草的干燥根和根茎浸制浓缩而成，为深棕色黏稠液体。含甘草酸7%。甘草有镇咳、祛痰、解毒等作用，甘草次酸有类似肾上腺皮质激素样作用，甘草次酸的衍生物还有中枢性镇咳作用。内服后能覆盖于发炎的咽部黏膜表面，使黏膜少受刺激，从而可减轻咽炎引起的咳嗽。常与其他镇咳祛痰药配制成止咳合剂等应用。内服：牛、马30～120 mL，猪、羊6～12 mL，2～3次/d。

四、平喘药

平喘药是指能解除支气管平滑肌痉挛，扩张支气管的一类药物。有些镇咳性祛痰药因能减少咳嗽或促进痰液的排出，减轻咳嗽引起的喘息而有良好的平喘作用。对单纯性支气管哮喘或喘息型慢性支气管炎的病例，临床上常用平喘药治疗。平喘药按其作用特点分为支气管扩张药和抗过敏药物。临床常用药物有拟肾上腺素类药物（如麻黄碱）和茶碱类药物（如氨茶碱）等。

氨茶碱

为白色至微黄色的颗粒或粉末，易结块；微有氨臭，味苦；在空气中吸收二氧化碳并分解成茶碱；水溶液显碱性反应。其作用机理是抑制磷酸二酯酶，使cAMP的水解速度变慢，升高组织中cAMP/cGMP比值，抑制组胺和慢反应物质等过敏介质的释放，促进儿茶酚胺释放，使支气管平滑肌松弛，从而解除支气管平滑肌痉挛，缓解支气管黏膜的充血水肿，发挥平喘功效。另外，还有较弱的强心和利尿作用。主要用于缓解支气管哮喘症状，也用于心功能不全或肺水肿的患病动物。

氨茶碱片，内服一次量：每1 kg体重，马5～10 mg，犬、猫10～15 mg。

氨茶碱注射液，肌内、静脉注射一次量：马、牛1～2 g，羊、猪0.25～0.5 g，犬0.05～0.1 g。

氨茶碱静脉注射时如用量过大、浓度过高或速度过快，都可强烈兴奋心脏和中枢神经，故需用5%葡萄糖注射液稀释20倍以上后注射并注意掌握速度和剂量。氨茶碱注射液碱性较强，可引起局部红肿、疼痛，应作深部肌内注射。肝功能低下，心衰患畜慎用。

【学习要求】

识记 祛痰药、镇咳药、平喘药。

理解 祛痰药、镇咳药、平喘药的分类及作用机理。

应用 祛痰药、镇咳药、平喘药的临床应用。

项目十六

作用于血液循环系统的药物

【学习目标】

• 掌握强心药物的选择、强心苷的作用与应用，主要的凝血药和抗凝血药，抗贫血药、血容量扩充剂的选择；

• 理解强心苷的作用机理。

【学习内容】

任务一　强心药

心功能不全(心力衰竭)是指心肌因收缩力减弱或衰竭，致使心室射出血量减少，静脉回流受阻等而呈现的全身血液循环障碍的一种临床综合征。此病以伴有静脉系统充血为特征，故又称充血性心力衰竭。临床表现以呼吸困难、水肿及发绀为主的综合征。

凡能提高心肌兴奋性，加强心肌收缩力，改善心脏功能的药物称为强心药。具有强心作用的药物种类很多，其中有些是直接兴奋心肌，而有些则是通过神经系统调节心脏的机能活动。临床应用的大致有如下几种：中枢兴奋药，如樟脑磺酸钠等，作用迅速，适用于过劳、中暑、中毒等过程中的急性心衰(详见模块二项目十八中的中枢兴奋药)；拟肾上腺素药，如肾上腺素等，作用迅速而短暂，用于心搏骤停的急救(详见模块二项目十八任务二中的拟肾上腺素药)；强心苷是能直接或间接作用于心脏，使心脏的机能活动增强，改善机体循环机能的药物，如洋地黄等，作用缓慢而持久，适用于急性、慢性心力衰竭。

利尿药是另一种用于治疗心功能不全的药物，可用于消除水、钠潴留，减少循环血容量，降低心脏前、后负荷，常作为轻度心力衰竭的首选药和各种原因引起的心力衰竭的基础治疗药物。

1. 洋地黄

为玄参科植物紫花洋地黄的叶，主要含洋地黄毒苷。在体内转化和排泄较慢，连续用药能产生蓄积中毒。

洋地黄对心脏有直接作用，具体表现为：加强心脏收缩力，增加心输出量和冠状循环量，使心舒张期延长，有利于增加心脏的受血量和排血量；心肌收缩力加强，血压较高，冲击颈部而反射性刺激动脉窦和主动脉弓的压力感受器，从而兴奋迷走中枢，使心率减慢；抑制心脏的传导。

临床主要用于急、慢性心功能不全，阵发性房性心动过速。急性心内膜炎、心肌炎和心包炎禁用。给药方法有两种：①速给法，对病势较重的病畜第一次内服全效量的 1/2，6 h 后给以 1/4 全量，以后每隔 6 h 给予 1/8 全量；②缓给法，对不危急病畜把全效量分成 8 份，每隔 8 h 内服 1 次，首次量为全效量 1/3，第二次为 1/6，第三次以后每次 1/12。对不适合内服的严重病畜，可静脉注射洋地黄苷，先缓慢注射全效量的 1/2，每隔 2 h 注射 1/10～1/8，再以维持量注射。

洋地黄粉，内服日量：牛 2～8 g，马 2～5 g；全效量：每 1 kg 体重，马 0.033～0.066 g，犬 0.03～0.04 g。

洋地黄注射液，静脉注射一次量：每 1 kg 体重，牛、马 0.006～0.012 mg。

2. 毒毛花苷 K

夹竹桃科植物绿毒毛旋花成熟种子中得到的各种苷的混合物，遇光易变质，作用同洋地黄。静脉注射一次量：牛、马 1.25～3.75 mg，犬 0.25～0.5 mg。临用前以 5%葡萄糖注射液，缓慢注射。

任务二　凝血药与抗凝血药

一、凝血药

凝血药是能促进血液凝固，制止出血的药物，也称止血药。体内外常用的有如下几种。

1. 维生素 K_3

又名亚硫酸氢钠甲萘醌。维生素 K_3 在肝细胞中合成凝血酶原，促进血液凝固过程，故可止血。适用于慢性出血性疾病、术后出血和牛、猪甜苜蓿中毒所致的低凝血酶原症，以及敌鼠钠中毒的解救。肌内注射一次量：牛、马 100～300 mg，猪、羊 30～50 mg，犬 10～30 mg，禽 2～4 mg。可损害肝脏，肝功能不全患畜宜改用维生素 K_1。

2. 维生素 K_1

作用机理同维生素 K_3。用于维生素 K 缺乏所致的出血。肌内、静脉注射一次量：每 1 kg 体重，犊牛 1 mg，犬、猫 0.5～2 mg。肌内注射可引起局部红肿和疼痛，静脉注射宜缓慢。

3. 酚磺乙胺

能增加血小板数及其粘合力，促进血小板释放凝血活性物质，缩短凝血时间；尚有增强毛细血管抵抗力、降低其通透性、减少血液渗出等作用。止血作用迅速，静脉注射后 1 h 作用达高峰，药效可维持 4～6 h。主要用于因血管脆弱引起的内出血和鼻出血，以及手术前后预防出血和止血。

酚磺乙胺注射液，静脉或肌内注射一次量：牛、马 1.25～2.5 g，猪、羊 0.25～0.5 g。

4. 吸收性明胶海绵

系用明胶经打泡、冷冻、干燥、灭菌制成的海绵状物，敷于出血部位，破坏血小板，使释出凝血因子而促进血液凝固。适用于各种创口渗血区止血。贴于出血处，再用灭菌干纱布压迫。

5. 三七（田七）

五茄科植物三七的干燥根，含三七皂苷 A、三七皂苷 B、生物碱和黄酮苷。可缩短凝血时间和增加血小板的量呈止血作用。用于各种出血，如便血、衄血、吐血、外伤出血、跌打肿痛。外用可配乳香、没药、血竭、冰片研细末，局部撒布治创伤。散剂，内服一次量：牛、马 10～30 g，猪、羊 3～5 g，犬、猫 1～3 g。

中草药中具止血作用的药物还有很多，如仙鹤草、紫珠草、茜草等。

二、抗凝血药

能阻止血液凝固的药物称为抗凝血药。

枸橼酸钠

与钙形成难以解离的可溶性络合物枸橼酸钙，使血钙减少，阻止血液凝固。作血液检查或间接输血时的体外抗凝血剂。以其 3.8%溶液 10 mL，置于 100 mL 血液中可抗凝。粉剂，配成 3.8%的溶液，过滤灭菌备用。

任务三　抗贫血药

抗贫血药主要有铁制剂、叶酸类、维生素 B_{12}、红细胞生成素等类。临床常用硫酸亚铁、右旋糖酐铁、维生素 B_{12} 等。

1. 铁制剂

铁是机体内不可缺少的元素之一，它是构成血红蛋白、肌红蛋白、细胞染色质、组织酶的原料，尚可兴奋骨髓的造血机能，促进红细胞的生成及氧和二氧化碳的运输。临床主要用于防治缺铁性贫血。

硫酸亚铁，淡蓝绿色结晶，易溶于水。内服一次量：牛、马 2～10 g，猪、羊 0.5～3.0 g，犬 0.05～0.5 g，猫 0.05～0.1 g，配成 0.2%～1%溶液。禁用于消化道溃疡、肠炎等；不宜与四环素同时使用。

右旋糖酐铁注射液，深部肌内注射一次量(以 Fe 计)：驹、犊 0.2～0.6 g，仔猪 0.1～0.2 g，幼犬 0.02～0.2 g，狐狸 0.05～0.2 g，水貂 0.03～0.1 g。

2. 维生素 B_{12}

维生素 B_{12} 参与体内核酸、胆碱、蛋氨酸的合成及脂肪与糖的代谢。能维持骨髓正常的造血机能，并保持中枢及周围有髓神经的正常代谢和生理功能。常用于维生素 B_{12} 缺乏所致的贫血、营养不良、生长迟缓、神经炎等。用于防治巨幼红细胞性贫血时，与叶酸配合应用可取得更好的效果。

维生素 B_{12} 注射液，肌内注射一次量：牛、马 1～2 mg，猪、羊 0.3～0.4 mg，犬、猫 0.1 mg。

任务四　血容量扩充剂

扩充剂即体液补充剂。疾病过程中，病畜如出现脱水症状，则必须进行输液，以补充水及电解质和供给营养。当机体大量失血、大面积烧伤或因循环血量下降而导致休克时，除输液外，还必须输血或注射胶体溶液(全血、血浆或血浆代用品)以恢复血容量及维持胶体渗透压，维持正常的循环机能，常用的有以下几种。

一、血液制品

1. 全血

输血用全血必须是同种健康动物的新鲜抗凝血液。一般先输入少量(50～100 mL)，动物如没有异常反应，再输入其余的量。

2. 血浆

为肝素抗凝血去除血细胞而制得。可提高血浆胶体渗透压，增加血容量，有补充蛋白质及抗体的作用。适用于大面积烧伤病畜。

二、血浆代用品

常用右旋糖酐，又名葡聚糖，为高分子化合物，临床所用的右旋糖酐分子量为6万～9.5万，具有与血浆相似的胶体特性，可代替血浆。具有扩充血容量、改善微循环、抗血栓形成和利尿作用。主要用于补充和维持血容量，治疗失血、创伤、烧伤及中毒性休克。静脉注射宜缓慢，充血性心力衰竭或有出血性疾病的患畜禁用，有出血倾向的患畜忌用。

右旋糖酐40葡萄糖注射液、右旋糖酐40氯化钠注射液、右旋糖酐70葡萄糖注射液、右旋糖酐70氯化钠注射液，静脉注射一次量：牛、马500～1 000 mL，猪、羊250～500 mL。

三、体液补充药

1. 葡萄糖

为机体各器官的能量来源。5%葡萄糖溶液为等渗溶液，用于补充营养和水分。10%、25%、50%为高渗溶液，应缓慢注射，具有提高血液渗透压和利尿等作用。

葡萄糖注射液，静脉注射量一次量：牛、马50～250 g，羊、猪10～50 g，犬5～25 g。

葡萄糖氯化钠注射液，用于脱水症。静脉注射一次量：牛、马1 000～3 000 mL，猪、羊250～500 mL，犬100～500 mL。低钾血患畜慎用。

2. 氯化钠

其0.9%的溶液为机体的等渗溶液，即生理盐水。静脉注射主要是补充水分和电解质、维持离子平衡，适用于缺盐性脱水症。外用可冲洗创伤和黏膜。其高渗溶液(10%)静脉注射可促进胃肠蠕动(详见模块二项目十四任务三瘤胃兴奋药)。

0.9%等渗氯化钠注射液、复方氯化钠注射液(林格液)，静脉注射量：牛、马1 000～3 000 mL，猪、羊250～500 mL，犬100～500 mL。肺水肿患畜禁用。

3. 氯化钾

在体内主要是维持细胞的渗透压和酸碱平衡。由于参与神经递质乙酰胆碱的形成过程，是保证神经冲动传导、引起肌肉收缩及维持心肌活动所必须的物质。用于表现肌肉麻痹、胃肠弛缓、心律失调等低钾血症，也用于强心苷中毒引起的阵发性心动过速等。对心脏有毒性，急速静脉注射可导致心搏骤停。

氯化钾注射液，静脉注射一次量：牛、马2～5 g，猪、羊0.5～1 g。用时须以5%葡萄糖注射液稀释成0.3%以下溶液。

【学习要求】

识记 强心药、凝血药与抗凝血药、抗贫血药、血容量扩充剂。

理解 强心药的作用机理，凝血药与抗凝血药的作用机理。

应用 常用强心药、凝血药与抗凝血药、抗贫血药、血容量扩充剂的临床应用。

项目十七
作用于泌尿生殖系统的药物

【学习目标】

- 掌握子宫收缩药的概念及用法，性激素类药物的应用，利尿药的种类及应用；
- 理解子宫收缩药、性激素、利尿药的特性及作用机理。

【学习内容】

一、子宫收缩药

子宫收缩药是对子宫平滑肌有高度选择作用，促使子宫收缩力加强的药物。常用的有缩宫素（催产素）、前列腺素制剂、麦角和益母草。

1. 缩宫素

由牛、猪脑垂体后叶中提取或人工合成。缩宫素能直接兴奋子宫平滑肌，其作用强度可受剂量和性激素的影响。小剂量催产素，使妊娠后期子宫节律性收缩的频率和振幅增大，而对子宫颈作用较小。过量则可导致子宫的强直收缩。雌激素可增强子宫肌对催产素的敏感性，而孕激素则降低其敏感性，故妊娠初期子宫不敏感，临产子宫则反应最强。临床上用于猪、羊子宫颈已开放的分娩无力，催产或排出死胎，也可用于胎衣不下，产后子宫出血等。子宫颈尚未开放、骨盆狭窄以及产道阻碍时禁用于催产。

缩宫素注射液，皮下、肌内注射一次量：牛、马 30～100 IU，猪、羊 10～50 IU，犬 2～10 IU。

2. 前列腺素制剂（PG）

PG 是一类化学结构近似的生物活性物质的总称，广泛存在于生物界。基本结构是含五圆环的 20 碳不饱和脂肪酸——前列酸，按其结构的不同可分为 A、B、C、D、E、F、G、H、I 等 9 种类型，其中与生殖有关的以 E、F、A、B 四种类型最重要。每种类型又根据环外双键数目分为三类，在其右下角表示双键的数目，如 E 型一个双键称 PGE_1，两个双键称为 PGE_2。虽然化学结构差异微小，但可导致生物活性发生很大的变化，甚至本质的改变，国内外合成了一系列的 PG 同类物，来增强其活性或延长其疗效，如氯前列烯醇的活性为 $PGF_{2\alpha}$ 的 200 倍，氟前列烯醇为 $PGF_{2\alpha}$ 的 100 倍，甲基前列腺素 $F_{2\alpha}$ 由于 15 位上引入了甲基，不受 PG 脱氢酶灭活而增强和延长疗效。前列腺素极易通过皮肤吸收，操作时应戴乳胶手套或一次性防护手套；用完的空瓶应深埋或焚烧。

氯前列醇钠 为白色或类白色结晶性粉末，水、甲醇或乙醇中易溶。

注射用氯前列醇钠，主要用于控制母牛同期发情和怀孕母猪诱导分娩。肌内注射一次量：牛同期发情 0.4～0.6 mg，11 d 后再注射一次；母猪诱导分娩预产期前 3 d 内 0.05～0.2 mg。

氯前列醇钠注射液，有强大溶解黄体和直接兴奋子宫平滑肌的作用，主要用于控制母牛同期发情和怀孕母猪又到分娩。肌内注射一次量：牛 0.2～0.3 mg，猪妊娠第 112～113 天，0.05～0.1 mg。禁用于妊娠母牛。

3. 麦角

麦角是寄生在黑麦或禾本科植物的一种霉菌的干燥菌核。主要含有麦角毒碱、麦角胺和麦角新碱。前二者难溶于水，毒性大；麦角新碱毒性小，目前已有人工合成品。麦角对子宫平滑肌有高度选择作用，小剂量即直接兴奋整个子宫平滑肌（包括子宫颈），能增强子宫节律性收缩，剂量稍大即引起强直性收缩，不宜用于催产，胎儿未娩出前禁用。主要用于产后子宫出血、胎衣不下和子宫复旧不全。

马来酸麦角新碱注射液，静脉、肌内注射一次量：牛、马 5～15 mg，猪、羊 0.5～1 mg，犬 0.2 mg。

4. 益母草

唇形科植物益母草干燥全草的有效成分为益母草碱。可使子宫收缩力增强，收缩率增加。主要用于产后胎衣不下，恶露不尽，带下，水肿尿少。孕畜慎用。

益母草末，内服一次量：牛、马 30～60 g，猪、羊 10～30 g，兔、禽 0.5～1.5 g。

益母草流浸膏剂，内服一次量：牛、马 10～50 mL，猪、羊 4～8 mL，2 次/d。

二、性激素

1. 黄体酮

黄体酮又名孕激素。主要作用是在雌激素基础上，使子宫充血，内膜增厚，有利于受精卵的着床和受精后的安胎。主要用于预防流产。长期应用可能延长妊娠。

黄体酮注射液，肌内注射一次量：牛、马 50～100 mg，猪、羊 15～20 mg，犬 2～5 mg。

2. 雄激素

临床上广泛应用的是人工合成的丙酸睾酮。主要作用是促进雄性器官的发育和维持雄性第二性征，大剂量时对精子生成有不利的影响。此外，尚有蛋白同化作用和抗雌激素作用，故能增长肌肉，增加体重和催醒抱窝鸡。用于雄激素缺乏的辅助治疗。

丙酸睾酮注射液，肌内、皮下注射一次量：每 1 kg 体重，种畜 0.25～0.5 mg。

3. 绒促性素

为孕妇尿中提取的绒毛膜促性腺激素，溶液极不稳定，且不耐热。为白色的冻干块状物或粉末。具有促卵泡激素（FSH）和促黄体素（LH）样作用。对母畜可促进黄体生成黄体激素并能促进排卵。对未成熟卵泡无作用。对公畜可促进睾丸间质细胞分化和雄激素分泌，促使性器官、副性征的发育、成熟；绒促性素还可使隐睾患畜的睾丸下降。不宜长期应用，以免产生抗体和抑制垂体促性腺功能。用于性功能障碍、习惯性流产及卵巢囊肿。

注射用绒促性素，肌内注射一次：马、牛 1 000～5 000 U，羊 100～500 U，猪 500～1 000 U，犬 25～300 U，一周 2～3 次。

三、利尿药

利尿药是作用于肾脏，促进电解质及水的排泄，增加尿量，从而减轻或消除水肿的药物，常用如下几类。

1. 渗透性利尿药

主要是静脉注射后增加肾小管液体的渗透压而产生利尿作用，包括高渗葡萄糖、甘露醇。

甘露醇　静脉注射其高渗溶液可提高血液渗透压，使组织脱水，消除水肿。此外，在经肾排出时，不被肾小管重吸收，而带出大量水分，有利尿作用。用于脑炎、脑水肿的辅助治疗。严重脱水、肺充血或肺水肿、充血性心力衰竭患畜禁用。

甘露醇注射液，静脉注射一次量：牛、马 1 000～2 000 mL，猪、羊 100～250 mL。

山梨醇　同甘露醇。

2. 氢氯噻嗪

又名双氢克尿噻。作用强，副作用小。其利尿作用主要是抑制肾小管对钠离子的重吸收，并促进钾离子的分泌。因此，肾小管中钠、氯、钾离子的增加，形成高渗，带出水分，发挥利尿作用。由于排钾增加，长期大量服用可产生低钾血症。须注意补充钾离子。用于各种水肿。

氢氯噻嗪片，内服一次量：每 1 kg 体重，牛、马 1～2 mg，羊、猪 2～3 mg，犬、猫 3～4 mg。

3. 呋塞米（速尿，呋喃苯氨酸）

为强效利尿剂。因能抑制肾小管对氯离子的重吸收，尿中氯化钠的排出明显减增多，同时降低尿液的浓缩作用呈利尿功效。适用于各种原因引起的全身水肿、组织水肿（如脑水肿、肺水肿）、创伤性水肿等，还有促进尿路上部结石排出作用。

呋塞米片，内服一次量：每 1 kg 体重，马、牛、羊、猪 2 mg，犬、猫 2.5～5 mg。

呋塞米注射液，肌内、静脉注射一次量：每 1 kg 体重，马、牛、羊、猪 0.5～1 mg，犬、猫 1～5 mg。

【学习要求】

识记　子宫收缩药、利尿药、性激素。

理解　子宫收缩药、性激素、利尿药的作用。

应用　常见子宫收缩药、性激素、利尿药的临床应用。

项目十八

作用于神经系统的药物

【学习目标】

• 掌握常用中枢兴奋药的选择与应用，主要中枢抑制药的应用，局部麻醉药的应用，主要拟胆碱药、抗胆碱药及拟肾上腺素的作用与应用；

• 理解中枢兴奋药的分类与作用机理，传出神经的分类、传出神经药物分类。

【学习内容】

任务一　中枢神经系统药物

一、中枢兴奋药

中枢兴奋药是以提高中枢神经系统机能活动为主的药物。主要用于中枢神经系统机能抑制的治疗，特别是呼吸和循环衰竭的急救。剂量过大能引起惊厥，甚至导致中枢抑制（越限抑制）衰竭而死。按其主要作用的部位不同，可区分为大脑兴奋药、脑干兴奋药及脊髓兴奋药。

1. 大脑兴奋药

樟脑磺酸钠　属于中枢兴奋药。注射后通过对局部的刺激可反射性地兴奋呼吸中枢和血管运动中枢，吸收后能直接兴奋延髓呼吸中枢。大剂量也可兴奋大脑皮层。有一定的强心作用，使心肌收缩力增强、输出量增加、血压升高等。中枢兴奋药。用于心脏衰弱，呼吸抑制等辅助治疗。

樟脑磺酸钠注射液，静脉、肌内、皮下注射一次量：马、牛 10～20 mL，羊、猪 2～10 mL，犬 0.5～1 mL。如出现结晶，可加温溶解后使用；过量中毒时可静脉注射硫酸镁和10%葡萄糖注射液解救。

2. 脑干兴奋药

尼可刹米　无色至淡黄色的澄清油状液体，放置冷处即可结晶，能与水、乙醇或乙醚任意混合。尼可刹米对延髓呼吸中枢具有选择性直接兴奋作用，也可作用于颈动脉窦和主动脉体化学感受器，反射性兴奋呼吸中枢，提高呼吸中枢对缺氧的敏感性，使呼吸加深加快。对大脑皮层、血管运动中枢和脊髓有较弱的兴奋作用。对其他器官无直接兴奋作用。内服、注射均易吸收，作用维持时间短暂，代谢物经尿液排出。常用于各种原因引起的呼吸中枢抑制，如中枢抑制药中毒，其他疾病引起的中枢性呼吸抑制，新生仔畜窒息或加速麻醉动物的苏醒等。静脉注射速度不宜过快。

尼可刹米注射液，皮下、肌内或静脉注射一次量：牛、马 2.5～5 g，猪、羊 0.25～1.0 g，犬 0.125～0.5 g。

3. 脊髓兴奋药

士的宁　是马钱科植物马钱子所含的一种生物碱，也称番木鳖碱。无色针状结晶或白色结晶性粉末，沸水中易溶，水中略溶，乙醚中几乎不溶。士的宁的作用机理是通过与甘氨酸受体结合，竞争性地阻断脊髓闰绍细胞释放的抑制性神经递质甘氨酸对神经元的抑制，从而引起脊髓兴奋效应。吸收后可选择性兴奋脊髓，增强脊髓反射的敏感性，提高骨骼肌的紧张度。对大脑皮层也有一定的兴奋作用。小剂量即能提高其反射性，缩短反射时间，提高反射强度及增强骨骼肌收缩力，同时可兴奋大脑皮层的感觉分析器，使视觉、听觉及嗅觉更加敏锐。内服或注射均吸收迅速，体内分布均匀，安全范围小，毒性大。在肝脏经氧化代谢破坏，约 20%以原形从尿液及唾液排泄，排泄缓慢，易产生蓄积中毒。中毒剂量对中枢神经系统的所有部位都有兴奋作用，使全身骨骼肌同时挛缩，出现典型的强直性惊厥，甚至因呼吸抑制而死亡。临床用于运动神经不全麻痹、四肢瘫痪、桡神经麻痹、阴茎脱垂等。此外，内服尚可促进瘤胃蠕动作苦味健胃药。

硝酸士的宁注射液，皮下注射一次量：牛、马 15～30 mg，猪、羊 2～4 mg，犬 0.5～0.8 mg。

二、中枢抑制药

（一）全身麻醉药

全身麻醉药（简称全麻药），是一类能可逆地抑制中枢神经系统，暂时引起意识、感觉、运动及反射消失、骨骼肌松弛，表现为感觉和随意运动消失、反射降低、骨骼肌松弛等，但仍保持延髓生命中枢（呼吸中枢和血管运动中枢）功能的药物。全身麻醉药可分为吸入性和非吸入性两种，兽医临床常采用后者。

全麻药对中枢神经系统的作用是一由浅入深的过程。中枢神经系统受抑制程度与药物在该部位的浓度有关，低剂量产生镇静作用，随剂量的增加可产生催眠、镇痛、意识丧失和失去运动功能等作用，进一步可引起麻痹、死亡。目前使用的全麻药单独应用都不理想，为了增强全麻药的作用，减少用量，降低毒副作用，扩大应用范围，临床常采用联合用药或辅以其他药物。常用的复合麻醉方式有麻醉前给药、诱导麻醉、基础麻醉、配合麻醉和混合麻醉等。

1. 盐酸氯胺酮

白色结晶性粉末，无臭，水中极易溶，热乙醇中溶解，乙醚中不溶。用于全身麻醉及化学保定。选择性地抑制丘脑的内侧核，阻滞脊髓至网状结构的上行传导，而产生麻醉作用；阻滞脊髓至网状结构对痛觉传入的信号及与阿片受体的结合，而产生镇痛作用，但对脊髓丘脑传导无影响。用于各种表浅、短小手术麻醉及全身复合麻醉。

可使动物血压升高、唾液分泌增多、呼吸抑制和呕吐等；高剂量可产生肌肉张力增加、惊厥、呼吸困难、痉挛、心搏暂停和苏醒期延长等。

妊娠后期动物禁用；马静脉注射应缓慢；对咽喉或支气管的手术或操作，不宜单用，必须合用肌肉松弛剂；反刍动物应用时，麻醉前常需禁食 12～24 h，并给予小剂量阿托品抑制腺体分泌，应用时，常用赛拉嗪等作麻醉前给药。

盐酸氯胺酮注射液，静脉注射一次量：每 1 kg 体重，马、牛 2～3 mg，羊、猪 2～4 mg；肌内注射一次量：每 1 kg 体重，羊、猪 10～15 mg，犬 10～20 mg，猫 20～30 mg，灵长类 5～10 mg，熊 8～10 mg，鹿 10 mg，水貂 6～14 mg。

2. 巴比妥类

本类药物对中枢神经系统产生抑制作用，但作用强弱、快慢和维持时间的长短不同。同一药物也可因药量的不同而产生镇静、催眠及麻醉作用。临床常以硫喷妥钠作小动物的全身麻醉，以戊巴比妥钠治疗中枢兴奋药过量及中毒、破伤风、脑炎等引起的惊厥。也可以苯巴比妥钠作镇静或抗惊厥药用。

注射用硫喷妥钠，只作静脉注射用于动物的诱导麻醉，临用前，加灭菌注射用水或氯化钠注射液配成 2.5%溶液。静脉注射一次量：每 1 kg 体重，马、牛、羊、猪 10～15 mg，犊牛 15～20 mg，犬、猫 20～25 mg。

苯巴比妥片，抗惊厥药，用于缓解脑炎、破伤风、士的宁中毒所致的惊厥。内服一次量：每 1 kg 体重，犬、猫 6～12 mg。

注射用苯巴比妥钠，抗惊厥药，用于缓解脑炎、破伤风、士的宁中毒所致的惊厥。肌内注射一次量：猪、羊 0.25～1 g；每 1 kg 体重，犬、猫 6～12 mg。

注射用异戊巴比妥钠，用于中小动物的镇静、抗惊厥和麻醉。静脉注射一次量：每 1 kg 体重，猪、犬、猫、兔 2.5～10 mg，临用前用灭菌注射用水配成 3%～6%的溶液。在苏醒时有较强烈的兴奋现象。

(二)化学保定药

化学保定药又叫制动药或肌松药，是指能在不影响动物意识和感觉的情况下，使之安静和肌肉松弛，停止抗拒和挣扎，达到类似保定效果的药物。

1. 氯化琥珀胆碱

肌松性化学保定药。白色或几乎白色的结晶性粉末，无臭，水中极易溶解，乙醇中微溶，乙醚中不溶。注射后 3 min 开始肌肉松弛，但持续时间短，马可持续 5～8 min，猪 2～4 min，牛 15～20 min。仅有少量以原形从肾脏排出。主要用于动物的化学保定和外科辅助麻醉。

使用过量易引起呼吸肌麻痹，血钾升高，唾液腺、支气管腺和胃腺的分泌增加。年老体弱、营养不良及妊娠动物禁用；高钾血症、心肺疾患、电解质紊乱和使用抗胆碱酯酶药时慎用；反刍动物敏感，用药前应停食 0.5 d，以防影响呼吸或造成异物性肺炎，用药前可注射阿托品以制止唾液腺和支气管腺的分泌；用药过程中如发现呼吸抑制或停止时，应立即将舌拉出，施以人工呼吸或输氧，同时静脉注射尼可刹米，但不可应用新斯的明解救；琥珀胆碱在碱性溶液中可水解失效。

氯化琥珀胆碱注射液，肌内注射一次量：每 1 kg 体重，马 0.07～0.2 mg，牛 0.01～0.016 mg，猪 2 mg，犬、猫 0.06～0.11 mg，鹿 0.08 ～0.12 mg。

2. 赛拉唑(静松灵、二甲苯胺噻唑)

赛拉唑为白色结晶，味微苦，丙酮、氯仿中易溶，石油醚中极微溶解，水中不溶。赛拉唑是我国合成的一种镇痛性化学保定药。静脉注射后 1 min 或肌内注射后 10 min 显效。动物用药后，出现镇静和嗜睡状态，表现头低垂，上眼睑和唇下垂，流涎和舌松弛，四肢抖动，站立不稳，针刺反应迟钝。与等量乙二胺四乙酸（EDTA）合用能增强镇痛作用，更适用于马属动物，反刍动物较敏感，猪、犬、猫、兔敏感性较差。有安定、镇痛和中枢性肌肉松弛作用，主要用于家畜和野生动物的化学保定和基础麻醉。

马属动物用量过大（静脉注射超过 1.5 mg/kg 或肌内注射超过 3 mg/kg）可能抑制心肌传导和呼吸，致使心搏徐缓，甚至呼吸暂停。除在用药前注射阿托品预防外，中毒时可采用人工呼吸，注射肾上腺素或尼可刹米抢救；产前三个月内的马、牛禁用，有导致流产的可能。

盐酸赛拉唑注射液，肌内注射一次量：每 1 kg 体重，马骡 0.5～1.2 mg，驴 1～3 mg，黄牛、牦牛 0.2～ 0.6 mg，水牛 0.4～lmg，羊 1～3 mg，鹿 2～5 mg。

3. 赛拉嗪（二甲苯胺噻嗪、龙朋、麻保静）

为 α_2 受体激动剂，特点是毒性低、安全范围大、无蓄积作用。肌内注射和皮下注射均能迅速吸收，但吸收不完全且不规则，不同种属和个体之间生物利用度差异较大。肌内注射 10～15 min 即起作用，静脉注射药效产生更迅速。药效持续时间决定于给药剂量，药物在体内代谢迅速，一般可持续 1.5 h。家畜中牛最敏感，其镇静镇痛剂量水平仅为马、犬、猫的 1/10。有安定、镇痛和中枢性肌肉松弛作用，主要用于家畜和野生动物的化学保定和基础麻醉。

马静脉注射后，常可抑制心肌传导性，故注射宜缓慢，并在用药前须先注射阿托品；衰弱的动物，有心、肝、肾病及伴有呼吸抑制的动物，应用时宜慎重；孕畜不宜使用，以防早产或流产；中毒时，可注射肾上腺素或尼可刹米等呼吸兴奋剂对症治疗。

盐酸赛拉嗪注射液，肌内注射一次量：每 1 kg 体重，马 1～2 mg，牛 0.1～0.3 mg，羊 0.1～0.2 mg，犬、猫 1～2 mg，鹿 0.1～0.3 mg。

（三）镇静药与抗惊厥药

镇静药是指对中枢神经系统具有轻度抑制作用，减轻或消除动物狂躁不安，从而恢复安静的一类药物。主要用于兴奋不安或具有攻击行为的动物或患畜，以使其安静，便于工作和治疗。此类药物在大剂量时还能缓解中枢过度兴奋症状，即具有抗惊厥作用。临床常用的另一类中枢抑制药为吩噻嗪类（如氯丙嗪等）、苯二氮䓬类（如地西泮等），这类药物大剂量下也具有抗惊厥作用，有些全身麻醉药在低剂量时均有镇静作用。曾用于兽医临床的溴化物现已少用。

抗惊厥药是指能对抗或缓解中枢神经因病变而造成的过度兴奋状态，从而消除或缓解全身骨骼肌不自主地强烈收缩的一类药物。常用药物有硫酸镁注射液、巴比妥类药、地西泮等。

1. 氯丙嗪（冬眠灵）

白色或乳白色结晶性粉末，有微臭，遇光渐变色，水溶液呈酸性反应，乙醚或苯中不溶。肌内注射吸收快而完全，作用持续时间 6～12 h。对中枢神经系统作用广泛，从大脑皮层到延髓均有一定作用，家畜表现为运动减少、安静、嗜睡、基础代谢下降、耗氧减少等镇静、催眠作用。氯丙嗪的中枢抑制作用，尚可加强麻醉药、催眠药和镇静药的作用，因而减少这些药的用量。此外，氯丙嗪还可使血压下降、心搏加强。能缓解胃肠平滑肌和支气管平滑肌痉挛。不能与 pH 5.8 以上的药液配伍，如青霉素钠（钾）、戊巴比妥钠、苯巴比妥钠、氨茶碱和碳酸氢钠等。

主要用于强化麻醉以及使动物安静等。

盐酸氯丙嗪片，内服一次量：每 1 kg 体重，犬、猫 2～3 mg。

盐酸氯丙嗪注射液，肌内注射一次量：每 1 kg 体重，牛、马 0.5～1 mg，猪、羊 1～2 mg，犬、猫 1～3 mg，虎 4 mg，熊 2.5 mg，单峰骆驼 1.5～2.5 mg，野牛 2.5 mg。

2. 硫酸镁注射液

镁离子具有抑制中枢神经和直接阻断神经肌肉接头的作用。镁离子对周围血管有舒张作用，可致血压下降，这是由于镁离子使交感神经节的神经冲动障碍和对血管平滑肌直接作用的结果。心肌对镁离子虽不如神经系统敏感，但剂量过大也可使心肌传导阻滞。镁离子对中枢的抑制作用和对神经肌肉的阻断作用可为钙离子所拮抗，因此当镁离子中毒时可迅速静脉注射 5%氯化钙进行解救。静脉注射硫酸镁注射液作用迅速而短暂，安全范围较小，宜严格控制剂量和注射速度，一般以肌内注射为宜。用于破伤风及其他痉挛性疾病。

硫酸镁注射液，肌内注射或静脉注射：牛、马 10～25 g，猪、羊 2.5～7.5 g。

3. 溴化物

在体内离解出溴离子，对中枢神经系统产生抑制作用。主要是加强了中枢的抑制过程，而不是减弱兴奋性，可使兴奋与抑制恢复正常水平。临床上常用于缓解中枢神经兴奋症状，如大家畜疝痛、惊厥等疾病。

溴化钠，内服一次量：牛 15～60 g，马 10～50 g，猪、羊 5～15 g，犬 0.5～2 g。

4. 地西泮(安定)

地西泮为长效苯二氮䓬类药物。白色或类白色的结晶性粉末，无臭，丙酮中易溶，乙醇中溶解，水中几乎不溶。小于镇静剂量的地西泮可明显缓解狂躁不安等症状；较大剂量时可产生镇静、中枢性肌肉松弛作用；还具有较好的抗癫痫作用，对癫痫持续状态疗效显著，但对癫痫小发作效果较差。抗惊厥作用强，能对抗戊四氮与士的宁中毒所引起的惊厥。孕畜忌用。用于动物的镇静、保定、癫痫发作及基础麻醉或术前给药等。脂溶性高，体内广泛分布，容易通过血脑屏障，血浆蛋白结合率高，在肝脏代谢，肾脏排泄，也可从乳汁排泄。肌内注射后犬、猫和马半衰期分别为 2.5～3.2 h、5.5 h 和 7～22 h。

地西泮片，用于狂躁动物的安静与保定。内服一次量：犬 5～10 mg，猫 2～5 mg，水貂 0.5～1 mg。

地西泮注射液，用于肌肉痉挛、癫痫及惊厥等。肌内、静脉注射一次量：每 1 kg 体重，马 0.1～0.15 mg，牛、羊、猪 0.5～1 mg，犬、猫 0.6～1.2 mg，水貂 0.5～1 mg。

(四)解热镇痛抗炎药

解热镇痛抗炎药是一类具有退热、减轻局部钝痛和抗炎、抗风湿作用的药物。它们在化学、结构上虽各不相同，但都具有抑制前列腺素合成的共同作用机理。本类药物与甾体类糖皮质激素抗炎药不同，不具甾体结构故又称为非甾体消炎药。临床上使用的解热镇痛抗炎药有很多种，按化学结构可分为苯胺类、吡唑酮类和有机酸类等。各类药物均有镇痛作用，对于炎性疼痛，吲哚类和芬那酸类的效果好，吡唑酮类和水杨酸类次之；解热和抗炎作用，苯胺类、吡唑酮类和水杨酸类解热作用较好；阿司匹林、吡唑酮类和吲哚类的抗炎、抗风湿作用较强，其中阿司匹林疗效确实、不良反应少，为抗风湿首选药物。苯胺类几乎无抗风湿作用。

1. 氨基比林

白色或几乎白色的结晶性粉末，无臭，遇光渐变色，水溶液呈碱性反应，乙醇中易溶，水或乙醚中溶解。解热作用强而持久，但作用出现较慢，合并应用巴比妥类，可增强镇痛作用。临床用于牛、马、羊、猪的解热和抗风湿。

复方氨基比林注射液(含氨基比林 7.15%、巴比妥 2.85%),用于牛、马、羊、猪的解热和抗风湿。剂量过大或长期应用,可引起高铁血红蛋白血症、缺氧、发绀、粒细胞减少症等。皮下、肌内注射一次量:牛、马 20~50 mL,猪、羊 5~10 mL。

2. 安替比林

无色或白色的结晶性粉末,无臭,水、乙醇中易溶,乙醚中略溶。

安痛定注射液(氨基比林 5%、安替比林 2%、巴比妥钠 0.9%),用于发热性疾患、关节痛、肌肉痛和风湿症。剂量过大或长期应用,可引起虚脱、高铁血红蛋白血症、缺氧、发绀、粒细胞减少症等。皮下、肌内注射一次量:牛、马 20~50 mL,猪、羊 5~10 mL。

3. 安乃近

为氨基比林的亚硫酸盐。解热作用和氨基比林相似,但镇痛作用强,并有抗炎、抗风湿作用。长期应用可引起粒细胞减少;可抑制凝血酶原的合成,加重出血倾向。临床用于肌肉痛、风湿症、发热性疾病和疝痛等。

安乃近片,内服一次量:牛、马 4~12 g,猪、羊 2~5 g,犬 0.3~1 g。

安乃近注射液,肌内注射一次量:牛、马 3~10 g,羊 1~2 g,猪 1~3 g,犬 0.3~0.6 g。不宜于穴位注射,尤其不适于关节部位注射。

4. 阿司匹林

又名乙酰水杨酸,为白色结晶或结晶性粉末,无臭或微带醋酸臭,乙醇中易溶,水或乙醚中微溶。氢氧化钠溶液或碳酸氢钠溶液中溶解,但同时分解。其解热镇痛作用效果较好,抗炎、抗风湿作用强。产乳供人食用的牛,在泌乳期不得使用;胃炎、胃溃疡患畜慎用,与碳酸钙同服,可减少对胃的刺激;不宜空腹投药;解热时动物应多饮水;老年动物、体弱或体温过高患畜,解热时宜用小剂量;发生出血倾向时,可用维生素 K 治疗;动物发生中毒时,可采取洗胃、导泻、内服碳酸氢钠及静脉注射 5%葡萄糖和 0.9%氯化钠等解救。阿司匹林能抑制凝血酶原合成,连续长期应用可引发出血倾向;对胃有刺激作用,剂量大时易导致食欲不振、恶心、呕吐乃至消化道出血,长期使用可引发胃肠溃疡。临床主要用于治疗发热性疾患、肌肉痛、关节痛。

阿司匹林片,内服一次量:牛、马 15~30 g,猪、羊 1~3 g,犬 0.2~1.0 g。

5. 氟尼辛葡甲胺

动物专用药物。是一种非甾体类非麻醉类强效环氧化酶抑制剂,通过抑制外周的前列腺素或其痛觉增敏物质的合成或它们的共同作用,从而阻断痛觉冲动传导。外周组织的抗炎作用可能是通过抑制环氧化酶、减少前列腺素前体物质形成,以及抑制其他介质引起局部炎症反应所致。吸收迅速、排泄快,表观分布容积好,与血浆蛋白结合率高(99%),易于在炎性部位聚集,生物利用度高。单独或与抗生素联合用药能够明显改善临床症状,并可以增强抗生素的活性。消化道溃疡患畜慎用。用于家畜及小动物发热性、炎症性疾患、肌肉痛和软组织痛等。

氟尼辛葡甲胺注射液,肌内、静脉注射一次量:每 1 kg 体重,肉牛、猪 2 mg,犬、猫 1~2 mg,1~2 次/d,连用不得超过 5 d。肌内注射对局部有刺激作用。

氟尼辛葡甲胺颗粒,内服一次量:每 1 kg 体重,犬、猫 1~2 mg,1~2 次/d,连用不得超过 5 d。

6. 萘普生

对前列腺素合成酶的抑制作用为阿司匹林的 20 倍。抗炎作用明显,也有镇痛和解热作用。与呋塞米或氢氯噻嗪等合用，可使其排钠利尿效果下降，阿司匹林可加速其排出。能明显抑制白细胞游走，可延长凝血时间；消化道溃疡患畜慎用。用于肌炎、软组织炎症疼痛所致的跛行和关节炎等。

萘普生片，内服一次量：每 1 kg 体重，马 5～10 mg，犬 2～5 mg。

萘普生注射液，静脉注射一次量：每 1 kg 体重，马 5 mg。

7. 卡巴匹林钙

白色粉末，水中易溶，丙酮或无水甲醇中几乎不溶。用于控制猪、鸡的发热和疼痛。不得与其他水杨酸类解热镇痛药合用，遇碱性药物合用，使疗效降低；连续用药不应超过 5 d。用于控制猪、鸡的发热和疼痛。

卡巴匹林钙粉，内服一次量：每 1 kg 体重，猪 40 mg，鸡 40～80 mg。

8. 对乙酰氨基酚

为白色结晶和结晶性粉末，无臭，乙醇易溶，丙酮溶解，水中略溶。解热作用类似阿司匹林，但镇痛和抗炎作用较弱。抑制丘脑前列腺素合成与释放的作用较强，抑制外周前列腺素合成与释放的作用较弱。对血小板及凝血机制无影响。内服吸收快，主要在肝脏代谢，大部分与葡糖醛酸或硫酸结合后经肾排出。可造成组织缺氧、发绀，红细胞溶解、黄疸和肝脏损害等不良反应。猫禁用，给药后可引起严重的毒性反应；肝、肾功能不全的患畜及幼畜慎用。主要作为中小动物的解热镇痛药，用于发热、肌肉痛、关节痛和风湿症。

对乙酰氨基酚片，内服一次量：马、牛 10～20 g，羊 1～4 g，猪 1～2 g，犬 0.1～1 g。

对乙酰氨基酚注射液，肌内注射一次量：马、牛 5～10 g，羊 0.5～2 g，猪 0.5～1 g，犬 0.1～0.5 g。

9. 水杨酸

白色细微的针状结晶或白色结晶性粉末，无臭或几乎无臭，水溶液呈酸性，乙醇、乙醚中易溶，水中微溶。镇痛作用比氨基比林、安乃近弱，但消炎抗风湿较为突出。兽医临床上主要用于风湿性关节炎和风湿性肌炎。静脉注射须缓慢，且不可漏出血管。

水杨酸钠注射液，静脉注射一次量：牛 15～75 g，马 10～50 g，猪、羊 2～5 g，犬 0.1～0.5 g。

（五）抗组胺药

组胺是速发变态反应过程中由肥大细胞释放出的一种介质，可引起毛细血管扩张及通透性增加、平滑肌痉挛、分泌活动增强等；临床上可导致局部充血、水肿、分泌物增多、支气管和消化道平滑肌收缩，使呼吸阻力增加、腹绞痛，并可引起子宫收缩，大多数抗组胺药与组胺有共同的乙胺基团。抗组胺类药物根据其和组胺竞争的靶细胞受体不同而分为 H_1 受体拮抗剂和 H_2 受体拮抗剂两大类。前者主要用于抗过敏，后者主要用于抗溃疡。兽医临床应用的抗组胺药基本上都是用于抗过敏。

1. 异丙嗪（非那根）

白色或类白色的粉末或颗粒，几乎无臭，空气中日久变质，显蓝色。水中极易溶解，乙醇中易溶，丙酮或乙醚中几乎不溶。用于变态反应性疾病，如荨麻疹、血清病等。

盐酸异丙嗪片，内服一次量：牛、马 0.25～1 g，猪、羊 0.1～0.5 g，犬 0.05～0.1 g。禁与碱性溶液或生物碱合用，有较强的中枢抑制作用。

盐酸异丙嗪注射液，肌内注射一次量：牛、马 250～500 mg，猪、羊 50～100 mg，犬 25～50 mg。有较强的中枢抑制作用。

2. 苯海拉明

白色结晶性粉末，无臭，水中极易溶，乙醇中易溶，丙酮中略溶，乙醚中极微溶解。用于变态反应性疾病，如荨麻疹。严重的急性过敏性病例，一般先给予肾上腺素，然后再注射苯海拉明。

盐酸苯海拉明注射液，肌内注射一次量：牛、马 100～500 mg，猪、羊 40～60 mg；每 1 kg 体重犬 0.5～1 mg。全身治疗一般需持续 3 d。有较强的中枢抑制作用。中毒时可静脉注射短效巴比妥类（如硫喷妥钠）进行解救。

3. 马来酸氯苯那敏（扑尔敏）

白色结晶性粉末，无臭，水、乙醇中易溶，乙醚中微溶。抗组胺作用较苯海拉明强而持久，对中枢神经系统的抑制作用较轻，但对胃肠道有一定的刺激作用。用于治疗各种家畜及伴侣动物因组胺引起的过敏性疾病，如荨麻疹、药物过敏、过敏性皮炎、血清病、血管神经性水肿等具有充血、水肿和瘙痒的皮肤、黏膜过敏反应。对过敏引起的胃肠痉挛、腹泻等也有一定疗效。也可用于因组织损伤而伴有组胺释放的疾病，如烧伤、冻伤、湿疹、脓毒性子宫炎等。小动物在饲喂后或饲喂时内服，可避免对胃肠道产生刺激作用，也可延长吸收时间。忌与碱性溶液或生物碱合用。

马来酸氯苯那敏片，内服一次量：牛、马 80～100 mg，猪、羊 10～20 mg，犬 2～4 mg，猫 1～2 mg。

马来酸氯苯那敏注射液，肌内注射一次量：牛、马 60～100 mg，猪、羊 10～20 mg。

任务二　外周神经系统药物

外周神经系统可分为传出神经纤维和传入神经纤维两大类，故外周神经系统药物包括作用于传出神经和传入神经的药物。作用于传入神经纤维的药物兽药典仅收入局部麻醉药。

一、局部麻醉药

局部麻醉药简称局麻药，是一类能在用药局部可逆性地阻断感觉神经发出的冲动与传导，使局部组织痛觉暂时丧失的药物。局麻药对感觉神经有高度的选择性抑制作用，不损伤神经和周围组织，而且作用消失后神经机能可立即恢复正常。常用局部麻醉的方式有表面麻醉、浸润麻醉、传导麻醉、硬膜外麻醉和封闭疗法。

1. 盐酸普鲁卡因

白色结晶或结晶性粉末，无臭，水中易溶，乙醇中略溶，乙醚中几乎不溶。为最常用的局部麻醉药。因其对皮肤、黏膜的穿透力弱，主要用于浸润麻醉和传导麻醉。常在普鲁卡因溶液中加适量盐酸肾上腺素，以减慢吸收，延长局部麻醉时间，并可减少手术部位出血。小剂量吸收后中枢轻微抑制，大剂量时则兴奋。用于浸润麻醉、传导麻醉、硬膜外麻醉和封闭疗法。

盐酸普鲁卡因注射液，浸润麻醉、封闭疗法：0.25%～0.5%溶液。传导麻醉：2%～5%溶液，每个注射点，大动物 10～20 mL，小动物 2～5 mL。硬膜外麻醉：2%～5%溶液，马、牛

20～30 mL。

2.盐酸利多卡因

白色结晶性粉末，无臭，水和乙醇中易溶，乙醚中不溶。局部麻醉作用和组织穿透力较普鲁卡因强、作用快。用于浸润麻醉、传导麻醉、硬膜外麻醉和封闭疗法。

盐酸利多卡因注射液，浸润麻醉：0.25％～0.5％溶液；表面麻醉：2％～5％溶液；传导麻醉：2％溶液，每个注射点，牛、马 8～12 mL，羊 3～4 mL；硬膜外麻醉：2％溶液，牛、马 8～12 mL。用于硬膜外麻醉和静脉注射时，不可加肾上腺素。

3.盐酸丁卡因

白色结晶或结晶性粉末，无臭，水中易溶，乙醇中溶解，乙醚中不溶。局部麻醉作用比普鲁卡因大 10 倍，但毒性大 10～20 倍。丁卡因有良好的表面穿透作用，维持时间可达 3 h 左右，临床主要用 0.5％～1％溶液作黏膜或眼结膜表面麻醉。

二、传出神经药物

动物体的传出神经分为躯体神经和内脏神经两大类。躯体神经即运动神经、分布于骨骼肌，支配机体运动；内脏神经也称植物神经，分布于内脏、腺体、血管和平滑肌，调节内脏机能活动。植物性神经可分为交感神经和副交感神经，分布于所支配的效应器。同一器官大都受交感神经和副交感神经的双重支配，处于对立统一的平衡状态。

交感神经节后纤维传导神经冲动的递质为去甲肾上腺素，分泌去甲肾上腺素的神经称肾上腺素能神经。副交感神经、交感神经节前纤维及少量交感神经节后纤维的递质为乙酰胆碱，分泌乙酰胆碱的神经称为胆碱能神经。

植物性神经药物的分类，主要是根据其作用，即和受体相结合、产生与递质相似或对抗的作用而进行的，可分为拟胆碱药和抗胆碱酯酶药、拟肾上腺素药和抗肾上腺素药。

（一）拟胆碱药与抗胆碱酯酶药

拟胆碱药是能引起与副交感神经兴奋相似反应的药物，根据其作用机制不同可分为：直接作用于效应器细胞的胆碱能受体，产生与乙酰胆碱相似作用。拟胆碱药有氨甲酰胆碱。抗胆碱酯酶药是通过抑制胆碱酯酶活性，使神经末梢释放的乙酰胆碱蓄积而发挥作用的。抗胆碱酯酶药有新斯的明。

1.氨甲酰胆碱

氨甲酰胆碱的作用和乙酰胆碱相似，对胃肠、膀胱、子宫平滑肌作用强，小剂量即可促使消化液分泌，加强胃肠收缩，促进内容物排出，增强瘤胃的兴奋性，大剂量可引起心跳减慢、血压下降、腹泻、呼吸困难等反应。因本品不易为胆碱酯酶所破坏，作用时间较乙酰胆碱持久。主要用于胃肠迟缓，也用于膀胱积尿、胎衣不下和子宫蓄脓。作用剧烈，选择性小，中毒时阿托品不易对抗，应慎用。患有肠道完全阻塞或创伤性网胃炎的动物及孕畜慎用。

氯化氨甲酰胆碱注射液，皮下注射一次量：每 1 kg 体重，牛、马 0.05～0.1 mg，犬、猫 0.25～0.5 mg。

2.新斯的明

为毒扁豆碱的合成代替物。新斯的明能抑制胆碱酯酶活性，使乙酰胆碱不能水解，提高体内乙酰胆碱的浓度，从而加强和延长乙酰胆碱的作用。对胃肠、子宫和膀胱平滑肌的作用较强，维持时间较长，对骨骼肌有兴奋作用。兽医临床主要用于牛前胃弛缓和马肠弛缓、秘结等，对子宫收缩无力、膀胱弛缓和牛子宫内膜炎所致的胎衣不下等均可运用，也可作竞争性骨骼肌松弛药的拮抗药。机械性肠梗阻患畜禁用，老年、体弱、妊娠或患有心肺疾患的病畜禁用。

甲基硫酸新斯的明注射液，肌内、皮下注射一次量：牛 4～20 mg，马 4～10 mg，猪、羊 2～5 mg，犬 0.25～1 mg。

（二）抗胆碱药

抗胆碱药又称胆碱受体阻断药。此类药物能与胆碱受体结合，从而阻断胆碱能神经递质或外源性拟胆碱药与受体的结合，产生抗胆碱作用。

本类药物依据作用部位可分为 M 胆碱受体阻断药（如阿托品、东莨菪碱）、N 胆碱受体阻断药（如琥珀胆碱）和中枢性抗胆碱药。兽医临床上目前应用的主要是阿托品、东莨菪碱两种药物。N 胆碱受体阻断药表现为骨骼肌松弛作用，兽医临床用于化学保定。

1. 阿托品

是颠茄、曼陀罗根叶中的生物碱。阿托品通过阻断乙酰胆碱和受体的结合，而产生抗胆碱作用。治疗量阿托品，对正常活动的平滑肌影响很小，当平滑肌强烈收缩时，则可使其张力降低，肠蠕动减弱。主要用于解除消化道平滑肌痉挛、分泌增多和麻醉前给药等，也可用于有机磷酸酯类和拟胆碱药等中毒。

硫酸阿托品注射液，肌内、皮下或静脉注射一次量：麻醉前给药，每 1 kg 体重，牛、马、猪、羊、犬、猫 0.02～0.05 mg；解除有机磷酸酯类中毒，牛、马、猪、羊 0.5～1 mg，猫、犬 0.1～0.15 mg，禽 0.1～0.2 mg。

硫酸阿托品片，内服一次量：每 1 kg 体重，犬、猫 0.02～0.04 mg。

2. 东莨菪碱

作用基本上和阿托品相似，其特点为：散瞳作用较强而持续时间较短，抑制腺体分泌的作用也较阿托品强，但对心脏、支气管和胃肠平滑肌的作用则较弱。对中枢神经系统有抑制作用，但因家畜种类及剂量不同而异。用于动物兴奋不安、胃肠道平滑肌痉挛。

氢溴酸东莨菪碱注射液，皮下注射一次量：牛 1～3 mg，猪、羊 0.2～0.5 mg。

（三）拟肾上腺素药

拟肾上腺素药是指能兴奋肾上腺素能神经的药物，包括 α 受体兴奋药，如去甲肾上腺素；α、β 受体兴奋药，如肾上腺素、麻黄碱；β 受体兴奋药，如异丙肾上腺素。异丙肾上腺素主要用于扩张支气管，故又称支气管扩张药或平喘药，在兽医临床应用较少。

1. 肾上腺素

由家畜肾上腺髓质中提出的生物碱，也可人工合成。肾上腺素对心血管系统作用强烈，能加强心缩，加快心率，收缩血管，迅速升高血压。常用于溺水、麻醉过深、急性心力衰竭的心跳减弱或骤停、过敏性休克的急救。肾上腺素局部缩血管作用，可用于黏膜血管的局部止血，如鼻出血、术部渗血或延缓局部麻醉药物的吸收。麻疹或血管神经性水肿的过敏性疾病，皮下或肌内注射可减轻症状。也与局部麻醉药物配伍，以延长局部麻醉药持续时间。

盐酸肾上腺素注射液，皮下注射一次量：牛、马 2～5 mL，猪、羊 0.2～1 mL，犬 0.1～0.5 mL。静脉注射一次量：牛、马 1～3 mL，猪、羊 0.2～0.6 mL，犬 0.1～0.3 mL。

2.去甲肾上腺素

使心脏兴奋性增高，心肌收缩力加强、心率加快、传导加速，但作用比肾上腺素弱。小剂量有较强的升压作用。

重酒石酸去甲肾上腺素注射液，静脉滴注一次量：牛、马 8～12 mg，猪、羊 2～4 mg，用时稀释成每毫升含 4～8 μg 的药液。猪、羊按 2 mL/min 速度滴注，牛、马可根据心率变化酌情增减速度。

【学习要求】

识记 中枢兴奋药、中枢抑制药、局部麻醉药、拟胆碱药、抗胆碱药、拟肾上腺素药。

理解 神经系统药物的分类，中枢兴奋药（大脑兴奋药、脑干兴奋药、脊髓兴奋药）的作用机理。

应用 化学保定药的临床应用，全身麻醉药的临床选用，局部麻醉药的临床应用，解热镇痛抗炎药的临床选用。

项目十九 解毒药

【学习目标】

- 掌握非特效解毒药的选择与应用，主要的特效解毒药的应用；
- 理解解毒药的分类与作用机理。

【学习内容】

兽医临床用于解救动物中毒的药物称为解毒药。解毒药可分为非特异性解毒药和特异性解毒药。非特异性解毒药是指能阻止毒物继续被吸收、中和或破坏以及促进其排出的药物，如诱吐剂、吸附剂、泻药、氧化剂和利尿药等。非特异性解毒药对多种毒物或药物中毒均可应用，但由于不具特异性，且效能较低，仅用作解毒的辅助治疗。特异性解毒药可特异性地对抗或阻断毒物的作用机理或效应而发挥解毒作用，而其本身多不具有与毒物相反的效应。本类药物特异性强，在动物中毒病的治疗中占有重要地位。

根据解除毒物的性质，特异性解毒药可分为金属络合剂、胆碱酯酶复活剂、高铁血红蛋白还原剂、氰化物解毒剂和其他解毒剂等。

一、金属络合剂

金属汞、锑、铋、铅、铜或类金属砷等大量进入动物体内，与组织蛋白质和酶系统中巯基结合，抑制酶的活性，使细胞代谢障碍而产生一系列中毒症状。巯基络合剂的共同特点是在碳链上的 2 个活性巯基与金属有强大的亲和力，能与机体组织中蛋白质或酶的巯基竞争与金属络合，并能夺取组织中已被酶系统结合的金属原子，使体内失活的巯基酶恢复活性，解除重金属或类金属引起的中毒症状。该类药物还包括对铅中毒有特效的依地酸钙钠、与二巯丙醇作用相似的二巯丁二钠、可口服吸收的青霉胺和解除铁中毒的去铁胺等。

1. 二巯丙醇

无色或几乎无色、易流动的澄明液体，有类似蒜的特臭。在甲醇、乙醇或苯甲酸苄酯中极易溶解，在水中溶解；在脂肪油中不溶，但在苯甲酸苄酯中溶解后，可加脂肪油稀释，可以混合。二巯丙醇类药物的巯基与金属离子有较强的亲和力，对金属中毒有特异性解毒作用。二巯丙醇分子可结合一个金属原子，形成不溶性复合物；当两个分子二巯丙醇与一个金属原子结合时可形成较稳定的水溶性复合物。复合物在动物体内有一部分可重新逐渐解离为金属和二巯丙醇，而游离出的金属仍能引起机体中毒，因此必须反复给予足够剂量，以保持血液中药物与金属浓度 2∶1 的优势，使游离的金属再度与二巯丙醇结合，直到由尿排出为止。为竞争性解毒剂，可预防金属与细胞酶的巯基结合，并可使与金属络合的细胞酶复活而解毒，但最好在动物接触金属后 1～2 h 内用药，超过 6 h 则作用减弱。对急性金属中毒有效。

2. 二巯丙磺钠

白色结晶性粉末，有类似蒜的特臭，无味，有引湿性；在水中易溶，在乙醇、氯仿或乙醚中不溶。二巯丙磺钠作用与二巯丙醇相似，但作用比二巯丙醇强，毒性较小。一般多采用肌内注射，静脉注射速度宜慢。除对汞、砷中毒有效外，对铅、镉中毒也有效。主用于解除汞、砷中毒，也用于铅和镉中毒。

二巯丙磺钠注射液，静脉、肌内注射一次量：每 1 kg 体重，马、牛 5～8 mg，猪、羊 7～10 mg。

静脉注射速度快时可引起呕吐、心动过速等。

二、胆碱酯酶复活剂

胆碱酯酶复活剂以其季铵基团直接与胆碱酯酶的磷酰化基团结合，然后脱离胆碱酯酶，使得胆碱酯酶恢复活性。胆碱酯酶被有机磷抑制超过 36 h，其活性难以恢复，所以应用胆碱酯酶复活剂治疗有机磷中毒时，早期用药效果较好，而治疗慢性有机磷中毒则无效。对有机磷引起的烟碱样症状的治疗作用明显。另外肟类化合物尚能直接与血中的有机磷结合，使其成为无毒物质由尿排出。

对轻度有机磷中毒，可单独应用或单用阿托品控制中毒症状；中度或重度中毒时，因对体内已蓄积的乙酰胆碱无作用，则必须合用阿托品。由于阿托品能解除有机磷中毒症状，严重中毒时与胆碱酯酶复活剂联合应用，具有协同作用，所以临床上治疗有机磷中毒时，必须及时、足量地给予阿托品。

解磷定

可用于解除多种有机磷中毒症状，但其对有机磷的解毒作用有一定选择性。如对内吸磷、对硫磷等中毒的疗效较好；而对马拉硫磷、敌敌畏、敌百虫等中毒的疗效较差；对氨基甲酸酯类杀虫剂中毒则无效。与阿托品联用，对控制有机磷中毒呈协同作用；与碱性药物配伍易发生分解，禁与碱性药物配伍。

碘解磷定注射液，静脉注射一次量：每 1 kg 体重，家畜 15～30 mg。

注射速度过快可引起呕吐、心率加快和共济失调。大剂量或注射速度过快还可引起血压波动、呼吸抑制。

三、高铁血红蛋白还原剂

亚甲蓝

本身是氧化剂，但根据其在血液中浓度的不同，而对血红蛋白产生两种不同的作用。当低浓度时，体内 6-磷酸葡萄糖脱氢过程中的氢离子传递给亚甲蓝，使其转变为还原型亚甲蓝；还原型亚甲蓝又将氢离子传递给带 Fe^{3+} 的高铁血红蛋白，使其还原为带 Fe^{2+} 的正常血红蛋白，与此同时还原型亚甲蓝又被氧化成亚甲蓝。

亚甲蓝的作用类似还原型辅酶Ⅱ高铁血红蛋白还原酶的作用,可作为中间电子传递体,促进含高铁血红蛋白还原为正常血红蛋白,并使血红蛋白重新恢复携氧的功能,所以临床上使用小剂量(1～2 mg/kg)解除高铁血红蛋白症。当使用大剂量(5～10 mg/kg)时血中形成高浓度的亚甲蓝,高铁血红蛋白脱氢酶的生成量不能使亚甲蓝全部转变为还原型亚甲蓝,此时血中高浓度的亚甲蓝则可使血红蛋白氧化为高铁血红蛋白。

内服不易自胃肠道吸收。在组织中可迅速被还原为还原型亚甲蓝,并部分被代谢。亚甲蓝、还原型亚甲蓝及代谢产物均由尿中缓慢排出;肠道中未吸收部分则由粪便排出。尿和粪可染成蓝色。亚甲蓝溶液与多种药物(强碱性溶液、氧化剂、还原剂和碘化物)为配伍禁忌,不得将本药与其他药物混合注射。静脉注射过快可引起呕吐、呼吸困难、血压降低、心率加快和心律失常;刺激性强,禁止皮下或肌内注射(可引起组织坏死)。用于解除亚硝酸盐中毒和氰化物中毒。

亚甲蓝注射液,静脉注射一次量:每 1 kg 体重,家畜解救高铁血红蛋白症 1～2 mg;解救氰化物中毒 5～10 mg。稀释用 5%的葡萄糖。

四、氰化物解毒剂

1. 亚硝酸钠

无色或白色至微黄色结晶,无臭,味微咸;有引湿性;水溶液显碱性反应,水中易溶,乙醇中微溶。可使血红蛋白中的二价(Fe^{2+})铁氧化成三价铁(Fe^{3+}),形成高铁血红蛋白,后者中的 Fe^{3+} 与亲和力比氧化型细胞色素氧化酶的三价铁为强,可使已与氧化型细胞色素氧化酶结合的 CN^- 重新解离,恢复酶的活力。内服后吸收迅速;静脉注射立即起作用。亚硝酸钠用量过大容易引起高铁血红蛋白症,故不宜重复给药。主要用于解除氰化物中毒症状。

有扩张血管作用,注射速度过快时,可致血压降低、心动过速、出汗、休克和抽搐;用量过大时可因形成过多的高铁血红蛋白,而出现发绀、呼吸困难等亚硝酸盐中毒的缺氧症状。

注射中出现严重不良反应时,应立即停止给药;治疗氰化物中毒时,可引起血压下降,应密切注意血压变化;治疗氰化物中毒时,宜另静脉注射硫代硫酸钠;马属动物慎用;因过量引起的中毒,可用亚甲蓝解除。

亚硝酸钠注射液,静脉注射一次量:马、牛 2 g,羊、猪 0.1～0.2 g。

2. 硫代硫酸钠

无色、透明的结晶或结晶性细粒;无臭,味咸;在干燥空气中有风化性,在湿空气中有潮解性;水溶液显微弱的碱性反应。在水中极易溶解,在乙醇中不溶。不易经消化道吸收,静脉注射后可迅速分布到各组织的细胞外液。在肝内硫氰生成酶的催化下,能与体内游离的或已与高铁血红蛋白结合的 CN^- 结合,转化为无毒的硫氰酸盐随尿排出。主要用于氰化物中毒,也用于砷、汞、铅、铋、碘中毒。

解毒作用产生较慢,应先静脉注射亚硝酸钠再缓慢注射硫代硫酸钠,但不能将两种药液混合静脉注射。

硫代硫酸钠注射液,静脉、肌内注射一次量:马、牛 5～10 g,羊、猪 1～3 g,犬、猫 1～2 g。

五、其他解毒剂

乙酰胺

白色透明结晶，易潮解；水中极易溶解，乙醇或吡啶中易溶，甘油或氯仿中溶解。乙酰胺化学结构和氟乙酰胺类相似，可以争夺酰胺酶，使它能不产生氟乙酰，从而消除氟乙酰对机体三羧酸循环的毒性作用，可以延长中毒潜伏期，制止发病，或者是减轻已经发病动物的症状。可作为氟乙酰胺、氟醋酸钠、甘氟等有机氟中毒的解毒剂。

乙酰胺注射液，肌内、静脉注射一次量：每 1 kg 体重，家畜 50～100 mg。

【学习要求】

识记 特异性解毒药。

理解 解毒药的分类与作用机理。

应用 特效解毒药的选择与应用。

模块三　动物诊疗技术

兽医临床工作的基本任务，在于防治动物疾病，保障畜牧业的健康发展。防治动物疾病，必须先认识疾病。正确的诊断是制订合理、有效防治措施的根据。所以，诊断是防治疾病的前提，是临床工作的基础。

诊断：诊即检查，断即下结论。诊断学是以各种畜禽为对象，从临床实践出发，研究其疾病的诊断方法和理论的科学。广义的诊断包括临床诊断、病理诊断、实验室诊断（常规诊断和特殊诊断）、病原学诊断（血清学诊断）、治疗性诊断，狭义的诊断只指临床诊断。

预后：就是对疾病发展趋势及其结局的估计，包括预后良好、预后不良、预后可疑、预后慎重。客观地推断预后，在决定采取合理的防治措施上具有重要意义。

症状：病理性的机能异常和形态异常。症状学主要研究各种症状的主要特征、产生原理及所反映的病理过程。通常从症状的表现，可初步判断发病的部位和性质。包括一般症状、局部症状、特殊症状、综合症状、前驱症状等。

项目二十
动物的接近与保定

【学习目标】

- 能正确接近动物；
- 能依据诊疗目的对动物进行正确保定；
- 熟悉接近和保定动物的注意事项。

【学习内容】

一、接近和保定动物时的注意事项

来门诊就诊病畜，应先令病畜休息片刻，使其适应陌生环境，消除恐惧，以利检查。

1. 了解动物习性

应熟悉各种动物的习性及其惊恐与欲攻击人、畜时的神态(如马竖耳、瞪眼；牛低头凝视；猪斜视，翘鼻，发出呼呼声等)。除亲自观察外，尚须向畜主了解动物平时的性情，如是否胆小易惊，是否有踢人、咬人、抵人等恶癖。

2. 进行适当保定

临床检查病畜时，应根据动物习性及诊治需要，选择适宜的保定方法，确保人畜安全。倒牛、马时要特别小心，以免发生骨折。倒卧保定必须选择在松软或铺有垫草的地面，以免引起神经损伤——特别是桡神经。对有呼吸困难的病畜，不宜施行倒卧保定，以免窒息死亡。保定动物时，绳索打结一定要打活结，一旦发生意外，容易解脱。

二、动物的接近

接近前，根据其习性以温和的呼声，向病畜打招呼，再从其左侧前方慢慢接近。

接近时，一般应由畜主或饲养员在旁边协助。

接近后，用手抚摸病畜的颈侧待其安静后，再行检查，对猪则可用手在其腹下或股内侧皮肤处搔痒，使其安静卧下，再行检查。

检查时，应将一手放在病畜肩部(鬐甲)或髋结节，一旦遇到病畜剧烈骚动、抵抗，即可作为支点向对侧推动并迅速离开。

三、常见动物的保定方法

保定就是以人力或器械控制动物，限制动物的防卫活动，保证人畜安全，便于诊疗活动的顺利进行。保定的方法有徒手保定、器械保定、柱栏保定和化学药物保定。

(一)牛的保定

1. 徒手保定

用一手握牛角根，另一手提鼻绳、鼻环或用拇指与食指、中指捏住鼻中隔即可固定(图 20-1)。适用于一般检查、灌药、肌内注射及静脉注射。

2. 鼻钳保定

用鼻钳经鼻孔夹紧鼻中隔，用手握持钳柄加以固定(图 20-2)。适用于一般检查、灌药、肌内及静脉注射。

3. 两后肢保定

取长的粗绳一条，折成等长两段，于跗关节上方将两后肢胫部围住，然后将绳的一端穿过折转处向一侧拉紧(图 20-3)。适用于有蹴踢恶癖牛的一般检查、静脉注射及乳房、子宫、阴道疾病的治疗。

图 20-1　牛徒手保定

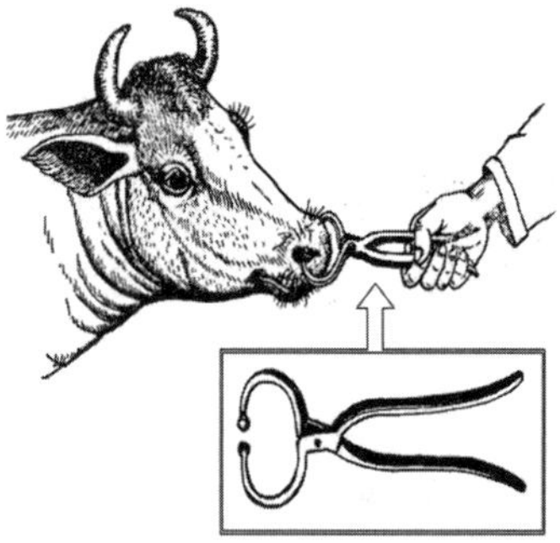

图 20-2　牛鼻钳保定

图 20-3　牛两后肢保定

4. 柱栏保定

(1)二柱栏保定　将牛牵至二柱栏内，鼻绳系于头侧柱栏，然后缠绕围绳，吊挂胸、腹绳即可固定。适用于临床检查、各种注射及颈、腹、蹄等部疾病治疗。

(2)四柱栏保定　将牛牵入四柱栏内，上好前后保定绳即可保定，必要时可加上背带和腹带(图 20-4)。

5. 倒卧保定

(1)背腰缠绕倒牛法　在绳的一端做一个较大的活绳圈，套在两个角根部，将绳沿非卧侧颈部外面和躯干上部向后牵引，在肩胛骨后角处环胸绕一圈做成第一绳套，继而向后引至肷部，再环腹一周做成第二套。由两人慢慢向后拉绳的游离端，由另一人把持牛角，使牛头向下倾斜，牛即可蜷腿而慢慢倒下(图 20-5)。牛倒卧后，一是要固定好头部，二是不能放松绳端，否则牛易站起。一般情况下，不需捆绑四肢，必要时再行固定。

(2)拉提前肢倒牛法　取细长的圆绳一条，折成长、短两段，于折转处做一套结并套于左前肢系部，将短绳一端经胸下至右侧并绕过背部再返回左侧，由一人拉绳；另将长绳引至左髋结节前方并经腰部返回缠一周，打半结，再引向后方，由二人牵引。令牛向前走一步，正当其抬举左前肢的瞬间，三人同时用力拉紧绳索，牛即先跪下而后倒卧；一人迅速固定牛头，一人固定牛的后躯，一人迅速将缠在腰部的绳套向后拉并使其滑到两后肢的跖部而拉紧之，最后将两后肢与前肢捆扎在一起。

牛倒卧保定，适用于治疗、去势及其他外科手术。

图 20-4　牛四柱栏保定

图 20-5　背腰缠绕倒牛法

(二)羊的保定

1. 站立保定

两手握住羊的两角，跨骑羊身，以大腿内侧夹持羊两侧胸壁即可保定(图 20-6)。适用于临床检查或治疗。

2. 倒卧保定

保定者俯身从对侧一手抓住两前肢系部或抓一前肢臂部，另一手抓住腹胁部膝襞处扳倒羊体，然后改抓两后肢系部。前后一起按住即可。适用于治疗或简单手术(图 20-7)。

图 20-6　羊站立保定

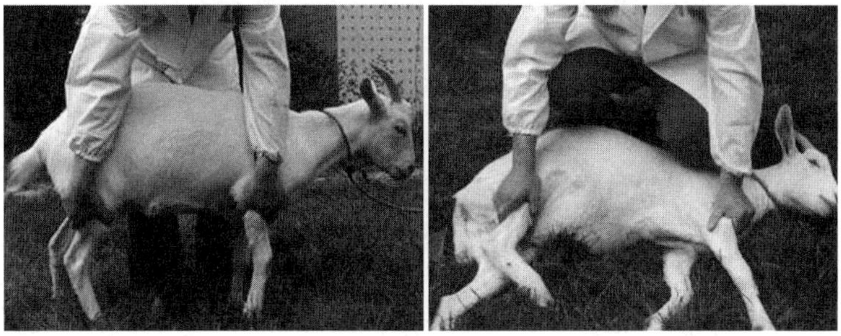

图 20-7　羊倒卧保定

(三)猪的保定

1. 站立保定

先抓住猪耳、猪尾或后肢，然后做进一步保定。可在绳的一端做一活套，使绳套自猪的鼻端滑下，套入上颌犬齿后面并勒紧，然后由一人拉紧保定绳或拴于木桩上(图 20-8)；此时，猪多呈用力后退姿势。或用捕猪器做站立保定。适用于一般的临床检查、灌药、注射、采血等。

2. 提举保定

此法适于体重在 30 kg 以内的仔猪。抓住猪的两耳，迅速提举，使猪腹部朝前，同时用膝部夹住其颈胸部，适用于胃管投药及肌内注射。

3. 网架保定

取两根木棒或竹竿(长约 1.5 m)，按 80 cm 的宽度，用绳织成网床。将网架放于地上，把猪赶至网架上，随即抬起网架，使猪的四肢落入网孔并离开地面即可固定。适用于一般临床检查、耳静脉注射等。

4. 保定架保定

将猪放于特制的活动保定架或较适宜的 V 形木槽(食槽)内，使其呈仰卧姿势(图 20-9)，或行背位保定。适用于前腔静脉注射及腹部手术等。

图 20-8 猪站立保定

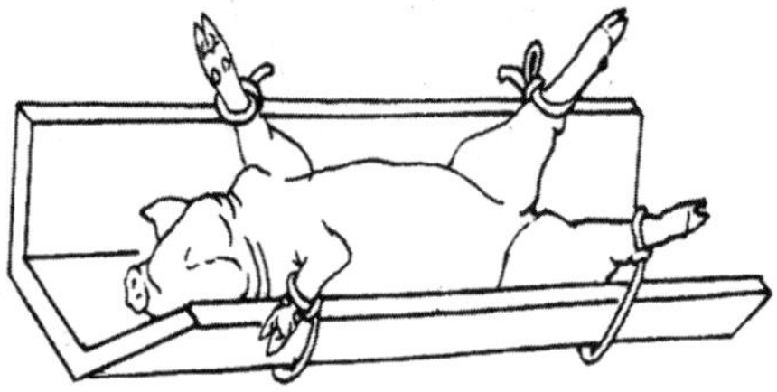

图 20-9 猪仰卧保定

5. 侧卧保定

左手抓住猪的右耳，右手抓住右侧膝部前皱褶，并向术者怀内提举放倒，然后使前后肢交叉，用绳在掌跖部拴紧固定。适用于去势术、腹腔手术，耳静脉、腹腔注射。

6. 提举后肢保定

两手握住后肢飞节并将其后躯提起，头部朝下，用膝部夹住其背部即可固定(图 20-10)。适用于直肠脱及阴道脱的整复、腹腔注射以及阴囊疝和腹股沟疝手术等。

图 20-10 仔猪提举后肢保定

(四)犬的保定

1. 扎口保定

用绷带在犬的上下颌缠绕一圈或两圈后收紧，交叉绕于颈项部打结，以固定犬嘴不得张开(图 20-11)。适用于一般检查。

2. 颈枷保定

适合有咬人恶癖犬的保定，适用于各种检查及注射(图 20-12)。

3. 横卧保定

先将犬作扎口保定，然后两手分别握住犬两前肢的腕部和两后肢的跖部，将犬提起横卧在平台上，以右臂压住犬的颈部，即可保定。适用于临床检查和治疗。

图 20-11　犬扎口保定

图 20-12　犬颈枷保定

(五)猫的保定

1. 抓猫法

抓猫前轻摸猫的脑门或抚摸猫的背部以消除敌意，然后用左手抓起猫颈部或背部皮肤，迅速用右手或右小臂抱猫，同时用右手抚摸其头部，这样既方便又安全；如果捕捉小猫，只需用一只手轻抓颈部即可。

2. 猫袋保定法

猫袋可用人造革或粗帆布缝制。布的两侧缝上拉锁，将猫装进去后，拉上拉锁，便呈筒状；布的前端装一根能抽紧及放松的带子，把猫装入猫袋后先拉上拉锁，再抽紧颈部的袋口，此时拉住露出的猫的后肢可测量猫的体温，也可进行灌肠、注射等治疗措施。

(六)马属动物的保定(以马、驴为例)

1. 耳夹子保定

一手抓住马耳，另一手将耳夹子放于耳根部用力夹紧(图 20-13)。适用于一般检查和治疗。

2. 鼻捻棒保定

将鼻捻棒绳套套于上唇，并迅速向一方捻转把柄，直至拧紧为止(图 20-14)。适用于一般检查和治疗。

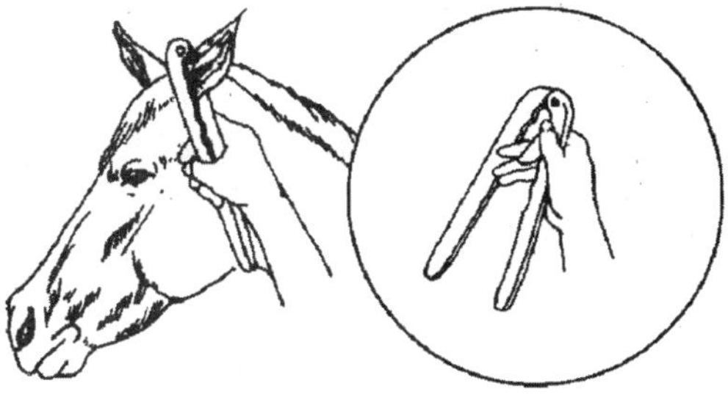

图 20-13　马耳夹子保定

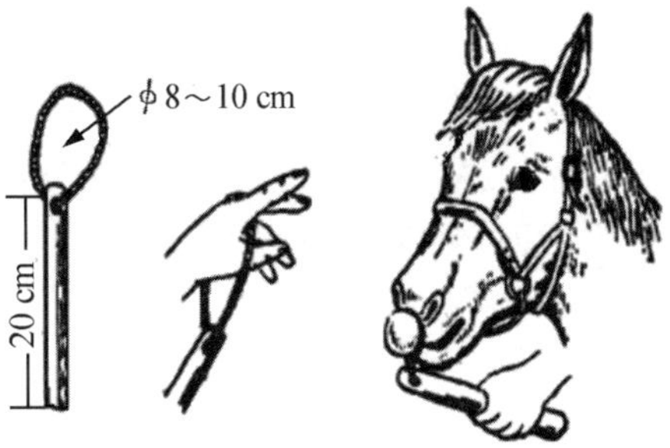

图 20-14　马鼻捻棒保定

3. 柱栏保定

(1)单柱栏保定　可以利用树木、电线杆、立柱等，用绳索将马脖颈部系于其上(图 20-15)。适用于临床检查、静脉注射等。

(2)二柱栏保定　将马牵至柱栏左侧，缰绳系于横梁前端的铁环上，用另一绳将颈部系于前柱上，最后缠绕围绳及吊挂胸、腹绳(图 20-16)。适用于临床检查、检蹄、装蹄等。

(3)四柱栏保定　四柱栏在门诊中应用广泛。配套齐备的四柱栏可用于各种诊疗活动，是兽医门诊必备的诊疗设施(图 20-17)。

4. 倒卧保定

马倒卧保定常采用双抽筋法，适用于手术治疗、去势等。

图 20-15　马单柱栏保定

图 20-16　马二柱栏保定

图 20-17　驴四柱栏保定

【学习要求】

识记　保定。

理解　接近动物时的注意事项，保定的分类。

应用　各种动物常用的保定方法及应用。

【知识拓展】

绳结的打法

1. 单活结

一手持绳并将绳在另一手上绕一圈，然后用被绳缠绕的手握住绳的另一端并将其经绳环处拉出即可(图 20-18)。

2. 双活结

两手握绳，转至两手相对，此时绳子行成两个圈，再使两圈并拢，左手圈通过右手圈，右手圈通过左手圈，然后两手分别向相反的方向拉绳，即可形成两个套圈(图 20-19)。

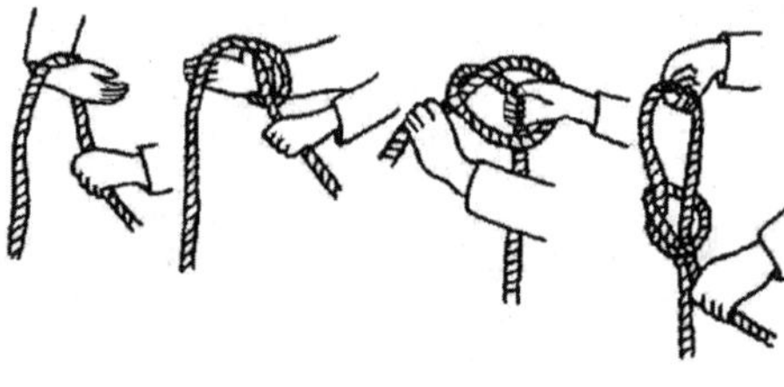

图 20-18　单活结的打法

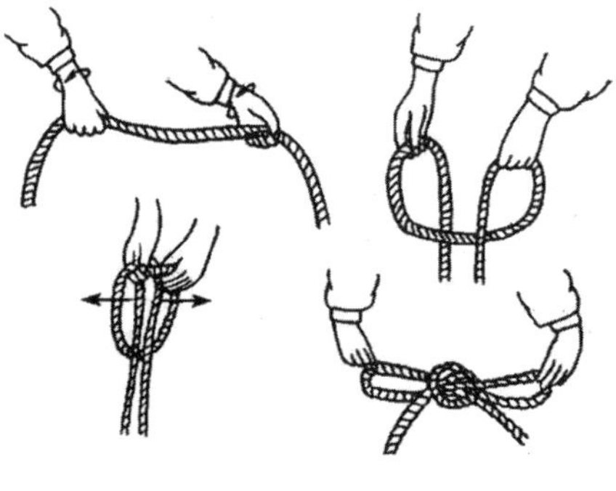

图 20-19　双活结的打法

3. 猪蹄结

将绳端绕于柱上后，再绕一圈，两绳端压于圈的里边，一端向左，一端向右(图 20-20A)；或者两手交叉握绳，两手转动即形成两个圈的猪蹄结(图 20-20B)。

A

B

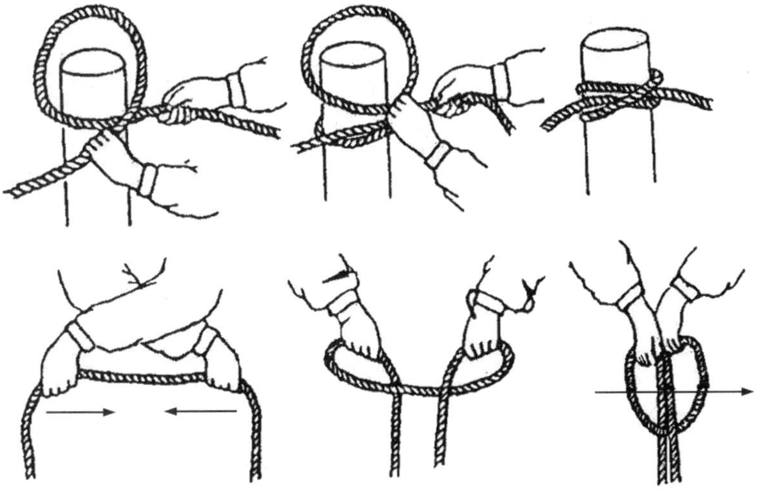

图 20-20　猪蹄结的打法

4. 拴马结

左手握持缰绳游离端，右手握持缰绳在左手上绕成一个小圈套；将左手小圈套在大圈套内向上向后拉出，同时换右手拉缰绳的游离端，把游离端做成小套穿入左手所拉的小圈内，然后抽出左手，拉紧缰绳的近端即成(图 20-21)。

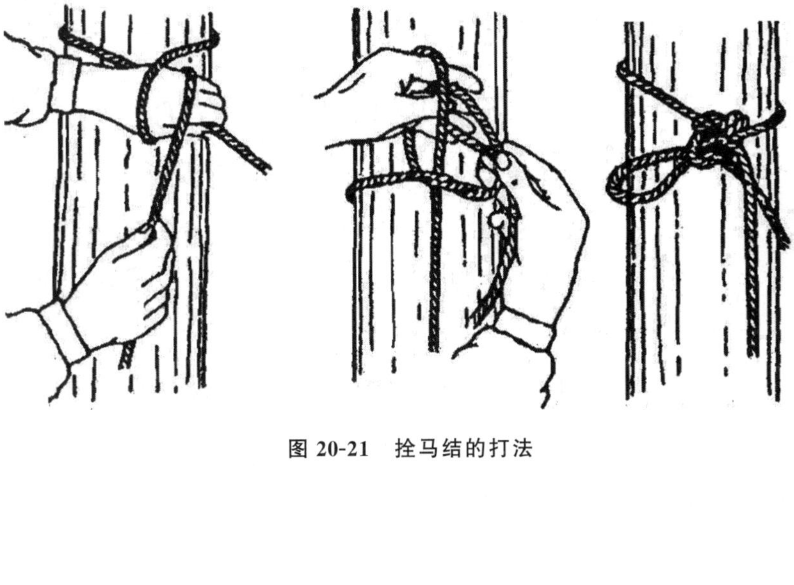

图 20-21　拴马结的打法

项目二十一
临床检查的基本方法与程序

【学习目标】

- 掌握临床检查的六种基本方法和应用范围；
- 掌握临床检查的程序；
- 掌握各种临床检查基本方法在临床应用中的注意事项。

【学习内容】

诊断疾病，要认识疾病的本质，就要应用科学的诊断方法和诊断程序，判断疾病的性质，确定疾病主要侵害的器官和部位，阐明致病的原因和机理，明确疾病的时期和程度。为全面发现和收集症状、资料，而应用于临床实践的各种检查方法统称为临床检查法。临床检查的方法可以分为基本检查法、实验室检查法和特殊检查法三大类，基本检查法中的问诊、视诊、触诊、叩诊、听诊及嗅诊最为简便，对任何家畜，在任何场所均可进行，并且能直接地、较为准确地判断其病理变化，称为临床检查的基本方法。

任务一　临床检查的基本方法

一、问诊

问诊是向畜主、饲养人员或管理人员调查、了解动物发病情况和经过等，为诊断疾病的方法。通过问诊使临床检查有所侧重，既可为兽医师提示诊断的思考方法和范围，又可为进一步检查提供线索。

1. 方法

问诊采用交谈和启发式询问方法。一般在着手检查病畜前进行，也可边检查边询问，以便尽可能全面了解发病情况及经过，从而使临床检查有所侧重。

2. 内容

问诊的内容十分广泛，主要包括现病史、既往病史及饲养管理、卫生、使役等方面。

(1)现病史　现病史是指本次发病情况及经过，应重点了解发病时间、发病地点、发病数量、病后表现、疾病的经过、诊治情况和对发病原因的估计。

①发病时间 如疾病发生于饲前或饲后、清晨或夜间、产前或产后、舍饲或放牧等，借以估计可能的致病原因。

②病后表现 如精神、饮食欲、姿势、运动、泌乳量、体温、脉搏、呼吸、反刍、排粪、排尿等的变化以及有无腹痛不安、腹泻、便秘、流涎、咳嗽、呻吟、跛行等。重点询问发病后主要症状出现的部位、性质、持续时间和程度，缓解或加剧的因素，这些内容常可提示疾病的性质和部位，可作为检查方向和重点的线索。

③诊治经过 发病后是否经过治疗，用过什么药物，疗效如何，有否因治疗不当而使病情复杂化等(如直肠检查技术不熟练可能引起肠穿孔)。这不仅可推断疾病的发展和演变情况，而且可以根据治疗效果，为诊断疾病提供有价值的资料，同时对以后的用药也有参考意义。如对肠阻塞病畜已使用过大量泻下药物，则在以后的治疗中应不用或慎用泻药。

④可能的病因 有经验的饲养人员常常可以提供可能的致病原因，如饲喂不当、管理失误、使役过重、受寒、意外事故等，常是兽医师推断病因的重要依据。

⑤畜群发病情况 根据某一地区或养殖场相同症状的疾病发病数可推测为一般疾病或群发病(如传染病、寄生虫病、营养代谢病和中毒病等)；根据有无死亡及病死率可提示疾病的严重程度及转归。这些资料有助于探讨病因及制订防制措施。

(2)既往病史 既往病史是指病畜或畜群过去的发病情况，包括曾患过的疾病、是否做过手术(如去势、断角、断尾、瘤胃切开等)、药物过敏史、预防接种情况，特别是有无与现病有密切关系的疾病。是否发生过类似的疾病，其经过和结局如何？当有群发现象时，更要详细调查、了解当地疫病流行、防疫、检疫情况及毒物来源等。这些资料在对确定现病与过去疾病的关系，以及对传染性和地方性疾病的诊断都有重要的实际意义。

(3)饲养管理、卫生、使役情况 应该详细询问饲养管理、生产性能和使役情况，了解饲料的种类、数量、质量及配方、加工情况，饲喂制度，畜舍卫生及环境条件等。对集约化养殖场更为重要，不仅可从中探索饲养管理与现病发生上的关系，寻找可能的病因，而且也有助于制订合理的防治措施。

日粮组成及饲料品质：了解饲料的种类、组成、品质、配方、粗料与精料的搭配比例，青饲料的供应情况，青贮饲料的品质等。饲料种类单一、品质不良、发霉变质、日粮配合不合理、饲料突然变换等，常是消化系统疾病、营养代谢病和中毒病的主要原因。

饲养制度：了解是舍饲还是放牧饲养。动物因饲养制度突然改变，容易发生胃肠疾病。

饲料调制：饲料调制不当，尤其是甜菜、小白菜及其他青绿饲料调制方法上的失误常常是亚硝酸盐或氢氰酸中毒的主要原因。

卫生状况：圈舍的采光、温度、湿度、有害气体也是诱发呼吸道和消化道疾病的常见病因。

使役情况：过度使役、长期重剧劳役、饱食逸居的动物突然重役、运动不足等都可能是致病的原因。

3.注意事项

(1)语言要通俗，态度要和蔼，以便取得畜主的很好配合。

(2)在问诊内容上既要抓住重点，切合实际，又要全面收集情况。问诊顺序灵活掌握。

(3)客观对待问诊所取得的病史资料，对问诊所得资料不要简单地肯定或否定，应结合现症检查结果，进行综合分析，找出诊断的线索。

二、视诊

视诊是以视觉来观察病畜全身状况或局部状态的诊断方法。包括用肉眼观察的直接视诊和借助于某些器械(开膣器、额镜)进行观察的间接视诊两类。广义的视诊还可以包括对X线影像、实时超声显像等的观察以及畜群巡视。

1.方法

视诊时先观察全貌,然后由前向后、从左到右,边走边看,依次观察病畜的头、颈、胸、腹、脊柱、四肢。在病畜正后方时,应注意观察尾、肛门及会阴部,并对照观察两侧胸、腹部及臀部的状态和对称性。最后可进行牵遛,观察运步状态。

观察畜群,从中发现精神沉郁、离群呆立、饮食异常、腹泻、咳嗽、喘息及被毛粗乱无光、消瘦衰弱的病畜,从群中挑出作进一步的检查。

2.应用范围

视诊应用比较广泛,可用于对整体状态(体质、外貌、精神、姿势与步态)、被毛皮肤状态、可视黏膜状态、某些生理活动状态(如采食、咀嚼、吞咽、反刍、嗳气及呼吸动作等)及分泌物和排泄物的物理性状的观察等。

3.注意事项

(1)视诊最好在自然光照的宽敞场所进行。

(2)应尽量使动物取自然姿势,检查者应与病畜保持适当距离(一般2～3 m)。

(3)对刚到的门诊病畜,应让其先休息,待呼吸平稳后再行观察。

三、触诊

触诊是利用手或借助器具(探管、探针)对畜体被检部组织、器官进行触压和感觉,以判断其病理变化的检查方法。触诊主要是由检查者的手来完成的,而手的感觉以指腹和掌指关节部掌面的皮肤最为敏感,故多用这两个部位进行触诊。触诊可确定病变的位置、硬度、大小、轮廓、温度、压痛、移动性和表面的状态。

1.方法及应用范围

触诊可分为外部触诊法和内部触诊法。

(1)外部触诊法　又可分为浅表触诊法和深部触诊法。

①浅表触诊法　是用手轻压或触摸被检部位,检查躯体浅表组织器官的方法。检查体表皮肤温度、湿度时,宜采用手掌或手背贴于体表,不加按压而轻轻滑动,进行感触;检查皮肤弹性或厚度时,用手指捏皱提举检查;检查皮下器官的表面状况、移动性、形状、大小、软硬及敏感性时,用手指加压滑推法。

②深部触诊法　是从外部检查内脏器官的位置、大小、形状、硬度、活动性及敏感性等的方法,根据检查的目的不同可采用下面的方法。

双手按压触诊法:用双手从左右两侧或上下两侧腹壁同时加压,逐渐缩短两手距离,感知内脏器官性状的方法。适用于小动物或幼畜内脏器官、腹腔肿瘤、积粪团块及胎儿等的检查方法。

切入触诊法:是将并拢的手指行深部插入,以感知内部器官的性状的检查方法。适用于肝、脾、肾、皱胃等的检查。

冲击触诊法：用拳头或并拢的手指，以短促的强力冲击被检部位，以感知内部器官的性状与腹腔积液状态的检查方法。适用于腹腔积液及瘤胃、瓣胃、皱胃内容物性状的判定。

（2）内部触诊法 包括直肠检查、胃导管探诊、导尿管探诊。直肠检查适用于大家畜骨盆腔器官和腹后部器官的检查，胃导管探诊适用于食道、胃的检查，导尿管探诊适用于尿道、膀胱的检查。

2. 触感

触诊部位组织、器官的状态及病理变化的不同，产生的触感不同，常见的触感有：

（1）捏粉样感 如揉压面团样，感觉稍柔软，指压留痕，除去压迫后慢慢复平，为组织中发生浆液性浸润。常见于皮下水肿。

（2）波动感 柔软而有弹性，间歇压迫时有波动感，为组织间积聚有液体的表现。常见于血肿、淋巴外渗、脓肿等。

（3）坚实感 感觉坚实致密，硬度如肝。见于组织间发生细胞浸润或结缔组织增生时。

（4）硬固感 感觉坚硬如骨。见于结石、放线菌肿、骨瘤等。

（5）气肿感 感觉柔软而稍有弹性，并随触压而有气体向邻近组织窜动，同时可听到捻发音。表示组织内有气体集聚。见于皮下气肿、气肿疽等。

3. 注意事项

（1）触诊到敏感部位时，动物会有反抗，应在触诊前进行适当保定。

（2）触诊检查大动物四肢和下腹时，须一手放于畜体适当部位做支点，另一手自上而下，从前向后逐渐接近欲检部位。

（3）触诊时宜先健区后病部，先周围后中心，先轻后重，并注意与对应部或健区进行比对。

四、叩诊

叩诊就是用手指或叩诊锤（图 21-1）叩击被检部位，使之发生振动，根据所产生的声音的性质来推断其病理变化的检查方法。

1. 方法

叩诊分为直接叩诊法和间接叩诊法。

（1）直接叩诊法 是用手指或叩诊锤直接叩击被检部位。

（2）间接叩诊法 是在被检部位放置一振动能力较强的附加物（手指或叩诊板），而后向附加物叩击的检查方法。分为指指叩诊法和锤板叩诊法。

指指叩诊法：将一手中指平放于被检部位，另一手中指或食指的第二指关节处呈屈曲，以腕力垂直叩击平放手指的第二指节处（图 21-2）。适用于中、小动物的叩诊检查。

锤板叩诊法：用叩诊锤和叩诊板进行叩诊。一手持叩诊板，平放于被检部位，另一手持叩诊锤，以腕力垂直叩击叩诊板数次，以听取其声音。适用于大动物的叩诊检查。

2. 应用范围

主要用于检查胸壁、肺部及心脏、副鼻窦的检查，有时也用于马属动物的盲肠和反刍动物的瘤胃。

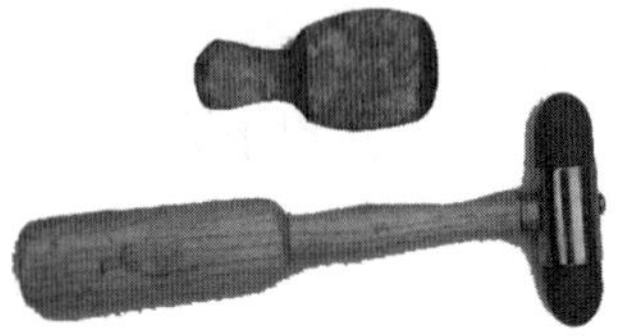

图 21-1 叩诊锤、板

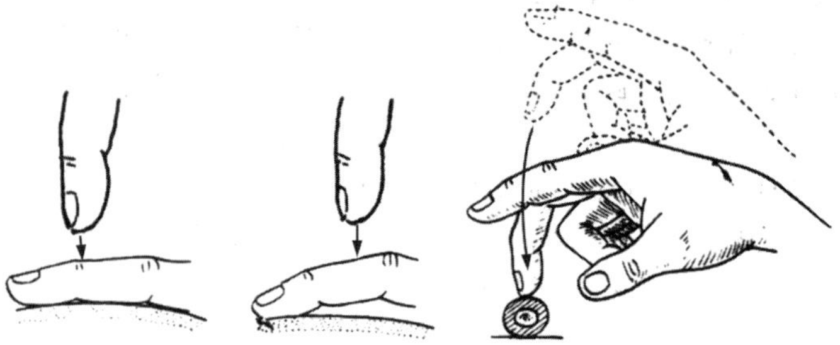

图 21-2 指指叩诊法

3. 叩诊音

被叩诊部位及其周围组织器官的弹性、含气量不同，叩诊的声音不同。叩诊的基本音有清音、浊音和鼓音。

(1)清音 叩击具有较大弹性和含气组织器官时产生的比较强大而清晰的音响。如叩诊正常肺区中部所产生的声音。

(2)浊音(实音) 叩击柔软致密及不含气组织器官时所产生的弱小而浑浊的音响。如叩诊臀部肌肉中部时所产生的声音。

(3)半浊音 是介于清音与浊音之间的一种过渡音响。如叩诊肺边缘部分时所产生的声音。

(4)鼓音 是一种音调比较高朗、振动比较规则的音响。如叩诊含气较多的马盲肠底部或反刍兽正常瘤胃上 1/3 时所产生的声音。

4. 注意事项

(1)叩诊宜在安静环境，最好在室内进行。

(2)间接叩诊时手指或叩诊板须与体表紧贴，不能留有空隙，每点连续叩击 2～3 次后再行移位。

(3)叩诊用力要均匀、适宜，一般对深在器官用强叩诊，浅表器官用轻叩诊。

(4)如发现异常叩诊音时，则应与对侧或周围部加以比对。

五、听诊

听诊是听取病畜某些器官在活动过程中发生的声音，借以判断其病理变化的检查方法。

1. 方法

听诊分为直接听诊和间接听诊。

(1)直接听诊 是在听诊部位放置一块听诊布，然后将耳直接贴于动物被检部位进行听诊(图 21-3)。此法听得比较清楚，但不方便，适用于中小动物。

(2)间接听诊 是借助听诊器听诊，适用于大动物(图 21-4、图 21-5)。

2. 应用范围

主要用于心、肺、胃、肠的检查。

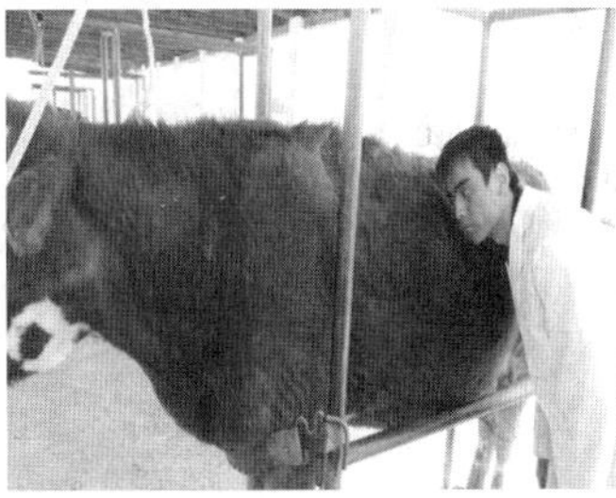

图 21-3　直接听诊

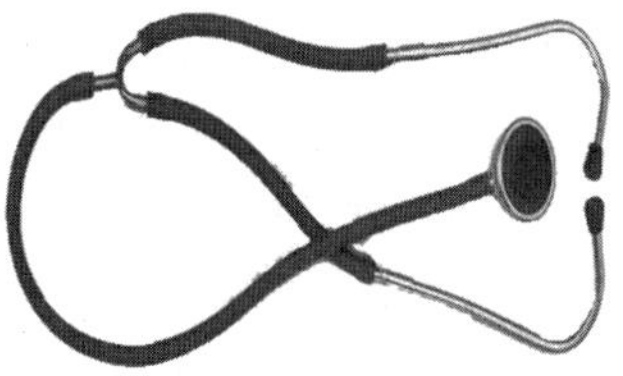

图 21-4　听诊器

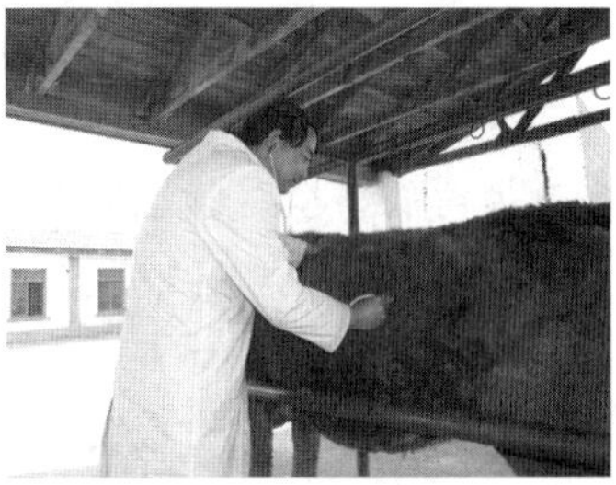

图 21-5　间接听诊

3. 注意事项

(1)听诊应在安静环境，最好在室内进行，同时注意力要集中。

(2)听诊时应注意紧压集音头，尽量减少与被毛摩擦音的干扰，防止听诊器胶管与手臂、诊疗架或衣物接触。

(3)戴听诊器时，听诊器耳塞的方向应与听诊者外耳道的方向一致。

六、嗅诊

嗅诊是嗅闻动物排泄物、分泌物、呼出气味及口腔气味，从而判断病变性质的一种检查方法。其应用范围有限，仅在某些疾病时才有临床意义。如肺坏疽时，鼻液带有腐败性恶臭；胃肠炎时，粪便腥臭或恶臭，口腔气味腐臭难闻；牛酮血病时，呼出气体、尿液、皮肤有酮体气味；厌气菌感染时，可闻尸臭气味；有机磷农药中毒时有大蒜臭味等。

综上所述，临床检查的基本方法都是通过感觉器官进行的，感官的灵敏程度和临床经验直接关系到检查的质量。因此不能单纯依靠某一种方法，应该综合地经过反复思考加以分析，最后作出诊断；要手脑并用，边想边干；方法问题是个技巧问题，唯有多练，才能达到熟能生巧的境界。

任务二　临床检查的程序

为了全面而系统地收集病畜的症状，并通过科学的分析而做出正确诊断，临床检查工作应该有计划、有步骤地按一定程序进行。通常检查顺序为：病畜登记→问诊→现症检查(包括整体及一般检查、系统检查、实验室检查和特殊检查)→建立诊断→病历记录。

1. 病畜登记

病畜登记就是系统地记录就诊动物的基本情况和特征，目的是便于识别，同时也可为诊疗工作提供某些参考性条件。

登记内容包括动物种类、品种、性别、年龄、体重、个体特征(如畜名、畜号、毛色、烙印等)、用途，以及畜主姓名、住址、单位、联系电话等。此外，通常需注明就诊的日期及时间。动物种类、品种、性别、年龄、用途不同，其常见多发病不同。

2. 病史调查

病史调查包括现病史和既往病史的调查，主要调查项目：发病时间及其原因，病后表现，发病前的饲养管理制度，发病后是否治疗，有无中毒因素存在(详见问诊)。

3. 现症检查

现症检查包括一般检查、分系统检查及根据需要而选用的实验室检验或特殊检查。一般检查是对病畜全身状态的概括性检查，是临床检查的初步阶段，通过检查了解病畜全身基本状况，并可发现疾病的某些重要症状，为分系统检查提供依据。实验室检验或特殊检查时根据需要而选用。

最后综合分析检查结果，建立初步诊断，并拟定治疗方案，通过治疗进一步验证诊断。

【学习要求】

识记 问诊、视诊、触诊、叩诊、听诊、嗅诊。

理解 问诊、视诊、触诊、叩诊、听诊、嗅诊的注意事项。

应用 问诊的内容，群体视诊和个体视诊的内容，触诊方法的分类及应用范围，叩诊方法的分类及应用范围，间接听诊的应用范围，嗅诊的应用范围，临床检查的程序。

【知识拓展】

病历记录

病历是病畜整个疾病过程中有关临床检查、诊断和治疗等方面的全部记录。此外，还有各系统检查、实验室检查及特殊检查的材料。

病历记录不仅对疾病诊断和防治有重要价值，而且对总结经验、积累材料、指导临床实践都具有十分重要的意义。

项目二十二
一般检查

【学习目标】

- 能通过对动物整体状态的检查，识别异常精神状态并能正确判断；
- 会进行被毛和皮肤的检查，识别异常并能进行正确的分析判断；
- 熟练掌握眼结膜的检查，对结膜颜色异常原因进行正确分析判断；
- 熟悉常检淋巴结的位置及形态特征；
- 熟练进行生理指标的测定，对指标异常能正确分析。

【学习内容】

一般检查的主要内容包括：整体状态的观察、被毛和皮肤的检查、眼结膜的检查、浅表淋巴结的检查，以及体温、脉搏、呼吸数的测定五个方面。

一、整体状态的观察

(一)精神状态

动物精神状态是中枢神经系统机能的外在表现，健康动物表现两眼有神，头、耳、尾灵活，反应迅速，行动敏捷，幼畜则活泼爱动。精神状态的检查主要观察动物的神态、行为、面部表情和眼耳活动，如表现过度的兴奋或抑制则表示中枢神经机能紊乱。

1. 兴奋

轻者惊恐不安、竖耳刨地；重者前冲后撞、狂躁不驯、挣扎脱缰，甚至攻击人畜。主要见于脑病和某些中毒病。

2. 抑制

轻者表现为头低耳耷，呆立不动，眼半闭，行动迟缓，反应迟钝；重者嗜睡，甚至昏迷倒地，意识丧失。鸡表现为羽毛蓬松，垂头缩颈，两翅下垂，闭眼呆立。主要见于热性病、重症病畜及某些脑病与中毒。

(二)营养与体格

畜禽的营养状况代表着机体内物质代谢的总水平，与饲养管理密切相关。临床根据肌肉的丰满程度、皮下脂肪蓄积量的多少和被毛状态等，将动物的营养状况分为营养良好、中等和不良三级。

1.营养良好

肌肉丰满，结构匀称，骨不显露，被毛有光泽，精神旺盛。幼畜发育正常，与同种同龄者相仿，肌肉坚实，体格健壮。

2.营养不良

动物消瘦，毛焦肷吊，皮肤松弛，骨骼表露。幼畜则较瘦弱矮小，发育迟缓。见于消化不良、长期腹泻、代谢障碍和某些慢性传染病、寄生虫病(如结核、鼻疽及肝片吸虫病等)。急剧消瘦，多由于急性高热病、剧烈腹泻引起。极度消瘦，并伴有全身机能衰竭，则为恶病质，为预后不良的表现。

(三)姿势与步态

各种动物都有其特有的生理姿势，健康动物姿态自然，动作灵活而协调。不同种类动物各有特点(站立、起卧、行走或奔跑、采食)。猪、羊饱食后喜卧，生人接触时即迅速起立；牛站立时常低头，采食后四肢集于腹下而伏卧，起立时先起后肢，动作缓慢而稳健，并常有间歇反刍、舌舔被毛动作；马站立时后肢轮流休息，偶尔卧下，但听到吆喝声立即起立。在病理状态下的异常姿势有如下几种。

1.异常站立

患畜表现为头颈平伸，肢体僵硬，不能屈曲，耳竖尾挺，形似“木马”，见于破伤风时；病马两前肢交叉站立而长时间不变，提示脑室积水；鸡两腿前后叉开，呈劈叉姿势，提示马立克病；病畜单肢悬空或不敢负重，提示肢蹄疼痛；两前肢后踏、两后肢前伸或四肢集于腹下，提示蹄叶炎；患风湿病时，病畜四肢常频频交替负重而示站立困难。

2.站立不稳

病畜躯体歪斜或四肢叉开，倚柱靠壁而站立，提示小脑、前庭或迷路神经核损伤；病鸡扭头曲颈，两肢屈曲，站立不稳，甚至躯体滚转，可见于鸡新城疫、维生素 B_1 缺乏或呋喃类药物中毒。

3.骚动不安

牛出现后肢踢腹、拧腰，多是腹痛表现；母牛拱背举尾，两后肢外展站立，频做排尿姿势，见于重剧阴道炎或子宫炎症；马(骡)表现前肢刨地，回顾腹部，不时起卧，为腹痛的表现，见于腹痛性疾病。

4.异常躺卧

病畜躺卧不能站立。昏迷性躺卧常见于脑病(脑膜脑炎、传染性脑脊髓炎等)后期、某些代谢病(乳牛生产瘫痪、醋酮血病、仔猪低血糖病)及某些中毒病等；意识清楚的躺卧，见于颈部脊髓损伤、蹄叶炎及重度软骨症；后躯瘫痪呈犬坐姿势，见于脊髓损伤、马肌红蛋白尿病等。

5.步态异常

病畜呈现跛行，多为四肢疾病表现；步态不稳，运步不协调(共济失调)，左右摇摆，形似醉酒状，多为中枢神经系统疾病或中毒、垂危病畜。

6.强迫性运动

病畜盲目徘徊、直线前进或行转圈运动，见于脑病、多头蚴病及食盐中毒等。

二、被毛和皮肤的检查

(一)被毛的检查

健康家畜的被毛匀整、柔润而富有光泽，家禽的羽毛平顺而有光泽，除换毛季节外(家畜多在春末，家禽多在秋末)，生长牢固不易脱落，抚摸畜体仅有少量被毛脱落。

被毛蓬松粗乱、失去光泽、易脱落、脆而易断，换毛(羽)迟缓，或在非换毛季节大量脱毛均是病理现象。临床常见于营养不良、慢性胃肠病、慢性消耗性疾病(结核、鼻疽、严重的寄生虫感染等)、皮肤病(湿疹)、外寄生虫感染(螨病、毛虱、鸡羽虱)等。某些微量元素缺乏或中毒时也可能出现脱毛现象，如锌缺乏时，羊、猪全身脱毛，牛大片脱毛，家禽翼羽和尾羽脱落；妊娠母畜碘缺乏时，新生羔羊广泛脱毛，新生仔猪全身无毛；慢性硒中毒时，牛、马尾根及尾部毛簇脱落，仔猪全身脱毛。

检查被毛时，还应注意被毛污染情况。当病畜腹泻时，肛门附近、尾根及飞节可被粪便污染。马(骡)腹痛时，由于起卧频繁，被毛被泥土污染。

(二)皮肤的检查

皮肤的检查方法有视诊和触诊，检查的内容包括皮肤的颜色、温度、湿度、气味、弹性、疹泡及肿胀等病变。

1. 颜色

皮肤颜色的检查仅对白色皮肤且被毛稀疏的动物有诊断意义。白猪颈侧、腹侧、股内侧皮肤上出现指压不褪色的小点状出血，多见于败血性疾病，如猪瘟；出现较大的指压褪色的红斑，见于猪丹毒；皮肤呈青白或蓝紫色，见于猪亚硝酸盐中毒及重症心、肺等疾病；仔猪耳尖、鼻盘发绀，见于仔猪副伤寒。

鸡冠、肉髯及耳垂为鲜红色，若呈蓝紫色，出现于鸡新城疫、禽霍乱或中毒性疾病；颜色变淡多为营养不良和贫血的表现。

2. 温度

健康家畜皮肤各个部位血管丰富程度与散热量不同，皮肤的温度也不尽相同，一般股内侧皮温较高，头、颈、躯干次之，尾部及四肢等末梢部位最低，但耳、鼻、唇常温热。动物在活动状态、兴奋、天气炎热时皮温增高，天气寒冷时皮温降低。检查皮温宜用手背或手掌行触诊。适于判定皮温的部位：牛、羊为角根、耳及四肢；猪为耳、鼻端；马可触摸耳、鼻、胸侧及四肢；禽类为肉髯。

病理状态下，皮温的变化有皮温增高、降低或皮温不均。全身皮温增高，见于发热性疾病，如猪瘟、猪丹毒等；局部皮温增高，见于局部炎症。全身皮温降低，见于心力衰竭、大失血、休克及牛生产瘫痪；局部皮肤发凉，见于局部水肿或神经麻痹。皮温不均表现为两耳温度不一致，一耳热，一耳凉，或者是一耳时热时凉，或者胸壁温度凉热不一，见于发热性疾病的体温上升期。

3. 湿度

通过观察及触诊进行检查。

皮肤的湿度主要取决于汗腺的发达程度及出汗的多少，各种动物汗腺的分布不一，出汗有差异。健康动物在安静状态下，汗液随即蒸发，当天气炎热，空气湿度过大，重役、惊恐等情况下，汗腺分泌加强，皮肤湿度增加，在耳根、肘后、股内侧多汗。

病理状态下多汗见于发热性疾病、剧痛性疾病、日射病与热射病、有机磷中毒、破伤风及伴有高度呼吸困难的疾病等，轻者在耳根、肘后、股内侧多汗，重者全身出汗。当动物虚脱、胃肠及其他内脏器官破裂及濒死期时，出大量黏腻冷汗，并伴有结膜苍白，四肢末梢发凉等症状。局限性多汗，多为局部病变或神经机能失调所致。皮肤干燥多见于脱水性疾病。

在牛中应特别注意对鼻镜的观察，健康牛鼻镜湿润，并均匀地附有少许水珠，触之有凉感。牛鼻镜干燥甚至龟裂，多见于发热性疾病、前胃弛缓、瓣胃阻塞及皱胃疾病。

健康猪的鼻盘表现湿润、凉感，鼻盘干燥常见于发热性疾病。

4. 弹性

检查皮肤弹性的部位：牛在最后肋骨部、小动物在背部、马在颈部。检查时将皮肤提起成皱襞，然后放开，观察恢复原状的时间长短，正常时很快恢复，恢复变慢，多见于营养不良、脱水，临床皮肤弹性测试主要用于脱水程度判断。

5. 疹疱

多发于被毛稀疏的部位，检查时应注意眼、唇、蹄部、趾间、尾下、二阴、腋下、乳头等处。皮肤上常见的疹泡有丘疹、荨麻疹、斑疹、水疱、脓疱等。

(1)丘疹　为皮肤乳头层浆液浸润，形成突出于皮肤表面的硬而小的圆形隆突，由小米粒到豌豆大，见于马传染性口炎、马流行性感冒、湿疹、羊口疮等。

(2)荨麻疹　多由于变态反应引起毛细血管扩张及损伤而发生真皮或表皮内水肿所致。其特征是皮肤表面散在鞭痕状隆起，由豌豆大至核桃大，表面平坦，有剧痒，迅速发生而又迅速消退，不留任何痕迹，见于某些饲料中毒，注射血清、疫苗，昆虫刺螫等。

(3)斑疹　斑疹是因弥散性皮肤充血和出血所致。只见局部发红。用手指压迫红色即退的称为红斑，见于猪丹毒；小而呈粒状的红斑称蔷薇疹，见于绵羊痘；皮肤上呈现密集的出血点，指压不褪色的为猪瘟。

(4)水疱和脓疱　为豌豆大小内含透明浆液性液体的小泡，呈淡黄色或淡红色、褐色，见于口蹄疫、痘病、湿疹等。当水疱内容物由浆液变为黄色或淡绿色时则为脓疱。

(5)皮肤溃疡　一般是由炎症、血液循环障碍、化学因素刺激和压迫所造成的组织坏死崩解的结果。其边缘清楚，表面污秽并伴有恶臭，见于猪坏死杆菌病、马皮肤鼻疽和褥疮等。

6. 肿胀

皮肤出现的肿胀有下列几种。

(1)皮下水肿　又称浮肿。其特征为皮肤紧张，表面扁平，指压留痕，呈捏粉样硬度，触诊无热、痛，有凉感。浮肿可因重度营养不良、心脏疾病、肾脏疾病、局部静脉或淋巴液回流受阻等原因引起。马、骡常发于胸下、腹下、阴囊、阴筒及四肢下部；牛、羊肝片吸虫病和牛创伤性心包炎，多发生下颌间隙、颈下及胸垂部水肿；猪患水肿病时，眼睑或面部水肿；雏鸡皮下淡绿色水肿见于硒及维生素 E 缺乏症。

(2)炎性水肿　其特征为皮肤紧张，局部隆起，触之有热、痛反应。

(3)皮下气肿　其特征为皮肤紧张，局部隆起，边缘轮廓不清，触诊有气体窜动的感觉和捻发音，依发生原因可分为窜入性气肿和腐败性气肿。

①窜入性气肿　其特征为缺乏炎症变化，局部无热、无痛，也无机能障碍。大多是由于食管、气管、肺发生破裂后，气体沿食管、气管、纵隔的周围组织窜入皮下组织，有时候也发生于肘后、腋窝或肩胛附近，主要是由于发生开裂性创伤后，在动物运动时空气被吸入所致。

②腐败性气肿　有明显的局部炎症反应，切开时流出暗红色泡沫样恶臭液体。常发生于肌肉丰满的臀部、股部及肩部，主要是由于感染产气菌所致，局部组织腐败分解产生的气体集聚于皮下组织。见于牛气肿疽、蜂窝织炎等。

(4)脓肿、血肿、淋巴外渗　共同的特征是肿胀部触之有不同程度的波动感，局部的温度不高。脓肿的特征是在形成初期有明显的热、痛、肿胀，多呈圆形突起，初期触诊坚实，而后从中央部开始逐渐变软，穿刺或自溃后流出脓汁，见于局部创伤或感染。血肿的形成迅速，初期局部微热且有波动感，穿刺物为血液，以后随血液凝固而逐渐变硬、变凉，与周围健康组织界限清楚，主要是由于皮下静脉破裂出血所致。淋巴外渗的特征是逐渐肿大，波动明显，局部温度不高，穿刺物为淋巴液，但穿刺之后可能再次胀满，多由于淋巴液回流受阻所致。

(5)疝　触之柔软，发生在脐、阴囊、会阴、腹壁等特定部位，触摸有疝环及整复试验具有还纳性而与其他肿胀相鉴别。

三、眼结膜的检查

眼结膜是易于检查的可视黏膜，具有丰富的毛细血管，其颜色变化除反映其局部的病变外，还可推断全身的血液循环状态及血液某些成分的改变，在诊断及预后判定上都有一定的意义。

(一)检查方法

首先观察眼睑有无肿胀、外伤及眼分泌物的数量、性状，然后检查眼结膜。检查牛时可一手握牛角，另一手握鼻中隔并扭转头部或用两手握牛角并向一侧扭转，使头偏向侧方即可观察巩膜、角膜和第三眼睑；欲检查眼结膜时，可用拇、食指拨开上、下眼睑观察(图 22-1)。检查羊、猪等小动物，可用两手拇、食指分别拨开上、下眼睑。检查马、骡的眼结膜时，一手持缰，另一手食指置于上眼睑，拇指放于下眼睑，食指向眼窝稍加压力，拇指同时拨开下眼睑，眼结膜即可显露(图 22-2)。

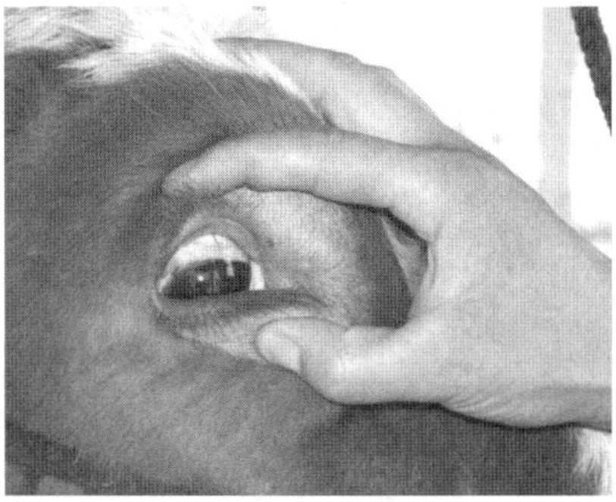

图 22-1　牛眼结膜检查手法

图 22-2　马眼结膜检查手法

(二)正常状态

健康动物双眼明亮,不羞明、不流泪,眼睑无肿胀,眼角无分泌物。牛结膜的颜色较淡,呈淡粉红色,水牛结膜颜色较深;猪、羊结膜呈粉红色;马、犬结膜呈淡红色。

(三)病理变化

眼结膜颜色的病理变化常见有以下几种。

1. 潮红

潮红是结膜毛细血管充血的象征。除局部的结膜炎之外,多为全身性血液循环障碍的表现。弥漫性潮红,常见于热性病、胃肠炎及重症腹痛病等;结膜潮红并见小血管扩张充血,呈树枝状,可见于脑炎、日射病、热射病及伴有血液循环严重障碍的一些疾病(心脏病)或心机能不全。

2. 苍白

苍白是贫血的象征。迅速发生苍白,见于大失血及内出血;渐进性苍白,可见于慢性失血、营养不良性贫血、再生障碍性贫血、溶血性贫血及慢性消耗性疾病过程中。

3. 黄染

黄染是血液中胆红素浓度增高的结果。常见于肝病、溶血性疾病及胆道阻塞等。

4. 发绀

发绀是缺氧的征象,呈蓝紫色,是血液中还原血红蛋白增多的结果。见于肺炎、循环障碍、某些中毒(如亚硝酸盐中毒)、心脏疾病等。

5. 出血

结膜上呈现出血点或出血斑,是因血管受到毒素作用使其通透性增大所致。可见于猪瘟、血斑病及梨形虫病等。

在进行眼结膜检查时,除注意其颜色的变化外,还应注意观察其他病理变化。如眼睑及结膜明显肿胀,羞明流泪,眼角部有多量分泌物,可见于流感、猪瘟、犬瘟热等。

角膜浑浊或生翳膜,甚至穿孔、溃疡,可见于角膜炎及各种眼病。

四、浅表淋巴结的检查

淋巴结是机体患病后最早的反应中心,浅表淋巴结的检查,对确定感染性疾病和某些传染病的诊断有一定的意义。

(一)检查方法

主要用触诊法,必要时采用穿刺检查。检查时应注意其大小、形状、硬度、敏感性及在皮下的移动性。

淋巴结体积较小并深在,临床上只能检查少数浅表的淋巴结。牛一般检查颌下、肩前、膝襞(髂下、股前、膝上)、乳上淋巴结(图 22-3、图 22-4),猪可检查腹股沟淋巴结(图 22-5),马检查下颌淋巴结(图 22-6)。

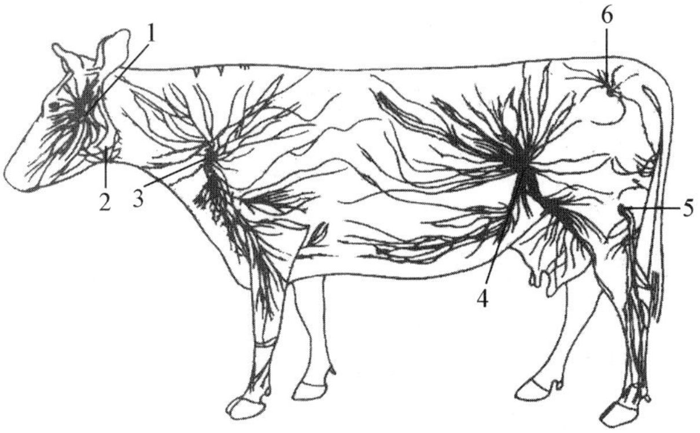

1.腮腺淋巴结　2.下颌淋巴结　3.颈浅淋巴结　4.髂下淋巴结
5.腘淋巴结　6.坐骨淋巴结

图 22-3　牛淋巴结和皮下淋巴管

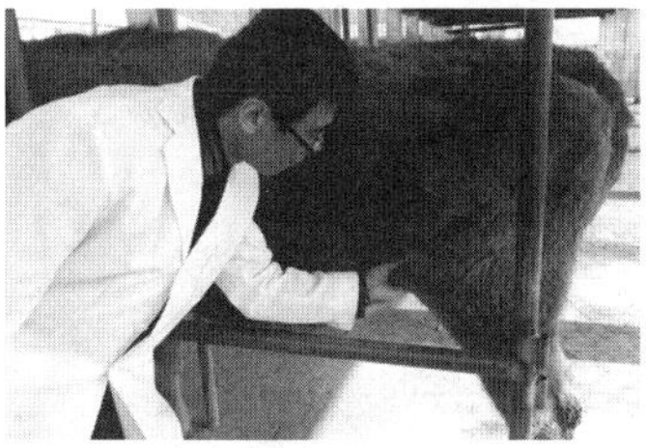

图 22-4　牛髂下淋巴结检查

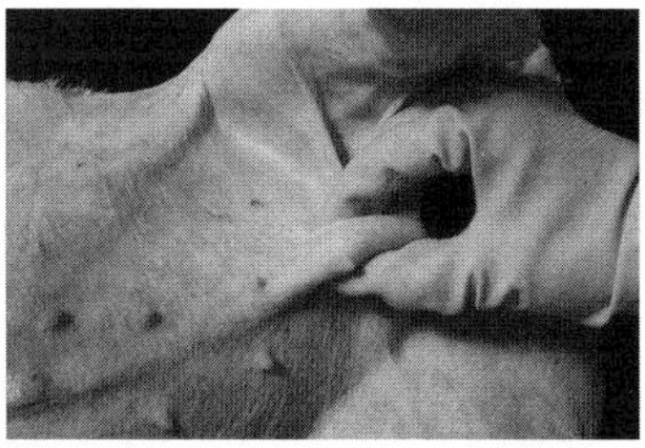

图 22-5　断奶仔猪腹股沟淋巴结检查

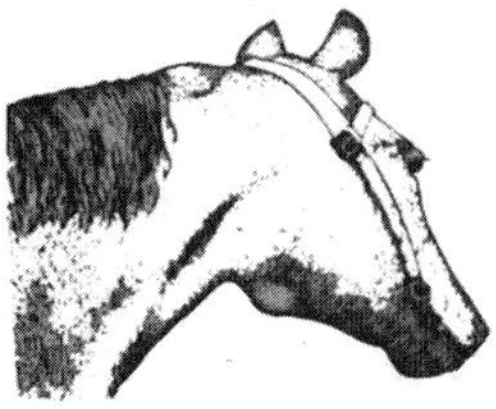

图 22-6　马下颌淋巴结肿大

（二）病理变化

1.急性肿胀

淋巴结体积增大，触之有热、痛反应，较硬。淋巴结的急性肿胀提示引流区域内组织、器官有急性感染。下颌淋巴结的急性肿胀见于牛结核病，肩前淋巴结肿胀见于牛泰勒虫病，猪瘟、猪丹毒时腹股沟淋巴结肿胀，全身淋巴结肿胀见于败血性疾病。

2.慢性肿胀

淋巴结肿大、坚硬、表面凹凸不平，与周围组织粘连无移动性，无热痛。淋巴结的慢性肿胀提示附近组织、器官有慢性感染。下颌淋巴结的慢性肿胀见于马慢性鼻疽、牛慢性结核病及放线菌病，还可见于淋巴结周围组织的慢性炎症过程中。全身淋巴结的慢性肿胀，常见于淋巴性白血病。

3.化脓

淋巴结肿胀，有热痛反应，触诊有波动感，肿胀部皮肤紧张，最后破溃流出脓汁，穿刺可抽吸出脓汁。如马腺疫的下颌淋巴结化脓。

五、体温、脉搏数及呼吸数的测定

体温、脉搏、呼吸是动物生命活动的重要生理指标，测定这些指标，对诊断疾病和判定预后有重要意义。

(一)体温的测定

1.测定方法

通常测直肠温度。如遇直肠发炎、频繁下痢或肛门松弛时,母畜可测阴道温度(比直肠温度低0.2～0.5 ℃)。家禽可测腋下温度(比直肠温度约低0.5 ℃)。

测温前,先将体温计水银柱甩至35 ℃以下,然后用酒精棉球擦拭消毒并涂上润滑剂,检温者站于动物的正后方(牛)或左侧(马),一手将动物尾根提起并推向对侧,另一手持体温计徐徐捻转插入肛门中(图22-7),放下尾巴后,将附有的夹子夹在尾毛或臀部被毛上。经3～5 min后取出,读数。

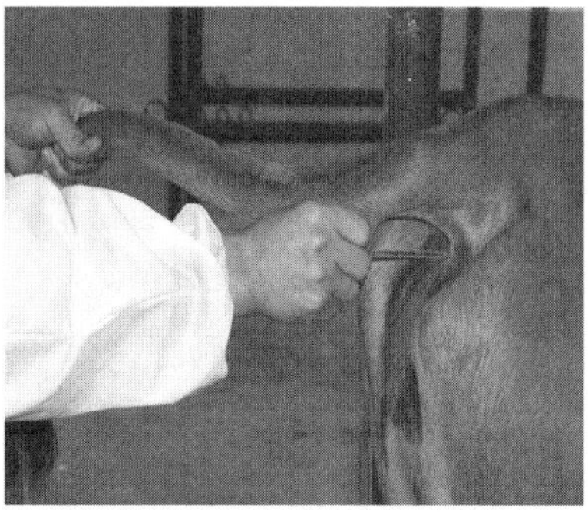
图22-7 牛体温测量法

健康动物的体温,清晨较低,午后稍高;幼龄动物较成年稍高;妊娠母畜较空怀母畜稍高;动物兴奋、运动、劳役后体温比安静时略高。这些生理性变动,一般在0.5 ℃内,最高不超过1 ℃。

2.正常体温

各种动物正常体温见表22-1。

表22-1 各种动物正常体温 ℃

动物种类	正常体温范围	动物种类	正常体温范围
黄牛、乳牛	37.5～39.5	鹿	38.0～39.0
水牛	36.5～38.5	犬	37.5～39.0
绵羊	38.5～40.0	猫	38.5～39.5
山羊	38.5～40.5	兔	38.0～39.5
猪	38.0～39.5	鸡	40.5～42.0
马	37.5～38.5	鸭	41.0～43.0
骡	38.5～39.0	鹅	40.0～41.0

3.病理变化

(1)体温升高 致热原(病原微生物及其毒素、代谢产物或组织细胞分解产物)作用于体温调节中枢,使产热增多,散热减少,体温升高,同时伴有全身症状,称为发热。发热时临床表现为皮温增高或皮温不均、末梢冷感,寒战、多汗,呼吸、脉搏增数,消化紊乱,食欲减退或废绝,尿少色深,尿中出现蛋白质,甚至出现肾上皮细胞及管型,白细胞增多等一系列病理变化过程。

根据体温升高的程度,可分为微热、中热、高热和极高热四种。

微热:体温升高0.5～1 ℃。见于局限性炎症及轻症疾病,如口炎、鼻炎、胃肠卡他等。

中热:体温升高1～2 ℃。见于消化道和呼吸道的一般性炎症及某些亚急性、慢性传染病,如胃肠炎、咽喉炎、支气管炎、慢性马鼻疽、牛结核、布鲁氏菌病等。

高热:体温升高2～3 ℃。见于急性传染病和广泛性炎症,如猪瘟、猪肺疫、牛肺疫、马腺疫、流行性感冒、小叶性肺炎、大叶性肺炎、急性弥漫性腹膜炎与胸膜炎等。

极高热：体温升高 3 ℃以上。见于严重的急性传染病，如传染性胸膜肺炎、炭疽、猪丹毒、脓毒败血症、日射病和热射病等。

(2)体温降低　机体产热不足或体热散失过多，致使体温低于常温。见于大失血，内脏破裂，严重脑病及中毒性疾病，产后瘫痪，休克，濒死期等。发热性疾病在发热期的体温突然下降，或体温下降至 35 ℃以下多为预后不良的表现。

(3)热型变化　将每日上、下午所测得体温分别记录在体温单上，并将数值点连接成曲线，曲线的表现形式称为热型，热型可分为以下四种。

稽留热：高热持续 3～5 d，每日温差变动在 1 ℃以内，是因致热原在血液内持续存在，并不断地刺激体温调节中枢所致。见于猪瘟、大叶性肺炎、炭疽等。

弛张热：体温升高后，持续 7～10 d，每天的温度变动常超过 1 ℃，但又不降至正常。见于败血症、化脓性疾病、支气管肺炎等。

间歇热：发热期与无热期交替出现。见于牛伊氏锥虫病、亚急性和慢性马传染性贫血、亚急性和慢性钩端螺旋体病等。

不规则热：体温的变化不规则，每日温差或小或大，无一定规律。可见于一些非典型性的疾病，如支气管炎、胸膜炎、牛结核、慢性猪瘟等。

4. 注意事项

(1)门诊病畜，应适当休息待其安静后再测定。

(2)测温时应注意人畜安全；体温表大动物插入 2/3，小动物不宜过深。

(3)勿将体温表插入宿粪中，应排出宿粪后再进行测定。

(二)脉搏数的测定

脉搏数即每分钟的脉搏次数，以“次/min”表示。

1. 测定部位及方法

牛和骆驼可检查尾中动脉，检查者站在牛正后方，左手抬起尾部，右手拇指放于尾根背面，用食、中指在距尾根 10 cm 左右处检查(图 22-8)，牛也可检查颌外动脉(图 22-9)；羊(图 22-10)、猪(图 22-11)、犬可检查后肢股动脉；马可检查颌外动脉，检查者站于马头一侧，一手握笼头，另一手拇指置于下颌骨外侧，将食、中指伸入下颌支内侧，沿血管切迹向内，往上前后滑动，发现动脉血管后，用指轻压即可触知(图 22-12)。

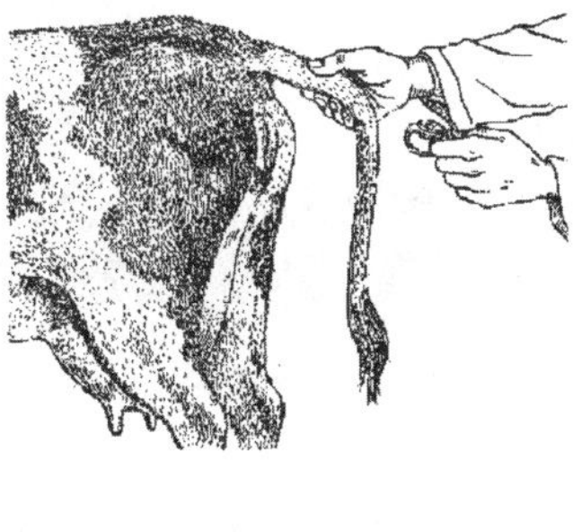

图 22-8　牛尾中动脉脉搏测定

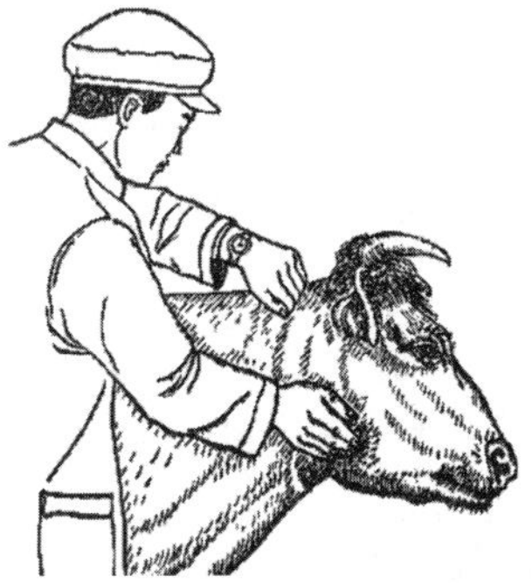

图 22-9　牛颌外动脉脉搏测定

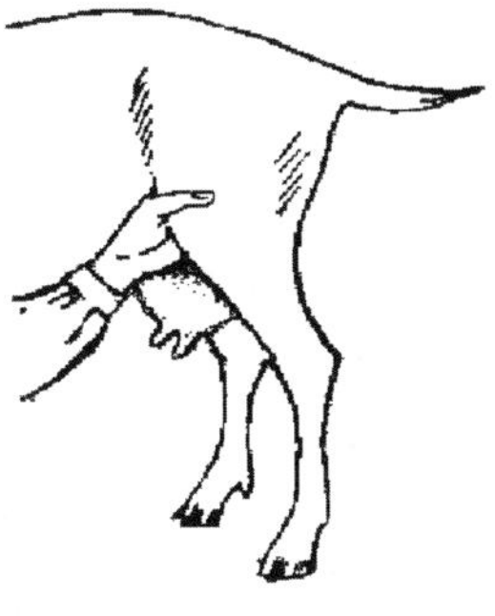

图 22-10　羊脉搏测定

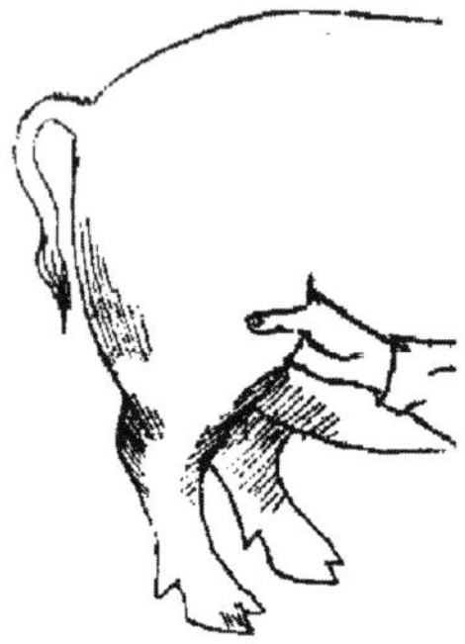

图 22-11 猪脉搏测定

图 22-12 马颌外动脉脉搏测定

2. 正常脉搏数

各种动物正常脉搏数见表 22-2。

表 22-2 各种动物正常脉搏数 次/min

动物种类	脉搏数	动物种类	脉搏数
牛	40～80	马、骡	30～45
水牛	40～60	猫	110～130
羊	60～80	犬	70～120
猪	60～80	兔	120～140
鹿	36～78	禽	120～200

动物的脉搏数受年龄、兴奋、运动、劳役等生理因素的影响，会发生一定程度的变化。

3. 病理变化

(1)脉搏数增多　可见于多数热性病；某些心脏病、严重贫血；剧痛性疾病及某些中毒病等。

(2)脉搏数减少　主要见于颅内压增高的脑病、中毒及胆血症。

(三)呼吸数的测定

呼吸数即每分钟的呼吸次数，又称呼吸频率，以"次/min"表示。

1. 测定方法

可根据胸腹部起伏动作而测定，一起一伏为一次呼吸；寒冷季节可通过观察呼出气流来测定(图 22-13)；鸡的呼吸数可通过观察肛门下部羽毛起伏动作来测定。

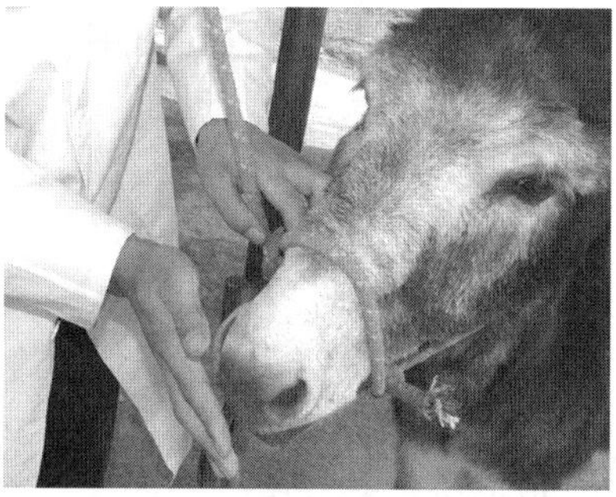

图 22-13 呼吸数的测定

2. 正常值(表 22-3)

影响呼吸数生理性变动的条件，通常有以下几个方面：畜别、品种、性别、年龄、体质及营养状态；动物的生产性能及所处状态；外界环境中温度、湿度和地理特点。

表 22-3　各种动物正常呼吸数　次/min

动物种类	呼吸数	动物种类	呼吸数
黄牛、奶牛	10～30	犬	10～30
水牛	10～50	猫	10～30
骆驼	6～15	兔	50～60
绵羊、山羊	12～30	貂	30～50
猪	18～30	鹿	15～25
马、骡、驴	8～16	鸡、鸭、鹅	15～30

动物的呼吸数，受某些生理因素和外界条件的影响，可引起一定的变动。幼畜比成年动物稍多；妊娠母畜可增多；运动、使役、兴奋时可增多；当外界温度过高时，某些动物（如水牛、绵羊等）可显著增多；奶牛吃饱后取卧位时，呼吸数明显增多。

3. 病理变化

（1）呼吸数增加　见于肺部疾病，热性病，贫血与失血性疾病，腹压显著增高使膈运动受阻的疾病，疼痛性疾病，中毒，心脏病。

（2）呼吸数减少　多见于颅内压显著增高的疾病（如脑炎、脑水肿等）、某些代谢病（如产后瘫痪、酮血病等）及高度吸入性呼吸困难。

【学习要求】

识记　热型，稽留热，弛张热，间歇热，不规则热。

理解　整体状态检查的内容，被毛检查的内容，皮肤检查的内容，常见畜禽的生理指标。

应用　一般检查的内容，临床上常见的异常姿势及临床意义，皮肤肿胀常见的病理表现及临床意义，眼结膜颜色的病理变化及临床意义，各种家畜常检的浅表淋巴结，浅表淋巴结常见病变及临床意义，体温、脉搏数、呼吸数的测定方法，脉搏、呼吸的病理变化及临床意义，体温升高的程度及临床意义，热型及其临床意义。

项目二十三
系统检查

【学习目标】

• 掌握心搏动的检查方法；熟悉心音的听诊部位和心音特征，会区别异常心音并能做出判断；熟悉脉搏的检查部位和方法，会判断脉搏性质；理解静脉搏的异常表现。

• 会进行呼吸运动的检查，能对呼吸类型、呼吸对称性、呼吸节律和呼吸困难进行判定；能正确判别呼出气、咳嗽、鼻液的性质；会进行上呼吸道的检查；熟悉肺部叩诊区的确定，能正确进行听诊和叩诊检查；了解肺部叩诊和听诊的异常表现。

• 能对动物的饮食状态进行检查判定；会进行口腔、咽、食道的检查；能进行胃肠检查和判定；能对动物排粪状态和粪便进行检查判定；了解动物的直肠检查和肝脾检查。

• 能识别畜禽精神状态的异常表现；会识别动物运动障碍并作出分析判断；会进行基本的反射机能检查并作出判断。

【学习内容】

任务一　心血管系统检查

心血管系统的机能状况影响全身各器官的机能，其他器官的疾病，特别是某些传染病和其他的重症疾病过程中，也引起心血管系统的机能紊乱和形态学的变化，甚至因心脏机能衰竭而死亡，因此心血管系统的检查，不仅对心血管本身机能的判定十分重要，而且对推断疾病预后有十分重要的意义。

一、心脏的检查

(一)心搏动检查

1. 检查方法

被检动物取站立姿势，左前肢向前伸出半步，充分显露心区。检查人员位于动物左侧方。视诊时，仔细观察左侧肘后心区被毛及胸壁的震动情况；触诊时，左手放于动物的鬐甲部，右手的手掌紧贴于被检动物的左侧肘后心区，感知胸壁震动的强度及频率(图 23-1)。

2. 正常状态

健康动物随每次心室的收缩而引起左侧心区附近胸壁的轻微震动。震动强度受动物营养状态和胸壁厚度的影响。动物在运动过后、兴奋或恐慌时，也可见有生理性的搏动增强。

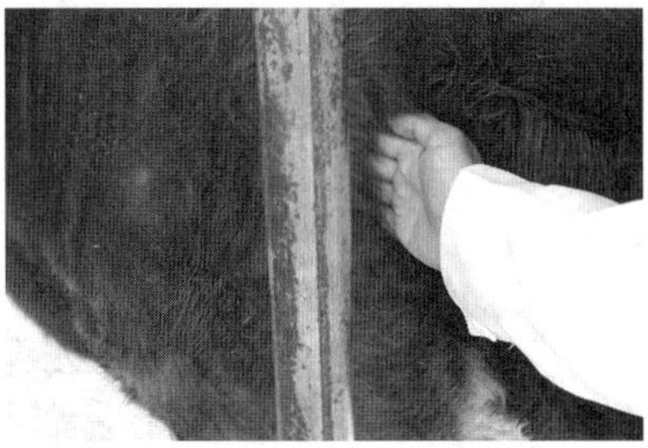
图 23-1　心搏动触诊

3. 病理变化

(1)心搏动增强　可见于各种原因引起的心机能亢进，如热性病的初期，剧烈的疼痛性疾病，心肌炎，急性心力衰竭，贫血等。心搏动过度增强，可随心搏动而引起病畜全身的震动，称为心悸。

(2)心搏动减弱　表现为心区的震动微弱，见于各种原因引起的心脏衰弱，渗出性心包炎(如牛创伤性心包炎)，胸腔积水，垂危病畜。

(3)心搏动移位　向前移位，向右移位。

(4)心区压痛　见于心包炎、胸膜炎。

(二)心脏的叩诊

1. 检查方法

被检动物取站立姿势，左前肢向前伸出半步，充分显露心区。

大动物宜用锤板叩诊法，小动物用指指叩诊法。

沿肩胛骨后角向下的垂线进行叩诊，直至心区，同时标记由清音转变为浊音的一点；再沿与前一垂线呈 45°角左右的斜线，由心区向后上方叩诊，并标记由浊音变为清音的一点；连接两点所形成的弧线，即为心脏浊音区的后上界。

2. 正常状态

马的心脏叩诊区，在左侧呈近似的不等边三角形，其顶点位于第 3 肋间距肩关节水平线向下 3～4 cm 处；由该点向后下方引一弧线并止于第 6 肋骨下端，为其后上界(图 23-2)。

在心区反复地用较强和较弱的叩诊进行检查，依产生浊音及半浊音的区域，可判定马的心脏绝对浊音区(心直接与胸壁接触的部分)及相对浊音区(心大部分被肺脏掩盖的部分，标志着心脏的真正大小)。相对浊音区在绝对浊音区的后上方，呈带状，宽 3～4 cm。牛仅在左侧第 3、4 肋间，胸廓下 1/3 的中央部，只有相对浊音区，且其范围较小。羊的类似于牛。犬、猫的绝对浊音区，在左侧第 4～6 肋间，前缘达第 4 肋骨，上缘达肋骨和肋软骨结合部，后缘无明显界限。

1. 绝对浊音区　2. 相对浊音区
图 23-2　心脏的叩诊区

3. 病理变化

(1)心脏叩诊浊音区缩小　主要提示肺气肿(绝对浊音区缩小)。

(2)心脏叩诊浊音区扩大　可见于心肥大、心扩张以及渗出性心包炎、心包积水(相对浊音区扩大)，肺萎缩(绝对浊音区扩大)。

(3)心区敏感　当心区叩诊时，动物表现回顾、躲闪或反抗呈疼痛不安，是心区敏感反应，见于心包炎、胸膜炎。

(4)心区鼓音　当牛患创伤性心包炎时，除浊音区扩大、呈敏感反应外，有时可呈鼓音或浊鼓音。

(三)心脏的听诊

1. 听诊方法

动物取站立姿势，左前肢向前伸出半步，充分显露心区。将听诊器集音头按压于心区听诊(图 23-3)。若心音微弱而听不清，可使动物做短暂的运动，在运动之后立即听取。

听取心音时，应注意心音的频率、强度、性质、节律和心杂音等。

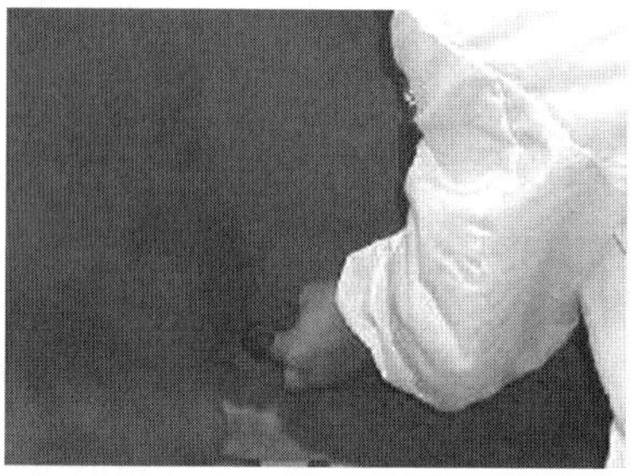

图 23-3　心脏听诊

2. 正常心音

在一个心动周期内，可以听到两种不同的声音，分别称为第一心音和第二心音，其声音的音响为“咚-塔”，其中前一个低而浊的长音是第一心音(心缩音)，后一个稍高而短的是第二心音(心舒音)。心肌舒缩、瓣膜启闭和血流是产生心音的基础，不同动物心音的特征有差别。牛的第一心音较清晰，但持续时间较短。水牛及骆驼的心音不如牛的清晰。猪的心音较浑浊，第一心音与第二心音的间隔大致相等。马第一心音的音调较低，持续时间长且音尾拖长；第二心音短促、清脆，音尾突然终止。犬的心音清晰，第一心音与第二心音的音调、强度、间隔及持续时间大致相等。

3. 病理变化

(1)心音频率的改变　计测每分钟心跳次数(心率)，高于正常，称为心率过快，往往是心脏储备力不良的标志；低于正常，称心率徐缓，一般见于迷走神经兴奋、心脏传导功能障碍。

(2)心音强度的改变

①心音增强　心音强度的改变，与心脏收缩的强度和传导介质状态所决定。表现为两个心音同时增强或减弱，也可以表现为某一心音的增强或减弱。

A. 第一、二心音均增强　见于非心脏病和心脏病代偿时，如热性病初期，伴有剧痛性疾病及心脏肥大。

B. 单纯的第一心音增强　见于心室收缩力增强和心脏排血量增加，房室瓣张开较大且位置低，乳头肌机能失调，单纯性二尖瓣狭窄，心动过速而第二心音减弱的疾病。

C. 第二心音增强　由于肺动脉压及主动脉血压升高所致，可见于肺气肿、肺淤血、二尖瓣关闭不全、肾炎、左心肥大、高血压。

②心音减弱

A. 第一、二心音均减弱　可见于心机能障碍的后期以及渗出性胸膜炎或心包炎、肺气肿等。

B. 第一心音减弱　一般见于心室收缩力减弱、房室瓣纤维化或钙化、心室收缩时房室瓣位置过高。

C. 第二心音减弱甚至消失　见于大失血、高度心力衰竭、休克与虚脱(血容量减少性疾病)、主动脉根部血压降低的疾病(如主动脉口狭窄、主动脉瓣闭锁不全)，在临床中比较多见。

第二心音显著减弱并伴有心率过速、心律不齐，常为垂危之兆，预后谨慎。

(3)心音性质的改变

①心音浑浊　主要是心肌变性或心肌营养不良、瓣膜病变，使心肌收缩无力或瓣膜活动不充分而引起的。见于热性病、贫血、高度衰竭症等。

②胎性心音　酷似胎儿心音，又类似钟摆"滴答"声，故称"钟摆律"，提示着心肌损害。

③奔马律　又称为三音律，听到的是一种低调而沉闷的声音，常出现于心率较快时，三个心音如同"勒-滴-嗒"(le-de-da)三个字连读的联律，状如马奔跑时的蹄声，是舒张期由心室震动所产生。舒张期奔马律的出现常常表示心肌功能衰竭或即将衰竭，见于严重的心肌损害，提示预后不良，故有人称为"心脏呼救声"。

(4)心音分裂和重复　即第一或第二心音变为两个音响，这两个声音的性质与心音完全一致。间隔较短的叫心音分裂；间隔较长的，称心音重复。其诊断意义相同，一般将二者概括地称为心音分裂，而不加详细区分。

①第一心音分裂　实际上只能听到第一心音的延长或模糊，第一部分较响，第二部分低浊，呈"特拉-塔"(tra-ta)的音响。由左(二尖瓣)、右(三尖瓣)房室瓣关闭时间不一致造成，见于重度心肌损害而致的传导机能障碍。具体包括完全性右束支传导阻滞、起源于左心室的异位心律、一侧心室衰竭、三尖瓣狭窄、肺动脉高压症、先天性心脏病。在健康马、牛因运动、兴奋或一时性血压升高，而出现第一心音分裂，但安静后便自然消失，并无诊断意义。

②第二心音分裂　在正常情况下，主动脉瓣比肺动脉瓣关闭略早。如果两者的时距超过0.03 s，并能听到第二心音分裂为二，即称为第二心音分裂。类似"塔-特拉"(ta-tra)的音响。其原因有生理性分裂(吸气性分裂)，至于病理性分裂，造成肺动脉瓣关闭延迟的原因包括完全性右束支传导阻滞、左心室异位搏动、肺动脉口狭窄、肺动脉高压并发右心衰竭、房间隔缺损等。造成主动脉瓣提早关闭的原因包括二尖瓣关闭不全、室间隔缺损等，主要反映主动脉与肺动脉根部血压有较悬殊的差异，如左、右心室某一方的血液量少或主动脉、肺动脉某一方的血压低，则其心室收缩时间短，而其动脉根部的半月瓣提早关闭，遂造成第二心音分裂，可见于重度的肺充血或肾炎。

(5)心杂音　心杂音是伴随心脏活动而产生的正常心音以外的附加音响。依形成部位不同，可分为心外性杂音和心内性杂音。

①心外性杂音　可分为心包摩擦音和心包拍水音等。

A.心包摩擦音　由于炎症和渗出的纤维素附着，心包壁层与脏层变粗糙，随心脏搏动，两层膜面摩擦而出现杂音，可见于牛纤维素性心包炎。另外，当机体高度脱水，心包腔干燥时，也会出现心包摩擦音。

B.心包拍水音　当心包腔内蓄积液体时，随心脏的搏动而引起振荡所产生的音响，常在心尖部明显，较粗糙，如皮革摩擦音。见于牛创伤性心包炎渗出期或心包积水。如果心包腔内同时积有多量气体，则往往能听到金属音，见于腐败性心包炎。

②心内性杂音　是心内瓣膜及其相应的瓣膜口发生形态改变或血液性质发生变化时，伴随心脏的活动而产生的杂音。依心内膜有否器质性病变而分为器质性杂音与非器质性杂音。

A.器质性心内杂音　是由于某一瓣膜或其周围组织增生、肥厚、粘连或缺损造成瓣膜闭锁不全或瓣膜口狭窄而引起的一种杂音。其主要原因涉及先天性心脏缺陷及后天性瓣膜病。如室间隔缺损、细菌性心内膜炎。

瓣膜闭锁不全——心脏在收缩或舒张过程中，因瓣膜间留有孔隙，血液通过孔隙逆流，形成漩涡而产生杂音。房室瓣闭锁不全时，杂音出现于心缩期（听诊时呈全收缩期递减型、吹风样杂音，二尖瓣比三尖瓣的病变发生多）；半月瓣闭锁不全时，杂音出现于心舒期（听诊时呈递减型、高音调吹风样杂音，有时是哨音）。

瓣口狭窄——心脏在收缩或舒张过程中，因瓣口狭窄，血液流经此狭窄瓣口时，形成漩涡而产生杂音。房室口狭窄，杂音出现于心舒期（听诊时呈递增型、雷鸣样杂音）；动脉口狭窄时，杂音出现于心缩期（听诊时呈喷射性杂音、粗糙、刺耳，或嘈杂声，主动脉瓣的病变比肺动脉瓣严重，发生的也比较多）。

B.非器质性心内杂音　是因机能变化而引起的一种可随病情好转而消失的暂时性杂音，又称机能性心内杂音。

相对闭锁不全性杂音——是由于心肌高度扩张，房室瓣不能完全闭锁房室口，形成相对性的房室瓣闭锁不全，当心脏收缩血液逆流时产生杂音，见于心扩张（易听到杂音）、心肌弛缓或心腔内血液淤滞。

贫血性杂音——是当血液变稀薄时，随心脏收缩而流速加快，震动大动脉瓣和动脉壁而产生的杂音，见于严重贫血。

另外，在发热、甲状腺功能亢进、运动、兴奋、怀孕等状态下，由于心排血量增加，血流加快；在发热、营养不良状态下，由于乳头肌弛缓，从而发生收缩期杂音。不同心杂音的区别见表 23-1。

表 23-1　心杂音鉴别诊断表

杂音鉴别要点	器质性心内杂音	非器质性心内杂音
出现时间	一般见于心收缩期和舒张期	一般见于心收缩期
持续时间	较长	短促
强度	可以达到三级以上	在休息时罕有超过二级的
性质	尖锐、粗糙、锯木样或搔抓样	柔和、吹风样或乐音样
传导性	可沿血流方向传导较远	局限性，传导不远，在心排血量增多时，可在较广范围听到
稳定性	经常存在	经休息或治疗后消失
运动或应用强心剂	杂音增强	杂音改变不定

(6)心音节律的改变　在一些致病因素的影响下，如果心脏的冲动发生和传导分布程序不正常，则心音常出现快慢不等、强弱不定、间隔不一致，称为心律失常或心律不齐。常见的有以下几种。

①窦性心律不齐　窦房结产生兴奋的速率不一致，而引起心率在较短时间内，出现增快与减慢的交替现象，又称呼吸性心律不齐。其特点是心率在正常范围内，但节律稍呈加快或减慢交替出现，即吸气时快而呼气时慢；利用某些因素（如运动、注射阿托品等）的影响而使心率加快时，多能消失。常见于健康犬、猫和幼驹，在成年马则见于慢性肺气肿、肺炎等。

②期前收缩　期前收缩是由窦房结以外的异位兴奋灶发出的过早兴奋而引起的比正常心搏动提前出现的搏动。期前收缩经常取代了该次本来应发生的正常收缩，因而在其后面有一

个比平常延长的间歇期,称代偿间歇期。听诊时的特点:期前收缩如果发生在心室舒张初期,则第二心音消失,成为单心音,同时,脉搏短绌;期前收缩如果发生在心室舒张后期,则第一心音较强,第二心音减弱,同时脉搏细弱。诊断意义:偶发的、散在的期前收缩常见于健康马,特别是过劳、紧张状态时。频繁的、有规律的、多发性期前收缩常为病理性的,见于器质性心脏病、心力衰竭、缺钾及药物中毒等。

二、脉管的检查

(一)动脉脉搏的检查

1. 脉搏的频率

详见模块三项目二十二的一般检查。

2. 脉搏的性质

根据脉搏的大小、强度、充盈状态及脉管的紧张性,脉搏性质的变化主要有下列几种。

(1)强大脉和弱小脉　脉搏的强弱是指脉搏的波动力量,脉搏的大小是指脉管壁振幅的大小。强大脉也称洪大脉,其特点是脉搏冲击检指的力量强,抬举检指的高度大,是心脏收缩力强,心输出量大,收缩压高,脉压差增大的表现,可见于热性病初期、心脏肥大和心机能亢进。弱小脉是弱、小、充盈不足的脉搏,其特点是脉搏冲击检指的力量弱,抬举检指的高度小,为心脏收缩力减弱,心输出量少,收缩压低,脉压差变小的表现,见于心力衰竭及失血。若脉搏不感于手,常为病危之兆。

(2)软脉与硬脉　脉搏的软硬是由动脉管壁的紧张度决定的,根据脉管对手指的抵抗力来判定。软脉以检指轻压即消失,为脉管紧张度降低,脉管弛缓的表现,见于心力衰竭、长期发热及大失血;硬脉又称弦脉,对指压的抵抗力大,为血管紧张度增高的表现,见于破伤风、急性肾炎及疼痛性疾病过程中。

(3)实脉与虚脉　脉管虚实是指脉管的充盈度大小,主要由心输出量和循环血量所决定。实脉脉管内径大、血液充盈,为循环血量充足和心脏功能代偿性增强的表现,见于热性病初期及心脏肥大;虚脉脉管内径小,血液充盈不良,为循环血量不足的表现,见于大失血与严重脱水。

(4)迟脉与速脉　根据脉搏波形变化特性可分为迟脉与速脉。脉搏的迟速并非其频率的快慢,而是指动脉内压力的上升与下降的速度。迟脉其脉搏上升缓慢而持久,手指感到徐来慢去;速脉则急剧上升又突然下降,指下有骤来而急去之感。迟脉见于主动脉口狭窄,速脉见于主动脉半月瓣闭锁不全。

3. 脉搏的节律

脉搏的节律是指每次搏动间隔时间的均匀性及每次搏动的强弱。健康动物,每次脉搏的间隔时间均等且强度一致,称有节律的脉搏。每次脉搏的间隔时间不等或强弱不一致,称脉搏节律不齐。节律不齐见于心脏疾病、黄疸、颅内压升高及某些中毒等。

(二)浅在静脉的检查

1. 静脉充盈状态

全身静脉血液回流受阻,引起静脉血管内血量增多,静脉呈过度充盈状态,尤以颈静脉、胸外静脉、股内静脉表现明显,常呈索状怒张,严重时可伴发局部水肿和体腔积液,常见于牛的创伤性心包炎。

2. 颈静脉搏动检查

颈静脉有时可见随心脏活动而由颈后部向颈上部逆行的搏动，称颈静脉搏动。当右心房收缩时，由于腔静脉血液回流入心的一时受阻及部分静脉血液逆流并波及颈静脉所引起，所以这种搏动出现于心房收缩与心室舒张的时期，逆行搏动不超过颈下部的 1/3，这是生理现象。如搏动高度超过颈下部的 1/3，多示病态。

(1)心房性颈静脉搏动　搏动出现于心房收缩、心室舒张的过程中，在颈静脉近心端用手指加压后，近心端及远心端的搏动均消失，这是心房性(阴性)搏动的特征，见于心脏衰弱、右心淤滞。

(2)心室性颈静脉搏动　搏动出现于心室收缩过程中(与心搏动及动脉搏动相一致)，在颈静脉近心端用手指加压后，其近心端的搏动仍存在，这是心室性(阳性)搏动的特点，心室性颈静脉搏动是三尖瓣闭锁不全的特征。

应注意，有时因颈动脉的过强搏动可引起颈静脉处发生类似的搏动，称伪性颈静脉搏动。

任务二　呼吸系统检查

呼吸系统的发病仅次于消化系统，许多传染病(如巴氏杆菌病、牛肺疫、副猪嗜血杆菌病、猪支原体肺炎、肺结核、禽呼吸道传染病等)及某些寄生虫病(如牛、羊、猪的肺线虫病)，都可侵害呼吸系统而致病。因此，呼吸系统的检查有重要的实际意义。

一、呼吸运动检查

家畜呼吸时，鼻翼、胸廓和腹壁呈现有节律的协调运动，称为呼吸运动。呼吸运动的检查主要包括：呼吸频率、呼吸类型、呼吸的对称性、呼吸节律和呼吸困难的检查。

(一)呼吸频率

详见模块三项目二十二的一般检查。

(二)呼吸类型

呼吸类型也称为呼吸方式，是指呼吸时胸壁与腹壁起伏动作强度的对比。健康家畜呼吸时胸壁与腹壁的运动协调，强度也大致相等，称为胸腹式呼吸，只有犬例外，属于胸式呼吸。呼吸类型的改变有以下 2 种类型：

1. 胸式呼吸

特征为呼吸活动中胸壁的起伏动作比较明显，而腹壁运动微弱。为膈肌、腹壁、腹膜有病或腹腔器官有某些能使腹内压增高而影响膈肌运动疾病的表现。见于急性腹膜炎、瘤胃臌气、重度肠臌气、膈肌麻痹或破裂、腹腔大量积液等。

2. 腹式呼吸

特征为呼吸活动中腹壁的起伏动作比较明显，而胸壁活动微弱。为胸壁及胸腔器官有病的表现。见于肺气肿、胸膜炎、胸膜肺炎、肋骨骨折、胸腔大量积液等。

(三)呼吸的对称性

健康家畜呼吸时，两侧胸壁的起伏强度均匀一致，称呼吸对称。如胸部疾患发生于一侧时，则患侧的呼吸运动减弱或消失，而健康一侧的呼吸运动出现代偿性加强。见于单侧性胸膜炎、胸膜肺炎、肋骨骨折、气胸等。

(四)呼吸节律

健康动物吸气与呼气所持续的时间有一定的比例，动物每次呼吸的强度一致，间隔时间相等，称为节律性呼吸。呼吸节律可受兴奋、运动、喷鼻、咳嗽、嗅闻等生理因素的影响，发生暂时改变，但很快恢复正常，呼吸节律的病理性改变，常有以下几种情形。

1. 间断性呼吸

其特征是在呼吸时出现多次短促的吸气或呼气动作。是由于病畜先抑制呼吸，然后补偿以短促的吸气或呼气所致。常见于细支气管炎、慢性肺泡气肿、胸膜炎等。有时也见于呼吸中枢兴奋性降低的疾病(如脑炎、中毒)及濒死期等。

2. 陈-施二氏呼吸

又称潮式呼吸，特征是呼吸逐渐加强、加深、加快，当达到高峰后，又逐渐变弱、变浅、变慢，最后呼吸暂停(数秒至数十秒)，然后又以同样方式出现(图 23-4)。是呼吸机能衰竭的早期表现，见于脑病、心力衰竭、某些中毒性疾病及呼吸中枢兴奋性减退等。

3. 毕欧特氏呼吸

又称间歇呼吸，特征是数次连续而深度大致相等的呼吸后，出现一短时的呼吸暂停(图 23-5)。主要见于脑膜炎、某些中毒病。

4. 库斯茂尔氏呼吸

又称深长呼吸，特征是呼吸不中断，呈深而慢的大呼吸，呼吸次数减少(图 23-6)。是呼吸机能衰竭的晚期表现，见于濒死期、脑及脑膜疾病、大失血及严重代谢性酸中毒等。

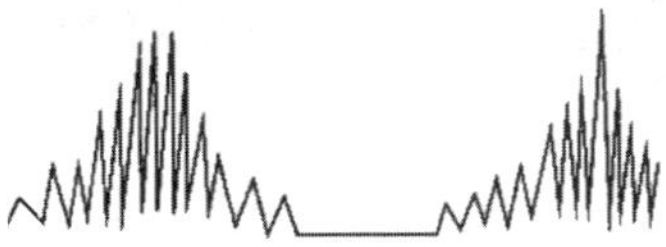

图 23-4　陈-施二氏呼吸

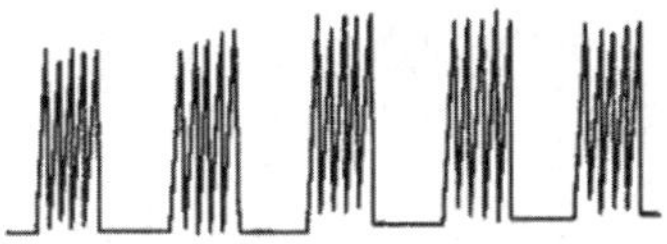

图 23-5　毕欧特氏呼吸

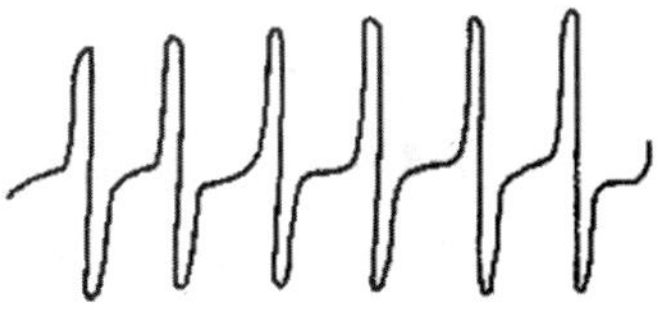

图 23-6　库斯茂尔氏呼吸

(五)呼吸困难

呼吸运动加强，呼吸频率改变，辅助呼吸肌参与呼吸活动，并伴随呼吸节律及呼吸类型的变化，称为呼吸困难。根据呼吸困难产生的原因及其表现形式，可分为三种类型。

1. 呼气性呼吸困难

特征是呼气时间延长，呼气用力，辅助呼气肌参与呼气活动。临床表现为病畜呼气时脊背弓曲，腹肌强力收缩，腹部动作明显加强，肛门突出，多呈二段呼气，严重时可见沿肋弓形成较深的凹陷(喘线或喘沟)。为肺泡壁组织弹性减弱或细支气管狭窄，而致肺泡内空气排出障碍的表现，见于肺泡气肿、急性细支气管炎、胸膜肺炎等。

2. 吸气性呼吸困难

特征是吸气时间延长，吸气费力，辅助吸气肌参与吸气活动。临床表现为病畜吸气时，鼻孔张大，头颈伸直，肘突外展，胸廓开张，严重者张口吸气，肛门内陷，可闻类似口哨的吸气狭窄音。为上呼吸道狭窄，空气吸入发生障碍的表现，见于上呼吸道狭窄性疾病，如鼻腔狭窄、喉水肿、咽喉炎、马腺疫及猪传染性萎缩性鼻炎、鸡传染性喉气管炎等。

3. 混合性呼吸困难

吸气与呼气均发生困难，同时伴有呼吸频率的增加，甚至呼吸节律的改变。引起的原因有肺内换气障碍，血氧浓度下降，血氧的运输障碍，组织对氧的利用障碍，或者呼吸中枢机能障碍等。见于各型肺炎、肺水肿、肺气肿、各型严重贫血、支气管炎、肺及胸膜疾病、心机能障碍、某些脑病等。

二、呼出气、鼻液、咳嗽的检查

(一)呼出气的检查

1. 气味

健康家畜呼出气无特殊臭味。如呼出气有难闻的腐败臭味，见于上呼吸道或肺脏的化脓或腐败性炎症，如肺坏疽、霉菌性肺炎及副鼻窦炎等；牛酮血病时，呼出气体有酮臭味（烂苹果味）；尿毒症时呼出气有尿骚臭味；有机磷农药中毒时呼出气有大蒜臭味。（图 23-7）

2. 温度

呼出气温度增高，见于发热性疾病或呼吸系统炎症性疾病过程中；呼出气的温度降低，见于严重的脑病、中毒、虚脱及严重的贫血。

3. 对称性

健康家畜两侧鼻孔呼出气流强度相等，若一侧呼出气流小，则表示该侧鼻腔狭窄（炎性肿胀、肿瘤等）。

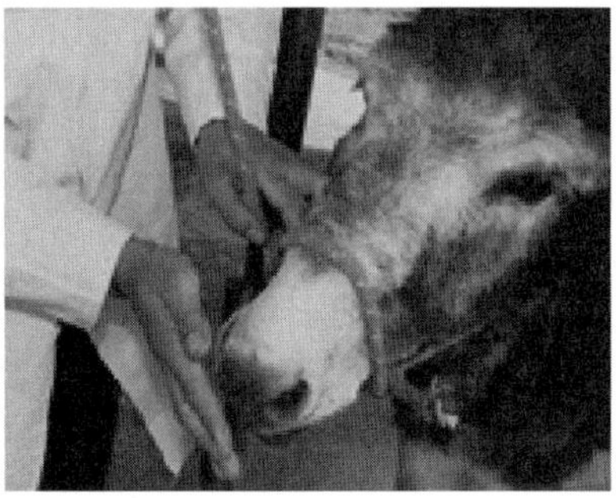
图 23-7 呼出气的检查

(二)鼻液的检查

鼻液是经鼻孔流出的呼吸道黏膜的分泌物、炎性渗出物及其他病理产物。健康家畜一般仅有少量浆液性鼻液，牛则常用舌舐去和咳出，马常以喷鼻和咳嗽的方式排出，若有大量鼻液流出，则为病理征象。鼻液的检查应注意排出状态、数量、性状、混杂物，必要时进行弹力纤维检查。

1. 鼻液的排出状态

一侧鼻孔流鼻液，仅见于一侧鼻腔、副鼻窦、喉囊的炎症和鼻腔鼻疽等病过程中；两侧鼻孔流鼻液，则为两侧鼻腔、副鼻窦、喉以下部分有病变。

2. 鼻液数量

呼吸道及肺的炎症初期或局灶性病变，鼻液量较少，如急性气管炎和肺炎初期，慢性支气管炎和肺结核。鼻液量多提示炎症过程已达中、后期，见于急性支气管炎、支气管肺炎、肺脓肿破裂、大叶性肺炎溶解消散期、肺坏疽、马腺疫、马鼻疽等。

3. 鼻液性状

鼻液性状可因炎症的种类和病变的性质而有所不同。

(1)浆液性鼻液　无色透明,稀薄如水。见于急性鼻卡他、流行性感冒、犬瘟热等疾病的初期。

(2)黏液性鼻液　黏稠似蛋清,灰白不透明。见于急性上呼吸道和支气管炎的中后期。

(3)脓性鼻液　黏稠呈糊状、膏状、凝乳状,灰黄或黄绿,见于副鼻窦炎、流感后期、肺脓肿破溃、鼻腔鼻疽等。

(4)腐败性鼻液　呈污秽不洁的褐色或暗褐色,恶臭。见于肺坏疽或腐败性支气管炎。

(5)铁锈色鼻液　呈红褐色,见于大叶性肺炎及传染性胸膜肺炎。

4. 混杂物

鼻液混有大量的唾液、饲料残渣,可见于咽炎及食道阻塞;混有胃内容物,见于呕吐;混有血丝或血块,色鲜红,见于鼻出血;色粉红或鲜红,混有气泡,见于肺出血、肺水肿、炭疽、败血症。

(三)咳嗽的检查

咳嗽是动物的一种保护性反射动作,借以将喉及以下呼吸道异物或分泌物排出体外。咳嗽也是一种病理表现,当呼吸道有炎症时,炎性渗出物或外来的刺激,引起咳嗽。

检查咳嗽的方法:可听取病畜的自然咳嗽,必要时用人工诱咳(图 23-8)。拇指与食、中指捏压喉头或气管的第一、二环状软骨,即可诱发咳嗽。

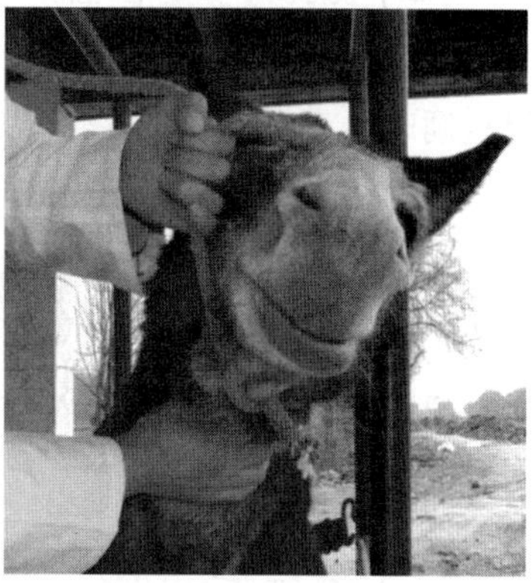

图 23-8　人工诱咳

检查咳嗽时,应注意其性质、频度、强度和疼痛。一般强大有力的咳嗽,多为喉及气管有病的表现;而低弱痛性咳嗽,多为肺和胸膜有病的表现。

1. 干咳

呼吸道内有少量黏稠的分泌物或无分泌物存在,出现尖而短、声音清脆的干性咳嗽。见于急性喉炎初期、慢性支气管炎、肺结核、猪肺疫等。

2. 湿咳

呼吸道内积有多量稀薄的渗出物时呈湿而长、声音浑浊的咳嗽。见于支气管炎、支气管肺炎、肺脓肿、肺坏疽等。

3. 痛咳

咳嗽时有疼痛,患畜伸颈摇头,前肢刨地。见于肺炎及胸膜炎等。

4. 痉挛性咳嗽

频繁而连续不断地咳嗽。常见于急性喉炎、猪支原体病、猪巴氏杆菌病、幼畜肺炎和猪后圆线虫病等。

5. 昼轻夜重的咳嗽

常见于慢性喉炎、慢性气管炎及慢性肺泡气肿等病过程中。

三、上呼吸道的检查

(一)鼻腔的检查

检查时,左手握笼头,右手的拇指和中指夹住鼻翼软骨向上拉起,用食指挑起外侧鼻翼即可观察,也可用拇指和食指撑开鼻翼进行检查(图 23-9)。

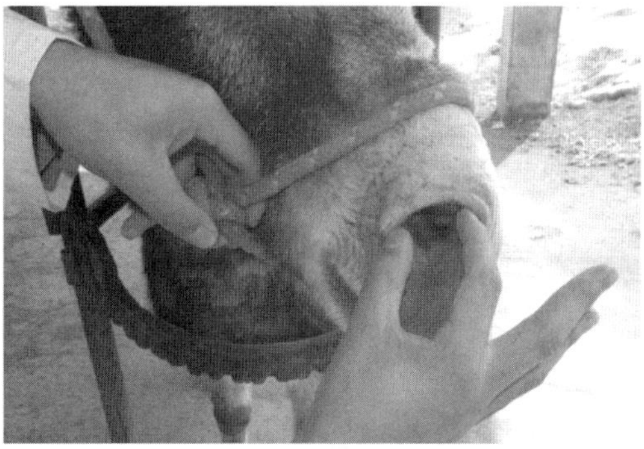

图 23-9 鼻黏膜检查

鼻黏膜潮红,见于鼻卡他、流行性感冒;黏膜肿胀、光滑平坦、略有闪光,见于急性鼻炎;黏膜出现出血斑点,见于马传贫等;黏膜上出现粟粒大、黄白色周围有红晕的结节,边缘隆起如喷火口状、底面油滑的溃疡或星芒状瘢痕,则见于鼻疽。

(二)喉及气管的检查

检查者站在动物头颈侧方,以两手向喉部轻压同时向下滑动检查气管,以感知局部温度、硬度和敏感度,并注意有无肿胀。猪和肉食兽、禽,可开口直接对喉腔及其黏膜进行视诊。

喉部肿胀并有热感,常见于猪巴氏杆菌病、马腺疫等;局部增温并有疼痛、拒绝触压,时发咳嗽,见于急性喉炎;触诊气管敏感、并发咳嗽,常见于气管的炎症。

禽喉腔黏膜肿胀、潮红或附有黄、白色伪膜,是各型喉炎的特征。

四、胸、肺的检查

(一)胸、肺部的叩诊

1. 叩诊方法

大家畜用锤板叩诊法(图 23-10),小动物则用指指叩诊法。当发现病理叩诊音时,应与对侧相应部位的叩诊音相比较判断。

图 23-10 锤板叩诊法

2. 叩诊区

牛肺叩诊区:近似椭圆形,比马叩诊区小(图 23-11)。其背界为髂肋肌沟,止于第 11 肋间隙,前界为自肩胛骨后角沿肘肌向下划“S”状曲线,止于第 4 肋间,后下界自背界的第 12 肋骨上端开始,向前向下经髋结节线与第 11 肋间相交点,经肩端线与第 8 肋间相交点,终止于第 4 肋间。

马属动物肺叩诊区:马属动物肺部叩诊区一致,略呈一直角三角形(图 23-12)。其前界为肩胛骨后角向下所划的垂线至第 5 肋间;上界为髂肋肌沟与脊柱平行的直线,止于第 16 肋间隙，距背中线 10～15 cm；后界为由第 17 肋骨与背界线交界处开始，向下向前经下列诸点所画的弧线，经髋结节平行线与第 16 肋间的交点，坐骨结节平行线与第 14 肋间的交点，肩端平行线与第 10 肋骨间的交点而止于第 5 肋间隙。

图 23-11　牛肺部叩诊

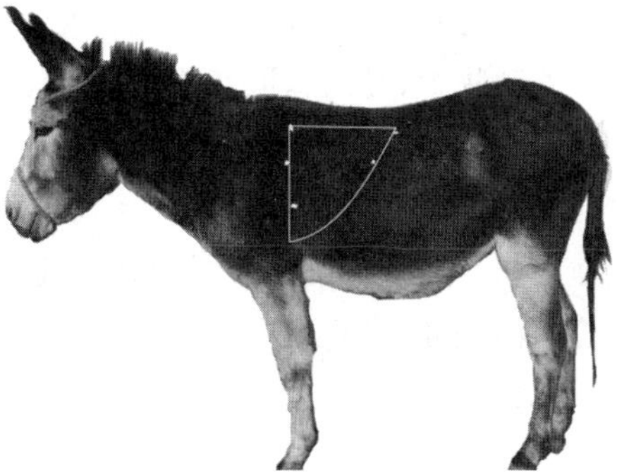

图 23-12　驴肺部叩诊

猪肺叩诊区：上界距背中线 3～4 指宽，后界由第 11 肋骨处开始，向前向下，经坐骨结节线与第 8 肋间的交点，经肩端线与第 7 肋间的交点，而止于第 4 肋间的弧线（图 23-13）。

1. 上界　2. 坐骨结节线　3. 肩端线
8. 第 8 肋间　14. 第 14 肋间

图 23-13　猪肺部叩诊区

3. 病理变化

（1）叩诊时，动物表现回视、躲闪、反抗等疼痛不安现象，常见于胸膜炎。

（2）叩诊时，后下界清音区扩大，见于肺气肿。

（3）叩诊音的变化

浊音：散在性浊音区，提示小叶性肺炎；成片性浊音区，提示大叶性肺炎。

水平浊音：主要见于渗出性胸膜炎或胸腔积水。

鼓音与过清音：主要见于肺泡气肿和气胸或大叶性肺炎的充血期与吸收期，也可见于肺疾患时的代偿区。

（二）肺部的听诊

1. 听诊方法

一般用听诊器进行间接听诊。听诊时，宜先从肺部的中 1/3 开始，由前向后逐渐听取，然后为上 1/3，最后为下 1/3。每一听诊点应听取 2～3 次呼吸音，如发现异常呼吸音，应在附近及对侧相应部位进行比较，以确定其性质。

如呼吸微弱，呼吸音响不清时，可令病畜作短暂的运动或短时间闭塞鼻孔后，引起深呼吸，再行听诊。

2.正常状态

(1)肺泡呼吸音　健康动物胸部可听到类似轻读“夫”的肺泡呼吸音，是由空气通过毛细支气管及肺泡入口处的狭窄部而产生的狭窄音与空气在肺泡内漩涡流动时所产生的音响构成。肺泡呼吸音随吸气动作而逐渐加强，又随呼气动作而逐渐变弱。

各种动物中，马的肺泡音最弱，牛、羊较马明显，水牛甚弱。幼年比成年动物肺泡音强。

(2)支气管呼吸音　是一种类似将舌抬高而呼出气时所发生的“赫”音，是空气通过声门裂隙时产生气流漩涡所致。

健康马，由于解剖生理的特殊性，肺部听不到支气管呼吸音，其他动物肺区前部，接近较大支气管的体表处，可听到支气管呼吸音，但并非纯粹的支气管呼吸音，而是带有肺泡呼吸音的混合呼吸音。

3.病理变化

(1)肺泡呼吸音的变化　肺泡呼吸音普遍性增强，是呼吸中枢兴奋，呼吸运动和肺换气加强的结果，常见于热性病；局限性增强，是病变侵害一侧或部分肺组织，使其呼吸机能减退或消失，而健侧肺或无病变的部分呈代偿性呼吸机能亢进的结果，常见于支气管肺炎和大叶性肺炎。肺泡呼吸音粗厉，是由于毛细支气管黏膜充血肿胀，使肺泡入口处变狭窄，肺泡呼吸音异常增强，常见于支气管炎、肺炎等。肺泡呼吸音减弱或消失，肺泡弹力降低引起的，见于肺气肿；支气管、肺泡被异物或炎性渗出物阻塞引起的，见于细支气管炎、肺炎；呼吸音传导受阻引起的，见于胸腔积液、胸膜炎；胸壁疼痛，使呼吸活动障碍引起的，见于胸膜炎、肋骨骨折；支气管和肺泡被完全阻塞，气体交换障碍者，见于大叶性肺炎及传染性胸膜肺炎。

(2)支气管呼吸音或混合性呼吸音　在胸部听到异常明显的支气管呼吸音，是由于肺组织的密度增加，传音良好，见于大叶性肺炎。

(3)啰音　为伴随呼吸而出现的附加音响，是一种重要的病理征象。有干啰音和湿啰音之分。

干啰音：当支气管分泌物黏稠或支气管黏膜肿胀、狭窄，气流通过时产生的音响，似蜂鸣、笛音、哨音。见于慢性支气管炎、肺结核等。

湿啰音：又称水泡音。当支气管分泌物稀薄，呼吸时气流冲击而发生，似含漱音，为水泡破裂声。见于支气管炎及支气管肺炎等。

(4)捻发音　细支气管黏膜肿胀和积有黏稠的分泌物时，使细支气管壁黏着在一起，吸气时气流通过使其急剧分开所产生的一种爆裂音，似捻发丝的声音。见于细支气管炎、肺炎和肺水肿。

(5)胸膜摩擦音　胸膜发炎时，胸膜表面变为粗糙且有纤维素附着，呼吸时两层胸膜摩擦而产生的一种声音，类似两粗糙物的摩擦声。见于牛肺疫、犬瘟热、马传染性胸膜肺炎等。

任务三　消化系统检查

家畜消化系统疾病是常见多发疾病，消化系统的机能影响到动物的生长发育、生产性能以及其他器官系统的正常机能活动，甚至造成动物的死亡，其他系统的疾病也常引起消化系统机能紊乱。

一、饮食状态的观察

（一）饮欲和食欲

饮食欲的检查，主要通过问诊和视诊，必要时可进行饲喂和饮水试验，以了解动物对饲料或饮水的要求和采食量或饮水量的多少等。生理状态下，饲料质量、饲喂制度、环境条件的改变会引起动物饮食欲的改变，但是这种变化是短暂的，能很快恢复，在病理状态下，家畜的饮食欲常发生下列变化。

1. 食欲减退

表现不愿采食或食量明显减少，是消化系统轻度机能障碍的表现。主要见于轻微的消化器官疾病以及热性病等。

2. 食欲废绝

表现拒食饲料，是消化系统机能严重障碍或病情重剧的表现。见于重剧的消化道疾病、肝脏疾病、高热性疾病及重症疾病。

3. 食欲不定

食欲时好时坏，变化无规律。见于慢性消化不良及慢性传染病。

4. 异食癖

表现为采食异物，如泥土、煤渣、垫草、粪尿、污水及被毛等，是食欲紊乱的一种异常表现。多为矿物质、维生素、微量元素代谢紊乱及某种氨基酸缺乏的征兆，常见于幼畜。

5. 食欲亢进

病畜采食量异常增多。家畜较少见，主要见于犬猫糖尿病及其他家畜重症恢复期和肠道寄生虫病。

6. 饮欲减退

表现不喜饮水或饮水量少。见于吞咽困难，马、骡腹痛病，脑病等。

7. 饮欲增加

表现口渴多饮。见于某些热性病、脱水性疾病（重剧腹泻、大出汗）及猪、鸡食盐中毒等。

（二）咀嚼与吞咽

各种家畜由于其唇齿舌的结构不一，其采食方式各有不同。在病理状态下可见以下各种障碍。

1. 采食饮水障碍

病畜表现采食不灵活，衔草等。见于齿舌疾患、颜面神经麻痹、下颌骨骨折、下颌关节脱臼及脑病。

2. 咀嚼障碍

表现咀嚼缓慢无力，或因疼痛而中断，有时将口中食物吐出。见于口膜炎、舌及牙齿疾病、骨软症、慢性氟中毒等。

3. 吞咽障碍

动物吞咽时伸颈摇头，并伴有咳嗽、流涎、饲料经鼻孔反流等。见于咽与食道疾病，如咽炎、食道阻塞等。

(三)反刍、嗳气及呕吐

反刍动物于采食后 1 h 左右开始出现反刍，每个食团咀嚼 30～50 次后再咽下，每次反刍持续时间 0.5～1 h，每昼夜反刍 6～8 次。一般每小时有 15～30 次的嗳气活动。

1. 反刍障碍

表现为反刍开始出现的时间晚，每次反刍的持续时间短，昼夜反刍的次数、每个食团的再咀嚼次数减少，严重者反刍停止。

2. 嗳气改变

嗳气减少，见于前胃疾病、热性病等。嗳气减少可引起瘤胃积气和瘤胃臌气。

3. 呕吐

呕吐是一种病理性反射活动。猪多发，其次为牛，马极少见。猪呕吐，常见于胃食滞、肠梗阻、中毒及中枢神经系统疾病；反刍动物呕吐，见于前胃及肠的疾病、中毒与中枢神经系统疾病；马呕吐，见于急性胃扩张。

二、口腔、咽及食道的检查

(一)口腔检查

1. 开口方法

(1)徒手开口法　检查牛时，一手捏住鼻中隔向上提起或提鼻圈，另一手从口角伸入口腔牵出舌，即可使口张开(图 23-14)。

检查马时，一手握笼头，另一手食指和中指从口角伸入口腔，顶住上腭，即可开口；也可将舌从口角处牵拉出检查。

(2)开口器开口法(图 23-15)　马可使用单手开口器，一手握住笼头，一手持开口器自口角处伸入，将开口器螺旋形部分伸入上、下臼齿之间，使口腔张开。

用重型开口器时，将开口器的齿板嵌入上下切齿之间，再转动螺旋柄，即可逐渐使口腔张开。

猪用开口器开口时，助手握住猪的两耳，检查者将开口器平伸入猪的口内，将开口器用力下压，即可扩开口腔。

2. 病理变化

(1)流涎　口腔分泌物增多并自口角流出，可见于口炎。牛的大量牵缕性流涎，应注意口蹄疫、某些中毒及吞咽障碍疾病。

(2)气味　动物口腔一般无特殊臭味，当动物患消化机能障碍的某些疾病时，口腔上皮脱落及饲料残渣腐败分解而发生臭味。见于热性病、口腔炎、肠炎及肠阻塞等。

（3）口腔温度增高　见于口炎及热性病。

（4）口腔温度降低　见于重度贫血、虚脱及病畜濒死期。

（5）口腔黏膜颜色　口腔黏膜潮红，见于口炎；口腔黏膜苍白，见于贫血；黄染，见于各型黄疸。

（6）口腔黏膜湿度　口腔黏膜湿润，见于口炎、咽炎、狂犬病等；口腔黏膜干燥，见于热性病，马、骡腹痛及长期腹泻等。

（7）口腔黏膜的破损　表现为疹泡、结节、溃疡，牛、羊可见于口蹄疫、传染性水疱病及维生素缺乏症等。

（8）舌苔　舌苔是舌表面上附着的一层灰白、灰黄、灰绿色上皮细胞沉淀物。舌苔灰白见于热性病初期和感冒，灰黄见于胃肠炎等（图 23-16）。

（9）牙齿的检查　牙齿磨灭不整，常见于骨软病或慢性氟中毒。

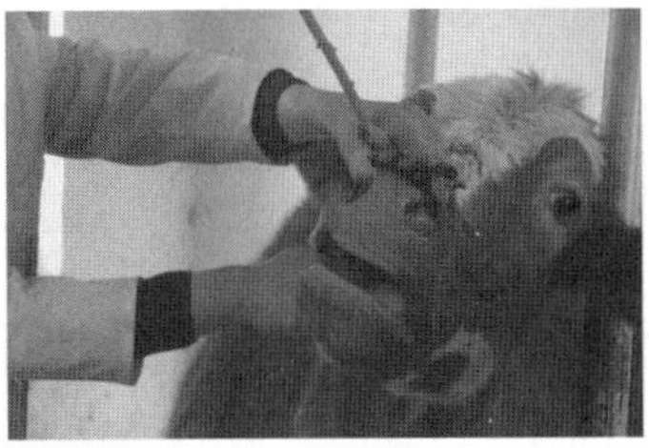

图 23-14　徒手开口法

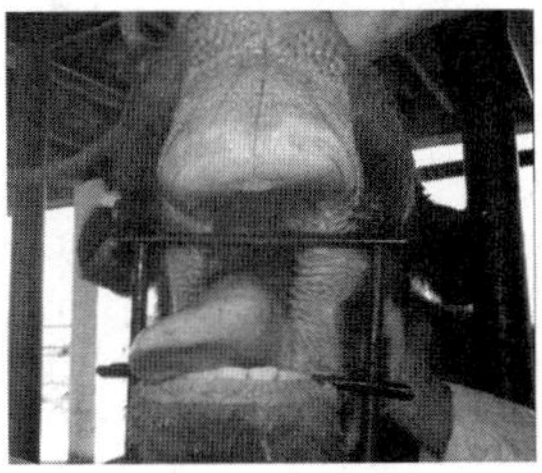

图 23-15　开口器开口法

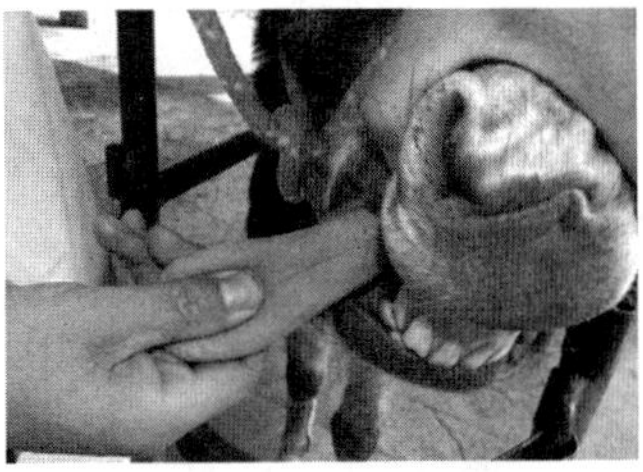

图 23-16　舌苔检查

（二）咽的检查

1. 检查方法

主要通过外部视诊和触诊检查。视诊注意头颈姿势及咽周围是否有肿胀；触诊时，可用两手自咽喉左右两侧触压，并向周围滑动，以感知其温度、敏感性及肿胀的硬度等。

2. 病理变化

病畜头颈伸直，咽喉部肿胀，触诊有热痛反应，常见于咽炎；幼驹如伴有附近淋巴结肿胀，可见于马腺疫；牛咽喉周围的硬肿，应注意结核、腮腺炎及放线菌病；猪应注意咽炭疽及急性肺疫。

（三）食管及嗉囊的检查

1. 检查方法

大动物颈部食道，可进行视、触诊检查，必要时用胃管探诊。注意观察吞咽动作、食物沿食管通过的情况及局部是否有肿胀；触诊时，用两手分别由两侧沿颈部食道沟自上而下滑动检查，注意是否有肿胀、异物、波动感及敏感反应等。

鸡嗉囊触诊检查，注意内容物多少、软硬度等。

2. 病理变化

（1）牛、马　食道阻塞时，如阻塞物在颈部食道，触诊可发现该部肿大、坚硬，触压有疼痛反应，上部食道因贮积饲料、分泌物而扩张，触诊有波动感。

（2）鸡　嗉囊积食，含多量、坚硬食物；嗉囊积气，则膨胀并有弹性；嗉囊积液，柔软有波动。

三、腹部及胃肠的检查

(一)腹部检查

以视诊及触诊为主。

1.腹围膨大

除见于妊娠外,常见于牛瘤胃臌气、马胃扩张、各种动物胃肠积食及腹水等。

2.腹围卷缩

见于长期饥饿、剧烈腹泻及腹肌紧张时,如慢性猪瘟、仔猪副伤寒。马患重剧的软骨症时表现甚为明显。

3.腹壁敏感

触诊时,病畜有疼痛反应,如回顾、躲闪,甚至抗拒,见于腹膜炎。

4.腹肌紧张

触诊腹壁硬如板状,见于破伤风。

5.腹下水肿

肿胀扁平,指压留痕,无热痛、凉感。见于牛、羊肝片吸虫病及心力衰竭等。

6.腹壁疝

呈局限性膨大,触诊可发现疝环,按压内容物具有还纳性。

(二)胃肠检查

1.反刍动物(牛)胃肠的检查

(1)瘤胃的检查

检查方法:用手指或叩诊锤于左肷部进行叩诊,以判定其内容物性质。用右手握拳或以手掌触压左肷部,感知瘤胃内容物性状、蠕动强弱及频率;用听诊器于左肷部听诊,以判定瘤胃蠕动音的次数、强度、性质及持续时间。

正常状态:瘤胃上部叩诊呈鼓音;触诊内容物呈面团状,呈上软下硬,蠕动力量强,可随胃壁蠕动将检查者的触压手抬起;听诊瘤胃每次蠕动波可出现逐渐增强又逐渐减弱的沙沙音,似吹风样或远雷声,牛为1～3次/min,每次持续时间15～30 s。

病理变化:左肷部膨隆,触诊有弹性,叩诊呈鼓音区扩大,是瘤胃臌胀的特征。触诊内容物坚实,叩诊浊音区扩大,见于瘤胃积食;触诊内容物稀软,听诊瘤胃音减弱,见于前胃弛缓。蠕动频繁、蠕动音增强,可见于瘤胃臌胀的初期;蠕动稀少、微弱,蠕动音短促,见于前胃弛缓、瘤胃积食、热性病及其他全身性疾病。

(2)网胃的检查

检查方法:于网胃区(剑状软骨后方,第6～7肋间)行强叩诊或用拳轻击;或采用蹲位姿势,将右肘支于右膝上,右手握拳并抵在剑状软骨部,然后用力抬腿以拳顶网胃区;或用一木棒横放于牛剑状软骨下,由两人用力上抬,迅速放下;或驱赶病牛上坡、下坡、急转弯等,以观察动物反应。

病理变化:检查时,如病牛表现呻吟、疼痛不安、反抗等,是网胃区疼痛反应,可见于创伤性网胃炎或网胃、膈肌、心包炎。

(3)瓣胃的检查

检查方法：于右侧第7～9肋间，沿肩端水平线上下3～5 cm范围内进行听诊，瓣胃蠕动时发出细弱的捻发音，于采食后较为明显；在右侧瓣胃区进行强触诊或轻轻拳击，以观察牛的反应。

病理变化：瓣胃蠕动音减弱甚至消失，见于瓣胃阻塞、热性病等；触诊敏感、疼痛、抗拒、不安，见于瓣胃创伤性炎症、瓣胃阻塞。

(4)真胃的检查

检查方法：牛于右侧第9～11肋间，沿肋弓下进行视诊和触诊；羊和犊牛可取左侧卧姿势，检查者手插入右肋下进行深触诊；真胃区可听取真胃蠕动音，类似肠音，呈流水音或含漱音。

病理变化：真胃区向外突出，左右腹壁显得很不对称，可见于真胃阻塞；真胃触诊呈敏感反应，见于真胃炎或真胃溃疡；真胃和肠蠕动亢进，见于胃肠炎。

(5)肠管的检查

检查方法：牛于右腹侧可听诊肠蠕动音，短而稀少，较马肠音弱；犊牛可施行外部触诊，成年牛可行直肠内触诊。

病理变化：肠音增强似流水音，见于肠炎；肠音微弱，见于热性病及消化道机能障碍；直肠内触诊有大量黏液或带血的黏液以及纤维素状物，见于肠套叠或肠扭转。

2.猪的胃肠检查

检查方法：猪取站立姿势，检查者自两侧肋弓后开始，渐向后上方滑动加压触摸；或取侧卧，用屈曲的手指，进行深部触诊。用听诊器于剑状软骨与脐中间腹壁听取胃蠕动音，腹腔左、右侧下部听取肠蠕动音。

病理变化：触诊胃区有疼痛反应，见于胃食滞，当胃食滞时行强压触诊可感知坚实的内容物或引起呕吐；肠便秘时深触诊可感知较硬的粪块。胃肠炎时蠕动音增强，便秘时肠蠕动音减弱，肠臌气时叩诊呈鼓音。

3.马的胃肠检查

检查方法：胃的检查可应用视诊、胃管探诊及直肠内触诊。肠的检查主要进行听诊，以判定肠蠕动音的强弱及性质。小肠在左肷部、盲肠在右肷部、右大结肠沿右侧肋弓下方、左侧大结肠在左腹下部听诊。正常小肠蠕动音如流水或含漱声，8～12次/min；大肠音如雷鸣音或远炮声，4～6次/min。必要时可配合叩诊或直肠检查。

病理变化：胃扩张时，用胃管探诊可导出大量胃内容物或气体，病畜随即安静，病情好转；直肠内触诊，可摸到位置后移的脾脏，甚至在左肾前下方摸到紧张而有弹性的胃后壁。肠蠕动音亢进，常见于肠炎初期、肠痉挛；肠蠕动音减弱或消失，见于肠弛缓、便秘、胃肠炎后期和肠阻塞；叩诊呈鼓音，见于肠臌气。

四、排粪动作观察及粪便的感官检查

(一)排粪动作观察

观察动物排粪时的动作和姿势。大家畜排粪时，背部微弓起，后肢开张并前伸；犬排粪采取近似蹲坐姿势。排粪的次数与采食饲料的种类、数量以及消化机能有密切关系。排粪动作异常常见下列几种。

1.便秘

表现排粪费力，次数减少，动物屡呈排粪动作仅排出少量粪便，粪便干固、色深；见于热性病、慢性胃肠卡他、肠阻塞、牛前胃弛缓、瘤胃积食、瓣胃阻塞。

2.腹泻

表现排粪频繁，粪便呈粥状、液状甚至水样；见于各型肠炎、牛副结核、猪大肠杆菌病、副伤寒、传染性胃肠炎、犬瘟热及某些肠道寄生虫病、有毒植物或农药中毒等。

3.排粪失禁

动物不取排粪动作，粪便自行从肛门流出，主要是由于肛门括约肌松弛或麻痹所致；常见于顽固性腹泻，荐部脊髓损伤或脑病。

4.里急后重

屡呈排粪动作，并强烈努责，但仅排出少量粪便或黏液；见于直肠炎或牛的子宫、阴道炎症。

(二)粪便的感官检查

各种动物的粪便均有其固有的性状，但也受饲料数量和质量的影响。

1.气味

粪便有特殊腐败或酸臭味，见于肠炎、消化不良。

2.颜色

粪便呈灰白色或黄白色，见于仔猪大肠杆菌病、雏鸡白痢；粪便呈黑色，见于胃及前段肠管出血；粪球表面附有鲜红血液，见于后段肠管出血。

3.形状

粪便稀薄，见于肠炎、消化不良。粪便少而干硬，见于热性疾病、猪瘟，牛瓣胃阻塞时粪便呈算盘珠状。

4.混杂物

粪便混有未消化的饲料，见于消化不良、猪传染性胃肠炎；混有血液，见于出血性肠炎；粪内混有块状、絮状或筒状纤维素，见于纤维素性肠炎。

五、直肠检查

直肠检查是检查者将手臂伸入直肠内隔着肠壁对腹腔后部及骨盆腔内器官进行触诊的一种方法，简称直检。直检对大家畜发情鉴定、妊娠诊断、腹痛病、母畜生殖器官疾病、泌尿器官疾病具有一定的诊断价值，对某些疾病具有重要的治疗作用(如隔肠破结等)。

(一)术前准备

病畜在四柱栏内进行站立保定，为防卧下及跳跃，要加腹带及肩部压绳。术者指甲剪短磨光，戴上一次性长臂直检手套，并在手套外涂肥皂水或液状石蜡油润滑。对腹围增大的病畜应先行盲肠穿刺术或瘤胃穿刺术放气，否则腹压过高，不宜检查。对腹痛剧烈的病马应先行镇静，然后检查。用适量温肥皂水灌肠，可排出积粪，松弛肠壁，便于检查。

(二)操作方法

术者站于病畜的左后方，以右手检查。检查时拇指尖抵于无名指根部，其余四指并拢成圆锥形，旋转插入肛门并向前伸入直肠，如遇粪球可纳于手掌心取出，如膀胱积尿，可下压膀胱，排出尿液。病畜骚动努责时可停止前进或稍后退，待其安静后再慢慢伸入，直至将手伸到直肠狭窄部后，即可进行检查。如病畜努责过甚，可用1%普鲁卡因行后海穴封闭，使直肠及肛门括约肌松弛。

(三)检查顺序与内容

1.肛门及直肠检查

检查肛门的紧张程度及其附近有无寄生虫、黏液、血液、肿瘤等，并注意直肠内容物的多少与性状，黏膜的温度及湿度等。

2.骨盆腔的检查

术者的手稍向前下方即可摸到膀胱、子宫等。膀胱空虚，可感知呈梨形的软物体；当膀胱过度充盈时，感觉似一球形囊状物，有弹性和波动感。触诊骨盆壁是否光滑，有无脏器充塞和粘连现象。如后肢呈现跛行，须检查有无盆骨骨折。

3.腹腔检查

(1)牛腹腔检查　耻骨前缘左侧是瘤胃上下后盲囊，感觉呈捏粉样硬度，当瘤胃上后盲囊抵至骨盆入口甚至进入骨盆腔内，多为瘤胃臌气或积食；真胃扩张或瓣胃阻塞，有时于骨盆腔入口的前下方，可摸到其后缘；肠位于腹腔右半部，盲肠在骨盆口右前方，其尖端的一部分达骨盆腔内，结肠盘在右肷部上方，空肠及回肠位于结肠盘及盲肠的下方；第3～6腰椎下方，可触到左肾，右肾靠前不易摸到，如肾体积增大，触之敏感，见于肾炎；母畜可触诊子宫及卵巢的形态、大小和性状，公畜触诊其尿道骨盆部的变化。

(2)马腹腔检查　小结肠大部分位于骨盆口左前方，肠内有成串的鸡蛋大小粪球，由于小结肠游离性较大，便于检查；左侧结肠位于腹腔左侧、耻骨水平面的下方，其骨盆曲在骨盆腔前口的左前下方，其下层结肠内外各具有一条纵带和许多囊状隆起，当左侧结肠便秘时容易摸到；左肾位于第二、三腰椎左侧横突下，质地坚实，呈半圆形，手掌向上即可感知；由左肾下方向左腹壁滑动，在最后肋骨部可感知脾脏的后缘，脾脏后缘呈镰刀状；从左肾前下方前伸，当患急性胃扩张时可摸到膨大的胃后壁，并随呼吸而前后移动；盲肠位于右肷部，触诊呈膨大的囊状，并可摸到由后上方走向前下方的盲肠纵带；于前肠系膜根稍右前方可触胃状膨大部，便秘时，可感知坚实而呈半球形；沿前肠系膜根后方，腹主动脉下方触摸，当十二指肠便秘时，可触到由右而左呈弯形横走的圆柱状体，移动性较小，即是积食的十二指肠。脾位后移，胃膨大，提示马胃扩张。小结肠，大结肠的骨盆曲、胃状膨大部或左侧上、下大结肠，盲肠，十二指肠等部位发现较硬的积粪，提示各部位的肠便秘。大结肠及盲肠内充满气体，腹内压过高，提示肠臌气。

六、肝脏及脾脏的检查

(一)肝脏的检查

1.检查方法

(1)触诊　触诊肝区以观察动物反应，有时可感知肿大的肝脏边缘。

牛：于右侧肋弓下进行深部触诊。

马：于右侧肋弓下强压诊或用并拢屈曲的手指进行深触诊。

猪：取左侧卧，检查者用手掌或并拢屈曲的手指沿右季肋下部进行深触诊。

(2)叩诊　大动物用锤板叩诊法，仔猪用指指叩诊法，于右侧肝区行强叩诊，以确定肝浊音区。

2. 病理变化

(1)触诊　肝区敏感，提示急性肝炎；于肋弓下深触诊感知肝脏的边缘，提示肝的高度肿大。

(2)叩诊　肝浊音区扩大，提示肝肿大。

(二)脾脏的检查

马的脾脏位于左侧腹部，肺叩诊区后方，其后缘接近左侧最后肋骨。触诊时脾后缘超出肋弓，叩诊时浊音区扩大，见于脾肿大。

任务四　泌尿生殖系统检查

一、排尿动作观察及尿液的感官检查

(一)排尿动作观察

正常时，动物依其性别的不同而采取固有的排尿姿势。排尿障碍常可表现为尿频、多尿、少尿、无尿、尿淋漓、尿失禁和排尿疼痛等。

1. 多尿与频尿

多尿表现为排尿次数增多，并且每次均有大量尿液排出，见于慢性肾病或渗出性胸膜炎的吸收期；频尿则表现为常呈排尿动作，而每次仅有少量尿液排出，主要见于膀胱炎及尿道炎。

2. 少尿与无尿

少尿表现为排尿次数和尿量减少，见于热性病、急性肾炎、严重腹泻；无尿按原因可分为真性无尿和假性无尿，真性无尿是泌尿机能的严重障碍，患畜不排尿液，如急性肾炎；假性无尿可见动物有排尿动作，但无尿液排出，见于尿道完全阻塞(如公牛尿道结石)或膀胱颈痉挛。

3. 尿失禁与尿淋漓

动物无排尿姿势与动作，而尿液自行流出，称尿失禁，见于脊髓挫伤、膀胱括约肌麻痹及中枢神经系统疾病；排尿困难，尿呈点滴状流出，称尿淋漓，见于尿路不完全阻塞、膀胱括约肌麻痹及中枢神经系统疾病。

4. 排尿疼痛

动物排尿时表现疼痛、不安、呻吟或屡取排尿姿势而无尿排出或点滴状排出，见于膀胱炎、尿道炎、尿结石、阴道炎等。

(二)尿液的感官检查

可在动物排尿时收集尿液或导尿抽取。感官检查时注意检查尿的气味、透明度、颜色及混杂物等。

1. 正常尿液

牛尿清亮，尿色微黄；马尿呈淡黄色，因含有大量的碳酸钙而浑浊；猪尿透明无色。

2. 病理变化

(1)尿具强烈的氨臭味，见于膀胱炎；尿呈酮味(氯仿味)，见于牛酮血症；尿有腐败臭味，见于猪瘟等。

(2)马尿变透明,多呈酸性,见于骨软症。

(3)尿色变深,尿量减少,见于热性病;尿呈深黄色,振摇后可产生黄色泡沫,是尿中含有胆红素的表示,常见于肝胆疾病;尿中混有血液,称血尿。尿液浑浊红色,静置或离心沉淀有红细胞沉淀层,见于肾脏或尿路出血。排尿初期呈现血尿,多为尿道出血;排尿终末出现血尿,多为膀胱出血;排尿全程出现血尿,多为肾脏、输尿管出血。

血红蛋白尿,尿液呈透明红色或暗红色,静置或离心无沉淀,镜检无红细胞,常见于新生仔畜溶血病、牛血红蛋白尿、马肌红蛋白尿、血孢子虫病等。

(4)尿液浑浊不透明,且有黏液、脓液,多见于肾、膀胱、尿道化脓性炎症和猪肾虫病等。

二、肾、膀胱及尿道的检查

(一)肾的检查

1. 检查方法

马的左肾位于自肋骨至第 2、3 腰椎横突的下方,右肾则稍向前(图 23-17)。检查者先将左手掌平放于肾区腰背部,然后用右手握拳,轻轻在手背上叩击,同时观察动物反应。

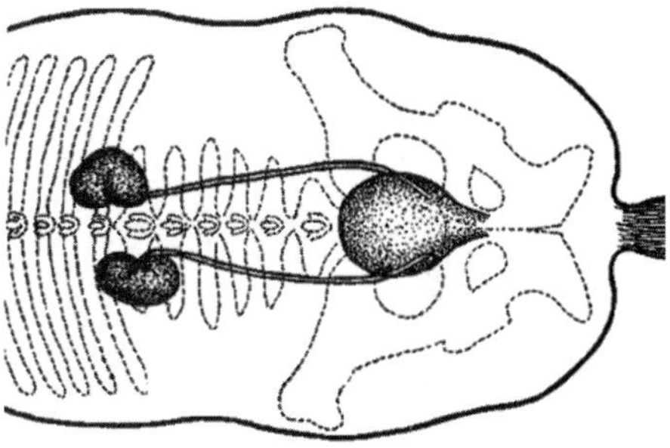

图 23-17　马泌尿生殖系统局部解剖(背面观)

牛及猪肾区叩诊,常无明显反应。

检查小动物的肾脏时,检查者可用两手在腰椎横突下方进行触诊。

2. 病理变化

叩击或触诊肾区时动物疼痛不安,提示肾炎。

(二)膀胱的检查

1. 检查方法

大动物可通过直肠内部触诊膀胱,中、小动物则可于后腹部下方或侧方触诊,以判定膀胱内容物、充满度及其敏感性。

2. 病理变化

触诊膀胱敏感,见于膀胱炎;呈波动感,见于膀胱积尿;按压膀胱时流出尿液,见于膀胱麻痹;膀胱空虚,见于膀胱破裂或急性肾炎。

(三)尿道的检查

1. 检查方法

可通过外部触诊、直肠内触诊及导尿管探诊进行检查。

公牛、公马位于骨盆腔部分的尿道,可通过直肠内触诊,位于骨盆及会阴以下的部分,可行外部触诊。公牛及公猪的尿道有“S”状弯曲,导尿管探查较为困难。公马可行导尿管探查。

2. 病理变化

急性尿道炎,病畜呈现尿频和尿痛,尿道外口肿胀,常有黏液或脓性分泌物排出;公畜尿道结石,表现为尿淋漓或无尿,触诊结石部位膨大坚硬并有疼痛反应,导尿管探查会遇到梗阻。

三、家畜外生殖器及乳房的检查

(一)公畜外生殖器的检查

1. 检查方法

观察动物的阴囊、阴筒、阴茎有无变化，并配合触诊进行检查。

2. 病理变化

阴筒肿胀，触诊留指压痕，多为皮下浮肿的表现；阴囊肿大，触诊睾丸肿胀并有热痛反应，提示睾丸炎。马单侧阴囊肿大，触诊内容物柔软，并伴有疼痛不安时，应注意阴囊疝。猪的包皮囊肿胀时，提示包皮囊积尿或包皮炎。

(二)母畜外生殖器及乳房的检查

1. 检查方法

(1)外生殖器　观察分泌物及外阴部有无病变；必要时可用开膣器进行阴道深部检查，观察黏膜颜色，有无疹泡、溃疡等病变，同时注意子宫颈口状态。

(2)乳房　观察乳房、乳头的外部状态；触诊判定肿胀、硬结、温度及敏感度，必要时挤少量乳汁，进行乳汁的感官检查。

2. 病理变化

(1)阴道分泌物增多，流出黏液或脓性液体，阴道黏膜潮红、肿胀、溃疡，见于阴道炎、子宫炎。

(2)马外阴部皮肤有圆形或椭圆形褪色斑块，可见于马媾疫；猪、牛的阴户肿胀，见于镰刀菌、赤霉菌毒素中毒。

(3)阴道或子宫脱出时，在阴门外有脱垂的阴道或子宫；母牛胎衣不下时，阴门外常吊挂着部分胎衣。

(4)乳房肿胀、热痛，乳汁呈絮状、凝块或混有血液、脓汁，是乳腺炎的症状。

乳牛的乳房淋巴结肿胀、硬结，无热痛反应，应注意乳腺结核。牛、羊乳房皮肤上的疹泡、脓疱及结痂，应注意痘疹、口蹄疫。

任务五　神经系统检查

一、精神状态的检查

动物的精神状态是中枢神经系统特别是大脑皮层机能活动的直接反映，主要通过问诊、视诊对动物神态和对各种刺激的反应进行检查。

(一)兴奋

兴奋是中枢神经机能亢进的结果。动物轻度兴奋表现为骚动不安，但可控制；重复兴奋则表现惊恐不安，横冲直撞，挣扎脱缰，不可控制，甚至攻击人畜。见于脑炎、流行性脑脊髓炎、脑膜脑炎(图 23-18)、日射病与热射病、狂犬病及某些中毒病(如食盐中毒等)。

(二)抑制

抑制是中枢神经系统机能障碍的另一种表现形式(图 23-19)，根据程度不同可分为 3 种。

图 23-18　马脑炎兴奋不安

图 23-19　鸡新城疫缩头呆立

1. 精神沉郁

病畜对周围事物注意力降低，离群呆立，低头耷耳，眼睛半闭，但对外界刺激尚能迅速反应。见于各种热性病、缺氧、鸡新城疫等多种疾病过程中。

2. 嗜睡

陷入睡眠状态，对外界刺激反应迟钝，只有强烈的刺激（如针刺）才能使之醒觉，但很快又陷入沉睡状态。见于脑膜脑炎、脑室积水及中毒病后期等。

3. 昏迷

对外界刺激全无反应，角膜反射、瞳孔反射消失，卧地不起，全身肌肉松弛，呼吸、心跳节律不齐。见于严重的脑病、中毒、生产瘫痪、肝肾机能衰竭等。

二、运动机能的检查

家畜的运动是在大脑皮质的调节下，通过锥体系统和锥体外系统实现的。在病理状态下，以及各种致病因素的作用下，使支配运动的神经中枢、传导径路、感受器等任一部位受损，家畜的运动便发生机能障碍。一般表现为盲目运动、共济失调、痉挛、麻痹（瘫痪）等。

（一）盲目运动

盲目运动即非意识的不随意运动。动物表现无目的地行走、直冲、后退或转圈运动等，主要见于脑及脑膜的局灶性刺激，如脑炎或脑膜炎以及某些中毒病；若呈慢性经过，可见于颅内占位性病变，如多头蚴病、猪的脑囊虫病。

（二）共济失调

共济失调是没有肌张力障碍的一种动作不协调。病畜站立时，呈现体位平衡失调，如站立不稳、四肢叉开、倚墙靠壁；病畜运动时，步态失调，如后躯摇摆、高抬肢体似涉水状等。见于小脑和前庭神经疾患、马传染性脑脊髓炎、中毒病、某些寄生虫病（如脑脊髓丝虫病）等醉酒样动物。

（三）痉挛

痉挛是指横纹肌不随意的收缩。分阵发性痉挛和强直性痉挛两种。

1. 阵发性痉挛

个别肌肉或肌组织发生短而快的不随意收缩，呈间歇性。见于脑炎、脑脊髓炎、膈肌痉挛、中毒和低血钙症等。

扩及全身的强烈阵发性痉挛，称为惊厥或搐搦；大脑皮层性的全身性阵发痉挛，伴有意识丧失、粪尿失禁，称为癫痫。

2. 强直性痉挛

肌肉长时间均等地持续性收缩，无迟缓或间歇。见于脑炎、脑脊髓炎、破伤风（图 23-20）、有机磷农药及士的宁中毒等。

图 23-20　马破伤风颈项强直

（四）麻痹

麻痹指动物的骨骼肌随意运动减弱或丧失，又称瘫痪（图 23-21 至图 23-23）。随意运动机能减弱称不全麻痹，丧失为完全麻痹。

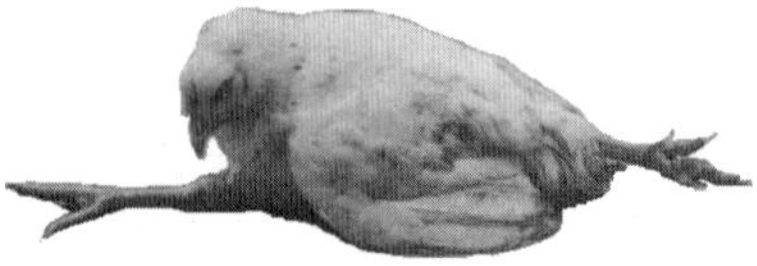

图 23-21　马立克病劈叉姿势

图 23-22　瘫痪（奶牛酮病）

1. 根据病变部位划分

可分为外周性麻痹和中枢性麻痹。

（1）外周性麻痹　临床特征为麻痹范围局限，肌肉紧张性减弱，软弱而松弛，严重者发生肌肉萎缩，皮肤和腱反射减弱。常见的有面神经麻痹、坐骨神经麻痹、桡神经麻痹等。

（2）中枢性麻痹　临床特征为麻痹范围大，腱反射增加，皮肤反射减弱，肌肉紧张性增强，肌肉萎缩不显著。常见于产后瘫痪、奶牛酮病、狂犬病、马流行性脑脊髓炎、某些重度中毒病等。

图 23-23　马肌红蛋白尿症

2. 按发生部位划分

可分为单瘫、偏瘫、截瘫。

（1）单瘫　麻痹只侵及某一肌群或一肢体。见于桡神经、面神经等单个神经的损伤。

（2）偏瘫　麻痹侵及躯体的半侧。见于脑病及脑脊髓病，是由大脑半球或锥体传导径路损伤所致。

（3）截瘫　躯体两侧对称部分（如两后肢）发生麻痹。见于脊髓炎、脊髓震荡与挫伤、脑脊髓丝虫病。

三、反射机能的检查

反射是神经活动的基本方式。在反射弧具备结构完整性和生理完整性的前提下，反射活动才能得以实现。当反射弧的结构完整性或生理完整性受致病因素作用而发生改变时，反射机能随即发生改变。检查反射机能时，应将动物的眼睛加以遮挡，避免视觉的参与。

(一)皮肤反射

1. 鬐甲反射

轻触鬐甲部被毛或皮肤，则皮肌收缩抖动。

2. 腹壁反射

轻触腹壁，腹肌收缩。

3. 肛门反射

轻触肛门皮肤，肛门外括约肌收缩。

4. 蹄冠反射

用针轻刺蹄冠，动物立即提肢或回缩。

(二)黏膜反射

1. 喷嚏反射

刺激鼻黏膜则引起喷嚏。

2. 角膜反射

用羽毛或纸片轻触角膜，则立即闭眼。

(三)深部反射

1. 膝反射

动物横卧，使上侧后肢肌肉保持松弛状态，当叩击髌骨韧带时，由于股四头肌收缩，而后肢伸展。

2. 跟腱反射

动物横卧，叩击跟腱，则引起跗关节伸展与球关节屈曲。

(四)病理变化

1. 反射减弱或消失

是反射弧的传导径路受损所致。常提示脊髓背根(感觉根)、腹根(运动根)或脑、脊髓灰质的病变，见于脑积水、多头蚴病等。极度衰弱的病畜反射也减弱，昏迷时反射消失，这是由于高级神经中枢兴奋性降低的结果。

2. 反射亢进

是反射弧或中枢兴奋性增高或刺激过强所致。常提示脊髓背根、腹根或外周神经的炎症、受压和脊髓膜炎等。破伤风、士的宁中毒、有机磷中毒、狂犬病等常见全身反射亢进。

四、植物性神经机能的检查

植物性神经机能障碍的症状如下。

1. 交感神经紧张性亢进

交感神经异常兴奋时，可呈现心搏动亢进，外周血管收缩，血压上升，口腔干燥，肠蠕动减弱，瞳孔散大，出汗增加（马、牛）和高血糖等症状。

2. 副交感神经紧张性亢进

可呈现与前者相拮抗的症状。即心动徐缓，外周血管紧张性降低，血压下降，腺体分泌机能亢进，口内过湿，胃肠蠕动增强，瞳孔缩小，低血糖等。

3. 交感、副交感神经紧张性均亢进

可出现恐怖感，沉郁，眩晕，心跳加快，呼吸加快或困难，排尿和排粪异常，子宫痉挛，发情减退等现象。

【学习要求】

识记 心搏动、心杂音、心音浑浊、心音分裂、呼吸困难、喘线、异嗜、流涎、呕吐、里急后重、腹泻、便秘、排粪失禁、尿频、多尿、少尿、无尿、尿淋漓、尿失禁、痉挛、共济失调、瘫痪（麻痹）。

理解 心音的临床病理变化，心杂音的类型及临床意义，呼吸的类型，呼吸节律变化及其临床意义，咳嗽的分类，鼻液混杂物及其临床意义，食欲异常的临床表现及意义，口腔检查的内容，直肠检查的目的和意义，肾脏检查的方法，公畜外生殖器的检查内容，外阴皮肤病变及临床意义，皮肤感觉障碍的表现及临床意义，眼睛的检查，植物性神经机能的检查。

应用 第一心音和第二心音的产生原因及特点，脉搏性质的变化及临床意义，呼气困难的临床表现及临床意义，呼出气气味的临床意义，鼻液性质的变化及临床意义，咳嗽的性质及临床意义，牛肺叩诊区的确定，肺部叩诊音的变化及临床意义，腹围增大的原因及临床表现，反刍、嗳气的病理变化及临床意义，食道检查时胃管探针的应用，瘤胃检查的方法，网胃检查的方法，胃肠音听诊的部位及声音特点，牛直肠检查的方法和程序，排粪障碍的表现及临床意义，膀胱的病理变化及临床意义，母畜阴道的病理变化及临床意义，母畜乳房肿胀的表现及临床意义，精神兴奋的异常表现及临床意义，精神抑制的异常表现及临床意义，运动障碍的表现及临床意义，常用的反射检查及方法。

【知识拓展一】

血液常规检查

一、血液样品的采集

供检验用的血液样品，一般采集静脉血，大动物可采集到多量的血液，而小动物和实验动物的采血量少，只能根据检验目的、动物种类和病情酌定采血量。一般根据检测项目的方法和对标本的要求不同，临床检验采用的血液标本分为全血、血清和血浆。全血主要用于血细胞成分的检查，血清和血浆则用于大部分临床化学检查和免疫学检查。各种动物的采血部位见表 23-2。

表 23-2　各种动物的采血部位

采血部位	畜种	采血部位	畜种
颈静脉	马、牛、羊	耳静脉	猪、羊、犬、猫、实验动物
前腔静脉	猪	翅内静脉	家禽
隐静脉	犬、猫、羊	脚掌	鸭、鹅
前臂头静脉	犬、猫、猪	冠或肉髯	鸡
心脏	兔、家禽、豚鼠	尾	猪、实验动物

二、血液的抗凝

采集全血或血浆样品时，在采血前应在采血管中加入抗凝剂，制备抗凝管。如用注射器采血，应在采血前先用抗凝剂湿润注射器。常用的抗凝剂有下列几种。

1. 草酸盐

与血液中钙离子结合形成不溶性草酸钙而起抗凝作用。1 mL 血液用 2 mg 草酸盐即可抗凝。常用的草酸盐为草酸钾、草酸钠等，配成 10%溶液，根据抗凝血量加入试管或玻瓶中，置 45～55 ℃(不超过 80 ℃)烘箱内烤干备用。此抗凝剂不适宜钾、钠和钙含量的测定，并且能使红细胞缩小 6%，故也不适宜红细胞比容的测定。临床上一般用草酸盐合剂，配方为草酸钾 0.8 g、草酸铵 1.2 g，加蒸馏水 100 mL 溶解，取此液 0.5 mL 加入试管或玻瓶中，可抗凝 5 mL 血液。此抗凝剂能保持红细胞的体积不变(草酸铵使红细胞膨胀，草酸钾使红细胞皱缩)，适用于血液细胞学检查，但不适用于非蛋白氮、血氨等含氮物质和钾、钙的测定。

2. 枸橼酸钠

与血液中钙离子形成非离子化的可溶性钙化合物而起抗凝作用，溶解度和抗凝度较弱，5 mg 可抗凝 1 mL 血液。使用时配成 3.8%溶液，0.5 mL 可抗凝 5 mL 全血。主要用于红细胞沉降速率的测定和输血，一般不作为生化检验的抗凝剂。

3. 乙二胺四乙酸二钠(Na_2EDTA)

与钙离子形成 CaEDTA 螯合物而起抗凝作用，1 mL 血液需 1～2 mg，常配成 10%溶液，取此液 2 滴加入试管或玻瓶中，置 50～60 ℃干燥箱中烘干备用，可抗凝 5 mL 血液。该抗凝剂对血细胞形态影响很小，常用于血液学检验。

4. 肝素

主要是抑制凝血酶原转化为凝血酶，使纤维蛋白原不能转化为纤维蛋白。0.1～0.2 mg 或 20 IU(1 mg 相当于 126 IU)可抗凝 1 mL 血液，常配成 1%溶液，加入试管或玻瓶后在 37 ℃左右烘干备用，适用于大多数实验诊断的检查。缺点是白细胞的染色性较差。

三、血样的处理

如分离血清，应将全血采集在试管中(不加抗凝剂)，在室温下或 25～37 ℃温水中斜置，血清析出后即可分离。血浆应在抗凝血采集后离心分离。血液采集后应尽快送检或检测。不能立即送检的血样，血片应固定，抗凝血、血浆和血清应冷藏。送检血样应编号，并避免剧烈振摇。血液学检查项目与采血后可保存的时间见表 23-3。

表 23-3 血液学检查项目与采血后可保存的时间 h

检查项目	保存时间	检查项目	保存时间
白细胞计数	2～3	血红蛋白含量	48
红细胞计数	24	红细胞比容	24
血小板计数	1	红细胞沉降率	2～3
网织红细胞计数	2～3	白细胞分类计数	1～2

四、血液实验室检查

(一)红细胞沉降率的测定

红细胞沉降率(ESR,简称血沉率)是指在室温下观察抗凝血中红细胞在一定时间内在血浆中的沉降速率。测定血沉率的方法很多,兽医临床上常用魏氏(Westergren)法。

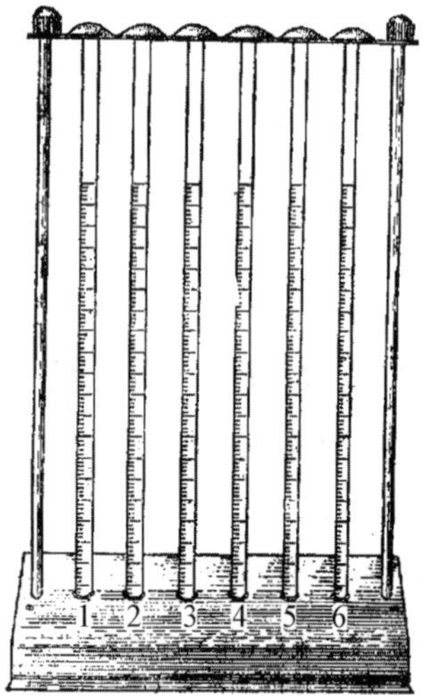

图 23-24 魏氏血沉管

1. 原理

红细胞沉降率与红细胞串钱状的形成、红细胞数目的多少、血浆蛋白的组成以及测定时室温的变化、血沉管倾斜的程度等因素有关。

2. 器材与试剂

(1)器材 魏氏血沉管、采血针头等。

(2)试剂 3.8%枸橼酸钠液。

3. 方法——魏氏法

魏氏血沉管长 30 cm,内径为 2.5 mm,管壁有 200 个刻度,每个刻度之间距离为 1.0 mm,附有特制的血沉架(图 23-24)。测定方法如下:

(1)取 3.8%枸橼酸钠液 0.4 mL 置于小试管中。

(2)自颈静脉采血,沿管壁加入上述试管,轻轻混合。

(3)用血沉管吸取抗凝血至刻度 0 处,用棉花擦去管外血液,直立于血沉架上。

(4)经 15 min、30 min、45 min、60 min,分别记录红细胞沉降的刻度数,用分数形式表示(分母代表时间,分子代表沉降 mm 数)。

4. 注意事项

(1)血沉管必须垂直静立(牛、羊的血液,血沉速度很慢,可倾斜 60°,以加速沉降。注意,其正常值也相应增加);血液柱面上不应有气泡;抗凝剂的量要按规定加入,少了会产生血凝块,多了会使血液中的盐分过多,血沉变慢。

(2)报告结果时要注明测定方法。

5. 参考值

动物因品种不同,血沉率有较大差异,马属动物血沉率最快,其次是水牛,乳牛、双峰驼、绵羊、山羊、猪及鸡的血沉率较慢。为加速沉降和便于观察,可将血沉管架倾斜 60°放置。健康动物的血沉率参考值见表 23-4。

表 23-4　健康动物的血沉率参考值

动物	血沉值/mm				资料来源
	15 min	30 min	45 min	60 min	
马	29.7	70.7	95.3	115.6	解放军农牧大学
驴	32	75	96.7	110.7	甘肃农业大学
水牛	9.8	30.8	65	91.6	扬州大学
乳牛	0.3	0.7	0.75	1.2	甘肃农业大学
双峰驼	0.45	0.9	—	1.6	宁夏农学院
绵羊	0	0.2	0.4	0.7	新疆农业大学
山羊	0	0.5	1.6	4.2	西北农林科技大学
猪	0.6	1.3	1.94	3.36	云南农业大学
鸡	0.19	0.29	0.55	0.81	云南农业大学

6. 临床意义

(1)血沉率加快　常见于各种贫血性疾病、炎症性疾病及组织损伤或坏死(如结核病、风湿热、全身性感染等)。随着疾病的好转,血沉率逐渐变慢并恢复正常。

(2)血沉率减慢　常见于机体严重的脱水,如胃扩张、肠阻塞、急性胃肠炎、瓣胃阻塞、发热性疾病、酸中毒等。

(二)血红蛋白的测定(沙利氏比色法)

血红蛋白(Hb)是红细胞的主要成分,它是由血红素和珠蛋白肽链连接而成的一种结合蛋白,属色素蛋白。正常红细胞内所含的血红蛋白占红细胞重量的 32%～36%,或红细胞干重的 96%。血红蛋白测定是指测定并计算出每 100 mL 血液中血红蛋白的克数。

1. 原理

血液与盐酸作用后,释放出血红蛋白,并被酸化后变为褐色的盐酸高铁血红蛋白,与标准柱相比,求出每 100 mL 血液中血红蛋白的克数或百分数。

2. 器材与试剂

(1)器材　沙利氏血红蛋白计一套(图 23-25)。在测定管上有两种刻度,一侧表示血红蛋白在每百毫升血液内的克数,另一侧表示百分数。国产的血红蛋白计是以每 100 mL 血液含 14.5 g 血红蛋白作为 100%而设置。

(2)试剂　0.1 mol/L 盐酸或 1%盐酸一小瓶。

3. 方法

(1)向沙利氏比色管内加入 0.1 mol/L 盐酸 5 滴。

(2)用沙利氏吸血管吸血至 20 μL 刻度处,擦去管外黏附的血液。

(3)徐徐吹入沙利氏比色管内,不要产生气泡,再反复吸吹数次,以洗出沙利氏吸血管中的血液。

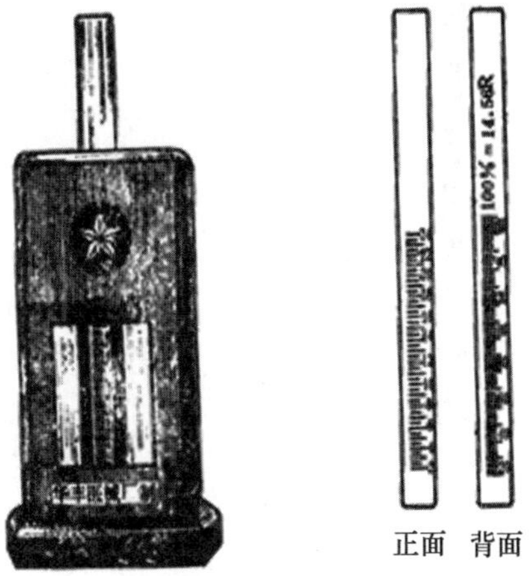

图 23-25　沙利氏血红蛋白计及测定管

轻轻振动比色管，使血液与盐酸充分混合。

(4)静置10 min，待血液变成褐色后，缓缓滴加蒸馏水，每加1滴，用细玻璃棒搅动一次，直到颜色与标准色柱完全相同为止。液柱凹面所指的刻度数，即为每100 mL血液中血红蛋白的克数，用"g/100 mL"表示。

4. 注意事项

(1)吸取抗凝血时，应先将血样振荡混合后再吸取，吸血量要准确，吸血管中的血不应混有气泡，管外黏附的血液要擦去。

(2)血液加盐酸后，静置的时间不应少于10 min，否则会使测定结果偏低。

5. 正常值

各种家畜血红蛋白的正常值在9～12 g/100 mL。

6. 临床意义

(1)血红蛋白增多　主要见于脱水，血红蛋白相对增加。也见于真性红细胞增多症。其特点是红细胞持续性显著增多，全身总血量也增加，见于马、牛、犬和猫。

(2)血红蛋白减少　主要见于各种贫血。

(三)红细胞比容测定

红细胞比容(HCT)又称红细胞压积，是指红细胞在血液中所占容积的比值。将抗凝血在一定的条件下离心沉淀，即可测得。

1. 原理

在具100个刻度的玻璃管中，充入抗凝血至刻度，经一定时间离心后，红细胞下沉并紧压于玻璃管中，读取红细胞柱所占的百分比，即为红细胞比容。

2. 器材

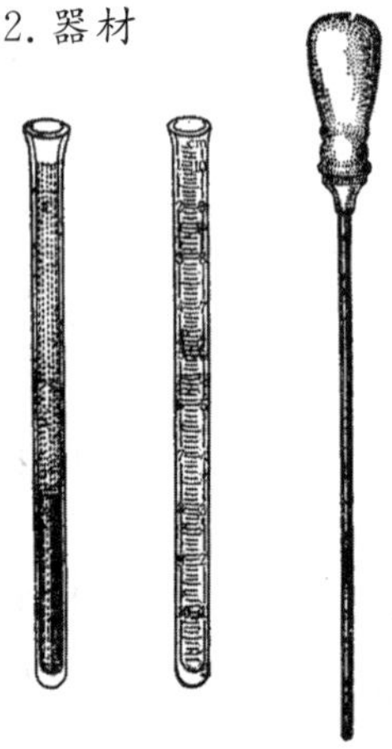

图23-26　温氏管及长针头

(1)温(Wintrobe)氏管(图23-26)　管长11 cm，内径约2.5 mm，管壁有100个刻度。一侧自上而下标有0～10，供测定血沉用，另一侧标有10～0，供测定比容用。如无这种特制的管子，可用有100个刻度的小玻璃管代替。

(2)长针头及胶皮乳头　选用长12～15 cm的针头，将针尖磨平，针柄部接以胶皮乳头。也可用细长毛细吸管代替。

(3)水平电动离心机　选用转速能达4 000 r/min的水平电动离心机。

3. 方法

(1)用长针头吸满抗凝血，插入温氏管底部，轻捏胶皮乳头，自下而上挤入血液至刻度10处。

(2)置离心机中，以3 000 r/min的速度离心30～45 min(马的血液离心30 min，牛、羊的血液离心45 min)，取出观察，记录红细胞层高度，再离心45 min，如与第一次离心的高度一致，此时红细胞柱层所占的刻度数，即为PCV数值，用%表示。

4. 注意事项

(1)温氏管及充液用具必须干燥，以免溶血。

(2)离心时，离心机的转速必须达 3 000 r/min 以上，并遵守所规定的时间。

(3)用普通离心机离心后，红细胞层呈斜面，读取时应取斜面 1/2 处所对应的刻度数。血浆与红细胞层之间的灰白层由白细胞与血小板组成，不应计算在内。

5. 临床意义

(1)红细胞比容增高　见于各种原因引起的血液浓缩，使红细胞相对性增多，如急性胃肠炎、肠便秘、肠变位、瓣胃阻塞、渗出性胸膜炎和腹膜炎，以及某些传染病和发热性疾病。由于红细胞比容增高的数值与脱水程度成正比，所以在临床上可根据这一指标的变化而推断机体的脱水情况，并计算补液的数量及判断补液量的实际效果。另外。也见于各种原因所致的红细胞绝对性增多，如真性红细胞增多症、肺动脉狭窄、高铁血红蛋白血症等。

(2)红细胞比容降低　见于各种贫血，但降低的程度并不一定与红细胞数一致，因为贫血有小细胞性贫血、大细胞性贫血及正细胞性贫血之分。

(四)红细胞计数

红细胞计数(RBC)是指计算每微升(1 μL＝1 mm^3)血液内所含红细胞的数目。红细胞计数的方法有显微镜计数法、血沉管计数法、光电比色法、血细胞电子计数器计数法等。目前在兽医临床上使用最广泛的是显微镜计数法(计数板法)。

1. 原理

血液经稀释后，充入血细胞计数板，用显微镜观察，计数一定容积内的红细胞数并换算成每微升内的数目。

2. 器材与试剂

(1)改良式血细胞计数板　临床上最常用的是改良纽巴(Neubauer)氏计数板，它由一块特制的玻璃板构成，玻璃板中间有横沟将其分为三个狭窄的平台，两边的平台较中间的平台高 0.1 mm。中央平台又有一纵沟相隔，分成的 2 个平台上各刻有一个计数室(图 23-27)。每个计数室划分为 9 个大方格，每一大方格面积为 1.0 mm^2，深度为 0.1 mm；四角每一大方格划分为 16 个中方格，供白细胞计数之用。中央一大方格用双线划分为 25 个中方格，每个中方格又划分为 16 个小方格，共计 400 个小方格，供红细胞计数之用(图 23-28)。

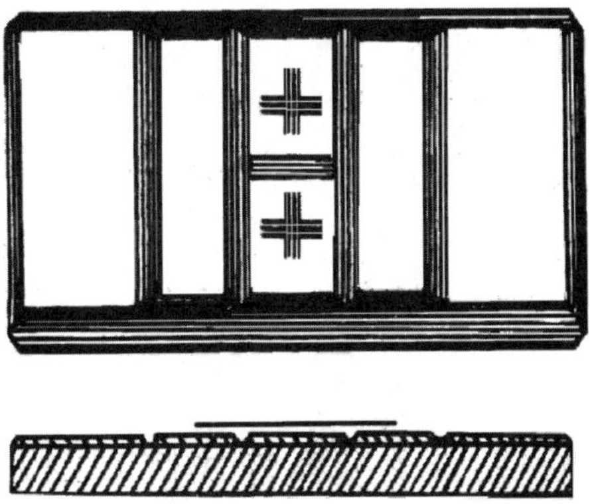

图 23-27　血细胞计数板构造

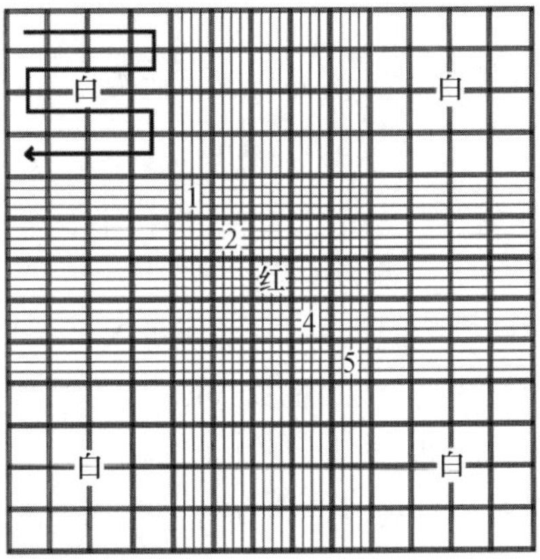

图 23-28　计数室的划格

(2)血盖片　专用于计数板的盖玻片呈长方形，厚度为 0.4 mm。

(3)其他器材　沙利氏吸血管或红细胞稀释管，5 mL 吸管，中试管，显微镜，计数器等。

(4)稀释液　0.85%氯化钠溶液。

3. 方法——试管稀释法

用 5 mL 吸管吸取红细胞稀释液 3.98 mL(或 4 mL)置于试管中。用沙利氏吸血管吸取全血样品至 20 μL 刻度处(或吸血至刻度 10 处，红细胞稀释液用 2 mL)。擦去吸管外壁多余的血液，将此血液吹入试管底部，再吸吹数次，以洗出沙利氏吸血管内黏附的血细胞，然后试管口加塞，颠倒混合数次，再用毛细吸管(或玻棒)吸取已稀释好的血液，放于计数室与盖玻片接触处，即可自然流入计数室中(图 23-29)。注意充液不可过多或过少，过多则溢出而流入两侧槽内，过少则计数室中形成气泡，致使无法计数。

计数时，先用低倍镜，光线稍暗些，找到计数室的格后，把中央的大方格置于视野之中，然后转用高倍镜。在此中央大方格内选择四角与中央的五个中方格(或用对角线的方法数五个中方格)，每个中方格有 16 个小方格，所以共计数 80 个小方格(图 23-30)。计数时注意压在左边双线上的红细胞计在内，压在右边双线上的红细胞则不计数在内；同样，压在上线的计入，压在下线的不计入，此所谓"数左不数右，数上不数下"的计数法则。

图 23-29　计数室充液法

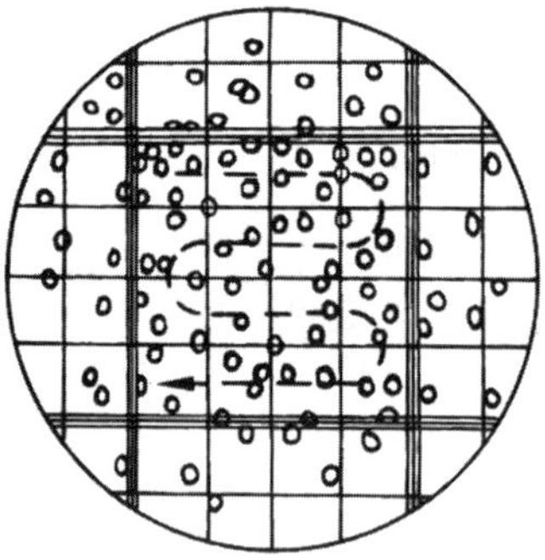

图 23-30　红细胞计数顺序

4. 计算

$$1\ \text{mm}^3 \text{血液中红细胞个数} = X/80 \times 400 \times 200 \times 10$$

式中：X—— 5 个中方格(即 80 个小方格)内的红细胞总数；

400—— 一个大方格，即 1 mm^2 面积内共有 400 个小方格；

200—— 稀释倍数；

10——血盖片与计数板的实际高度是 1/10 mm，乘 10 后则为 1.0 mm。

上式简化后为：红细胞数/mm^3 = $X \times 10\ 000$。

5. 注意事项

红细胞计数是一项细致的工作，稍有粗心大意，就会引起计数不准。关键是防凝、防溶、取样正确。取抗凝血时，抗凝剂的量要合适，不可过少使血液部分呈小块凝集；采血时应注意及时将抗凝剂与血液混匀。防溶是指防止过分振摇而使红细胞溶解，或是器材用水洗后未用生理盐水冲洗而发生溶血，使计数结果偏低。取样正确是指吸血 10 μL 或 20 μL 一定要准确，吸血管外的血液要擦去，吸血管内的血液要全部洗入稀释液中，稀释液的用量要准；充液量不可过多或过少，过多可使血盖片浮起，过少则计数室中形成小的空气泡，使计数结果偏低甚至无法计数。此外，显微镜台未保持水平，使计数室内的液体流向一侧，也可使计数结果不准确。

沙利氏吸血管或试管，每次用完后，先用清水吸吹数次，然后用蒸馏水、酒精、乙醚，按次序分别吸吹数次，干后备下次使用。血细胞计数板用蒸馏水冲洗后，用绒布轻轻擦干即可，切不可用粗布擦拭，也不可用酒精、乙醚等溶液冲洗。

6. 正常值

健康家畜除山羊的红细胞数较多外，其他家畜的红细胞数为 600 万～800 万/μL。

7. 临床意义

由于血红蛋白是红细胞的内含物，占红细胞重量的 32%～36%，或红细胞干重的 96%，故红细胞数与血红蛋白含量的增多或减少通常是正相关。但在某些类型贫血时，如低色素贫血时，红细胞与血红蛋白降低的程度常不一致，血红蛋白的降低比红细胞明显。故同时测定红细胞数与血红蛋白量以作比较，对诊断更有实际意义。

(1)红细胞增多　血液中红细胞数及血红蛋白含量高于正常参考值上限时，称红细胞和血红蛋白增多。可分为相对性增多和绝对性增多两类。

①相对性增多　这是由于血浆中水分丢失，血液浓缩所致。见于严重呕吐、腹泻、大量出汗、急性胃肠炎、肠便秘、肠变位、瘤胃积食、瓣胃阻塞、真胃阻塞、渗出性胸膜炎、渗出性腹膜炎、日射病与热射病、大面积烧伤等。

②绝对性增多　这是由于红细胞生成活跃的结果。按发病原因分为原发性和继发性两类。

A. 原发性增多　原发性红细胞增多又称真性红细胞增多症，是一种原因不明的骨髓增生性疾病，目前认为是多能干细胞功能增强所致。其特点是红细胞持续性显著增多，全身总血量也增加，见于马、牛、犬和猫。

B. 继发性增多　继发性红细胞增多是非造血系统疾病，发病的主要环节是血中红细胞生成素增多。

红细胞生成素代偿性增加：因血氧饱和度减低，导致组织缺氧，红细胞生成素增加，骨髓制造红细胞的机能亢进而引起红细胞增多。红细胞增多的程度与缺氧程度成正比。见于高原适应、慢性阻塞性肺病、先天性心脏病（如肺动脉狭窄、动脉导管未闭、法乐氏四联综合征）、血红蛋白病（如高铁血红蛋白症、硫化血红蛋白症）。

红细胞生成素病理性增加：红细胞生成素增加与肾脏疾病或肿瘤有关，如肾囊肿、肾积水、肾血管缺陷、肾癌、肾淋巴肉瘤、小脑血管瘤、子宫肌瘤、肝癌等。

(2)红细胞减少　见于贫血。血液中红细胞数、血红蛋白量及红细胞比容容量低于正常参考值下限时，称为贫血。按病因可将贫血分为 4 类：

①失血性贫血　慢性失血性贫血见于胃溃疡、球虫病、钩虫病、捻转胃虫病、螨病、维生素 C 和凝血酶原缺乏等疾病。急性失血性贫血见于丙酮苄烃香豆素中毒、草木樨中毒、脾血管肉瘤、犬和猫自体免疫性血小板减少性紫癜、手术和外伤等。

②溶血性贫血　见于牛巴贝斯虫病、牛泰勒虫病、钩端螺旋体病、马传染性贫血；绵羊、猪、犊牛的甘蓝中毒和野洋葱中毒；新生骡驹溶血病、犬自体免疫性溶血性贫血等。

③营养性贫血　见于蛋白质缺乏，铜、铁、钴等微量元素缺乏，维生素 B_1、维生素 B_2、维生素 B_6、维生素 B_{12}、叶酸、烟酸缺乏等。

④再生障碍性贫血　见于辐射病、蕨中毒、羊毛圆线虫病、猫传染性泛白细胞减少症、慢性粒细胞白血病、淋巴细胞白血病、垂体功能低下、肾上腺功能低下、甲状腺功能低下等。

(五)白细胞计数

白细胞计数(WBC)是指计算每微升血液内所含白细胞的数目。白细胞计数的方法有显微镜计数法和血细胞电子计数器计数法等。

1. 原理

用稀释液将红细胞破坏后，计算出每微升血中白细胞数。

2. 器材

1.0 mL 或 0.5 mL 刻度吸管，其他与红细胞计数同。

3. 试剂

白细胞稀释液可用 1%～2%的冰醋酸液，内加 1%结晶紫液 1 滴，以便与红细胞稀释液区别。

4. 方法——试管稀释法

用 1 mL 吸管吸取白细胞稀释液 0.38 mL(也可吸 0.4 mL)置一小试管中。用沙利氏吸血管吸取被检血至 20 μL 处，擦去管外黏附的血液，吹入小试管中，反复吸吹数次，以洗净管内所黏附的白细胞，充分振荡混合，再用毛细吸管或沙利氏吸血管吸取被稀释的血液，充入已盖好盖玻片的计数室内，静置 1～2 min，低倍镜检查。

将计数室四角四个大方格内的全部白细胞依次数完，注意压在左线和上线的计入，压在右线和下线的不计入。

5. 计算

$$白细胞数/\mu L = X/4 \times 20 \times 10$$

式中：X—— 四角四个大方格内的白细胞总数；

$X/4$—— 一个大方格(面积为 1 mm^2)内的白细胞数；

20—— 稀释倍数；

10——血盖片与计数板的实际高度是 1/10 mm，乘 10 后则为 1 mm。

上式简化后为：白细胞数/μL＝$X\times 50$。

6. 注意事项

防止把尘埃异物与白细胞混淆，可用高倍镜观察。白细胞有细胞核的结构，而尘埃异物的形状不规则，无细胞核。

7. 正常值

马、骡、驴、牛、绵羊白细胞的正常值为 8 000～9 000 个/μL；山羊、猪为 1 300～1 400 个/μL。

8. 临床意义

(1)白细胞增多　当白细胞数高于参考值的上限时，称白细胞增多。见于大多数细菌性传染病和炎性疾病，如炭疽、腺疫、巴氏杆菌病、猪丹毒、纤维素性肺炎、小叶性肺炎、腹膜炎、肾炎、子宫炎、乳腺炎、蜂窝织炎等疾病。此外，还见于白血病、恶性肿瘤、尿毒症、酸中毒等。

(2)白细胞减少　当白细胞数低于参考值的下限时，称白细胞减少。见于某些病毒性传染病，如猪瘟、马传染性贫血、流行性感冒、鸡新城疫、鸭瘟等；或见于各种疾病的濒死期和再生障碍性贫血。此外，还见于长期使用某些药物时，如磺胺类药物、青霉素、链霉素、氯霉素、氨基比林、水杨酸钠等。

(六)白细胞分类计数

白细胞分类计数(DC)是指利用染色的血液涂片计算血液中各类白细胞的百分率。外周血液中的白细胞主要有5种，即中性粒细胞、嗜酸性粒细胞、嗜碱性粒细胞、淋巴细胞、单核细胞，它们各有其特定的生理机能，在正常时这5种白细胞之间有一定的比例。但在病理情况下，白细胞总数的变化反映机体防御机能的一般状态，各种白细胞之间百分比的变化，则反映机体防御机能的特殊状态。由于白细胞总数的增减并不一定表示各类白细胞平均增多或减少，常常仅限于某一种或两种白细胞数的变化，从而引起白细胞之间百分比的相对改变。因此，白细胞计数对疾病的诊断具有一般意义，而白细胞分类计数则具有具体意义，在分析临床意义时，必须把二者结合起来。

1. 器材

载玻片、染色盆及支架、染色缸、洗瓶、显微镜、油镜、白细胞分类计数器、吸水纸等。

2. 试剂——瑞氏染液

瑞氏染粉0.1 g，甲醇60.0 mL。将染色粉置于研钵中，加少量甲醇研磨，使其溶解，将已溶解的染液倒入洁净的棕色玻璃瓶中，剩下未溶解的染料再加少量甲醇研磨，如此继续操作，直至全部染料溶解并用完甲醇为止。在室温中保存7 d后即可应用。新配的染液偏碱性，放置后可呈酸性。保存时间越久，染色能力越佳。

3. 涂片方法

取无油脂的洁净载玻片数张，选择边缘光滑的载片作为推片(推片一端的两角应磨去，也可用血细胞计数板的盖片作为推片)，用左手的拇指及中指夹持载玻片，右手持推片；先取检血一小滴，放于载玻片的右端，将推片倾斜30°～40°角，使其一端与载玻片接触并放于血滴之前，向后拉动推片，使与血滴接触，待血液扩散形成一条线之后，以均等的速度轻轻向前推动推片，则血液被均匀地涂于载玻片上而形成一薄膜(图23-31)。

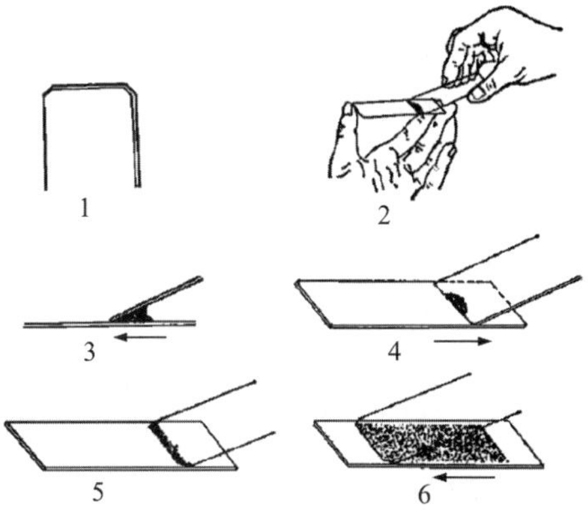

1. 推片　2. 推血片姿势　3. 推片角度
4. 推片压血滴　5. 血液扩散成线状
6. 推完血片

图23-31　血片的制备

良好的血片，血液分布均匀，厚度适当。对着光观察时呈霓红色，血膜位于玻片的中央，两端留有空隙，以便注明畜别、编号及日期。

4. 染色方法——瑞氏染色法

瑞氏染色法是最常用的染色法之一。将自然干燥的血片用蜡笔于血膜两端各画一道横线，以防染液外溢。置血片于水平支架上，滴瑞氏染液于血片上，并计其滴数，直至将血膜浸盖为止，待染1～2 min后，滴加等量缓冲液或蒸馏水，轻轻吹动，使之混匀，再染4～10 min，用蒸馏水冲洗、吸干，油镜观察。

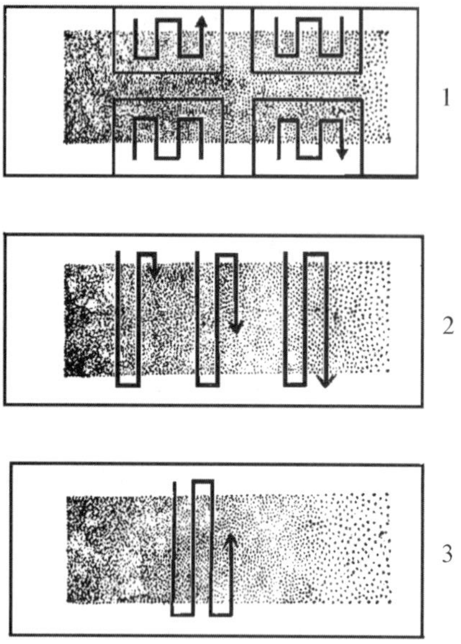

1.四区计数法　2.三区计数法

3.中央曲折计数法

图 23-32　白细胞分类计数顺序

5.计数方法

先用低倍镜检视血片上白细胞的分布情况，一般是粒细胞、单核细胞及体积较大的细胞分布于血片的上、下缘及尾端，淋巴细胞多在血片的起始端。滴加显微镜油，转过油镜头进行分类计数。

计数时，为避免重复和遗漏，可用四区、三区或中央曲折计数法推移血片，记录每一区的各种白细胞数(图 23-32)。每张血片最少计数 100 个细胞，连续观察 2～3 张血片，求出各种白细胞的百分比。

记录时，可用白细胞分类计数器，也可事先设计一表格，用画“正”字的方法记录，以便于统计百分数。

6.各种白细胞的形态特征

各种白细胞的形态特征主要表现在细胞核及细胞浆的特有性状上，并注意细胞的大小。

(1)中性粒细胞　白细胞中数量最多的一种。细胞呈圆球形，比红细胞大。胞质中有特殊的细微颗粒，被染成极淡的紫红色，镜下不明显。核紫色，一般呈分叶状(2～3 叶)，细胞越老，分叶越多。

(2)嗜酸性粒细胞　数量较少。较中性粒细胞大。胞质中有被酸性染料染成深红色的粗大颗粒，颗粒分布及大小均匀。核蓝紫色，一般分为两叶或呈肾形。

(3)嗜碱性粒细胞　数量极少，不易找到，可观察示范片。此细胞大小与嗜酸性粒细胞类似。胞质中有大小不等、分布不均的颗粒，被碱性染料染成深蓝色。

(4)淋巴细胞　数量多，有大、中、小之分，以小淋巴细胞数量最多。

小淋巴细胞：稍大于红细胞。核大，常呈球形，染成蓝紫色。胞质少，染成天蓝色，核与胞质间常有一白色亮圈。

中淋巴细胞：约 2 倍于红细胞。胞质较多。

大淋巴细胞：正常血液中少见。与单核细胞有些相似。

(5)单核细胞　数量很少。单核细胞是最大的血细胞，胞质较多，染成蓝灰色，有的细胞质中可见嗜天青颗粒。核呈马蹄形或不规则形，常位于细胞一侧，染色较淋巴细胞核浅，通常呈网状，有的可见核仁。

(6)血小板　为形态不规则，染成淡蓝色的小体。常聚集成群，无核，中央有嗜碱性颗粒。

7.正常值

常见动物白细胞正常范围及平均值见表 23-5。

表 23-5 常见动物白细胞正常范围及平均值 %

动物种类	嗜碱性粒细胞	嗜酸性粒细胞	中性粒细胞			淋巴细胞	单核细胞
			晚幼细胞	杆状核	分叶核		
牛	0.5(0～2.0)	4.0(1～8.0)	0.5(0～0.9)	3.0(1.0～8.0)	33.0(28～53)	57.0(42.0～71.0)	2.0(0.5～6.0)
山羊	0.1(0～0.2)	6.0(3～12.0)	—	1.0(0.5～5.0)	34.0(29.0～38.0)	57.5(50.0～63.5)	1.5(1.0～2.2)
绵羊	0.6(0～1.0)	4.5(1～9.0)	0.3(0～0.5)	1.5(0～6.0)	31.5(26.0～52.0)	59.0(37.0～65.0)	2.4(1.0～6.0)
猪	0.5(0～1.0)	2.5(0～5.8)	1.0(0～5.4)	5.5(3.0～7.0)	31.5(28.0～45.0)	55.5(40.0～70.0)	3.5(2.0～6.0)
马	0.5(0～0.6)	4.5(2.5～9.5)	0.5(0～0.9)	4.0(2.0～10.0)	53.5(45.0～68.0)	34.5(20.0～49.0)	2.5(1.5～6.8)
犬	1.0	6.0		3.0	58.0	25.0(12.0～30.0)	7.0(3.0～10.0)

8.白细胞分类计数变化的基本规律和临床意义

由于外周血液中的中性粒细胞、嗜酸性粒细胞、嗜碱性粒细胞、淋巴细胞和单核细胞等5种白细胞各有其生理功能，在不同病理情况下，可引起不同类型的白细胞发生数量和质量的变化。因此，在分析白细胞变化的意义时，应计算各种类型白细胞的绝对值，才具有诊断参考价值。

某种类型白细胞的绝对值＝白细胞总数×该种白细胞分类计数的百分率

(1)中性粒细胞　骨髓中的多能干细胞(CFU-S)在集落刺激因子(CSF)的刺激下，形成粒单核细胞系祖细胞(CFU-GM)，CFU-GM 在不同的调控因素作用下，向粒系或单核系细胞分化，并增殖和成熟为中性粒细胞或单核细胞。在正常的外周血液中的中性粒细胞主要是以细胞核分叶为2～3叶者居多，但可见到少量杆状核中性粒细胞。中性粒细胞具有趋化作用、变形和黏附作用、吞噬和杀菌作用等功能，在机体防御和抵抗病原菌侵袭过程中起着主要作用。白细胞数量可随动物生理状态而变化，一般下午较早晨的白细胞为高，采食、运动、恐惧、兴奋、高温或严寒都能使中性粒细胞增多，生理性增多都是一时性的，通常不伴有白细胞质量方面的变化。

①中性粒细胞的数量变化

中性粒细胞增多：常见于感染性疾病(特别是各种病原微生物引起的全身性感染，如炭疽、腺疫、巴氏杆菌病、猪丹毒等传染病)，一般炎症性疾病(如急性胃肠炎、肺炎、子宫内膜炎、急性肾炎、乳腺炎等)，化脓性疾病(如化脓性胸膜炎、化脓性腹膜炎、创伤性心包炎、肺脓肿、蜂窝织炎等)，中毒性疾病(如酸中毒、某些植物中毒、尿毒症等)，注射异种蛋白(如血清、疫苗等)，外科手术等。

中性粒细胞减少：主要是由于病原抑制了骨髓的功能，常见于传染病(如猪瘟、马传染性贫血、流行性感冒、传染性肝炎等)，严重的败血症和化脓性疾病，中毒性疾病(如蕨中毒、砷中毒及驴的妊娠中毒等)，血液疾病(如严重的贫血性疾病及再生障碍性贫血)，某些物理(如放射线、放射性核素等)和化学因素(如氯霉素、铅等)破坏了骨髓的细胞成分。

在分析中性粒细胞增多和减少的变化时，要结合白细胞总数的变化及核象变化进行综合分析。

②中性粒细胞的核象变化　中性粒细胞的核象变化是指其细胞核的分叶状态，它反映白细胞的成熟程度，以及某些疾病的病情和预后。正常时，外周血液中中性粒细胞的分叶以2～3叶为多，同时也可见到少量杆状核中性粒细胞。如果外周血液中未成熟的中性粒细胞增多，即幼年核和杆状核中性粒细胞的比例升高，称为核左移；如果分叶核中性粒细胞大量增加，核

的分叶数目增多(4～5个或更多),则称为核右移(图23-33)。

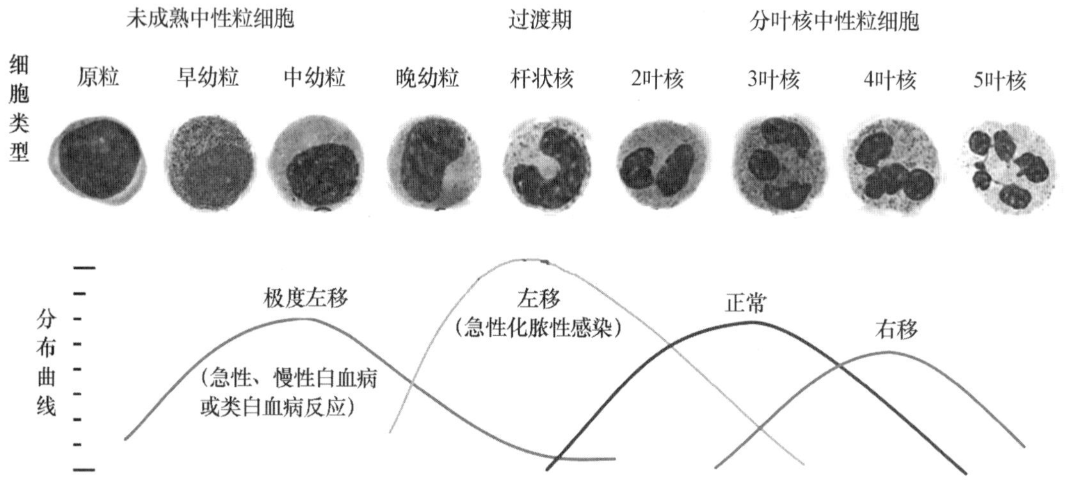

图23-33 中性粒细胞核象变化

中性粒细胞核左移:当杆状核中性粒细胞超过其正常参考值的上限时,称轻度核左移;如果超过其正常参考值上限的1.5倍,并伴有少数晚幼中性粒细胞时,称中度核左移;当其超过白细胞比值25%,并伴有更幼稚的中性粒细胞时,称重度核左移。中性粒细胞核左移时,还常伴有程度不同的中毒性改变。

核左移伴有白细胞总数增高,称为再生性核左移。它表示骨髓造血机能加强,机体处于积极防御阶段,常见于感染、急性中毒、急性失血和急性溶血。

核左移而白细胞总数不高,甚至减少者,称退行性核左移。它表示骨髓造血机能减退,机体的抗病力降低,见于严重的感染、败血症等。

在兽医临床上,核左移的程度和白细胞总数的变化可作为评价动物病情严重程度和机体防御能力的指标。白细胞总数和中性粒细胞百分率略微增高,轻度核左移,表示感染程度轻,机体抵抗力较强;白细胞总数和中性粒细胞百分率均增高,中度核左移及中毒性改变,表示有严重感染;而白细胞总数和中性粒细胞百分率明显增高,或白细胞总数并不增高甚至减少,但有显著核左移及中毒性改变,则表示病情极为严重。

中性粒细胞核右移:核右移是由于缺乏造血物质使脱氧核糖核酸合成障碍所致。如在疾病期间出现核右移,则反映病情危重或机体高度衰弱,预后往往不良。见于重度贫血、重度感染和应用抗代谢药物治疗后。

③中性粒细胞的形态异常　在各种有害因素的作用下,中性粒细胞常有下列中毒性形态学改变。

细胞大小不均:血片中中性粒细胞大小悬殊,见于慢性感染和病程较长的化脓性炎症。

中毒性颗粒:在中性粒细胞的细胞浆中出现分布不均、大小不等的深紫色或蓝黑色粗大颗粒,这种颗粒称中毒性颗粒,见于烧伤和严重的化脓性感染。

空泡:在中性粒细胞的细胞浆中出现一至数个大小不等的空泡,严重者细胞呈筛状,有时在细胞核上也能见到空泡,见于败血症和某些中毒性疾病(如棘豆属植物中毒、化学品中毒等)。

核变性:血片中的中性粒细胞的细胞核发生固缩或溶解、碎裂。细胞核发生固缩时,核染色质呈深紫色粗大凝块状；细胞核溶解时，核膜破碎，核染色质松散、模糊、着色浅淡。这说明细胞受损程度加重，见于严重感染。

(2)嗜酸性粒细胞　嗜酸性粒细胞由骨髓干细胞产生。它具有吞噬作用，可吞噬带有抗体的红细胞、细菌等。对组胺、免疫复合物和来自寄生虫、某些细菌的嗜酸性粒细胞趋化因子等多种物质有趋化性，并分泌组胺酶灭活组胺，减轻某些过敏反应。因此，嗜酸性粒细胞对皮肤病、变态反应性疾病和寄生虫病的反应比较敏感。

嗜酸性粒细胞增多：见于肝片吸虫、球虫、旋毛虫、丝虫、钩虫、蛔虫、疥癣等寄生虫病；还见于荨麻疹、饲草过敏、血清过敏、药物过敏、湿疹及皮肤炎等。

嗜酸性粒细胞减少：见于感染性疾病和严重发热性疾病的初期及尿毒症、毒血症、严重创伤、中毒、过劳等。如嗜酸性粒细胞持续下降，甚至完全消失，则表明病情严重。

(3)嗜碱性粒细胞　嗜碱性粒细胞由骨髓干细胞产生，它在外周血液中仅占白细胞分类的0～1%。其生理功能中突出的特点是参与超敏反应。嗜碱性粒细胞表面有IgE的Fc受体，当与IgE结合后即被致敏，再受相应抗原攻击时即引起颗粒释放反应。嗜碱性颗粒中含有组胺、肝毒、慢反应物质、血小板活化因子和嗜酸性粒细胞趋化因子等多种活性物质。

嗜碱性粒细胞增多见于慢性溶血、高脂血症等。由于嗜碱性粒细胞在外周血液中很少见到，故其减少无临床意义。

(4)淋巴细胞　淋巴细胞来源于骨髓造血干细胞。淋巴细胞具有与抗原起特异反应的能力，是重要的免疫活性细胞。淋巴细胞因发育和成熟途径不同，分为T淋巴细胞和B淋巴细胞，它们又有效应细胞和记忆细胞之分。此外，还有非T非B淋巴细胞，即K细胞和NK细胞(自然杀伤细胞)。T淋巴细胞占血液淋巴细胞的50%～70%，可存活数月至数年；B淋巴细胞占血液中淋巴细胞的15%～30%，寿命短，仅存活4～5 d。B淋巴细胞经抗原激活后转化为浆细胞，产生特异的抗体，在体液免疫中发挥着重要的作用。血液中淋巴细胞和中性粒细胞在百分比中大致成反比。

淋巴细胞增多：常见于感染性疾病(如结核、鼻疽、布鲁氏菌病等慢性传染病和猪瘟、流行性感冒、犬瘟热、犬病毒性肠炎、马传染性贫血等病毒性疾病及血液原虫病)，急性传染病的恢复期及淋巴性白血病等。另外，当中性粒细胞减少，骨髓造血功能减退时，淋巴细胞相对增多。

淋巴细胞减少：见于中性粒细胞绝对值增多时的各种疾病，如炭疽、巴氏杆菌病、急性胃肠炎、化脓性胸膜炎等，还见于淋巴组织受到破坏(如淋巴肉瘤、结核病、流行性淋巴管炎等)，应用肾上腺皮质激素、免疫抑制药物和放射线治疗等。

(5)单核细胞　单核细胞由粒单核细胞系祖细胞(CFU-GM)分化，经原单核、幼单核阶段发育为成熟的单核细胞而进入血液。单核细胞在血液中仅逗留1～3 d即逸出血管进入组织或体腔内，转变为巨噬细胞，形成单核巨噬细胞系统，其功能才完全趋于成熟。其功能主要是激活淋巴细胞，使淋巴细胞在特异性免疫中发挥重要作用；吞噬和杀灭某些病原体，如病毒、结核分杆杆菌、布鲁氏菌等；吞噬衰老的红细胞，清除损伤组织及死亡的细胞；抑制肿瘤细胞的生长；在中性粒细胞和单核细胞生长中起反馈调节作用。

单核细胞增多：见于慢性感染性疾病(如结核、布鲁氏菌病等及某些霉菌感染和大多数伴有肉芽肿性反应的疾病)，原虫病(如巴贝斯虫病、锥虫病及弓形虫病等)，还见于疾病的恢复期及使用促肾上腺皮质激素、糖皮质类激素等药物。

单核细胞减少：见于急性传染病的初期及各种疾病的垂危期。

【知识拓展二】

鼻液弹力纤维的检查

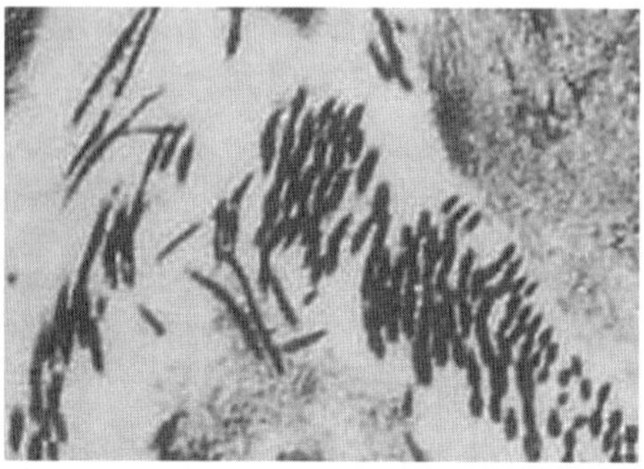

图 23-34 鼻液弹力纤维

取鼻液放于试管中，加入等量10%氢氧化钠(钾)溶液，在酒精灯上边振荡边加热，使其中的黏液、脓汁等溶解，然后离心沉淀5～10 min，取少许沉淀物滴于载玻片上，加盖玻片镜检。

弹力纤维呈透明的折光性较强的细丝状弯曲物(图23-34)，弹力纤维的出现，表示肺组织溶解、破溃或有空洞存在。见于异物性肺炎、肺坏疽和肺脓肿等。

【知识拓展三】

瘤胃内容物检验

一、瘤胃内容物的采取

采取瘤胃内容物最简便的办法是：当动物反刍时，借食团随食管逆蠕动送至口腔之际，检查人员突然打开口腔，一手抓住舌头向外拉，另一手伸入舌根部，即可将瘤胃内容物收集在手掌中。然而这种方法仅对健康牛奏效，且每次采取的数量有限。在临床上，常用胃管抽取。

由口或鼻插入胃管，到达食管瘤胃口时，感到有一定的抵抗，此时再继续送入50～80 cm，按上电动(或手压式)胃液吸引器，即可吸出瘤胃内容物。也可在左肷部用消毒后的长针头，穿刺吸取瘤胃内容物。采样的数量，一般100～200 mL即可，用四层纱布过滤后，及时送化验室进行检验。

二、酸碱度的测定

1. 方法

可用广泛pH试纸测定，也可用酸度计测定。

2. 正常值

正常瘤胃液pH一般为6.0～7.5。

3. 临床意义

pH为4.0～6.0时，为乳酸发酵所致，常见于过食精料引起的瘤胃酸中毒症。pH在5.0以下时，多数微生物及纤毛虫死亡，发生严重消化障碍。pH在8.0以上时，可认为由于蛋白质给予过多，引起消化障碍。在前胃弛缓时，pH也升高。

三、纤毛虫计数

1. 稀释液

甲基绿福尔马林、0.3%冰醋酸液任选一种。前者对纤毛虫具有固定与染色作用，便于和瘤胃内其他物质区别。

2. 方法

(1)准备计数板。用血细胞计数板，在计数室的两侧用黏合剂粘上 0.4 mm 厚的玻片两条，使计数室与盖玻片之间的高度变成 0.5 mm，这样才能使全部纤毛虫顺利进入计数室。制成的该计数板，专供纤毛虫计数用。

(2)吸取稀释液 1.90 mL，置于小管中，再加入用四层纱布过滤的胃液 0.1 mL，混匀，即为 20 倍稀释。

(3)用滴管吸取稀释好的瘤胃液，充入计数室，静置片刻，用低倍镜观察。

(4)计数四角四个大方格内纤毛虫的数目(计数方法与白细胞计数相同)，代入公式(纤毛虫数/mL＝纤毛虫数/mm^3×1 000)计算出 1 mL 的纤毛虫数目。

3. 注意事项

(1)取样时，如用胃管抽取，应将胃管插到瘤胃背囊，而前庭区往往混有较多唾液，纤毛虫相对较少，采样量应在 100 mL 以上。

(2)目前我国无统一的专用于纤毛虫计数的计数板，可根据具体情况自行设计制作计数板。

4. 临床意义

健康牛羊瘤胃液内纤毛虫的数量随饲料种类、季节、采样时间的不同而异，平均值：黄牛 30 万～65 万/mL，水牛 20 万～50 万/mL，绵羊 40 万～70 万/mL。瘤胃内纤毛虫是正常消化必不可少的原虫，在前胃弛缓时，纤毛虫可明显减少，如下降至 5 万/mL 左右。而在瘤胃酸中毒或瘤胃积食时，可下降至 5 万/mL 以下，甚至消失。在治疗前胃疾病时，纤毛虫计数为推断消化机能是否恢复的一个重要指标。

【知识拓展四】

粪便的化学检验

一、酸碱度的测定

草食动物的粪便为碱性，有的为中性或酸性；肉食及杂食动物喂一般性混合饲料时，粪为弱碱性，有的为中性或酸性。

1. 方法

(1)广泛 pH 试纸法　取试纸一小条，放在粪便的表面，等到纸条被粪便的水分湿润后，取下纸条与 pH 标准色板进行比较，记下与它相似的 pH 数字，然后把粪球或粪块打开，用同样的方法检验粪便内部的酸碱反应。

(2)溴麝香草酚蓝法　取粪球表面和粪球内部的粪块(大小如玉米粒)各一块，分别放在一张洁净的载玻片的两端，玻片下面衬放一块白纸。在小粪块上各加 1～2 滴 0.04%溴麝香草酚蓝溶液，1 min 后观察反应并记录结果。

2. 判断

(1)广泛 pH 试纸法　pH 7 为中性反应；pH 低于 7 为酸性反应，低于 7 越多，表明酸度越大，反之，高于7越多，表明碱度越大。

(2)溴麝香草酚蓝法　呈现绿色的为中性反应，呈现黄色的为酸性反应，呈现蓝色的为碱性反应。

3.临床意义

草食动物的正常粪便都呈现弱碱性反应，如果粪便变为酸性反应，表明胃肠内的食物发酵产酸增多，常见于胃肠卡他；如果粪便变为较强的碱性反应，表明胃肠内产生了炎性渗出物或蛋白质腐败分解生成游离氨，多见于胃肠炎。

二、粪便潜血的检验

粪中不能用肉眼观察到的血液叫作潜血。消化系统任何部位出血，都可以使粪便含有潜血。这项检验对于消化系统出血性疾病的诊断、治疗及预后都有意义。肉食动物应禁食3 d肉类食物，方可进行这项检验。

1.原理及试剂

与尿液潜血检验相同。

2.方法

用竹签或竹制镊子在粪的不同部位各取一小块，于干净载玻片上涂成直径1 cm大小的涂片(粪干时，可加少量蒸馏水，混合涂布)。将玻片在酒精灯上缓缓通过数次，以破坏粪中的酶类，待冷后，滴加1%联苯胺冰醋酸液和过氧化氢液各1 mL，将玻片轻轻摇晃数次，1 min内观察结果。

3.判断

正常无潜血的粪便不呈现颜色反应。呈现蓝色反应为阳性，蓝色出现越早，表明粪便内的潜血越多。

4.临床意义

胃肠道任何部位出血，粪便潜血检验都可呈现阳性，见于出血性胃肠炎、胃溃疡、牛创伤性网胃炎、马肠系膜动脉栓塞、羊血矛线虫、犬钩虫等。

【知识拓展五】

尿液检验

一、尿液的采集和保存

用清洁容器接取动物自然排出的尿液或用导管采集。采集的尿液应立即检验，如不能立即检验，可加入防腐剂保存，100 mL尿液中加入硼酸0.25 g，或加入甲苯0.5～1.0 mL，或加入福尔马林3～4滴，或加入麝香草酚0.1 g。

二、尿比重的测定

1.测定方法

将尿盛于适当大小的量筒内，然后将尿比重计沉入尿内，待比重计稳定后，读取尿液凹面的读数即为尿的比重。如尿量不足，可用蒸馏水稀释数倍，将测得尿比重的最后两位数字乘以稀释倍数，即得原尿的比重。如被检尿液温度高于或者低于比重计上标明的测定温度，每 3 ℃比重加减 0.001。

2. 正常值

牛为 1.025～1.050，猪为 1.018～1.022，羊为 1.015～1.065，马为 1.025～1.055，犬为 1.020～1.050，猫为 1.020～1.040。

3. 临床意义

尿比重的大小，与尿中固体物质的含量成正比，其中影响最大的是尿素和氯化钠。尿比重病理性增高，见于伴有少尿的疾病，如热性病、腹泻、呕吐、急性肾炎或心力衰竭等。尿比重病理性降低，见于伴有多尿的疾病，如肾机能不全、间质性肾炎、肾盂肾炎及神经性多尿症、牛酮病或服用利尿剂之后等。

三、尿液 pH 的测定

1. 器材

广泛 pH 试纸。

2. 方法

取一条广泛 pH 试纸浸于被检尿中，数秒钟后取出试纸条，与标准色板比色以判定尿液的 pH。

3. 正常值

健康家畜尿液的 pH 为：牛 7.2～8.7，犊牛 7.0～8.0，羊 8.0～8.5，羔羊 6.4～6.6，猪 6.5～7.8，马 7.2～7.8。

4. 临床意义

草食动物尿液变为酸性，见于牛酮血病、骨软病、大出汗、饥饿、消耗性疾病、营养不良以及某些热性病。肉食动物尿液变为碱性或草食动物尿液变成强碱性，见于剧烈呕吐、膀胱炎等。

四、尿中蛋白质的检验

1. 原理

蛋白质遇酸类物质，可发生凝固或沉淀。

2. 器材

中试管，滴管，试管架等。

3. 试剂

35%硝酸。装入滴瓶中备用。

4. 方法

取中试管 1 支，滴加 35%硝酸 1～2 mL(20～40 滴)，再沿试管壁缓缓滴加尿液，使两液重叠，静置 5 min，观察结果。两液重叠面产生白色环者为阳性反应。白色环越宽，表示蛋白含量越高，可用 1～3 个“＋”号表示。

5. 注意事项

马尿液中含有大量碳酸钙，因此应事先加入适量 10%醋酸液使尿呈酸性、尿液透明，便于观察结果。

6. 临床意义

健康动物的尿中含有微量的蛋白质，用一般方法难以检出。病理性蛋白尿见于肾炎、大多数急性热性传染病（如猪瘟、猪丹毒等）和某些传染病。

五、尿中潜血的检验

健康家畜的尿液中不含有红细胞或血红蛋白。尿液中不能用肉眼直接观察的红细胞或血红蛋白叫作潜血，可用化学方法进行检查。

1. 原理

尿液中的血红蛋白或红细胞被酸破坏所产生的血红蛋白，有过氧化氢酶的作用（但并非为酶，因为被煮沸后仍有触媒作用），可以分解过氧化氢而产生新生态氧，使联苯胺氧化为蓝绿色的联苯胺蓝。

2. 器材与试剂

小试管，滴管，联苯胺，冰醋酸，3%过氧化氢溶液。

3. 方法（联苯胺法）

取联苯胺少许，溶解在 2 mL 冰醋酸中，加 3%过氧化氢溶液 2～3 mL。混合后，加入等量尿液，如果液体变绿色或蓝色，表示尿中有血红蛋白存在。

4. 临床意义

尿中出现红细胞，多见于泌尿系统各部位的出血，如急性肾炎、膀胱炎等。此外，某些溶血性疾病，如新生仔猪的溶血性黄疸、中毒等，尿中也可出现潜血阳性。

六、尿胆素原的检验

1. 原理

尿胆素原在酸性溶液中可与对二甲氨基苯甲醛发生醛化反应而生成红色化合物，此醛化反应与尿胆素原所含的吡咯环有关。

2. 试剂

艾（Ehrlich）氏试剂：对二甲氨基苯甲醛 2.0 g，蒸馏水加至 100 mL，浓盐酸 20 mL。混合贮于棕色瓶中。

3. 方法

取 10 mL 刻度试管 1 支，加尿液 9 mL，再加艾氏试剂 1 mL，充分颠倒混合，静置 10 min，在试管底衬一白纸，于光线明亮处，两眼自管口垂直视向管底，观察尿液垂直柱面的颜色，呈樱桃红色者为阳性反应。

必要时，可将被检尿液做 2、4、6、8、16、32、64 倍稀释，取稀释尿液 9 mL，加艾氏试剂 1 mL，经 10 min 后观察结果，记录红色反应的最后一管的稀释倍数。

一般正常时仅 2～4 倍稀释管呈现红色反应；如 8 倍以上的稀释管呈明显红色反应，则证明尿胆素原增加。

4. 注意事项

碱性尿，应事先加 10%醋酸液酸化。

5. 临床意义

健康家畜的尿中含有少量尿胆素原。溶血性疾病及肝实质性疾病，尿中尿胆素原大量增加。当家畜患阻塞性黄疸时，尿胆素原消失。

七、尿中葡萄糖的检验

健康家畜的尿中仅含微量葡萄糖，用一般化学方法无法检查。若用一般方法能检出尿中含有葡萄糖时，称为糖尿，表示机体的碳水化合物代谢障碍或肾的滤过机能严重破坏。

1. 原理

葡萄糖含有醛基，在热碱性溶液中，能将硫酸铜还原成黄色的氧化铜或黄红色的氧化亚铜。

2. 试剂

班(Benedict)氏试剂：先将 173.0 g 枸橼酸钠及 100.0 g 无水碳酸钠溶解于 700 mL 蒸馏水中，可加热促其溶解。另将 17.3 g 硫酸铜溶解于 100 mL 蒸馏水中，然后将硫酸铜液慢慢倾入已冷却的上液内，并加蒸馏水至 1 000 mL，过滤保存于棕色瓶内备用。

3. 方法

取班氏试剂 5 mL 置于试管中，加尿液 0.5 mL(约 10 滴)充分混合，加热煮沸 1～2 min，静置 5 min 后观察结果。

判定：管底出现黄色或黄红色沉淀者为阳性反应。黄色或黄红色的沉淀越多，表示尿中葡萄糖含量越高。也可按判定表估计葡萄糖的大致含量(表 23-6)。

表 23-6　尿中葡萄糖含量判定表

符号	反应	葡萄糖的大致含量
－	试剂仍呈清晰蓝色	无糖
＋	仅在冷后才有微量黄绿色沉淀	0.5 g/100 mL 以下
＋＋	静置后，管底有少量黄绿色沉淀	0.5～1 g/100 mL
＋＋＋	静置后，管底有多量黄色沉淀	1～2 g/100 mL
＋＋＋＋	静置后，管底有多量黄红色沉淀	2 g/100 mL 以上

4. 注意事项

(1)尿液中如含蛋白质，应把尿液加热煮沸，然后过滤，再行检验。

(2)尿液与试剂一定要按规定的比例加入，如尿液加得过多，由于尿液中某些微量的还原性物质也可产生还原作用而呈现假阳性反应。

(3)应用水杨酸类、维生素 C 及链霉素治疗时，尿中可能有还原性物质而呈假阳性反应。

5. 临床意义

生理性的糖尿，为暂时的，见于一时性恐惧、兴奋，饲喂大量含糖饲料等。病理性的糖尿，可见于肾脏疾病、化学药品中毒、肝脏疾病等。

八、尿中酮体的检验

1. 原理

酮体在碱性溶液中与硝普钠作用可产生紫红色的五氰化亚铁，这种产物在醋酸溶液内不但不褪色，反而颜色会加深。

2. 试剂

(1)5%硝普钠溶液。此液应新配制，贮于棕色瓶中可保存1周。

(2)10%氢氧化钠溶液。

(3)20%醋酸溶液。

3. 方法

取中试管1支，先加尿液5 mL，随即加入5%硝普钠溶液和10%氢氧化钠溶液各0.5 mL(约10滴)，颠倒混合，再加20%醋酸1 mL(约20滴)，再颠倒混合，观察结果。

判定：尿液呈现红色者为阳性，如尿液开始变红，加入20%醋酸后红色又消失者为阴性。根据颜色深浅的不同，可估计酮体的大致含量(表23-7)。

表23-7 尿中酮体含量判定表

符号	反应	酮体的大致含量/(mg/100 mL)
+	浅红色	3～5
++	红色	10～15
+++	深红色	20～30
++++	黑红色	40～60

4. 临床意义

酮体包括β-羟丁酸、乙酰乙酸、丙酮三种物质。健康家畜尿中含有微量酮体，用一般化学试剂无法检出。尿中出现酮体，主要见于奶牛的酮病，奶羊的妊娠毒血症，仔猪的低血糖等。

九、尿沉渣的检查

尿沉渣包括有机沉渣和无机沉渣两类。有机沉渣包括各种细胞和各种管型，无机沉渣包括碱性尿中的盐类结晶和酸性尿中的盐类结晶。

1. 尿沉渣标本的制备与检查方法

(1)将尿液静置1 h或低速(1 000 r/min)离心5～10 min。

(2)取沉渣1滴，置于载玻片上。用玻棒轻轻涂布使其分散开来。滴加1滴稀碘溶液(也可不加)，加盖玻片，低倍镜观察。

(3)镜检时，宜将聚光器降低、缩小光圈，使视野稍暗，用低倍镜观察到大体印象后再转换高倍镜仔细观察。

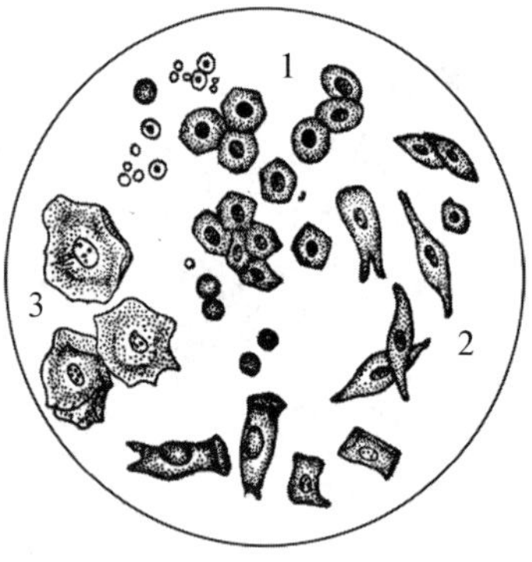

1. 肾上皮细胞 2. 肾盂及尿路上皮细胞 3. 膀胱上皮细胞

图23-35 尿中的上皮细胞

2. 尿中的有机沉渣

(1)上皮细胞(图23-35)

①肾上皮细胞 呈圆形或多角形，细胞核大而明显，核呈圆形或椭圆形，位于细胞中央，细胞浆中有小颗粒。

②肾盂及尿路上皮细胞 比肾上皮细胞大，肾盂

上皮细胞呈高脚杯状，细胞核较大，偏心。尿路上皮细胞多呈纺锤形，也有呈多角形及圆形者，核大，位于中央或略偏心。

③膀胱上皮细胞　为大而多角的扁平细胞，内有小而圆或椭圆形的核。

(2)血细胞、脓细胞及黏液

①红细胞　小而圆，淡黄褐色，无细胞核。

②白细胞　比红细胞略大，有细胞核。

③脓细胞　为变性的嗜中性分叶核白细胞。结构模糊，细胞核隐约可见，常聚集成堆。

④黏液　为无结构的带状物，被稀碘液染成淡黄色，比透明管型宽，称为假管型。

(3)管型(图 23-36)　指肾小管排出的一种柱状物，一端圆或齐，长而略曲，其长度及表面性质极不一致，如肾小管的铸型，故称为管型(又叫圆柱)。由肾小球滤出的蛋白质在肾小管内变性凝固或由蛋白质与某些细胞成分相黏合而形成。尿中出现管型是肾炎的特征。

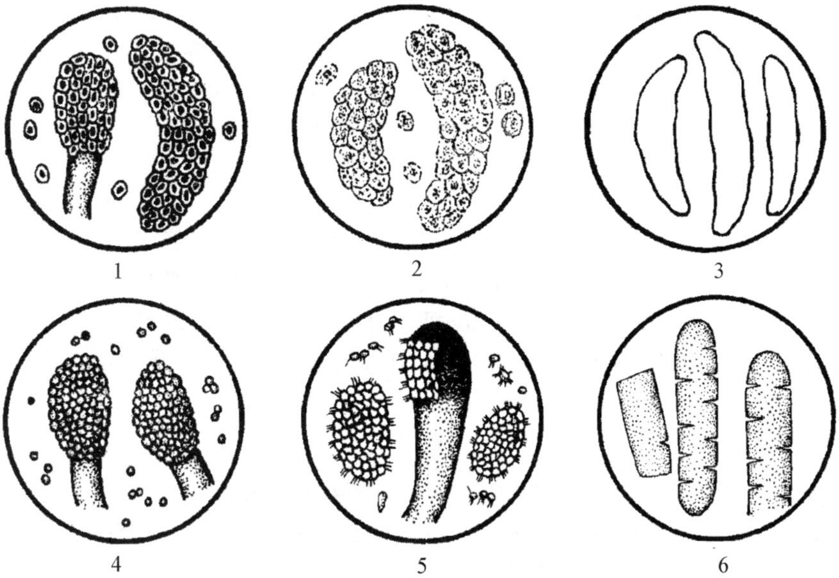

1.上皮管型　2.颗粒管型　3.透明管型　4.红细胞管型　5.脂肪管型　6.蜡样管型

图 23-36　尿中的各种管型

①上皮管型　由脱落的肾上皮细胞与蛋白性物质黏合而成。显微镜下能看到其中具上皮细胞结构的细胞。

②颗粒管型　为肾上皮细胞变性、崩解所形成的管型。细胞结构不明显。表面散在有大小不等的颗粒。

③透明管型　结构细致、均匀，透明，边缘明显，长短不一，伸直而少弯曲。

④红细胞管型　由红细胞与蛋白性物质黏合而成，或是红细胞聚积在透明管型之中而形成。

⑤脂肪管型　为上皮管型和颗粒管型脂肪变性而形成，是一种较大的管型，表面有脂肪滴和脂肪结晶，有强的屈光性。

⑥蜡样管型　质地均匀，轮廓明显，具有毛玻璃样的闪光，表面似蜡块，长而直，很少有弯曲，较透明管型宽。

3.尿中的无机沉渣

(1)碱性尿中的无机沉渣(图 23-37)

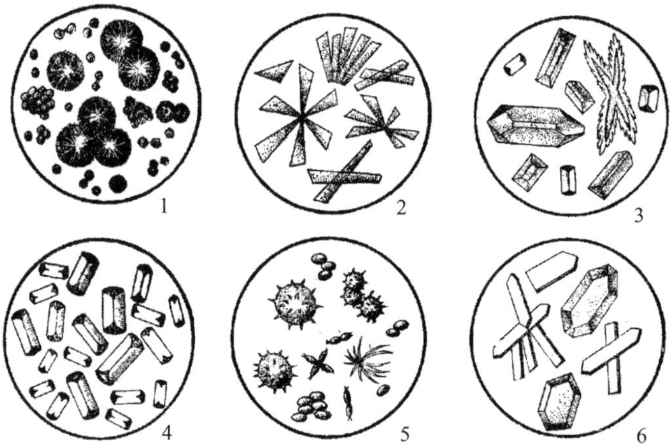

1.碳酸钙结晶 2.磷酸钙结晶 3、4.磷酸铵镁结晶 5.尿酸铵结晶 6.马尿酸结晶

图 23-37 碱性尿中的无机沉渣

①碳酸钙结晶 圆形,具有放射状线纹。此外,有哑铃状、磨刀石状、饼干状等。

②磷酸钙结晶 为无定形浅灰色颗粒。有时呈三棱形,聚集成束。

③磷酸铵镁结晶 为多角棱柱体及棺盖状结晶,也有雪花状或羽毛状。

④尿酸铵结晶 为黄色或褐色,圆形,表面有刺状突起,类似曼陀罗果穗状。

⑤马尿酸结晶 为棱柱状或针状结晶,有时成束如交错的针状、扇形或小帚状。

(2)酸性尿中的无机沉渣(图 23-38)

①草酸钙结晶 为四角八面体,如信封状,有十字形折光体。

②硫酸钙结晶 为长棱柱状物或针状,有时聚集成束状、扇状。

③尿酸结晶 为棕黄色的磨刀石状、叶簇状、菱形片状、十字状或梳状等。

④尿酸盐结晶 呈棕黄色小颗粒状,聚积成堆。

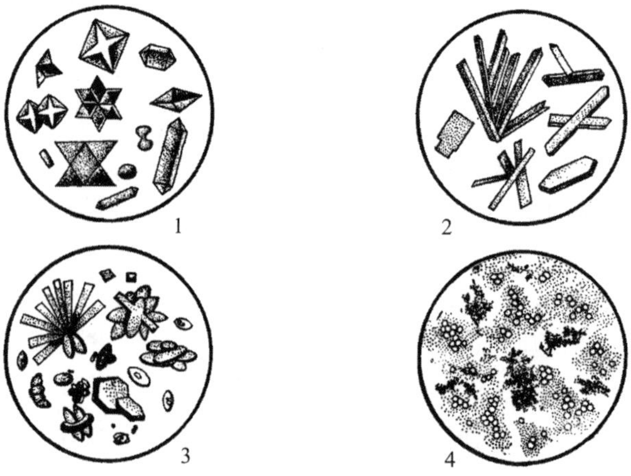

1.草酸钙结晶 2.硫酸钙结晶 3.尿酸结晶 4.尿酸盐结晶

图 23-38 酸性尿中的无机沉渣

项目二十四
建立诊断

【学习目标】

- 理解建立诊断的步骤；
- 掌握建立诊断的方法；
- 会进行预后判断。

【学习内容】

一、建立诊断的步骤

认识疾病和认识其他事物一样，必须遵循“实践、认识、再实践、再认识”这一辩证唯物主义认识论的原则。

通过病史调查、一般检查和分系统临床检查、实验室检验等，系统全面地收集症状和有关发病经过的资料。然后对所收集到的症状、资料，进行综合分析、推理、判断，初步确定病变的部位、疾病的性质、致病的原因及发病的机理，建立初步诊断。

依据初步诊断，实施防治，根据防治效果来验证诊断，并对诊断给予补充和修改，最后对疾病作出确切的诊断。

收集病料、综合分析、验证诊断是诊断疾病的三个基本步骤。三者互相联系，相辅相成，缺一不可。其中收集症状是认识疾病的基础；分析症状是建立初步诊断的关键；实施防治、观察效果是验证和完善诊断的必由之路。

二、建立诊断的方法

建立诊断的方法，一般有论证诊断法和鉴别诊断法。

(一)论证诊断法

论证诊断就是将实际所具有的症状、资料和所提出的疾病应具备的症状、条件，加以比较。若全部、大部分及主要症状、条件相符合，所有现象、变化均可用该病予以解释，则这一诊断即可成立。

论证诊断以丰富而确切的病史、症状资料为基础，但同一疾病的不同类型、不同程度和时期，所表现的症状不尽相同；而病畜的种属、品种、年龄、性别及个体的营养条件和反应能力不一，会使其呈现的症状发生差异。所以，论证诊断时不能机械地对照书本，或只凭经验去主观臆断，应对具体情况进行具体分析。

论证诊断应以病理学为基础，从整个疾病着想，以期解释所有现象，并找出各个变化之间的关系。如对并发症与继发症、主要疾病与次要疾病、原发病与继发症要有一个明确的认识，以求深入认识疾病的本质和规律，制定合理的综合防治措施。

（二）鉴别诊断法

在疾病的早期，对一些复杂的或不典型的病例，或当缺乏足以提示明确诊断的症状时，可根据某一或某几个主要症状，提出一组可能的、相近似的有待区别的疾病，然后通过深入的分析、比较，采用排除诊断法逐渐地排除可能性较小的疾病，缩小考虑的范围，最后留一个或几个可能性较大的疾病，这就是鉴别诊断过程或称类症鉴别。

在鉴别诊断时，应以主要症状及其综合征是否符合，具体的致病因素和条件是否存在，疾病的发生情况和特点与一般规律是否一致，防治的效果是否能予以验证等条件作为基础，对提出的一组疾病进行肯定或否定。

如缺少假定疾病应具有的特殊或主要症状，以及引起该病明确的致病因素，或假定疾病不能解释其全部症状，则该病可暂被否定。如病牛呈现慢性消化不良、反复瘤胃臌气、瘦弱等症状，但同时粪中混有潜血、白细胞总数增多，可暂排除前胃弛缓，因单纯的前胃弛缓，不能解释后两个症状。再如，具有一般神经症状的猪，应提示食盐中毒，但经反复了解并无摄取含食盐饲料的病史，化验又不见血中钠离子升高，因而可排除食盐中毒的可能。

如具有某一疾病所应具备的特殊症状或综合征和已查明足以引起该病的具体致病原因，发病情况符合其一般规律，通常即可肯定。

论证诊断法和鉴别诊断法在疾病诊断过程中相互补充、相辅相成。一般当提出某一种疾病的可能性诊断时，主要通过论证方法，并适当与近似的疾病加以区别而肯定或否定；但当提出有几种疾病的可能性诊断时，则首先应进行比较、鉴别，经逐个排除，对最后留有的可能性疾病，加以论证。

这样，经论证—鉴别及鉴别—论证的过程，假定的可能性诊断即成为初步诊断。

三、预后的判断

预后是对动物所患疾病的发展趋势和可能性结局的估计与推断。

（一）预后良好

可以治愈，而且不影响动物的生产性能和经济价值，称为预后良好。如患胃肠卡他、感冒等。

（二）预后不良

病情严重，虽经各种方法治疗，随时有死亡的可能；或虽能控制、消除疾病，但已丧失生产能力和经济价值；或因目前尚缺乏有效的治疗方法及药物，而无治愈可能者，均称为预后不良。如胃捻转、肠变位、肺气肿、乳牛化脓性乳腺炎等。

（三）预后慎重

结局良好与否，不能判定，有可能于短时间内完全治愈，也有可能死亡或丧失生产能力和经济价值，称预后慎重。如急性瘤胃臌气、重症马腹痛病、有机磷中毒等。

(四)预后可疑

由于资料不全或疾病正在发展变化之中，结局尚难推断，只能做出可疑的预后，如额窦炎，可以治愈而预后良好，也可进一步波及脑膜继发脑膜炎而预后不良。

可靠的预后判断，必须建立在正确诊断的基础之上，这不仅要求具有丰富的临床经验和一定的专业理论水平，而且还要充分考虑具体病例的个体条件（如体质、膘情、年龄、品种、神经类型等）和有无并发病等。并且随时注意疾病发展过程中出现的新变化。对重症病例应注意心脏、呼吸、体温、血象等变化。如神志不清、步态踉跄、大汗淋漓、呼吸高度困难、体温降低、末梢厥冷、心功能不全、心动过速（马超过 100 次/min，牛、猪、羊超过 120 次/min）、脉搏不感于手、口色青紫无光、舌体如绵等，均提示预后不良。

判定预后要严肃认真，实事求是，持科学态度。不允许将小病夸大，也不应把重病说轻。预后良好，不要盲目乐观，预后不良，也不要草率了事。要向畜主说明情况，取得合作和支持。

四、病历记录

病历记录是有关病畜的登记、病史调查、现症检查、实验室检验、特殊检查以及诊疗过程中变化等全部资料的记载。病历记录对于总结诊疗经验，积累科学资料，指导生产科研实践等，都有重要意义。因此，在整个诊疗过程中，自始至终必须认真填写，妥善保存。

病历填写要全面而详细，包括病畜登记、病史调查和现症检查结果。对症状可按系统有顺序地叙述，避免零乱和遗漏；所用词句要简单确切，通俗而科学，字迹清楚，避免涂改；对诊断填写应如实，对一时不能确诊的疑难病症，可填写初步诊断或疑问诊断，甚至暂不填写病名，待确诊后再填写，对住院病例，在最后应作小结或讨论；所有实验室检验单及特殊检查诊断书等均应附在病历后。病历表参考格式如下：

××××××动物医院

病 历 记 录 表

<table>
<tr><td rowspan="2">门诊号</td><td rowspan="2" colspan="2"></td><td rowspan="2" colspan="2">初诊日期</td><td rowspan="2" colspan="2">20　年　月　日</td><td rowspan="2" colspan="2">住院号</td><td rowspan="2"></td><td>入院</td><td>月　日</td></tr>
<tr><td>出院</td><td>月　日</td></tr>
<tr><td>单位名称</td><td colspan="4"></td><td>地址</td><td colspan="3"></td><td colspan="2">联系电话</td><td></td></tr>
<tr><td>畜别</td><td></td><td>性别</td><td></td><td>年龄</td><td></td><td>毛色</td><td></td><td>品种</td><td></td><td>用途</td><td></td></tr>
<tr><td>体重</td><td>kg</td><td colspan="2">其他标志</td><td colspan="2"></td><td>畜主姓名</td><td colspan="3"></td><td>结果</td><td></td></tr>
<tr><td colspan="12">病史

</td></tr>
<tr><td colspan="3">体温　　　　℃</td><td colspan="3">脉搏　　　次/min</td><td colspan="3">呼吸　　　次/min</td><td colspan="3">营养状况</td></tr>
<tr><td colspan="12">临床检查

</td></tr>
<tr><td rowspan="2">诊断</td><td rowspan="2" colspan="8"></td><td colspan="2">实习生</td><td>主治兽医师</td></tr>
<tr><td colspan="2"></td><td></td></tr>
</table>

【学习要求】

识记 预后、论证诊断法、鉴别诊断法、预后良好、预后慎重、预后可疑、预后不良。

理解 建立诊断的步骤、预后判断、预后不良的临床表现。

应用 会正确填写病历。

项目二十五
治疗技术

【学习目标】

- 掌握肌内注射、皮下注射、静脉注射及经口灌服药物的方法；
- 掌握胃管投送方法、判别及注意事项；
- 了解皮内注射、气管注射、腹腔注射、胸腔注射方法；
- 了解瘤胃穿刺、腹腔穿刺等穿刺技术；
- 了解饲料、饮水及气雾给药和冲洗法。

【学习内容】

任务一　注射疗法

注射疗法是将药物直接注入动物体内，可避免胃肠内容物对药物吸收的影响和首过效应，能迅速发生药效。此法药量较准确且可节省药物。

一、注射用具

注射时需要注射器及注射针头。兽用注射器的制造材料有玻璃、金属、聚氯乙烯（PVC）等，按其容量等有不同规格。大量输液时，则选用容量较大的输液瓶（吊瓶）。此外，还有连续注射器、注射枪等。

1. 金属注射器

兽用金属注射器主要用于动物的皮下、肌内注射，也可供少量药液静脉推注用。

在使用时，先将玻璃管置套筒内，插入活塞，拧紧套筒玻璃管固定螺丝，旋转活塞调节手柄至适当松紧度，即可使用。

2. 玻璃注射器

玻璃注射器的构造比较简单，由针筒和活塞部分组成。通常在针筒和活塞后端有数字号码，同一注射器针筒和活塞的号码应相同，否则不能使用。有各种规格容量以及偏头、中头之分，用时将活塞套入针筒。多用于猪的耳静脉注射及实验动物的注射。

3. 连续注射器

连续注射器的结构类似于金属注射器。不同之处在于手柄内有一弹簧装置，每注射一次，手柄可自动复位，并同时吸入药液至玻璃管内，故可作连续注射用。使用时，先将药液和注射器手柄以橡胶管连接，将注射器手柄连续压放数次，药液即可注满玻璃管，然后连接针头，即可连续注射。主要用作预防注射用。

4. 注射针头

针头规格型号甚多，可根据用途选用。兽用一般以 12 号、14 号针头供大家畜肌内注射和静脉注射，9 号、7 号针头供中、小家畜作肌内和皮下注射，5 号、7 号、9 号针头供中、小家畜静脉注射。由于同种动物个体大小差异甚大，注射时深度也各有差异，故应视具体情况选用。

5. 注射器和针头在使用前应注意的事项

(1)应检查针头与基部的连接是否牢固，针筒与活塞是否严密，针头有无弯曲、折裂痕迹，是否锋利。

(2)所有注射用具于使用前必须清洗干净并进行消毒(煮沸或高温消毒)备用。使用后，应立即清洗、擦干，置干燥处保存。

(3)注射前先将药液抽入注射器内，同时要认真检查药品的质量，有无变质、浑浊、沉淀。混注两种以上药液时，应注意有无配伍禁忌。

(4)抽完药液后，一定要排出注射器内的气泡。

(5)注射时，必须严格执行无菌操作规程。

注射的方法种类很多，其中皮下、肌内、静脉注射，是临床最常用的注射方法。个别情况下还可做皮内、胸腔、腹腔、气管、瓣胃及眼球结膜等部位的注射。选择什么方法进行注射，主要应根据药物的性质、数量及牲畜和疾病的具体情况而定。

二、注射方法

(一)皮内注射法

1. 应用

主要用于某些变态反应(如牛的结核菌素皮内反应)诊断或做药物过敏试验等。

2. 用具

常用结核菌素注射器或 1 mL 注射器，4 号、4.5 号针头。

3. 部位

肩胛部或多在颈侧中部 1/3 处。大耳朵犬可在耳背部。绵羊痘接种在尾根、腋下或股内侧。马鼻疽菌素皮内反应在眼睑皮内。

4. 方法

按常规消毒后，先以左手拇指与食指将术部皮肤捏起并形成皱褶；右手持注射器，使之与皮肤呈 5° 角，将针头斜面完全刺入皮内后，然后再向上挑起再稍刺入，注入规定量的药液即可。如推注药液时感到有一定阻力且注入药液后局部形成一小球状隆突，即为确实注入于真皮层的标志。拔出注射针，术部消毒，但应避免压挤局部。

(二)皮下注射法

1. 应用

将药液注入于皮下结缔组织内，经毛细血管、淋巴管吸收而进入血液循环。因皮下有脂肪层，吸收较慢，一般呈现药效较缓慢而持久。

2. 用具

一般选用一次性注射器(2～10 mL)，9 号、12 号针头。

3. 部位

应选皮肤较薄而皮下疏松的部位，大动物多在颈侧，猪在耳根后或股内侧皮肤。

4. 方法

动物实行必要的保定，局部剪毛、消毒。术者用左手捏起局部皮肤，使成一皱褶；右手持连接针头的注射器，由皱褶的基部刺入 1～2 cm，刺入后针头可自由地活动；注入需要量的药液后，拔出针头，局部按常规消毒处理。

5. 注意事项

刺激性强的药品不能做皮下注射；药量多时，可分点注射，注射后最好对注射部位轻度按摩或温敷。

(三)肌内注射法

1. 应用

肌肉内血管丰富，药液吸收较快，一般刺激性较强、吸收较慢的药剂(如水剂、乳剂、油剂等)均可注射；多种疫苗的接种，常做肌内注射。因肌肉组织致密，仅能注入较小的剂量。

2. 用具

根据动物的种类和注射部位不同，选用大小适当的注射针头，犬、猫一般选用 7 号针头，猪、羊选用 9 号、10 号针头，牛、马选用 12 号针头。

3. 部位

选肌肉层厚并避开大血管及神经干的部位。大动物多在颈侧、臂部，猪在耳后、臀部或股内部，禽类在胸肌部。

4. 方法

保定，局部按常规消毒处理。术者左手固定于注射局部，右手持连接针头的注射器，与皮肤呈垂直的角度，迅速刺入肌肉，一般刺入深度可至 2～3 cm；抽动针管活塞，无回血后即可缓慢注入药液，如有回血，可将针头拔出少许再行抽试。见无回血后方可注入药液。注毕，拔出针头，局部进行消毒处理。

为安全起见，对大家畜也可先以右手持注射针头，直接刺入局部，然后连接注射器和针头，再注入药液。

5. 注意事项

为防止针头折断，刺入时应与皮肤呈垂直的角度并且用力的方向应与针头方向一致；注意不可将针头的全长完全刺入肌肉中，一般只刺入全长的 3/4 即可，以防折断时难以拔出；对强刺激性药物不宜采用肌内注射，注射针头如接触神经时，动物则骚动不安，应变换方向，再注药液。

(四)静脉注射法

1. 应用

药液直接注入于静脉内，随血液而分布全身，可迅速发生药效，其代谢和排泄也快，因而在体内的作用时间较短；能容纳大量的药液，并可耐受(被血液稀释)刺激性较强的药液(如氯化钙、氯化钾等)。主要用于大量的补液、输血;注入急需奏效的药物(如急救强心等);注射刺激性较强的药物等。

2. 用具

少量注射时可用较大的注射器,大量输液时则应用输液瓶和一次性输液器。

3. 部位及方法

依动物种类而不同。牛、羊多采用颈静脉注射,猪多用耳静脉注射,有时也可采用前腔静脉注射,犬多在后肢外侧小隐静脉或前肢正中静脉实施,猫多用后肢内侧大隐静脉。

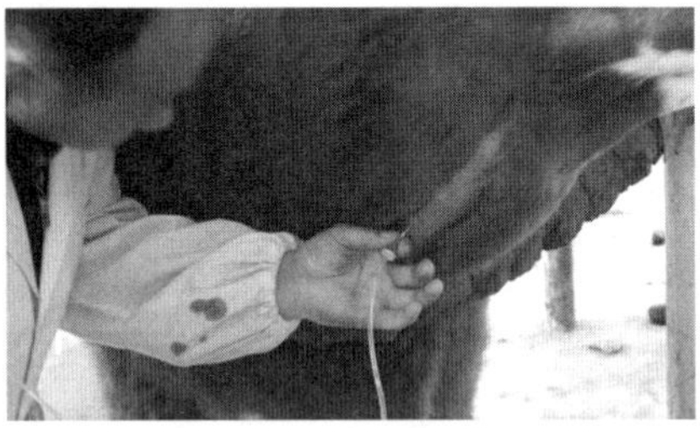

图 25-1 牛颈静脉注射

(1)牛颈静脉注射 由于牛的皮肤较厚,所以刺入时,应用力并突然刺入。具体操作步骤是:局部剪毛、消毒,左手拇指压迫颈静脉的下方,使颈静脉怒张;明确刺入部位,右手持针头瞄准该部后,以腕力使针头斜向刺入皮肤及血管,见有血液流出后,将针头顺入血管,接连注射器或输液管,即可注入药液(图 25-1)。

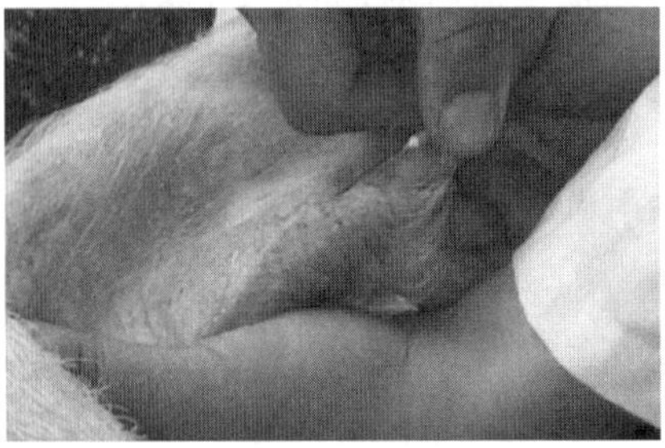

图 25-2 猪耳静脉注射

(2)猪耳静脉注射 将猪站立或横卧保定,耳静脉局部按常规消毒处理。一人用手指捏压耳根部静脉处或用胶带于耳根部结扎,使静脉充盈、怒张(或用酒精棉反复于局部涂擦以引起其充血);术者用左手把持猪耳,将其托平并使注射部位稍高;右手持连接针头的注射器,沿耳静脉管使针头与皮肤呈 45°角,刺入皮肤及血管内,轻轻抽活塞手柄如见回血即为已刺入血管,再将注射器放平并沿血管稍向前伸入;解除结扎胶带或撤去压迫静脉的手指,术者用左手拇指压住注射针头,右手徐徐推进药液,注完为止(图 25-2)。

(3)猪前腔静腔注射 可应用于猪大量的补液或采血。注射部位在第 1 对肋骨与胸骨柄结合处的直前。由于左侧靠近膈神经而易损伤,故多于右侧进行注射。针头刺入方向近似垂直并稍向中央及胸腔方向,刺入深度依猪体大小而定。注射器为 5~10 mL。成年公母猪宜选用 16 号(50 mm)针头,30 kg 以上的育肥猪宜选用 12 号(38 mm)针头,20~30 kg 保育猪和 10~20 kg 仔猪宜选用 10 号(25 mm)针头,10 kg 以下仔猪宜选用 9 号(20 mm)针头。

注射时,猪可取仰卧保定或站立保定。站立保定时,针头刺入部位在右侧由耳根至胸骨柄的连线上,稍斜向中央并刺向第一肋骨间胸腔入口处,边刺入边回血,见有回血即标志已刺入并可注入药液。猪取仰卧保定时,可见其胸骨柄向前突出并于两侧第一肋骨与胸骨接合处的直前、侧方各见一个明显的凹陷窝,用手指沿胸骨柄两侧触诊时更感明显,多在右侧凹陷处进行穿刺注射。仰卧保定并固定其前肢及头部。局部消毒后,术者持连接有针头的注射器,由右侧沿第 1 对肋骨与胸骨接合部前侧方的凹陷处刺入,并稍偏斜刺向中央及胸腔方向,边刺边回血,见回血后即可徐徐注入药液;注完后拔出针头,局部按常规消毒处理。

(4)犬后肢外侧小隐静脉注射 此静脉在后肢胫部下的外侧浅表皮下。由助手将犬侧卧保定,局部剪毛、消毒。用胶皮带绑在犬股部,或由助手用手紧握股部,即可明显见到此静脉。右手持连有胶管的 9 号针头,将针头向血管旁的皮下先刺入,而后与血管平行刺入静脉,接上注射器回抽。如见回血，将针尖顺血管腔再刺进少许，撤去静脉近心端的压迫，然后注射者一手固定针头，一手徐徐将药液注入静脉。

(5)犬前肢正中静脉注射　此静脉比后肢小隐静脉还粗一些，而且比较容易固定，因此一般静脉注射或取血时常用此静脉。注射方法同前述的后肢外侧小隐静脉注射。

(6)猫后肢内侧大隐静脉注射　此静脉在后肢膝部内侧浅表的皮下。助手将猫背卧后固定，伸展后肢向外拉直，暴露腹股沟，在腹股沟三角区附近，先用左手中指、食指探摸股动脉跳动部位，在其下方剪毛消毒；然后右手取连有 9 号针头的注射器，针头由跳动的股动脉下方直接刺入大隐静脉管内。注射方法同犬的后肢外侧小隐静脉注射。

4. 注意事项

静脉注射时应严格遵守无菌操作规程，对所有注射用具、注射局部均应严格消毒；要看清注射局部的脉管，明确注射部位，防止乱扎，以免局部血肿；要注意检查针头是否通顺，当反复穿刺时，针头常被血凝块堵塞，应随时更换；针头刺入静脉后，再顺入，并使之固定；注入药液前应排净注射器或输液胶管中的气泡。

(五)腹腔注射法

1. 应用

由于腹膜腔能容纳大量药液并有吸收能力，故可做大量补液，常用于猪、犬及猫。

2. 部位

牛在右侧肷窝部，马在左侧肷窝部，较小的猪则宜在两侧后腹部。

3. 方法(以猪为例)

将猪两后肢提起，做倒立保定，局部剪毛、消毒；术者一手把握猪的腹侧壁，另一手持连接针头(12 号)的注射器(或仅取注射针头)于距耻骨前缘处的中线旁，垂直刺入 2～3 cm，刺入针感有活动而无抵触、回抽活塞无气体和液体时即可注入药液；注入药液后，拔出针头，局部消毒处理(图 25-3)。

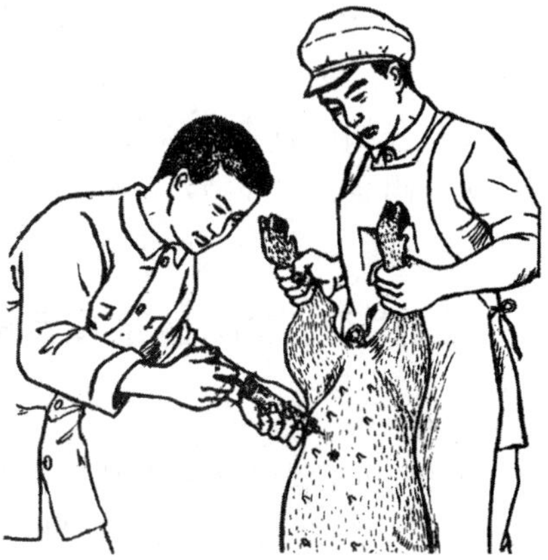

图 25-3　仔猪腹腔注射

4. 注意事项

腹腔注射宜用无刺激性的药液；如药液量大时，则宜用等渗溶液，并将药液加温至近似体温的程度。

任务二　投药疗法

治疗畜禽疾病的一些药物需经口投服。如病畜尚有食欲、药量少且无特殊气味，可将其混入饲料或饮水中使之自然采食。但药物大多味苦，且有特殊气味，病畜常不自愿采食，尤其是危重病畜，饮食欲废绝，故必须采用适宜的方法投服。

投药的方法很多，主要根据药物的剂型、剂量及有无刺激性和动物种类及病情的不同而选择之。

一、灌角及药瓶投药法

1. 应用

灌角及药瓶投药法，是将药物用水溶解或调成稀粥样，以及中草药的煎剂等装入灌角或药瓶等灌药器内经口投服。各种动物均可应用。

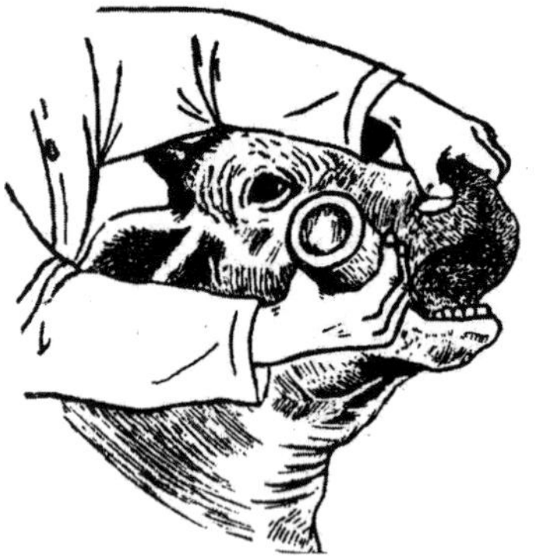

图 25-4 牛的药瓶灌药法

2. 用具

灌角，竹筒，橡皮瓶或长颈酒瓶，盛药盆等。

3. 方法

具体方法依动物种类及用具不同而异。

(1)牛的灌药法 多用橡皮瓶或长颈酒瓶，或以竹筒代替。左手牵住牛绳、抬高牛头，或紧拉鼻环或握住鼻中隔使牛头抬起，右手持盛满药液的药瓶自另侧口角伸入并送向舌背部；抬高药瓶后部轻轻振抖，并轻压橡皮瓶使药液流出；吞咽中继续灌服直至灌完(图 25-4)。

(2)猪的灌药法 较小的猪灌服少量药液时可用药匙(汤匙)或注射器(不接针头)。较大的猪，若药量大可用胃管投入，也很方便、安全。灌药时一人将猪的两耳抓住，把猪头略向上提，使猪的口角与眼角连线近水平，并用两腿夹住猪背腰部。另一人用左手持木棒把猪嘴撬开，右手用汤匙或其他灌药器，从舌侧面靠颊部倒入药液，待其咽下后，再灌第二匙；如含药不咽，可摇动口里的木棒，刺激其咽下。

二、片剂、丸剂、舔剂投药法

1. 应用

片剂、丸状或粉末状的药物以及中药的饮片或粉末，尤其是苦味健胃剂，常用面粉、糠麸等赋形剂制成糊剂或舔剂，经口投服以加强健胃的效果。

2. 用具

舔剂一般可用光滑的木板或竹片投服；丸剂、片剂可徒手投服，必要时可用特制的丸剂投药器。

3. 方法

动物一般站立保定。对牛、马，术者用一手从一侧口角伸入打开口腔，对猪则用木棍撬开口腔；另手持药片、药丸或用竹片刮取舔剂自另侧口角送入其舌背部；取出木棒，口腔自然闭合，药物即可咽下。如有丸剂投药器，则事先将药丸装入投药器内；术者持投药器自动物一侧口角伸入并送向舌根部，立即将药丸打(推)出；抽出投药器，待其自行咽下。必要时投药后灌饮少量水。

三、胃管投药法

1. 应用

当水剂药量较多，药品带有特殊气味，经口不易灌服时，一般需用胃管经鼻道或口腔投送。

此外胃管也可用于食道探诊(探查其是否畅通)、瘤胃排气、抽取胃液或排出胃内容物及洗胃，有时用于人工喂饲。

2. 用具

软硬适宜的橡皮管或塑料管，依动物种类不同而选用相应的口径及长度；特制的胃管其末端闭塞而于近末端的侧方设有数个开口者，更为适宜。漏斗或打药用的加压泵，插胃管用的开口器。

3. 方法

(1)牛胃管投药　牛可经口或经鼻插入胃管。经口插入时，先将牛进行必要的保定，并给牛戴上木质开口器，固定好头部；将胃管涂润滑油后，自开口器的孔内送入，尖端到达咽部时，牛将自然咽下；确定胃管插入食管无误后，接上漏斗即可灌药；灌完后慢慢抽出胃管，并解下开口器(图 25-5)。

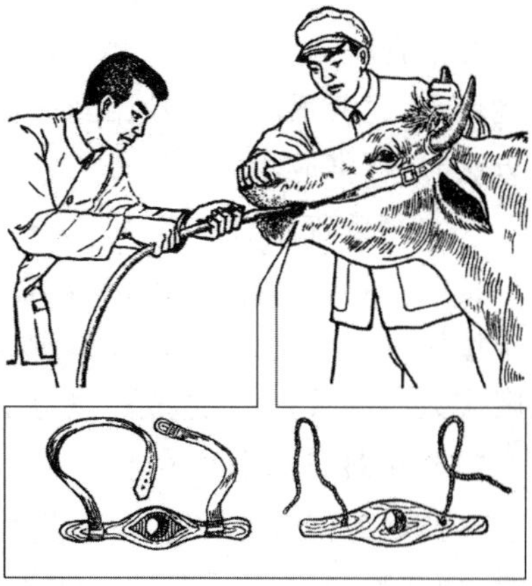

图 25-5　牛胃管投药

(2)猪胃管投药　猪经口插入胃管。先将猪进行保定，视情况而采取直立、侧卧或站立方式，一般多用侧卧保定；用开口器将口打开(无开口器时，可用一根木棒中央钻一孔)，然后将胃管沿孔向咽部插入；当胃管前端插至咽部时，轻轻抽动胃管，引起吞咽动作，并随吞咽插入食道；判定胃管确实插入食道后，接上漏斗即可灌药；灌完后慢慢抽出胃管，并解下开口器。

4. 胃管插入食道的判断

判断胃管是否插进食道的方法很多，无论使用何种检查方法，都必须综合加以判定和区别，防止发生判断上的错误。

5. 注意事项

(1)胃管使用前要仔细洗净、消毒；涂以润滑油或水，使管壁润滑；插入、抽动时不宜粗暴，要小心、徐缓，动作要轻柔。

(2)有明显呼吸困难的病畜不宜用胃管，有咽炎的病畜更应禁用。

(3)应确实证明插入食道深部或胃内后再灌药；如灌药后引起咳嗽、气喘，应立即停灌；如中途因动物骚动使胃管移动、脱出也应停灌，待重新插入并确定无误后再行灌药。

(4)经鼻插入胃管，可因管壁干燥或强烈抽动，损伤鼻、咽黏膜，引起鼻、咽黏膜肿胀、发炎等；导致鼻出血(尤其在马多见)，应引起高度注意。如少量出血，不久可自停；出血很多时，可将动物头部适当高抬或吊起，进行鼻部冷敷，或用大块纱布、药棉暂堵塞一侧鼻腔；必要时宜配合应用止血剂、补液乃至输血。

6. 药物误投入肺的表现及抢救措施

(1)药物误投入动物呼吸道后的表现　突然出现骚动不安，频繁咳嗽，并随咳嗽而有药液从口、鼻喷出；呼吸加快，呼吸困难，鼻翼开张或张口呼吸；继则可见肌肉震颤、大出汗，黏膜发绀，心跳加快、加强；数小时后体温可升高，肺部出现啰音，并进一步呈异物性肺炎的症状。当灌入大量药液时，甚至可造成动物的窒息或迅速死亡。

(2)抢救措施　在灌药过程中,应密切注意动物表现,发现异常,立即终止;使动物低头,促进咳嗽,呛出药物;应用强心剂,或给以少量阿托品以兴奋呼吸;同时应大量注射抗生素制剂;如经数小时后,症状减轻,则应按疗程规定继续用药,直至恢复。

四、饲料、饮水及气雾给药法

(一)混饲给药

混饲给药是现代集约化养殖业中最常用的一种给药方法,即将药物均匀地拌混入草料中,让畜禽采食时,同时吃进药物。该法简便易行,节省人力,减少应激,效果可靠,主要适用于预防性用药,尤其适应于长期给药。但对于病重的畜禽,当其食欲下降时,不宜应用。在应用这种方法时,通常应注意:

1. 准确掌握拌料浓度

按照拌料给药标准,准确、认真计算所用药物剂量,若按畜禽每 1 kg 体重给药,应严格按照个体体重,计算出畜禽群体体重,再按照要求把药物拌进料内。应特别注意拌料用药标准与饲喂次数相一致,以免造成药量过小起不到作用或药量过大引起畜禽中毒的现象发生。

2. 确保用药混合均匀

在药物与饲料混合时,必须搅拌均匀,尤其是一些安全范围较小的药物,以及用量较少的药物,如呋喃唑酮、喹乙醇等。为了保证药物混合均匀,通常采用分级混合法,即把全部用量的药物加到少量饲料中,充分混合后,加到一定量饲料中,再充分混匀,然后再拌到计算所需的全部饲料中。大批量饲料拌药更需多次逐步分级扩充,以达到充分混匀的目的。切忌把全部药量一次加入所需饲料中,简单混合法会造成部分畜禽药物中毒而大部分畜禽吃不到药物,达不到防治疾病的目的或贻误病情。

3. 密切注意不良作用

有些药物混入饲料后,可与饲料中的某些成分发生拮抗作用。拌药后应密切注意有无不良作用,尽量减少拌药后不良反应的发生,如饲料中长期混合磺胺药物,就容易引起鸡维生素缺乏,这时应适当补充这些维生素。

(二)饮水给药

饮水给药也是比较常用的给药方法之一,它是指将药物溶解到畜禽的饮水中,让畜禽在饮水时饮入药物,发挥药理效应,这种方法常用于预防和治疗疾病。尤其在畜禽发病,食欲降低而仍能饮水的情况下更为适用,但所用的药物应是水溶性的,除注意拌料给药的一些事项外,还应注意以下几点。

1. 药前停饮,保证药效

对于一些在水中不容易被破坏的药物,可以加入饮水中,让畜禽长时间自由饮用;而对于一些容易被破坏或失效的药物,应要求畜禽在一定时间内都饮入定量的药物,以保证药效。为达到目的,多在用药前,让畜(禽)群停止饮水一段时间。一般寒冷季节停饮 4 h,气温较高季节停饮 2 h,然后换上加有药物的饮水,让畜禽在一定时间内充分喝到药水。

2. 准确认真,按量给水

为了保证全群内绝大部分个体在一定时间内能喝到一定量的药水,不至由于剩水过多造成摄入体内的药物剂量不够,或加水不够,饮水不均,某些个体缺水,而有些个体饮水过多,就应该严格掌握畜禽一次饮水量，再计算全群饮水量，用一定系数加权重，确定全群给水量，然后按照药物浓度，准确计算用药剂量，把所需药物加到饮水中以保证药饮效果。因饮水量大小与畜禽的品种，畜禽舍内的温度、湿度，饲料含水量，饮水方法等因素密切相关，所以畜禽群体不同时期饮水量不尽相同。

3. 合理施用，加强效果

一般来说，饮水给药主要适用于容易溶解在水中的药物，对于一些不易溶解的药物可以采用适当的加热、加助溶剂或及时搅拌的方法，促进药物溶解，以达到饮水给药的目的。

（三）气雾给药

气雾给药是指使用能使药物气雾化的器械，将药物分散成一定直径的微粒，弥散到空间中，让畜禽通过呼吸作用吸入体内或作用于畜禽皮肤、黏膜及羽毛的一种给药方法。也可用于畜禽群消毒。使用这种方法时，药物吸收快，作用迅速，节省人力，尤其适用于现代化大型养殖场，但需要一定的气雾设备，且畜禽舍门窗应能密闭。同时，不应使用有刺激性药物，以免引起畜禽呼吸道发炎。一般来讲，应用气雾给药时应注意以下几个方面。

1. 恰当选择气雾用药，充分发挥药物效能

为了充分利用气雾给药的优点，应该恰当选择所用药物。并不是所有的药物都可通过气雾途径给药，可应用于气雾途径的药物应该无刺激性，容易溶解于水。对于有刺激的药物不应通过气雾给药。同时还应根据用药目的不同，选用吸湿性不同的药物。若欲使药物作用于肺部，应选用吸湿性较差的药物，而欲使药物作用于呼吸道，就应选择吸湿性较强的药物。

2. 准确掌握气雾剂量，确保气雾用药效果

在应用气雾给药时，不要随意套用拌料或饮水给药浓度。为了确保用药效果，在使用气雾给药前应按照畜禽舍空间情况，使用气雾设备要求，准确计算用药剂量，以免过大或过小，造成不应有的损失。

3. 严格控制雾粒大小，防止不良反应发生

在气雾给药时，雾粒直径大小与用药效果有直接关系。气雾微粒越细，越容易进入肺泡内，但与肺泡表面的黏着力小，容易随呼气排出，影响药效。但若微粒越大，则不易进入肺泡内，容易落在空间或停留在动物的上呼吸道黏膜，也不能产生良好的用药效果。同时微粒过大，还容易引起畜禽的上呼吸道炎症。此外，还应根据用药目的，适当调节气雾微粒直径。如要使药物达到肺部，就应使用雾粒直径小的雾化器。反之，要使药物主要作用于上呼吸道，就应选用雾粒较大的雾化器。如治疗深部呼吸道或全身感染，微粒直径以 0.5～5 μm 最合适；治疗上呼吸道感染，应控制在 10～30 μm。雾粒直径大小主要是由雾化设备的设计功效和用药距离所决定。

任务三　穿刺疗法

通过穿刺，可以获取病畜体内某一特定器官或组织的病理材料，供做必要的实验室检查，从而使临床检查所得的资料能更加深入一步，有助于最终确定诊断；而当急性胃、肠臌气时，应用穿刺排气，可以迅速解除病象，在治疗上更具有重要的意义。但是，穿刺术在其应用范围上有严格的局限性，而且在实施中，也有损伤组织、可能引起局部感染等缺点，故在应用时，要有

充分的诊断依据，避免轻率滥用。

根据不同的穿刺目的，选用适宜的穿刺器具（如套管针），必要时也可用注射针头代之。所有穿刺用具均应严密消毒、干燥备用。在操作中，务必严格遵守无菌操作和安全措施，方能取得满意的结果。

一、瘤胃穿刺法

1. 应用

当瘤胃臌气严重时，可作紧急排气或注入制酵剂。

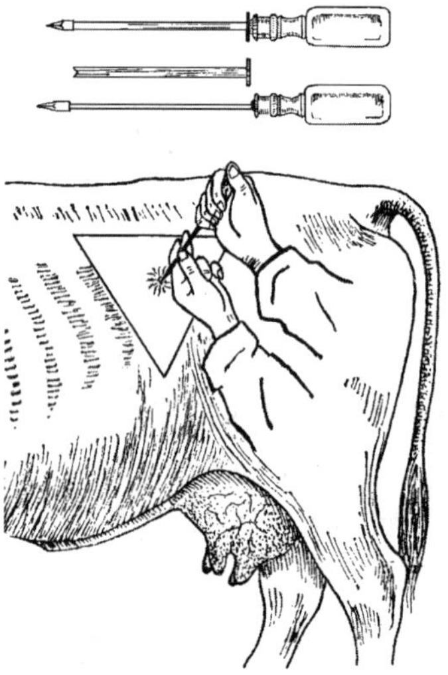

图 25-6 牛瘤胃穿刺

2. 部位

穿刺点在髋结节与最后肋骨中点连线的中央，也可选在瘤胃隆起最高点穿刺。

3. 方法

牛、羊施行站立保定，术部剪毛、消毒。术者以左手将局部皮肤稍向前移，右手持套管针向对侧肘头方向刺入（必要时可先用外科刀在术部皮肤做一小切口，易于使套管针刺入）。然后固定套管，拔出针芯，使瘤胃内的气体持续、缓慢排出。如遇针孔阻塞，可用针芯通透，切忌拔出套管针。为了防止臌气继续发展，造成重复穿刺，套管应继续固定，并留置一定的时间后才可拔出。必要时也可从套管向瘤胃内注入某些制酵剂。拔出套管时应先插回针芯，同时压住针孔周围的皮肤，再拔出套管针，然后消毒处理（图 25-6）。

4. 注意事项

(1)放气时应注意病畜的表现，放气速度不宜过快，以防止发生急性脑贫血。

(2)整个过程均应注意防止发生针孔局部感染和继发腹膜炎。

(3)须经套管注入药液时，注药前一定要确切地判定套管是否准确刺入。

二、心包穿刺法

1. 应用

心包积脓时的排脓并进行冲洗和治疗。

2. 部位

左侧第 5 肋间，与肩端水平线相交下方。

3. 方法

动物施行站立保定，使其左前肢向前伸半步，充分暴露心区，将术部剪毛、消毒；左手将术部皮肤稍向前移动，用带胶管的 16 号长针头，沿第 6 肋前缘垂直刺入，然后连接注射器边抽边进针至抽出心包液止；术后注意消毒。

4. 注意事项

(1)要防止针头晃动或过深而刺伤心脏。

(2)为防止发生气胸，抽液、注药前后应将附在针头上的胶管回转压紧，使管腔闭合。

任务四　冲洗疗法

一、洗眼法

1. 应用

主要用于各种眼病，特别是结膜与角膜炎症的治疗。

2. 用具

(1)洗眼用器械　冲洗器、洗眼瓶、胶帽吸管等，也可用注射器代用。

(2)常备点眼药或洗眼药　0.5%硫酸锌溶液、0.5%阿托品溶液、0.1%盐酸肾上腺素溶液、2%～4%硼酸溶液、0.1%雷佛奴尔溶液及生理盐水等。还有抗生素配制的点眼药，或抗生素眼膏和其他药物配制的眼膏等。

3. 方法

动物于柱栏内站立保定，先固定好头部，用一手拇指与食指翻开上下眼睑，另手持冲洗器(洗眼瓶、注射器等)，使其前端斜向内眼角，徐徐向结膜上灌注药液冲洗眼内分泌物。或用细胶管由鼻孔插入鼻泪管内，从胶管游离端注入洗眼药液，更有利于洗去眼内的分泌物和异物。如冲洗不彻底，可用硼酸棉球轻拭结膜囊。洗净之后，左手拿点眼药瓶，靠在外眼角上，斜向内眼角，将药液滴入眼内，闭合眼睑，用手轻轻按摩1～2下，以防药液流出，并促进药液在眼内扩散。如用眼膏时，可用玻璃棒一端蘸眼膏，横放在上下眼睑之间，闭合眼睑，抽去玻璃棒，眼膏即可留在眼内，用手轻轻按摩1～2下，以防流出。或直接将眼膏挤入结膜囊内。

4. 注意事项

(1)操作中防止动物骚动，点药瓶或洗眼器与病眼不能接触。与眼球不能成垂直方向，以防感染和损伤角膜。

(2)点眼药或眼膏应准确点入眼内，防止流出。

二、口腔的冲洗

1. 应用

主要用于口炎、舌及牙齿疾病的治疗。

2. 用具

大动物用橡皮管连接漏斗或注射器连接橡胶管，小动物可用吸管或不带针头的注射器。冲洗剂可用自来水或收敛剂与低浓度防腐消毒药等。

3. 方法

大动物于柱栏内站立保定，使病畜头部稍低并确实固定。中、小动物侧卧保定，使头部处于低位。术者一只手持橡胶管一端从口角伸入口腔，并用手固定在口角上，另一只手将装有冲洗药液的漏斗(小吊桶可挂在柱栏上)举起，药液即可流入口腔进行冲洗。

4. 注意事项

(1)冲洗药液根据需要可稍加温防止过凉。

(2)插进口腔内的胶管，不宜过深，以防误咽和咬碎。

三、导胃与洗胃法

1. 应用

用于牛的瘤胃积食或瘤胃酸中毒时排出胃内容物，马的胃扩张，以及排出胃内毒物。或用于胃炎的治疗和吸取胃液供实验室检查等。

2. 用具

导胃用具同牛胃管给药，但牛的导胃管较粗。

【学习要求】

识记 注射法。

理解 皮内注射、肌内注射、静脉注射、腹腔注射方法，瘤胃穿刺、心包穿刺等穿刺技术，混饲、饮水及气雾给药和冲洗法。

应用 掌握肌内注射、皮下注射、静脉注射及经口灌服药物的方法，胃管投送方法、判别及注意事项。

【知识拓展】

常用理疗技术

一、冷却疗法

冷却疗法是应用比动物体温低的物理因子(冷水、冰或冷药液如2%复方醋酸铅液)刺激机体以达到治疗目的的一种传统物理疗法。近些年来，冷却疗法的应用研究日益增多，如低温麻醉、冷却手术治疗和低温治疗肿瘤等。

(一) 冷却疗法的治疗作用

1. 对局部组织温度的影响

冷却刺激可使组织温度下降。同一冷却条件下，不同部位不同组织降温幅度有差异。

2. 对神经系统的影响

局部冷却使周围神经传导冲动受阻，对运动神经和感觉神经皆有传导阻滞作用。因此，冷可以镇痛、麻醉和解痉。但瞬时的冷却刺激具有兴奋神经的作用，如冷水喷头部，可使昏迷动物苏醒等。

3. 对血液循环和组织代谢的影响

冷却刺激促使血管收缩，局部血流量显著减少，并降低血管壁的通透性。因此，临床上用于防止急性炎症期的肿胀及渗出现象。冷却使局部组织细胞代谢活动降低，组织需氧量下降，可用于治疗某些微循环障碍性疾病。

4. 对胃肠道的影响

冷敷腹部可引起胃及大部分肠道反射性的蠕动增强，同时促进胃液分泌。胃部冷却则显著抑制胃动力，使胃排空时间延缓，胃酸及胃蛋白酶原分泌受抑制。

5. 其他

冷却对肌肉、皮肤也具有一定的影响。如冷却可使肌肉的电兴奋性减弱，具有解痉作用，可降低肌肉的痉挛状态，或使引起肌痉挛的冲动停止。

(二)方法

1. 冷敷法

用厚毛巾或脱脂棉浸冷水或冷药液(如2%复方醋酸铅液)敷于患部，用绷带固定。因患部皮温较高，必须经常更换或浇注冷水或药液，使患部保持冷却状态，才能达到冷敷目的。

也可使用装有冷水、冰块或雪的胶皮袋(干冷)冷敷于患部，用绷带固定。每天数次，每次20～30 min，冷敷后最好配合压迫绷带和适当休息。

2. 冷浴法(冷脚浴法)

常用于治疗蹄和指(趾)关节的疾病。在帆布桶、塑料桶或木桶内放入冷水，让患肢站在桶内浸泡，不断更换桶内冷水，每次浸泡30 min。为了保护蹄角质，可在蹄壁上涂上一层油脂。

(三)注意事项

(1)冰冷却时间不宜过长，以免引起冻伤。

(2)冬季使用冷却疗法时，注意保温，防止感冒。

(3)在进行冰贴疗法时，防止溶化后的冰水浸湿其他部位的被毛、皮肤。

(四)临床应用

1. 适应证

(1)常用于止痛、解痉，如腹痛、关节痛、烧灼痛、创伤痛等。

(2)治疗末梢血管疾病，如外伤性血管运动障碍、急性浅表性静脉炎等。

(3)软组织损伤，如肌肉和韧带扭伤、挫伤。

(4)止血，治疗鼻出血、胃出血、胃及十二指肠溃疡等。

(5)烧伤、烫伤。

(6)急性炎症。

(7)其他，如早期蛇咬伤、胃胀、局限性急性皮炎等。

2. 禁忌证

慢性炎症、末梢循环障碍、麻痹等病症禁用冷却疗法。

二、温热疗法

温热疗法可使患部温度立即提高，使局部血液循环旺盛，血管扩张，细胞氧化作用加强，促进机体的新陈代谢，并可加强局部白细胞的吞噬作用。由于淋巴管在温热条件下明显扩张，有利于新陈代谢产物、炎性产物及渗出产物的吸收。

(一)应用

用于治疗各种急性炎症的后期和慢性症状，如亚急性腱炎、腱鞘炎、肌炎及关节炎等，一般在发病24～48 h后应用。也可用于尚未出现组织化脓溶解的化脓性炎症的初期。

对恶性肿瘤有出血倾向的病例，对有伤口的炎症和感染则禁止使用温热疗法，因为可能导致病情恶化。

(二)方法

1. 温敷法

一般温敷法的敷料由四层组成。

第一层是湿润层，直接被覆于患部，一般用两层毛巾或四层布片或脱脂棉等做敷布，要求比患部稍大一些。

第二层是隔离层，不透水，防止散热，一般用油纸、油布，最好用塑料布制成，稍大于第一层。

第三层是保温层(不良导热层)，用普通棉花做成棉垫或毡垫，其大小同第二层。

第四层是固定层，即用绷带将上述三层固定于患部。

施行温敷时，先将患部洗净擦干，然后将湿润层敷料浸温水或温药液，适当拧挤后覆于患部，并加以固定，松紧要适宜，过松易滑脱，过紧妨碍局部血液循环，易引起局部疼痛。一般4～8 h更换一次。

2. 温浴法

具体方法与冷浴法相同，只是将冷水换成温水，其温度在42 ℃左右。

3. 热敷法

具体方法与温敷法相同。为加强热敷效果，可选用热药液，如醋酸铅液、10%硫酸镁溶液，也可应用中药，如栀子煎汤热敷，效果更好。也可将麸皮、酒糟或沙子炒热后装入布袋内，然后置于患部进行热敷。

4. 热熨

以醋或酒浸纱布敷于患部，再用烧热的烙铁热熨，每次20 min。

5. 酒精热绷带(酒精热敷法)

将酒精100 mL、鱼石脂10～20 g，放入饭盒中，充分溶解后，再放入脱脂棉浸泡，并盖上饭盒(这样不会引起酒精的燃烧)，在火上加热。然后将加热的浸有鱼石脂酒精的棉花，覆盖患部，外敷以塑料布和棉花，包扎绷带。必要时每日2次向塑料布内加入加热的酒精或白酒50～80 mL，以保持其温度。

三、激光疗法

激光疗法是临床上应用越来越多的一种新疗法。激光对生物体的作用主要表现在热效应、光化效应、压强效应及电磁场效应等四个方面，至于对活组织发生作用时，哪个起主要作用，则视激光器的种类和输出功率的大小而定。

(一)应用

激光治疗外科疾病，如新鲜创、化脓创、挫伤、脓肿、蜂窝织炎、溃疡、瘘管、窦道、神经麻痹、关节挫伤、关节扭伤、关节炎、关节周围炎、黏液囊炎、腱及腱鞘炎、蹄钉伤、褥疮、阴囊水肿及风湿病等。利用二氧化碳激光切除肿瘤、奶牛皮肤的乳头状瘤。

氦-氖激光照射治疗奶牛疾病性不育症，如卵巢机能不全、卵泡囊肿、黄体囊肿、持久黄体、卡他性及化脓性子宫内膜炎、隐性及显性乳腺炎、阴道炎、阴道脱等。

二氧化碳激光、氦-氖激光都可以治疗仔猪黄痢、白痢，羔羊下痢，犊牛、驹下痢或消化不良，奶牛腹泻、瘤胃弛缓，马的胃肠卡他、肠闭结，犊牛支气管肺炎等。

(二)激光器

兽医临床常用的激光器有氦-氖激光器和二氧化碳激光器。

氦-氖激光治疗机：其输出功率在20 mW以下者为宜，因其便于携带，使用方便简单，应用范围较广，且价格较低。输出功率大于20 mW乃至30 mW以上者，因其激光管长达1 m，不便携带，只限于固定在诊疗室内使用。

二氧化碳激光治疗机：常用小功率的治疗机，其功率为 1～8 W，适于奶牛场或养猪场应用。功率为 30～100 W 及以上，能用于进行手术切割或汽化。

（三）激光治疗法

1.激光照射治疗

激光照射是激光疗法中最常见的一种方法，该方法简便易行，效果确实。根据照射部位可分为局部照射、穴位照射和神经经络照射。

（1）局部照射（患部照射）　采用激光原光束或扩焦或用光导纤维，直接对准病变部位进行照射，是治疗各种疾病的一种常用方法。

（2）穴位照射　是将激光聚焦或用光导纤维对准传统穴位进行照射治疗的一种方法，也称为激光针灸。

（3）神经、经络照射　是将激光束经聚焦后或用原光束或用光导纤维，对准一神经经络进行照射的一种方法。如氦-氖激光麻醉即选用 7 mW 以上的氦-氖激光照射马、牛、羊、猪及犬的正中神经或胫神经，照射 20～30 min，即可达到麻醉。

从激光器射出窗口到照射部位之间的距离，一般应控制在 50～100 cm，每次照射 10～20 min，二氧化碳激光烧灼每次 0.5～1.0 min，每天照射一次，连续照射 10～12 d 为一个疗程，两个疗程之间以间隔 1 周为宜。照射剂量的计算方法为：

功率密度＝输出功率/光斑面积

功率密度×照射时间(s)＝能量密度

目前，治疗各种疾病的最佳剂量尚无统一标准。

2.烧灼、止血

选用二氧化碳激光经聚焦后，其光点处能量高度集中，在几毫秒的时间内引起局部高温，使组织凝固、脱水和组织细胞被破坏，从而达到烧灼、止血的目的。

（四）注意事项

（1）照射前，对病畜要进行合理的保定，注意人、畜、机的安全。

（2）激光器须合理放置，避免激光束直射人员的眼睛，操作人员应该戴护眼镜。

（3）照射创面前，需用生理盐水清洗干净，除去污物，创面周围剪毛。

（4）照射穴位前，应先准确找好穴位，局部剪毛，除去皮垢、污物，清拭干净并以龙胆紫做好标记。

（5）激光束（光斑）与被照射部位尽量保持垂直照射，使光斑呈圆形，准确地照射在病变部位或穴位。不便直接照射部位，可通过光纤或反射镜以保证准确垂直照射在治疗部位。

（6）照射时，应在专人监护下进行。照射时间系指准确地照射在被照射部位的时间。因此，病畜移动使光斑移开的时间应扣除，以确保准确的照射时间。

（7）激光器应严格按生产厂家所提供的说明书中的操作方法和注意事项进行操作，以免发生意外。

（8）如用二氧化碳激光器进行照射时，需采用扩焦照射，照射距离一般为 50～100 cm，以局部皮肤有适宜的温热感为宜，勿使过热，以防烫伤；如为烧灼，则必须聚焦照射，越接近焦点越好。

（9）激光器一般可连续工作 4 h 以上，连续治疗，不必关机。

模块四　动物微生物及免疫基础

项目二十六　动物微生物的基本知识

项目二十七　主要病原微生物

项目二十八　免疫学基础

项目二十六
动物微生物的基本知识

【学习目标】

- 掌握细菌的基本形态特点，细菌的基本构造和特殊构造及主要功能；
- 掌握细菌生长繁殖所需的基本条件及人工培养的方法；
- 掌握病毒的形态及基本结构特点；
- 掌握理化因素对微生物的影响；
- 掌握传染发生的条件；
- 了解细菌学诊断的程序和方法，了解细菌的化学组成、营养类型；
- 了解病毒的复制方式及病毒人工培养的方法，病毒的实验室诊断程序和方法；
- 了解真菌、放线菌、支原体、螺旋体、立克次氏体、衣原体的基本生物学特性，真菌生长繁殖所需的基本条件及人工培养的方法；
- 了解土壤、空气、水中微生物的来源及分布特点；
- 了解微生物常见的变异现象；
- 了解细菌、病毒不同的致病作用。

【学习内容】

任务一　细　菌

一、细菌的形态和结构

细菌是一类具有细胞壁的单细胞原核微生物，只有核质，无核膜和核仁，缺乏完整的细胞器。细菌广泛存在于土壤、空气、水以及动物体表体内，是自然界分布最广、个体数量最多的微生物。

（一）细菌的大小和形态

1. 细菌的大小（图 26-1）

不同种类的细菌大小不同，即使同种细菌个体之间大小也有差异，因此在表示某种细菌的大小时往往是一个数值范围，而不是一个数值点。表示细菌大小的适宜单位是微米（μm），通常用显微测微尺来测量细菌的大小。球菌一般用直径表示大小，如葡萄球菌直径 0.4～1.2 μm。杆菌和螺旋菌用长和宽表示大小，如炭疽杆菌长 4～7 μm，宽 1～1.5 μm；巴氏杆菌长 0.2～

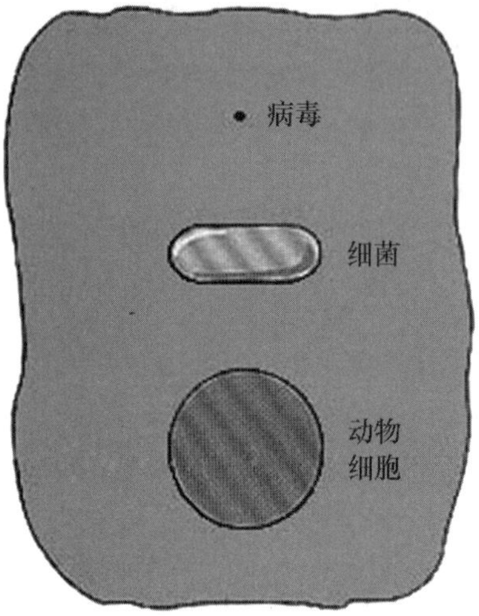

图 26-1　细菌、病毒与动物细胞大小示意
（引自 Madigan 等）

2.5 μm，宽 0.2～0.5 μm；螺旋菌长 1～50 μm，宽 0.2～1 μm。

2. 细菌的基本形态和排列

细菌的基本形态有球状、杆状和螺旋状三种，依此可将细菌分为球菌、杆菌和螺旋菌三种类型。

细菌的繁殖方式是简单的二分裂。有些细菌分裂后单个存在，有些分裂后仍彼此相连，形成一定的排列方式。

（1）球菌　菌体呈球形或近似球形，按其分裂方向及分裂后的排列状况可分为：双球菌（如肺炎双球菌）、链球菌（如化脓性链球菌）、葡萄球菌（如金黄色葡萄球菌）（图 26-2）；此外还有四联球菌和八叠球菌等。

（2）杆菌　菌体呈杆状或近似杆状，不同的杆菌长短、粗细、形状差异较大。短的几乎呈球形，称为球杆菌，长的呈丝状；菌体多数平直，少数稍弯曲；菌体两端多为钝圆，少数平截；有的杆菌一端较另一端膨大呈棒状，称为棒状杆菌；有的菌体有分枝，称为分枝杆菌。杆菌的排列方式有单个、成对或呈链状排列等（图 26-3）。

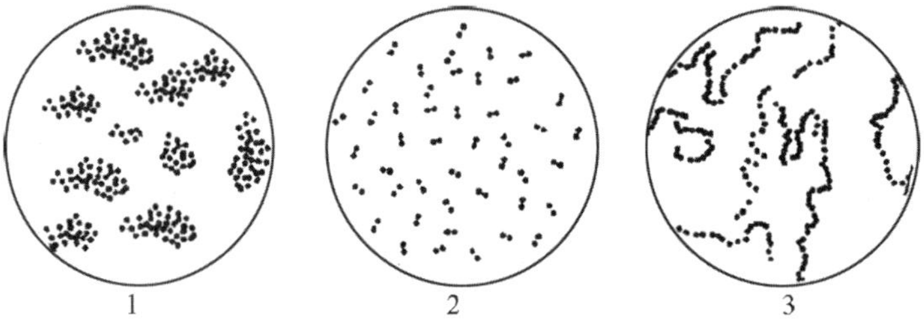

1. 葡萄球菌　2. 双球菌　3. 链球菌

图 26-2　球菌的形态和排列

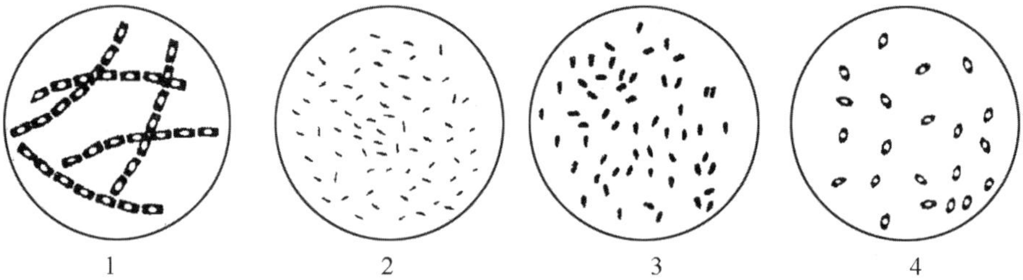

1. 炭疽杆菌　2. 大肠杆菌　3. 布鲁氏杆菌　4. 巴氏杆菌

图 26-3　杆菌的形态和排列

（3）螺旋菌　菌体弯曲，两端圆或尖突。根据弯曲程度和弯曲数分为弧菌和螺菌。弧菌的菌体只有一个弯曲，呈弧状或逗点状；螺菌的菌体有两个或两个以上的弯曲，捻转呈螺旋状（图 26-4）。

各种细菌的形态和排列方式具有相对的稳定性和特征性，是细菌分类和鉴定的依据之一。

(二)细菌的结构

细菌的结构可分为基本结构和特殊结构。

1. 细菌的基本结构

所有细菌都具有的结构称为细菌的基本结构，包括细胞壁、细胞膜、细胞浆和核质(图 26-5)。

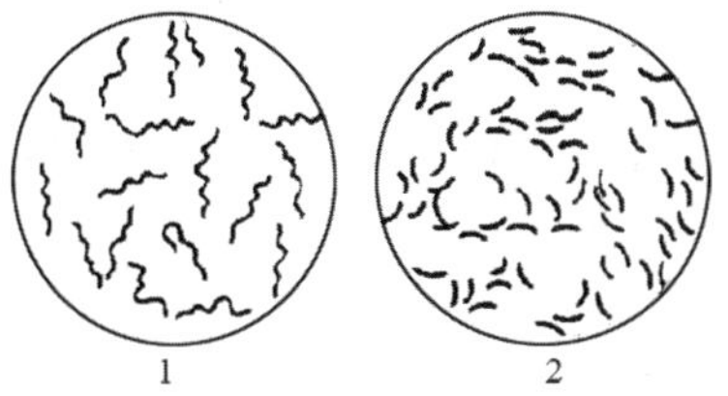

1. 螺菌　2. 弧菌

图 26-4　螺旋菌的形态和排列

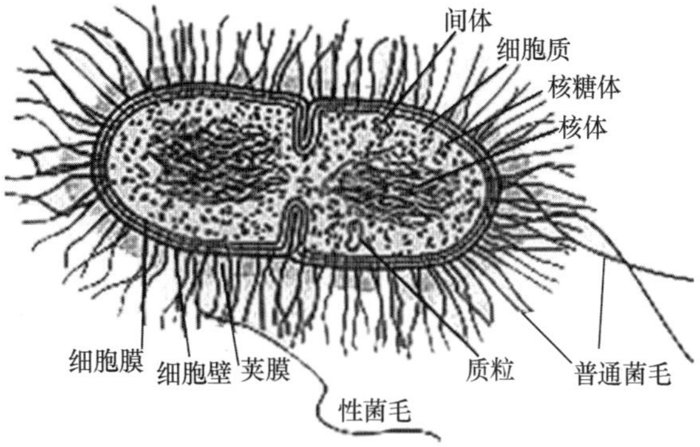

图 26-5　细菌结构模式图

(引自 Ryan 等)

(1)细胞壁　细胞壁是细菌细胞的最外层，化学组成因细菌种类的不同而有差异，一般由糖类、蛋白质和脂类镶嵌排列而成，其基础成分是肽聚糖。

革兰氏阳性菌的细胞壁较厚，化学成分主要是肽聚糖，此外还有磷壁酸、多糖和蛋白质，磷壁酸是革兰氏阳性菌的特有成分。

革兰氏阴性菌的细胞壁较薄，主成分是脂多糖，是其特有成分；此外还有磷脂、蛋白质和少量的肽聚糖。

细胞壁坚韧而具有弹性，维持着细菌的固有形态，保护细菌细胞免受渗透压的破坏。细胞壁上有许多微细小孔，具有相对的通透性，与细胞膜共同完成菌体内外物质的交换。

(2)细胞膜　是细胞壁和细胞浆之间的一层柔软、富有弹性的半通透性生物薄膜，主要化学成分是磷脂和蛋白质。

细胞膜维持细胞内正常渗透压，选择性地进行细菌内外物质的交换，还与细胞壁、荚膜的合成有关，是鞭毛的着生部位。此外，细胞膜向细胞浆内凹入形成间体，与细菌的呼吸有关。

(3)细胞浆　细胞浆的主要成分是水、蛋白质、脂类、多糖类、核糖核酸和少量无机盐等。细胞浆中含有许多酶系统，是细菌新陈代谢的主要场所。细胞浆中还含有核糖体、异染颗粒、间体、质粒等内含物。

(4)核质　散在于细胞浆当中，不能与细胞浆截然分开，是双股的大型 DNA 分子，含有细菌的遗传基因，控制细菌的各种遗传性状。

2. 细菌的特殊结构

某些种的细菌特有的结构称为特殊结构，有荚膜、鞭毛、菌毛和芽孢等。

(1)荚膜　某些细菌(如炭疽杆菌)在生活过程中，向细胞壁外产生一层黏液性物质，包绕了整个菌体，称为荚膜。

荚膜的主要成分是水，固形成分有多肽或多糖或两者兼有。荚膜的主要作用是抵抗吞噬细胞和噬菌体的攻击，使细菌细胞壁免受各种杀菌物质（如补体、溶菌酶）和抗体的损伤。荚膜与细菌的毒力有关，有荚膜的细菌毒力较强。

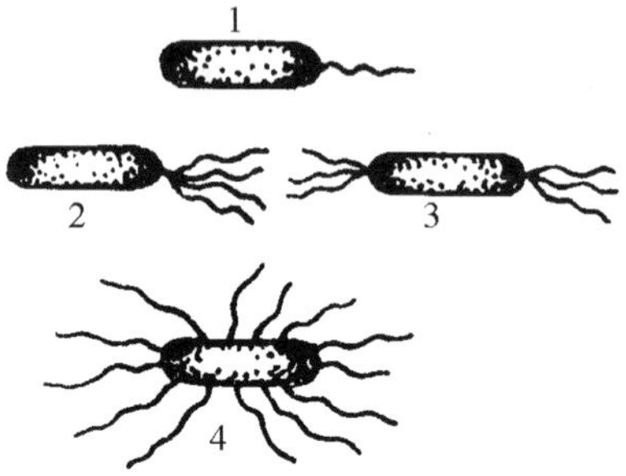

1. 单鞭毛　2. 一端丛鞭毛
3. 两端丛鞭毛　4. 周鞭毛

图 26-6　细菌的鞭毛

（2）鞭毛　某些细菌菌体上的细长丝状物。细菌的种类不同，鞭毛的数量和着生位置不同（图 26-6），有单毛菌、丛毛菌和周毛菌等。丛毛菌又有一端丛毛菌和两端丛毛菌之分。

鞭毛由鞭毛蛋白组成，具有抗原性。鞭毛是细菌的运动器官，有鞭毛的细菌具有运动性。

（3）菌毛　许多革兰氏阴性菌，在电镜下可见的比鞭毛更细更短的丝状物，称为菌毛（图 26-7），其化学成分主要是蛋白质。

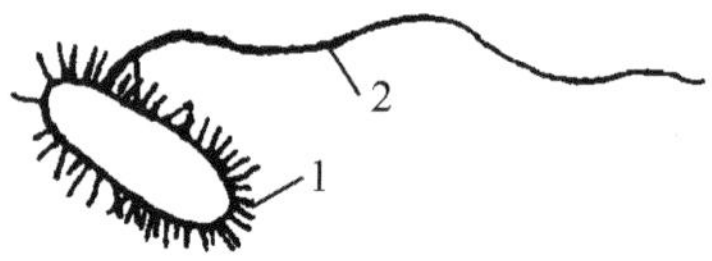

1. 菌毛　2. 鞭毛

图 26-7　细菌的菌毛

菌毛分为普通菌毛和性菌毛。普通菌毛数量较多，周身分布，可使细菌牢固吸附于动植物细胞上，利于生存和汲取营养，有普通菌毛的病原菌毒力较强。性菌毛数量较少，有性菌毛的细菌为雄性菌，雄性菌与雌性菌可通过菌毛接合，进行基因转移或质粒传递。

（4）芽孢　某些细菌在一定的条件下，细胞浆和核质脱水浓缩，在菌体内形成一个折光性强、通透性低的圆形或卵圆形的坚实小体，称为芽孢（图 26-8）。

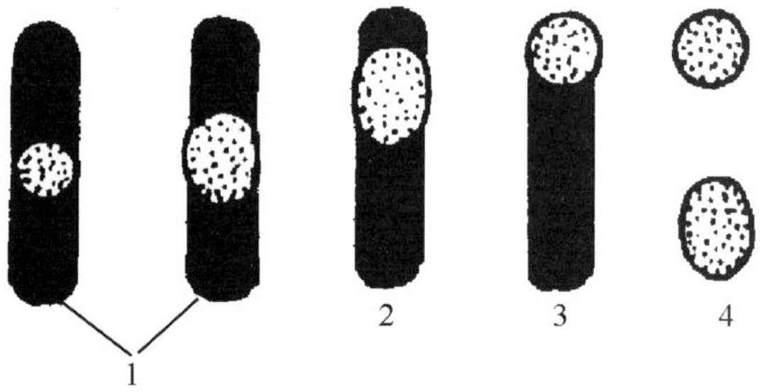

1. 中央芽孢　2. 偏端芽孢　3. 顶端芽孢　4. 游离芽孢

图 26-8　细菌的芽孢

芽孢是细菌抵抗外界不良环境因素的一种休眠状态，在适宜的条件下又能萌发出芽形成一个繁殖体，一个芽孢只能形成一个繁殖体。由于芽孢的结构坚实，含水量小，能耐高温、干燥和渗透压的作用，所以抵抗力极强。

不同种的芽孢菌其芽孢的形状、大小以及在菌体上的位置不同，有以下 3 种。

中央芽孢：位于菌体中央，卵圆形，直径一般小于菌体宽度（如炭疽杆菌）。

偏端芽孢：卵圆形，直径大于菌体宽度，使菌体呈网球拍状（如肉毒梭菌）。

顶端芽孢：位于菌体一端，直径比菌体宽度大，似鼓槌状（如破伤风梭菌）。

带有芽孢的菌体称为芽孢体，未形成芽孢的菌体称为繁殖体。芽孢在菌体内成熟后，菌体崩解，形成游离芽孢。

(三)细菌的染色法

细菌细胞无色、半透明，须经染色后才能在光学生物显微镜下观察其形态和结构。常用的细菌染色法包括单染法和复染法。

1. 单染法

只用一种染料使细菌着色，如亚甲蓝染色法。

2. 复染法

用两种或两种以上的染料染色，可使不同类型的细菌呈现不同的颜色，如革兰氏染色法和抗酸染色法等。

革兰氏染色法是常用的复染法，以此染色法将细菌分为革兰氏阳性菌(蓝紫色)和革兰氏阴性菌(红色)两大类。

二、细菌的生理

(一)细菌的营养

1. 细菌的化学组成

了解细菌的化学组成，相应地就能推知细菌生长所需要的营养物质(图 26-9)。

细菌的化学组成
- 水分(70%～90%)
  - 结合水
  - 游离水　是菌体内的重要溶剂
- 固形物(10%～30%)
  - 有机物
    - 蛋白质　占固形物的 50%～80%，是构成菌体的主要成分
    - 核酸　有 RNA 和 DNA 两种，前者主要存在于胞浆中和胞膜上，后者主要存在于核质和质粒中
    - 糖类　以多糖、脂多糖、黏多糖等形式存在
    - 脂类　包括中性脂肪、磷脂、蜡质
    - 其他有机物　各种生长因子和色素等
  - 无机物　占固形物的 2%～3%，有磷、硫、钾、钙、镁、铁、钠、氯、钴、锰等

图 26-9　细菌的化学组成

2. 细菌的营养类型

细菌的化学组成中，含量最高的元素是氢、氧、碳、氮四种元素。氢、氧两种元素主要来源于水和大气，而对于碳、氮两种元素，不同的细菌来源不同。按照细菌对碳、氮两种元素的利用来源和合成能力不同，可将细菌分为自养菌和异养菌两类。

(1)自养菌　此类细菌具有完备的酶系统，能以简单的无机碳、氮化合物作为碳源和氮源，合成菌体所需的复杂的有机物质。所需能量来自无机物的氧化或光合作用，相应地把自养菌分为化能自养菌和光能自养菌。

(2)异养菌　此类细菌无完备的酶系统，合成能力较差，必须利用有机物作为碳源和氮源，仅有少数异养菌能利用无机的碳、氮化合物。其代谢所需能量大多从有机物氧化中获得。异氧菌包括腐生菌和寄生菌，异养菌大多属病原菌。

3. 细菌所需的营养物质

根据细菌的化学组成，细菌所需的营养物质有水、含碳化合物、含氮化合物、无机盐类和生

长因子等。

(二)细菌的生长繁殖

1. 细菌生长繁殖的条件

(1)营养物质　包括水、含碳化合物、含氮化合物、无机盐类和生长因子等。

(2)温度　细菌只能在一定的温度范围内进行生命活动,温度过高或过低,细菌生命活动减弱或停止。病原菌最适宜的生长温度是 37 ℃左右。

(3)pH　大多数病原菌生长的最适宜 pH 范围是 7.2～7.6。

(4)渗透压　细菌细胞在适宜的渗透压下才能生长繁殖,过高或过低都会导致细菌生命活动停止或死亡。在配制细菌悬液时要用生理盐水,而不用高渗盐水和蒸馏水。

(5)气体　主要指氧气,细菌在生长繁殖过程中是否需要氧气依呼吸类型而定。少数细菌生长繁殖时需要二氧化碳等其他气体。

2. 细菌的繁殖方式和速度

细菌的繁殖方式有无性繁殖或遗传重组两种,无性繁殖最主要的方式是二分裂:细胞壁横向分裂,形成两个子代细胞。细菌体也会发生遗传变异:突变(细胞自身的遗传密码发生随机改变),转化(无修饰的 DNA 从一个细菌转移到另一个细菌中),转染(细菌的 DNA 通过噬菌体转移到另一个细菌中),细菌接合(一个细菌的 DNA 通过两细菌间的性菌毛,转移到另一个细菌)。细菌可以通过这些方式获得 DNA,然后进行分裂,将重组的基因组传给后代。许多细菌都含有包含染色体外 DNA 的质粒。细菌繁殖的主要方式是二分裂。

在适宜条件下,大多数细菌每 20～30 min 分裂一次,如以此速度繁殖 10 h,一个细菌可以繁殖 10 亿个细菌,但由于营养物质的消耗和有毒代谢产物的蓄积,细菌不可能保持这种繁殖速度。

3. 细菌的生长曲线

一定数量的细菌,在适宜液体培养基中的生长繁殖表现出一定的规律性。以培养时间为横坐标,以细菌数目的对数作为纵坐标,得出的曲线称为细菌的生长曲线,依曲线特性可将细菌生长繁殖分为迟缓期、对数期、稳定期、衰老期 4 个时期(图 26-10)。

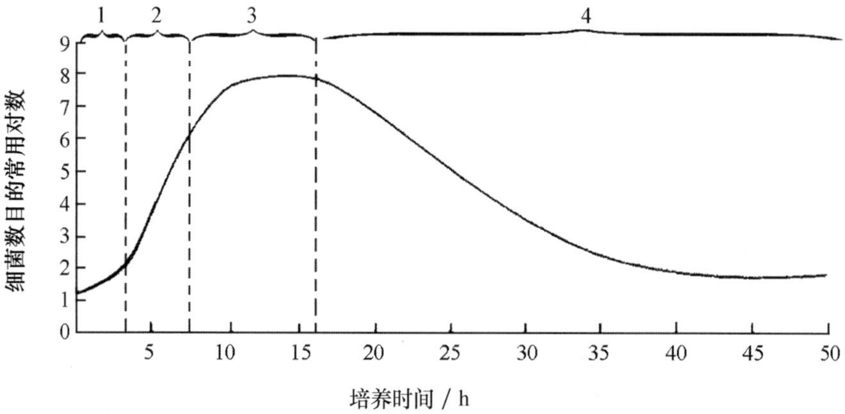

1. 迟缓期　2. 对数期　3. 稳定期　4. 衰老期

图 26-10　细菌的生长曲线

(1)迟缓期　细菌在培养初有一段适应过程，繁殖速度较慢，细菌数量几乎不增加。以大肠杆菌为例，这个时期一般为 2～6 h。

(2)对数期　细菌以最快的速度增殖，曲线陡度较大。以大肠杆菌为例，这一时期为 6～10 h。此期细菌的形态、大小及生理活性均较典型。

(3)稳定期　随着培养基中营养物质的迅速消耗和代谢产物的大量蓄积，细菌的生长繁殖速度减慢，死亡细菌数开始增加，新增细菌数与死亡细菌数大致平衡。以大肠杆菌为例，这个时期一般为 8 h。此期细菌的形态、大小及生理活性也较典型。

(4)衰老期　细菌死亡的速度超过繁殖速度，培养基中活菌数急剧下降，此期的细菌若不移植到新的培养基中，最终可能全部死亡。此期细菌的形态、染色特性不典型。

在细菌培养时，对数期到稳定中期的细菌数量大，形态、染色特性比较典型，是鉴定细菌和分离细菌的最佳时期。

(三)细菌的新陈代谢

1. 细菌的酶

细菌的新陈代谢离不开酶，酶具有高度的特异性。细菌必备的酶，称为固有酶，如某些脱氢酶；因适应环境而产生的酶称为诱导酶，如大肠杆菌的半乳糖酶，只有乳糖存在时才产生，诱导物质消失，酶也不再产生。有些细菌产生的酶与该细菌的毒力有关，称为侵袭酶，如透明质酸酶、血浆凝固酶等。

2. 细菌的呼吸和呼吸类型

(1)细菌的呼吸　细菌在呼吸酶的作用下，将物质氧化获得能量的过程，称为细菌的呼吸。

(2)细菌的呼吸类型　呼吸是氧化过程，但并不一定需要氧。凡是需要氧存在的呼吸称为需氧呼吸，不需要氧的呼吸称为厌氧呼吸。依据细菌对氧的需求程度不同将细菌分为专性需氧菌、专性厌氧菌和兼性厌氧菌三种。

①专性需氧菌　具有完善的呼吸酶系统，必须在有氧的条件下才能生长，如结核分枝杆菌。

②专性厌氧菌　无完善的呼吸酶系统，在无氧或氧浓度极低的条件下才能生长，如破伤风梭菌。

③兼性厌氧菌　此类细菌具有复杂的酶系统，在有氧或无氧的条件下均可生长，但在有氧条件下生长更佳。大多数细菌属于此类。

3. 细菌的新陈代谢产物

(1)细菌的分解产物

①糖的分解产物　糖在各种代谢过程中都生成丙酮酸，丙酮酸进一步分解时生成气体(CO_2、H_2)、酸类、醇类和酮类等。利用糖的分解产物对细菌进行鉴定的生化试验有糖发酵试验、维-培(V-P)试验、甲基红(MR)试验等。

②蛋白质的分解产物　细菌种类不同，分解蛋白质、氨基酸的种类和能力也不同。硫化氢是细菌分解含硫氨基酸的产物；吲哚(靛基质)是细菌分解色氨酸的产物；有的细菌有明胶酶，可液化明胶；有的细菌分解尿素形成氨；有的细菌能将硝酸盐还原为亚硝酸盐等。利用蛋白质的分解产物对细菌进行鉴定的生化试验有靛基质试验、硫化氢试验、尿素分解试验、明胶液化试验、硝酸盐还原试验等。

(2)细菌的合成产物　细菌通过新陈代谢不断合成菌体成分，如糖类、脂类、核酸、蛋白质和酶类等，此外还能合成一些与人类生产实践有关的产物。

①维生素　某些细菌合成的生长因子，除供细菌利用外，还能分泌到菌体以外。如瘤胃和大肠内的正常菌群能合成B族维生素和维生素K。

②抗生素　它能抑制或杀死某些微生物。由细菌产生的抗生素很少，大多数抗生素是由真菌和放线菌产生的。

③细菌素　细菌素是某些细菌菌株产生的一类具有抗菌作用的蛋白质，与抗生素作用相似，但作用范围窄，仅对近缘关系的细菌发挥抑制作用，如大肠菌素、弧菌素、铜绿假单胞菌素、葡萄球菌素等。

④毒素　毒素有内毒素和外毒素之分，毒素与细菌的毒力有关。

⑤酶类　除产生代谢酶之外，还产生具有侵袭力的酶，如透明质酸酶。

⑥致热原　多数革兰氏阴性菌(如大肠杆菌)和少数革兰氏阳性菌(如枯草杆菌)产生的一种多糖，可引起动物体的发热反应。

⑦色素　有水溶性色素和脂溶性色素两种。如铜绿假单胞菌产生的水溶性色素使培养基呈绿色；金黄色葡萄球菌产生的脂溶性色素使其菌落呈金黄色。细菌的色素在细菌鉴定中有一定意义。

三、细菌的人工培养

(一)培养基的概念

把细菌生长繁殖所需要的各种营养物质合理地配合在一起，制成的无菌营养基质称为培养基。

(二)常用培养基的类型

1.按培养基的物理性状分类

(1)液体培养基　将细菌生长繁殖的各种营养物质直接溶解于水，如普通肉汤培养基。此类培养基常用于细菌的扩增培养。

(2)固体培养基　在液体培养基中按2%～3%加入琼脂，使培养基凝固成固体状态。根据需要不同可制成平板培养基、斜面培养基和高层培养基。平板培养基常用于细菌的分离培养和药敏试验；斜面培养基常用于细菌的移植培养和保存菌种；高层培养基厚度增大，营养丰富，不易干燥开裂，常用于保存菌种或短时间保存培养基。

(3)半固体培养基　在液体培养基中按0.3%～0.5%加入琼脂，使培养基凝固成半固体状态。半固体培养基多用于细菌运动性的观察。

2.按培养基的用途分类

(1)基础培养基　含有细菌所需的最基本的营养成分，可供大多数细菌生长繁殖。常用的基础培养基有肉汤培养基、普通琼脂培养基和蛋白胨水培养基。

(2)营养培养基　在基础培养基中添加一些其他营养物质，如葡萄糖、血液、血清、酵母浸膏以及生长因子等，用于营养要求较高细菌的培养。常用的营养培养基有鲜血琼脂培养基、血清琼脂培养基、血清肉汤培养基等。

(3)鉴别培养基　在培养基中加入某种特殊营养成分或指示剂，以便观察细菌生长后发生的变化，从而达到鉴别细菌的目的。如伊红亚甲蓝培养基、麦康凯琼脂平板培养基。

(4)选择培养基　在培养基中加入某些化学物质，以利于目标细菌的生长，抑制其他细菌的生长，用来将某类细菌从混杂的细菌群中分离出来，如SS琼脂培养基。

(5)厌氧培养基　用于培养专性厌氧菌，如肝片肉汤培养基、庖肉培养基。

(三)制备培养基的基本要求和程序

1.制备培养基的基本要求

(1)培养基需含有细菌所需的各种营养物质。

(2)调节pH至细菌生长繁殖所需的范围内。

(3)不含抑菌物质。制备培养基所用的容器不应含有任何抑菌或杀菌物质，不宜用铁、铜容器；容器应洁净，无洗涤剂残留；所用水为蒸馏水或去离子水。

(4)培养基应均质透明，便于观察细菌的生长性状。

(5)灭菌处理。培养基及盛装培养基的玻璃器皿必须彻底灭菌，以避免杂菌污染。

2.制备培养基的基本程序

制备培养基的基本程序为：配料→溶化→测定和矫正pH→除渣→分装→灭菌→无菌检验→备用。

(四)细菌的培养方法

细菌培养方法分为固体表面培养法、液体静置培养法、液体深层通气培养法、振荡培养法、透析培养法五种。

1.固体表面培养法

将溶化的肉汤琼脂培养基分装于大扁瓶，灭菌后平放使其凝固，经培养观察无污染，在无菌室接入种子液，使其均匀分布于表面，平放温箱内静置培养，收集菌苔制成菌悬浮液，用于制备抗原、灭活菌苗或冻干菌苗。

2.液体静置培养法

此法适用于一般菌苗生产，培养容器可用大玻瓶，也可用培养罐(或称发酵罐)。按容器的深度，装入适量培养基，一般以容器深度的1/2～2/3为宜。经高压蒸汽灭菌之后，冷至室温接入种子，保持适宜温度静置培养。本培养法简便，需氧菌和兼性厌氧菌均可用，但生长菌数不高。

3.液体深层通气培养法

深层通气培养能加速细菌的繁殖，缩短培养时间，收获菌数较高的培养物，适于大量培养，目前此法为菌苗生产中的主要培养方法。该培养方法是在接入种子液的同时加入定量的消泡剂，先静置或者小气量培养2～3 h，然后，逐渐加大通气量，直至收获。

4.振荡培养法

振荡培养又称悬浮培养，是指把微生物或动植物的细胞接种于液体培养基中，并置放在振荡器上不停地摇动而进行的培养，是与静置培养或表面培养相对而言的。此法在细菌培养时，繁殖比较均一，效率高，不形成菌膜，在微生物工业上与振荡培养具有同样效果的搅拌培养已被广泛应用。组织培养中的滚筒法(旋转培养法)也是振荡培养的一种。

5.透析培养法

透析培养是将微生物用透析膜包裹，其外部有新鲜培养液流动着的一种培养方法。用这种方法培养，微生物可不断地得到新营养的补给，同时也不断地排出代谢废物，因此可以延长对数期的增殖，增大静止期的细胞数。另外通过培养液成分的变化，可使微生物的营养环境慢慢发生改变，同时也可隔着膜培养两种微生物，通过其产生物来了解它们的相互关系。

(五)细菌在培养基中的生长情况

1. 细菌在液体培养基中的生长情况

细菌在液体培养基中生长后，常呈现浑浊，沉淀、液体表面形成菌膜、菌环或使液体变色等。

2. 细菌在固体培养基上的生长情况

(1)菌落　单个细菌在固体培养基上经过一定时间大量繁殖形成的肉眼可见的堆积物，称为菌落。细菌菌落的大小、形态、隆起度、湿润度、硬度、光滑或粗糙、光泽等，随菌种不同而异，是鉴定细菌的主要依据之一。

(2)菌苔　许多菌落融合成片，称为菌苔。

3. 细菌在半固体培养基中的生长情况

穿刺培养细菌，无鞭毛的细菌只沿穿刺线生长，有鞭毛的细菌可向穿刺线以外扩散生长，据此可以鉴别细菌有无运动性。

任务二　病　毒

病毒是一类非细胞型微生物，它广泛存在于自然界，寄生于人、动物、植物以及某些微生物的细胞中。

病毒的基本特点是：①形体微小，可通过细菌滤器；②非细胞结构；③只含一种核酸，并据此将病毒分为DNA病毒和RNA病毒两类；④增殖方式为复制；⑤严格地细胞内寄生，根据寄生对象不同有动物病毒、植物病毒和噬菌体，噬菌体是寄生于细菌、真菌、放线菌、支原体等微生物细胞内的病毒；⑥抵抗力特殊，耐低温，对抗生素不敏感。

一、病毒的形态和结构

(一)病毒的大小和形态

病毒的大小和形态是鉴定病毒的依据之一(图26-11)。

1. 病毒的大小

表示和计量病毒大小的单位是纳米(nm)。不同种类的病毒大小不一，直径一般是几纳米至200多纳米。较大的如痘病毒，大小为300 nm×250 nm×100 nm；中等大小的如流感病毒，直径为80～120 nm；较小的如口蹄疫病毒，直径为20～25 nm。

2. 病毒的形态

病毒主要有五种形态。①砖形，如痘病毒；②弹形，如狂犬病病毒；③球形，大多数动物病毒呈球形；④蝌蚪形，是噬菌体的特征形态；⑤杆形，多见于植物病毒，如烟草花叶病毒。

(二)病毒的结构和化学组成

结构完整的病毒个体称为病毒粒子或病毒颗粒。成熟的病毒粒子主要由核酸(芯髓)和衣壳两部分构成，合称为核衣壳。有的病毒在核衣壳的外面还有一层外套称为囊膜，有的囊膜上

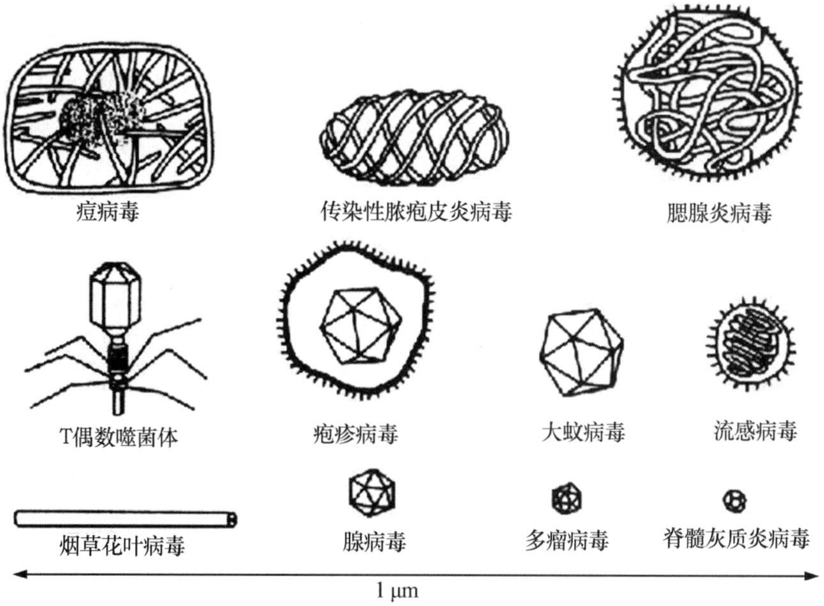

图 26-11　病毒的形态和大小

还有纤突。

1. 核酸

核酸位于病毒的中心部分，是带有遗传密码的病毒基因组。

(1)种类　DNA 或 RNA。核酸有单链的，也有双链的，既有线型的，也有环状的。病毒基因组中的多个基因可以相互重叠的形式存在。基因组中有内含子，与真核生物类似，但与细菌不同。

(2)作用　携带病毒的遗传信息，决定着病毒的遗传、变异、增殖和传染等一切生命活动。有些病毒失去衣壳，裸露的核酸仍具有传染性；若核酸被破坏，病毒即丧失感染能力(失活)。

2. 衣壳

衣壳的化学成分主要是蛋白质，由许多蛋白质亚单位——多肽链构成的壳粒组成。构成衣壳的形态亚单位称为壳粒，衣壳按壳粒的排列方式不同而分为 3 种模式：二十面体对称，如脊髓灰质炎病毒；螺旋对称，如烟草花叶病毒；复合对称，如 T 偶数噬菌体。在脂质的包膜上还有一种或几种糖蛋白，在形态上形成突起，如流感病毒的血凝素和神经氨酸酶。

衣壳的作用主要有：一是保护作用，衣壳可保护病毒核酸免受核酸酶破坏；二是与感染有关，使病毒吸附于易感细胞表面，并与受体结合，再穿入细胞引起感染；三是具有抗原性，衣壳上有病毒的特异性抗原，可刺激机体产生特异性抗体。

3. 囊膜

囊膜的化学成分为脂类、多糖和蛋白质，是病毒成熟后通过宿主细胞的核膜或细胞膜时获得的，所以具有宿主细胞的类脂成分。类脂易被脂溶性溶剂如乙醚、氯仿和胆盐等所溶解而被破坏。囊膜对衣壳有保护作用，并与病毒吸附宿主细胞有关。

4. 纤突

有些病毒囊膜表面还有放射状排列的突起，称为纤突(囊膜粒)。如流感病毒囊膜之上有两种形状的纤突——棒状纤突和蘑菇状纤突。纤突不仅具有抗原性，而且与病毒的感染能力有关。具有纤突的病毒，一旦失去纤突，便丧失了对易感细胞的感染能力。

有些病毒只有裸露的核酸，而无蛋白质外壳，主要寄生于植物细胞中，称为类病毒。有些病毒只有蛋白质(蛋白质侵染因子)，而无核酸，称为朊病毒，如牛海绵状脑病病毒。类病毒和朊病毒合称为亚病毒，是病毒学的一个新分支。

二、病毒的增殖和培养

(一)病毒的增殖——复制

1.复制的概念

活细胞是病毒增殖的唯一场所。病毒缺乏增殖所需的酶系统，必须依靠宿主细胞合成核酸和蛋白质，甚至直接利用宿主细胞的某些成分。病毒利用宿主细胞内的原料、能量、酶和场所，在病毒核酸遗传密码的控制下，于宿主细胞内复制出核酸和合成自身蛋白质，然后装配成大量的子代病毒，并释放到细胞外，这一过程称为复制，是病毒的增殖方式。

2.病毒的复制过程

病毒的复制过程有吸附、穿入、脱壳、生物合成以及装配(成熟)与释放等5个阶段，一个完整的复制过程也叫一个复制周期。

(1)吸附　是指病毒附着于敏感细胞的表面，是感染的起始期。细胞与病毒相互作用最初是偶然碰撞和静电作用，这是可逆的联结。随后的特异性吸附是非常重要的，根据这一点可确定许多病毒的宿主范围，不吸附就不能引起感染。

(2)穿入　是指病毒核酸或感染性核衣壳穿过细胞膜进入胞浆，开始病毒感染的细胞内期。主要有三种方式：

①融合　在细胞膜表面病毒囊膜与细胞膜融合，病毒的核衣壳进入胞浆。副黏病毒以融合方式进入，如麻疹病毒、腮腺炎病毒。

②胞饮　由于细胞膜内陷，整个病毒被吞饮入胞内形成囊泡。胞饮是病毒穿入的常见方式。当病毒与受体结合后，在细胞膜的特殊区域与病毒一起内陷形成膜性囊泡，此时病毒在胞浆中仍被胞膜覆盖，如流感病毒。

③直接进入　某些无囊膜病毒与受体接合后，衣壳蛋白的多肽构型发生变化并对蛋白水解酶敏感，病毒核酸可直接穿越细胞膜到细胞浆中，而大部分蛋白衣壳仍留在胞膜外，如脊髓灰质炎病毒，这种进入的方式较为少见。

(3)脱壳　穿入和脱壳是连续的过程，引起病毒衣壳的重新组成，从而裸露出病毒核酸的过程称为“脱壳”。脱壳到出现新的感染病毒之间叫隐蔽期。经胞饮进入细胞的病毒，在细胞浆中经溶酶体酶或脱壳酶或某种物理作用等而脱壳。有囊膜的病毒先于细胞膜上脱去囊膜(与细胞膜融合)，再进入细胞浆脱壳。

(4)生物合成　包括mRNA的转录、核酸复制与蛋白质合成等。病毒基因组从衣壳中释放后，就利用宿主细胞提供的低分子物质合成大量的病毒核酸和结构蛋白，进一步组装成完整的病毒子。

(5)装配(成熟)与释放　新合成的病毒核酸和病毒结构蛋白在感染细胞内组合成病毒颗粒的过程称为装配，而从细胞内转移到细胞外的过程为释放。大多数DNA病毒在核内复制

DNA,在胞浆内合成蛋白质,转入核内装配(成熟)。而痘苗病毒其全部成分及装配均在胞浆内完成。RNA 病毒多在胞浆内复制核酸及合成蛋白。感染 6 h 后,一个细胞可产生多达 10 000 个病毒颗粒。

病毒装配(成熟)后释放的方式有:①宿主细胞裂解病毒释放,见于无囊膜病毒,如腺病毒等;②以出芽的方式释放,见于有囊膜病毒,如疱疹病毒。

(二)病毒的培养方法

病毒必须在相适应的活细胞内增殖,所以常用动物接种、禽胚培养和组织细胞培养等方法培养病毒。

1. 动物接种

将病毒材料通过注射、口服等途径接种易感健康动物,使动物产生特定反应。根据具体情况,可供选用的动物有易感动物和实验动物两种;选用的动物应无特异性抗体,理想的动物是无菌动物和无特定病原体动物(SPF)。常用的实验动物有小鼠、豚鼠、家兔、鸡、鸽等。动物接种主要用于病原学检查、传染病诊断、疫苗生产及疫苗效力检验,还可用于制备诊断抗原、免疫血清,病毒的研究等。动物接种培养具有操作简单、实验要求不高,便于观察动物的反应等优点,但病毒分离及纯化难度较大。

2. 禽胚培养

禽胚中最常用的是鸡胚。选择健康的鸡胚,最好是 SPF 鸡胚。许多病毒在禽胚内增殖时能产生典型的病变。常见的病变有以下 3 个方面:禽胚死亡,胚胎不活动,照蛋时小血管消失;禽胚某些部位有出血点或胚胎畸形;在绒毛尿囊膜上出现斑点、斑块等。根据这些变化,可间接推测病毒的存在。鸡胚来源充足,病毒易于增殖,适用面广,易于收集和处理病毒,适合大多数来自禽类的病毒及其他病毒。主要用于家禽传染病的诊断、病毒抗原性的研究、生产诊断抗原和疫苗,但禽胚中可能带有垂直传播的病原,也有卵黄抗体干扰的问题。

3. 组织细胞培养

组织细胞培养病毒通常采用组织碎片或分散细胞培养,后者又称单层细胞培养。由于离体活组织细胞不受机体免疫力影响,很多病毒易于增殖;便于人工选择多种敏感细胞供病毒增殖;易于观察病毒的增殖特征(如细胞病变、蚀斑形成);便于收集病毒作进一步检查。组织细胞培养是病毒研究、疫苗生产和病毒病诊断的良好方法,但成本和技术水平要求较高,操作复杂,应用受到一定的限制。

三、病毒的其他特性

(一)干扰现象和干扰素

1. 干扰现象

当两种病毒感染同一细胞时,一种病毒抑制另一种病毒的复制,称为病毒的干扰现象。干扰现象可以发生在异种病毒之间,也可发生在同种异型病毒之间,灭活病毒也可干扰活病毒。

病毒之间产生干扰现象的原因有:

(1)占据或破坏受体　先吸附细胞的病毒占据受体或破坏受体,使另一种病毒无法吸附和穿入易感细胞,增殖过程被阻断。

(2)争夺酶系统、生物合成原料及场所　一种病毒占据增殖的条件,另一种病毒的增殖则受限。

(3)干扰素的产生　先进入的病毒诱导细胞产生干扰素，抑制病毒的复制，这是发生干扰现象的主要原因。

2. 干扰素

干扰素是机体活细胞受病毒感染或在干扰素诱生剂的刺激后产生的一种小分子糖蛋白。干扰素产生后可释放到细胞外，并随血液循环至全身，被另外的细胞吸收后，细胞内合成第二种物质——抗病毒蛋白。该抗病毒蛋白能抑制病毒蛋白的合成，从而抑制入侵病毒的增殖，起到保护细胞和机体的作用。

干扰素按照化学性质可分为α、β、γ三种类型。干扰素对热稳定，60 ℃ 1 h一般不被灭活，在pH 3～10范围内稳定。

干扰素具有广谱抗病毒作用、免疫调节作用以及抗肿瘤作用。

(二)病毒的血凝现象

病毒表面有血凝素，能与某些动物（鸡、豚鼠、人）红细胞表面的受体结合，出现红细胞凝集，称为病毒的血凝现象。病毒的血凝现象是非特异性的，具有血凝特性的病毒种类较多。病毒与特异性的抗病毒抗体结合后，其凝集红细胞的作用被抑制，称为血凝抑制现象。由于抗体的作用是特异性的，所以血凝抑制现象是特异的，如新城疫病毒的抗体只能抑制新城疫病毒的血凝现象，而不能抑制其他病毒的血凝现象。生产中利用病毒的血凝试验和血凝抑制试验鉴定病毒和检测相应的抗体。

(三)病毒的包涵体

包涵体是某些病毒在细胞内增殖后形成的在光学显微镜下可以看见的特殊斑块。病毒不同，所形成包涵体的形状、大小、数量、染色性和在感染细胞中的位置不同，可作为诊断某些病毒病的依据。

任务三　其他微生物

一、真菌

真菌是一大类单细胞或多细胞真核型微生物，不含叶绿素，无根茎叶，异养生活，能进行有性和无性繁殖。

真菌在自然界分布很广，种类繁多，有的造福于人类，如发酵食品、酿酒、酿醋、生产抗生素以及食用菌等；也有一部分危害人类或动植物，引起各种病害，还可使食品发霉变质。与微生物有关的真菌有酵母菌、霉菌和担子菌。

(一)真菌的形态结构及菌落特征

1. 酵母菌

酵母菌是人类应用较早的一类微生物，用于酿酒、发酵面粉等，还可用于发酵饲料，生产单细胞蛋白质、维生素、有机酸及酶制剂等方面。

酵母菌为典型的单细胞微生物，菌体比细菌大，一般为(5～30)μm×(1～5)μm，呈球形、卵形、椭圆形、腊肠形，酵母菌生长旺盛时，由于迅速分裂而形成的新个体未能及时脱落而相互粘连，可形成类似丝状的假菌丝。

酵母菌具有细胞壁、细胞膜、细胞浆、细胞核及内含物等完整的细胞结构，繁殖方式多为出芽繁殖，常见的酵母菌有假丝酵母、酿酒酵母、圆酵母等，是酿酒和饲料发酵中的重要菌种。

单独的酵母菌细胞是无色的，但在固体培养基上形成的菌落多数呈乳白色，少数呈黄色或红色。菌落表面光滑、湿润和黏稠，与某些细菌的菌落相似，但比细菌的菌落大而厚。有些酵母菌表面是干燥粉状的，有些种长时间培养后菌落呈皱缩状，有些种还可以形成同心圆环状。

2. 霉菌

霉菌又称丝状真菌，其基本构造分为菌丝和孢子两种，菌丝和孢子是鉴别霉菌的重要依据。

(1)菌丝　真菌的孢子以出芽方式繁殖。在适宜的环境下由孢子长出芽管，逐渐延长呈丝状，称为菌丝。菌丝又可继续长出分枝，交织成团，称为菌丝体。

菌丝宽 3～10 μm，按结构可分为无隔菌丝和有隔菌丝两类(图 26-12)。

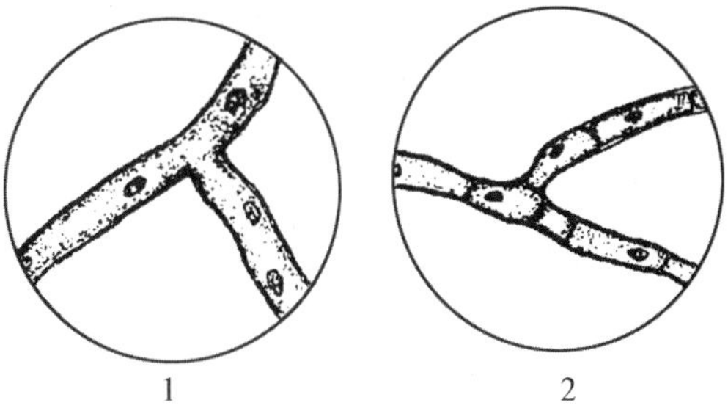

1. 无隔菌丝　2. 有隔菌丝

图 26-12　霉菌的菌丝

无隔菌丝：菌丝中无横隔，整条菌丝就是一个细胞，内含有许多核，称为多核单细胞，如毛霉和根霉。

有隔菌丝：大部分真菌的菌丝在一定间距都有横隔，称隔膜，将菌丝分成一连串细胞，但隔膜上有微孔，可允许胞浆流通，称为单核多细胞，如青霉和曲霉。

菌丝体的一部分菌丝伸入营养基质中摄取营养，称为营养菌丝；另一部分伸向空气中生长，称为气生菌丝。气生菌丝发育到一定阶段产生孢子，称为繁殖菌丝。

霉菌菌丝体的形态有螺旋状、球拍状、结节状、鹿角状和梳状等，颜色有黑色、青色、黄色、橙色和绿色等。

(2)孢子　为霉菌的繁殖器官，一条菌丝上可长出多个孢子(图 26-13)。在适宜条件下，孢子可发芽伸出芽管，发育成菌丝体。

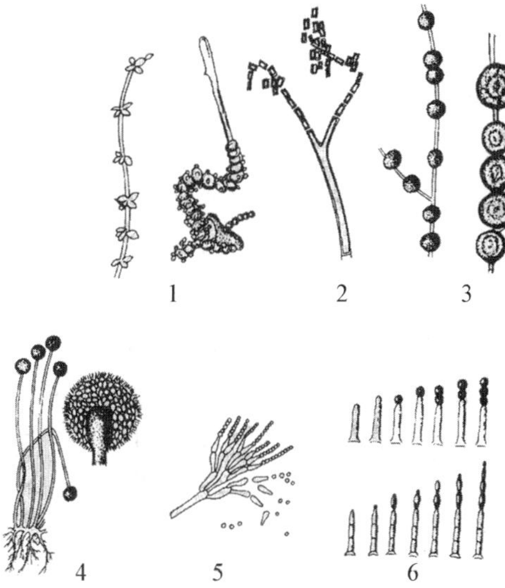

1. 芽孢子　2. 节孢子　3. 厚垣孢子　4. 孢子囊孢子
5. 分生孢子　6. 分生孢子形成过程

图 26-13　霉菌无性孢子

真菌对热抵抗力不强，60 ℃ 1 h 菌丝和孢子均被杀死，对干燥日光紫外线及一般化学药品抵抗力较强。但对 10%甲醛溶液比较敏感，用甲醛溶液熏蒸被真菌污染的物品，可达到消毒目的。对一般抗生素和磺胺药不敏感。

3. 担子菌

担子菌有食用菌(蘑菇、木耳、银耳)、药用菌(灵芝、猴头菇、茯苓)和病害菌。担子菌的形态有菌丝体和子实体两种，菌丝体由分隔菌丝构成，子实体由双核菌丝构成。

(二)真菌的繁殖

不同的真菌,其繁殖方式有很大区别。

在自然界中,霉菌以产生无性和有性孢子进行繁殖,以无性孢子进行繁殖为主。无性繁殖是不经过两性细胞的结合而形成新个体的过程,大多数霉菌进行无性繁殖,产生不同的无性孢子;有性繁殖是经过两性细胞的质配与核配后进行减数分裂,产生有性孢子来实现的。由两性细胞结合产生的孢子包括有性孢子、接合孢子及子囊孢子数种。

酵母菌具有无性繁殖和有性繁殖两种繁殖方式,大多数酵母菌以无性繁殖为主。无性繁殖包括芽殖、裂殖和产生掷孢子。有性繁殖是指两个性别不同的单倍体营养细胞经接触、细胞壁溶解、细胞膜和细胞质融合,形成的二倍体细胞的细胞核进行分裂,其中一次为减数分裂,形成子囊,子囊破裂后释放孢子。

(三)真菌的分离培养

1. 分离方法

真菌的分离方法有菌丝分离法、组织分离法和孢子分离法。菌丝分离法是在无菌条件下设法将目的菌的菌丝片段分离出来,使其在适合的培养基上形成菌落,以获得纯菌种,常用的方法有划线法和稀释法。组织分离法是在无菌条件下用镊子取出真菌子实体内部的一小块组织,直接放在适宜的培养基上培养,以获得纯菌种。孢子分离法是在无菌条件下,利用无性和有性孢子在适宜的条件下萌发,生长成新的菌丝体以获得纯菌种的一种方法,常用的方法也是划线法和稀释法。酵母菌的分离方法同细菌。

2. 培养条件

真菌对外界环境适应力强,对营养要求不高,在一般培养基上均能生长。常用弱酸性的沙保罗氏培养基或马铃薯琼脂培养基,pH 为 3~6、培养温度为 20~28 ℃时生长良好,最适 pH 为 5.6~5.8。真菌适宜生长在潮湿的环境中,需氧条件下生长良好(酵母菌必须在厌氧条件下才能发酵产生乙醇);少数是严格厌氧菌,如反刍动物瘤胃中的真菌;寄生于动物内脏的病原性真菌则在 37 ℃左右时生长良好,常需培养数天至十几天才能形成菌落。

3. 培养方法

真菌的培养有固体和液体培养两种基本方法。

固体培养法:实验室中进行菌种分离、菌种培养和研究时,常用琼脂斜面和琼脂平板,真菌在其上呈现菌落或菌苔生长,便于观察和分离。制曲和发酵饲料生产时,利用谷糠、麸皮等农副产品为原料,按真菌营养要求搭配好,加适量水拌和成固体培养基,根据需要经过蒸煮灭菌后,接入菌种进行培养。

液体培养法:有浅层培养和深层培养两类。浅层培养是把培养基置于浅层容器中,利用较大的液体表面积接触空气以保证液体中的氧含量,常用浅盘或浅池进行培养。浅层培养为静置培养,真菌多在液体表面呈膜状生长,故又称表面培养。一般实验室或数量较少的培养,可用浅层培养。深层培养是把大量的液体培养基置于深层容器内进行培养,深层培养时必须用人工方法通入足够空气,并作适当搅拌。

真菌的生产培养方法有多种,培养以后发酵产品也有多样,但其全部生产过程,主要包括斜面菌种培养、液体种子扩大培养、生产发酵和产品检验分装 4 个阶段。

(四)曲霉菌

曲霉菌在自然界分布很广,常见的致病性曲霉菌有烟曲霉菌和黄曲霉菌。

1.烟曲霉菌

烟曲霉菌主要存在于稻草、秸秆、谷壳、木屑及发霉的饲料中,禽类通过接触而被感染,发生曲霉菌病(又称曲霉菌性肺炎)。幼禽最为易感,多呈急性经过,肺和气囊出现炎症和小结节,发病率和死亡率均较高。

微生物学诊断:取病禽肺、气囊上的霉斑或小结节,置载玻片上,加生理盐水1～2滴,压盖玻片镜检(光线稍暗),观察有无烟曲霉菌。同时可进行分离培养,观察菌落特征。

2.黄曲霉菌

黄曲霉菌常在各类粮食、花生、棉籽、鱼粉及肉制品上生长,并能产生黄曲霉毒素。该毒素非常耐热,煮沸不能使之破坏,在pH 9～10的碱液中能迅速分解,几乎不溶于水,可溶于氯仿、丙酮等有机溶剂。黄曲霉毒素是一种肝脏型毒素,毒性强,并具有致癌性,能引起多种畜禽和人发生中毒,并能导致癌症。

微生物学诊断:①毒素检查。从可疑饲料中提取毒素经口感染1日龄雏鸭,致死后重点检查肝脏病变,可见坏死、出血以及胆管上皮增生。②分离鉴定。从可疑饲料分离到真菌后,根据形态及培养特性进行鉴定,并进行产毒素试验。

二、放线菌

放线菌是一类介于细菌和真菌之间、形态多样(杆状到丝状)、多数呈菌丝状生长和以孢子繁殖的、陆生性强的革兰氏阳性原核细胞型微生物。一方面,放线菌的细胞结构和细胞壁化学组成与细菌相似,与细菌同属原核生物;另一方面,放线菌菌体呈纤细的菌丝,且分枝,又以外生孢子的形式繁殖,这些特征又与霉菌相似。

此属微生物为革兰氏阳性,着色不均,有分枝,无运动性,无芽孢,厌氧,生长时需二氧化碳,不具有抗酸染色特性,能发酵葡萄糖。菌体细胞大小不一,呈短杆状或棒状,常有分枝而形成菌丝体。放线菌种类很多,大多为腐生菌,对人畜无害,有些用于生产抗生素。

牛放线菌对牛、猪、马和人等均有致病性。牛多侵害上、下颌骨和颊肌,形成局部肉芽肿样炎症和坏死样脓肿及瘘管,猪多为乳房肿胀。

微生物学诊断:取病料(脓汁)中的硫黄状颗粒置于载玻片上,盖上另一载玻片将其压碎,加热固定后,革兰氏染色,若有典型的菊花瓣状结构,结合临床特征即可确诊。

三、支原体

支原体又称霉形体,是一类介于细菌和病毒之间、无细胞壁、能独立生活的最小的单细胞原核微生物。多数能通过细菌滤器,革兰氏阴性,可在人工培养基上生长繁殖,但营养要求较一般细菌高,兼性厌氧。大多数支原体为寄生性,临床上由支原体引起的动物疾病有猪支原体肺炎、禽败血支原体病。

猪肺炎支原体为猪气喘病的病原,主要存在于病猪的肺组织、肺门淋巴结及鼻腔和气管的分泌物中,经呼吸道感染。表现咳嗽、气喘和呼吸困难,肺脏心叶、尖叶等呈肉样变。感染后死亡率不高,但严重影响猪的生长发育。采取病肺组织制成乳剂或用呼吸道分泌物,通过细菌滤器除去杂菌，进行分离培养，或通过鼻腔、气管接种健康的仔猪，观察症状和病变。也可应用血清学试验来进行检查。

禽败血支原体是鸡慢性呼吸道病和火鸡传染性窦炎的病原体。发病后多呈慢性经过，病程长，生长受阻，可造成很大的经济损失。采取病、死鸡呼吸道渗出液或肺组织涂片镜检和分离培养。因分离培养时间长，所以实践中常用全血或血清平板凝集试验、琼脂扩散试验和红细胞凝集抑制试验等进行诊断。对于本病的检疫临床上最常用的方法是全血平板凝集试验。

四、螺旋体

螺旋体是一类介于细菌和原虫之间、菌体细长、柔软、弯曲呈螺旋状、能活泼运动的单细胞原核微生物。大部分螺旋体是非致病性的，只是一小部分是致病性的。如猪痢疾蛇形螺旋体是猪痢疾的病原体；兔梅毒密螺旋体是兔梅毒的病原体；钩端螺旋体可感染多种家禽、家畜和野生动物，导致钩端螺旋体病。

各种年龄的猪均可发生猪痢疾，以 8～14 周龄的猪发病较多。特征为黏液性出血性下痢、体重减轻、结肠出血性坏死性肠炎。经口传染，传播迅速，发病率较高。取新鲜稀便、结肠病变组织或结肠内容物制成压滴标本，暗视野镜检，或制成涂片、组织切片，染色镜检，可查出该螺旋体。另外，也可用荧光抗体染色法检查，即用病料涂片，荧光抗体染色镜检，可见带荧光的螺旋体。

五、立克次氏体

立克次氏体是一类介于细菌和病毒之间、专性细胞内寄生的小型革兰氏原核单细胞微生物。

具有类似于革兰氏阴性细菌的细胞壁结构和化学组成，胞壁内含有肽聚糖、脂多糖和蛋白质。致人畜疾病的立克次氏体，多寄生于网状内皮系统、血管内皮细胞或红细胞内，并常天然寄生于虱、蚤、蜱、螨等节肢动物体内，这些节肢动物或为其寄生宿主，或为其贮藏宿主，是许多立克次氏体病重要的或必要的传播媒介。

取血液或者组织，采用补体结合反应或荧光抗体技术进行诊断。

六、衣原体

衣原体是一类介于立克次氏体与病毒之间、具有滤过性、严格细胞内寄生，并形成包涵体的革兰氏阴性原核细胞微生物。比较重要的衣原体有 4 种：沙眼衣原体、鹦鹉热衣原体、牛羊衣原体和肺炎衣原体。

采用酶联免疫吸附试验、乳胶扩散试验等方法诊断。

任务四　微生物与外界环境

微生物与外界环境的关系极为密切，二者相互影响，一方面环境因素的改变不断影响微生物的生长繁殖和新陈代谢；另一方面微生物通过新陈代谢活动对外界环境产生一定影响。

了解微生物与外界环境的关系，能帮助我们利用有用微生物，控制和消灭有害微生物。

一、微生物在自然界的分布

微生物在自然界的分布极为广泛，无论土壤、空气、水，还是人、动植物体表以及动物体内与外界相通的腔道中都有微生物的存在。

（一）土壤中的微生物

1. 土壤是微生物的天然培养基

土壤中含有丰富的有机物和无机物，同时土壤中经常保持着适当的水分和酸碱度（一般接近中性），氧气充足，温度稳定，并且土壤表层对直射阳光有阻挡作用，可使微生物免受强光照射的损害，所以土壤是微生物的天然培养基，也是最广阔的培养基。

2. 土壤中微生物的种类

土壤中的微生物种类较多，有细菌、真菌、放线菌、螺旋体、噬菌体等，细菌是最多的，其次是真菌和放线菌。

这些微生物大多数对人类是有益的，对土壤中有机物的转化和植物生长都起着决定性的作用，如好气性固氮菌、纤维素分解菌和硝化细菌等；但有少数是致病性微生物，主要来自人和动物的粪便、分泌物以及死于传染病的动物尸体，如炭疽杆菌、破伤风梭菌、魏氏梭菌这三种细菌的芽孢在土壤中能存活几年至几十年。

3. 土壤中微生物的分布

微生物在土壤各层的分布并不均匀。在表层，由于受日光照射和干燥的影响，微生物数量较少；距地面 10～20 cm 的土壤层中微生物数量最多，每克肥沃的土壤中微生物以亿计；土层越深，微生物含量越少，4～5 m 深的土壤层中几乎无微生物。

（二）空气中的微生物

1. 空气中微生物的来源

空气中由于缺乏营养，在干燥和日光照射下，大多数微生物在空气中很快死亡，所以空气中微生物数量较少。其来源有两个方面，一是地面上的微生物随浮尘飘浮于空气中；二是人和动物的活动可排出一些微生物，如呼气、咳嗽时的飞沫等。

2. 空气中微生物的种类

空气中主要是真菌孢子、细菌芽孢、某些耐干燥菌和病毒。

3. 微生物在空气中的分布

离地面越近，微生物数量越多；离地面越高，含菌数越少，在 2 km 高空几乎无菌。

空气中的微生物因季节不同有很大变化。冬季地面被冰雪覆盖时，空气中微生物数量很少；多风季节，空气中细菌最多；降雨时可将空气中的微生物荡涤干净，进入土壤，所以雨后空气特别清新。

不同地区或场所，差别也很大。人畜密集的场所空气中微生物较多，如学校、鸡场、奶牛场等；乡村与城市相比，城市空气中微生物数量较多。

空气中的一些微生物是非病原性微生物，但可污染培养基或引起生物制品、药物制剂发霉变质，如霉菌；有一些是病原性微生物，如化脓性细菌、破伤风梭菌等易造成手术时感染，所以在微生物接种、外科手术等操作时必须坚持无菌操作。

（三）水中的微生物

1. 水中微生物的来源

水是微生物生存的天然环境，是仅次于土壤的第二天然培养基。江河湖泊中均有微生物的存在，特别是污水、死水中最多。最常见的有荧光杆菌、硫黄细菌等(自养菌)，还有一些非水生性微生物，常随土壤、动物的排泄物、动物尸体和雨水汇集到水中，其中许多是病原微生物。

2. 分布

(1)在静水中微生物数量较多，流水中较少。同一静水池中，离岸越近微生物越多，在池底的污泥表层细菌最多，常形成一层类似于菌膜的物质。池水在雨后细菌增多，晴天细菌减少，而阴天又增多。

(2)通过城市的河流。通过城市的河流由于汇集了许多的污水，变得特别污浊；离市区越近越脏污；远处河水被清洁支流冲淡，细菌数目减少，这种现象称为水的自洁作用。河水自洁的原因是：被支流稀释，水中有机物被消耗，水中原生动物的吞噬以及噬菌体的作用。

(3)井水、泉水。由于土壤层的过滤，细菌很少。

(4)雨水、雪水。细菌很少，在乡村和高山上所降雨水中细菌数每毫升不超过几个，在城市每毫升雨水中细菌数达几十个至几百个。

3. 饮用水的卫生指标

水作为人类和动植物生存不可缺少的基本条件，就要对水源地、饮用水、生活用水进行严格管控，防止饮用水被污染引起疫病流行。国家对饮用水实行法定的公共卫生学标准，其中微生物学指标有含菌总数和大肠菌群数。水中含菌总数不超过 100 个/mL，大肠菌群数不得超过 3 个/L。

(四)动物体的微生物

动物皮肤、黏膜以及与外界相通的腔道(呼吸道、消化道和泌尿生殖道)中均有微生物存在，在正常情况下，这些微生物对宿主无害，故称为正常菌群，如皮肤表面的葡萄球菌、上呼吸道的巴氏杆菌、肠道内的大肠杆菌。一些细菌在正常情况下对宿主无害，但在机体抵抗力下降时成为病原微生物，称为条件性致病菌。

1. 体表的微生物

动物皮毛上常见的有葡萄球菌、链球菌、大肠杆菌和铜绿假单胞菌等，这些细菌主要来源于空气、土壤和粪便的污染，当皮肤有损伤时可能造成皮肤化脓性感染。

2. 呼吸道中的微生物

健康动物呼吸道前部，特别是鼻腔与外界空气不断接触，鼻黏液中微生物最多，其次是气管上部、中部、下部，支气管末梢和肺泡内是无菌的。上呼吸道中正常存在着葡萄球菌、链球菌、肺炎球菌和巴氏杆菌等条件性致病菌。

3. 消化道中的微生物

口腔中有食物残渣和适宜的温湿度，利于微生物的繁殖，常见的有葡萄球菌、链球菌、乳酸杆菌和棒状杆菌等。食道中没食物停留，微生物很少。单胃动物胃中和反刍动物皱胃中由于胃酸的杀菌作用，仅有少量乳酸杆菌、胃八叠球菌等耐酸菌存活；但反刍动物瘤胃内微生物种类、数量非常多，称为瘤胃菌群，发挥着重要的瘤胃微生物消化作用。

小肠内由于胆汁的杀菌作用以及消化酶的作用，微生物较少。肠道后段的大肠和直肠内微生物较多，主要有大肠杆菌、肠球菌和芽孢杆菌等。

4. 泌尿生殖道中的微生物

泌尿生殖道通常是无菌的，仅在尿道口有葡萄球菌、链球菌、大肠杆菌和非病原性螺旋体等；母畜阴道内的阴道杆菌为正常菌，维持阴道酸性环境。

二、外界环境因素对微生物的影响

在实际工作中，一方面创造有利条件，促进微生物的生长繁殖，以便从病料中分离病原微生物，有助于诊断传染病，制备疫苗预防传染病；另一方面利用对微生物的不利因素来抑制或杀灭病原微生物，以防腐、消毒、灭菌，杜绝传染病的发生与流行。

外界环境因素有物理因素、化学因素和生物因素三个方面。

(一)物理因素对微生物的影响

1. 温度

微生物生长繁殖要有适宜的温度，温度过高或过低都会影响它的生长繁殖，甚至引起死亡。

(1)生长温度　微生物生长最旺盛、繁殖最快的温度称为最适温度。相应地，刚能生长的最低温度和最高温度称为最低温度和最高温度(表 26-1)。

表 26-1　细菌的生长温度范围

细菌类别		生长温度/℃			附注
		最低	最适	最高	
嗜冷菌		−5～0	10～20	25～30	水中和冷藏处细菌
嗜温菌	嗜室温菌	10～20	18～28	40～45	腐生菌
	嗜体温菌	10～20	约 37	40～45	病原菌
嗜热菌		25～45	50～60	70～85	温泉、土壤、厩肥中的一些微生物

(2)高温　高温可使微生物蛋白质变性凝固(酶失去活性)、核酸破坏→新陈代谢障碍→死亡。所以利用高温对微生物的不利因素来杀灭微生物，称为热力消毒、灭菌法。常用的方法有干热灭菌法和湿热消毒、灭菌法。

①干热灭菌法

A. 火焰灭菌法　将物品在火焰上灼烧或将物体直接点燃烧毁，可立即杀死全部微生物，常用于耐烧物品的灭菌，如接种环、接种针、试管口、玻璃片或用于烧毁污染的纸张、传染病尸体、病畜污染的垫料或病料等。

B. 热空气灭菌法　干热穿透力较弱，要杀死芽孢需较高的温度和较长的时间，干热灭菌箱一般需 160～170 ℃，维持 2 h，才能达到灭菌目的，常用于玻璃器皿(试管、吸管、离心管、培养皿)的干燥和灭菌。

②湿热消毒、灭菌法

A. 煮沸法　100 ℃条件下煮沸 10～20 min 杀死细菌繁殖体，芽孢需煮沸 5～6 h 才死亡。如果在水中加入 2%～5%的石炭酸能增强杀菌力，15 min 杀死炭疽芽孢。加入 1%～2% Na_2CO_3 也可增强杀菌力，同时还可防锈。常用于金属器械和注射器的消毒。

B. 巴氏消毒法　用于杀死牛奶、酒制品中的乳酸菌、酵母菌以及病原菌，又不严重损害其营养价值。

低温巴氏消毒法：加热到 63～65 ℃，维持 30 min，然后迅速冷却至 10 ℃以下。

高温巴氏消毒法：加热到 71～72 ℃，维持 15 min，然后迅速冷却至 10 ℃以下。

超高温巴氏灭菌法：快速加热到 132 ℃，维持 1～2 s，然后迅速冷却，用于鲜牛奶消毒。

C. 流通蒸汽灭菌法(间歇灭菌法)　利用流通蒸汽灭菌器或蒸笼让蒸汽通过物品达到灭

菌。第一天加热至 100 ℃，维持 30 min，自然冷却；第二天再加热至 100 ℃，维持 30 min，自然冷却；第三天再加热至 100 ℃，维持 30 min，自然冷却。连续 3 d 即可杀死物体(品)中的全部微生物及其芽孢。

D. 高压蒸汽灭菌法　所用仪器为高压蒸汽灭菌器，通常所用压力为 0.105 MPa，此时的标准温度为 121.3 ℃，维持 20～30 min，即可杀死包括细菌芽孢在内的所有微生物。此法常用于耐高热物品的灭菌，如普通培养基、生理盐水、玻璃器皿、金属器械、敷料(棉花、纱布、线)、手术衣和工作服等，是实验室和医院常用的灭菌方法。

(3)低温　大多数微生物对低温都有很强的耐受力。在低温下，微生物代谢活动降低，生长繁殖停滞，但仍存活。常利用低温来保存微生物，一般的细菌、酵母菌、霉菌的培养物保存于 4 ℃的环境中，有些细菌和病毒保存于－20 ℃或温度更低的环境中。低温也是保存食品的好方法。

将微生物在低温(－40 ℃)下速冻，而后在真空状态下使水升华，迅速干燥，并保持真空状态的方法称快速冷冻真空干燥法，是保存疫苗、菌种的良好方法，这样处理后的微生物可保存数月至数年，毒力和抗原性不变。

2. 湿度

水是微生物不可缺少的成分，微生物生存需要一定的湿度，干燥条件对微生物存活不利。不同种类的微生物对干燥的抵抗力差异很大，巴氏杆菌、鼻疽杆菌在干燥环境中仅存活几天，结核分枝杆菌耐干燥 90 d，炭疽芽孢和破伤风梭菌芽孢在干燥环境中可存活几年甚至几十年，真菌孢子对干燥也有强大的抵抗力。

由于微生物在干燥的条件下不易生长繁殖，所以在生产实践中常利用干燥保存饲料、药品和食品，以防腐败发霉。

3. 日光和紫外线

日光也有杀菌作用，直射阳光下一般病原菌数小时(1～2 h)即可死亡，是廉价又方便的一种消毒方法。日光杀菌的主要原因是干燥、红外线和紫外线的作用。

红外线的杀菌作用主要是热作用。紫外线的杀菌作用主要是干扰微生物细胞 DNA 的复制，使之发生突变，导致变异而死亡。紫外线灯用于手术室、无菌室和实验室的空气消毒和物体表面消毒。一般要求灯管距离被消毒物 2 m 左右，照射 1～2 h。紫外线能损伤人的眼睛和皮肤，不能在紫外线灯下工作。

4. 渗透压

各种微生物都有一个最适宜的渗透压，如果逐渐改变渗透压，可能对微生物的活力影响不大，如果突然改变，则可引起死亡。如将细菌置于 10%氯化钠高渗溶液中，细菌脱水质壁分离而死亡。把细菌置于低渗溶液(蒸馏水)中，水进入菌体，菌体膨胀、破裂、死亡。在制备细菌悬液时，一般用生理盐水，而不用高渗盐水和蒸馏水。相对来讲，细菌细胞对低渗透压不敏感。

5. 过滤除菌

对于病毒材料和一些不耐高温的材料，如血清、毒素、抗毒素、酶、维生素和抗生素等物质，借助于细菌滤器除去其中的细菌。常用的细菌滤器有蔡氏滤器和玻璃滤器。

(二)化学因素对微生物的影响

化学因素即化学物质，有的化学物质能促进微生物的生长繁殖，属营养物质；有的能抑制或杀灭微生物，可做防腐剂和消毒剂。常用的消毒剂的种类和用途见模块二项目十一。

（三）生物因素对微生物的影响

在自然界各种微生物之间，微生物与动植物之间存在着相互影响的关系。

1. 共生

两种生物在一起生活就叫共生，有三种形式：互利共生，如豆科植物与根瘤菌；偏利共生，也叫共栖；寄生，如噬菌体与细菌。

2. 抗生（拮抗）

两种微生物一起生活时，一种微生物产生对另一种微生物有抑制或杀灭作用的物质，这种现象叫作抗生。

抗生物质有抗生素、细菌素、干扰素和植物提取素等。

三、微生物的变异

微生物和其他生物一样，也存在着遗传和变异的特性。同种微生物在繁殖或增殖过程中，子代与亲代的生物学性状形似称遗传，子代在形态、结构、生理或免疫学特征方面与亲代不完全相同，称为变异。

从进化的角度看，遗传使微生物保持种属的相对稳定，是物种存在的基础；变异则使微生物产生变种和新种，促进进化，是物种发展的基础。

在微生物研究领域中，变异的研究显得更为重要。微生物的变异可以自然地发生，也可人为的使之发生，主要有以下两种类型的变异。

表型变异：在特定时间内由于环境条件的改变引起的变异，称为表型变异，它是暂时的，属非遗传性变异。

基因型变异：基因内部结构发生变化引起的变异，称为基因型变异，它属于遗传性变异。

从遗传学角度看，真正的变异是遗传基因的改变，表型变异不属于真正的变异。

（一）常见的微生物变异现象

1. 形态变异

微生物在异常条件下生长发育时，可以发生形状、大小等方面的变异，从患病草食动物体内分离的炭疽杆菌均为典型的短链状，而从病猪咽喉部位分离到的炭疽杆菌多呈不典型的长丝状。实验室保存的菌种，通过定期移植或者通过易感动物，防止其形态变异。

2. 结构与抗原性变异

（1）荚膜变异　有荚膜的细菌在特定条件下丧失形成荚膜的能力。如炭疽杆菌在动物体内或某些特殊的培养基中可形成荚膜，而在普通培养基中不能产生，细菌荚膜的丧失伴随着毒力和抗原性的改变。

（2）鞭毛变异　有鞭毛的细菌在某种培养条件下可失去鞭毛。如将变形杆菌培养于含0.075%～0.1%石炭酸的琼脂培养基上，会失去鞭毛，这样的细菌失去了运动性和鞭毛抗原。

（3）芽孢变异　能形成芽孢的细菌在一定条件下可丧失形成芽孢的能力。如炭疽杆菌在43 ℃下长时间培养可使其丧失形成芽孢的能力。

3. 菌落变异

细菌的菌落常见的有两种类型，即光滑型（S 型）和粗糙型（R 型）。S 型菌落一般表面光滑湿润，边缘整齐，R 型菌落表面粗糙，干而有皱褶，边缘不整齐；菌落从光滑型变为粗糙型时，称 S→R 变异，S→R 变异时，细菌的毒力、生化反应和抗原性也随之改变。R→S 的回归变异较少出现。

4. 毒力变异

微生物的毒力有增强或减弱的变异。让病原微生物连续通过易感动物，可使其毒力增强。将微生物长期培养于不适宜的环境中或连续通过非易感动物时，毒力减弱，这种毒力减弱的菌株/毒株可用于生产疫苗。炭疽芽孢苗和猪瘟兔化苗就是利用毒力减弱的菌株/毒株生产的。

5. 耐药性变异

细菌对许多抗菌药物是敏感的，如果长期服用某种抗菌药物治疗细菌性疾病或低剂量添加预防时，会出现药效降低，甚至无效的情况，这可能是细菌对该种药物产生了耐药性。

(二)微生物变异的实际应用

1. 在诊断方面

掌握病原微生物的变异规律，准确地诊断疾病，防止误诊。

2. 在预防方面

利用人工变异的方法，获得毒力减弱并保持良好抗原性的菌株/毒株，生产疫苗，预防相应的疫病。

3. 在治疗方面

治疗细菌性疾病时，应尽量通过药物敏感试验选择敏感药物，临床治疗时不长期使用或低剂量添加同一抗菌药物。

任务五　病原微生物与传染

绝大多数病原微生物是寄生性病原微生物，它们从寄主获得营养，在宿主体内生长繁殖，并造成宿主的损伤和疾病。有些微生物(巴氏杆菌、大肠杆菌)长期生活于动物体，只在一定条件下才表现出致病作用，这类微生物称为条件性病原微生物。还有一些微生物并不侵入机体，而是以其有毒代谢产物，随同食物或饲料进入人体或动物机体，呈现致病作用，这类微生物称为腐生性病原微生物。

一、病原微生物的致病作用

病原微生物的致病作用取决于它的致病性和毒力。

(一)病原微生物的致病性与毒力

1. 致病性与毒力的概念

(1)致病性　一定种类的病原微生物，在一定条件下引起疾病的特性，又称病原性，是微生物“种”的特性。一种病原微生物只能引起一定的疾病，如炭疽杆菌只能引起炭疽病，而不能引起其他疾病，猪瘟病毒只能使猪患猪瘟。

(2)毒力　指不同菌株或毒株的病原微生物的致病能力，同一种微生物不同菌株或毒株之间致病力的大小往往是不同的，这是微生物“株”的特性。根据菌株或毒株毒力强弱可将某些病原微生物区分为强毒株、弱毒株和无毒株，如炭疽杆菌有强毒株和弱毒株之分。

2.毒力大小的表示方法

在微生物试验中，毒力测定特别重要，尤其在疫苗和血清效价测定以及药物疗效研究等工作中，必须先测定病原微生物的毒力。

常用的测定毒力大小的指标有以下几种。

(1)最小致死量(MLD)　能使特定实验动物于感染后一定时间内发生死亡的最小活微生物量或毒素量。

(2)半数致死量(LD_{50})　能使半数实验动物于感染后一定时间内死亡的活微生物量或毒素量。

(3)最小感染量(MID)　引起试验对象(动物、鸡胚和细胞等)感染的最小病原微生物剂量。

(4)半数感染量(ID_{50})　使半数试验对象发生感染的病原微生物剂量。

3.改变毒力的方法

(1) 增强毒力的方法　将病原微生物连续通过易感动物，可使其毒力增强。有的细菌与其他微生物共生(协同加强致病)或被温和噬菌体感染也可增强毒力，如魏氏梭菌与八叠球菌共生时毒力增强，白喉杆菌只有被温和噬菌体感染时才能产生毒素而成为有毒细菌。

实验室为了保持所藏菌种或毒种的毒力，除改善保存方法(最好冻干保存)外，可适时将其通过易感动物。

(2)减弱毒力的方法　将病原微生物连续通过非易感动物，在较高温度下培养，在含有特殊化学物质的培养基中培养，在含有特殊抗血清、特异噬菌体或抗生素的培养基中培养，甚至长期进行一般的人工继代培养，均可能使病原微生物的毒力减弱。人工减弱病原微生物的毒力，在疫苗生产上有重要意义。

(二)细菌的致病作用

细菌的致病作用包括两方面，一是细菌对宿主的致病性，二是细菌的毒力，构成细菌毒力的因素有侵袭力和毒素两个方面。

1.侵袭力

侵袭力指病原菌突破机体的防御屏障，在体内生长繁殖、蔓延扩散的能力。细菌的侵袭力与以下两方面因素有关。

(1)细菌的表面结构　病原菌要突破机体的防御屏障，须依靠其表面结构的作用。

①荚膜　荚膜具有抵抗吞噬细胞的吞噬和抵抗溶菌酶及补体的杀伤作用，因此凡有荚膜的细菌侵袭力较强(毒力强)。

②菌毛　菌毛(普通菌毛)具有吸附于上皮细胞的能力，如致病性大肠杆菌可借菌毛附着于肠黏膜上皮细胞而致病，引起仔猪黄痢。

(2)侵袭酶类　某些致病菌在代谢过程中能合成一些具有毒性的胞外酶，又称毒性酶，这些酶的产生有利于细菌侵入组织，并在其中生长繁殖、扩散和蔓延，呈现致病作用。

①透明质酸酶　能水解动物体结缔组织中的透明质酸，使组织通透性增强，有利于细菌及毒素在组织中扩散，溶血性链球菌能产生此酶。

②胶原酶　胶原酶是一种蛋白水解酶，能水解肌肉或皮下结缔组织中的胶原纤维，使肌肉溶解软化、坏死，有利于病原菌的侵袭和蔓延。

③血浆凝固酶　使血浆凝固，产生纤维性的网状结构，从而保护细菌免受吞噬，金黄色葡萄球菌能产生此酶。

④链激酶　能激活血液中的溶纤维蛋白酶原，成为溶纤维蛋白酶，可溶解感染组织中的纤维蛋白，有利于细菌及其毒素在组织中的扩散，链球菌能产生此酶。

⑤卵磷脂酶　能水解组织细胞膜和红细胞膜，使组织坏死或溶血，魏氏梭菌能产生此酶。

⑥DNA 酶　细菌裂解后可析出 DNA，DNA 能使渗出液黏稠，这样使微生物活动受限，DNA 酶能使 DNA 溶解，从而有利于细菌扩散。

2. 毒素

细菌产生的毒素有外毒素和内毒素两种，二者的主要区别见表 26-2。

外毒素经 0.3%～0.5%甲醛溶液于 37 ℃处理一定的时间后，可丧失毒性，但仍保持很强的抗原性，称为类毒素，类毒素可用于预防相应的传染病。

表 26-2　外毒素和内毒素的主要区别

区别要点	外毒素	内毒素
主要来源	主要由革兰氏阳性菌产生	革兰氏阴性菌多见
存在部位	由活的细菌产生并释放至菌体外	细胞壁的成分，多数由细菌崩解后释放出来
化学成分	蛋白质	多糖-磷脂-蛋白质复合物
毒性	毒性强，不同的外毒素对某些组织细胞有特殊的亲和力，引起特殊病变	毒性弱，各种细菌内毒素的毒性作用相似，引起发热、弥漫性血管内凝血、粒细胞减少
耐热性	一般不耐热，60 ℃ 30 min 被破坏	耐热，60 ℃ 2～4 h 才能被破坏
抗原性	强，能刺激机体产生抗毒素，经甲醛处理可脱毒成为类毒素	弱，不能刺激机体产生抗毒素，不能经甲醛处理成为类毒素

(三)病毒的致病作用

病毒对宿主细胞的致病作用颇为复杂，主要包括以下四个方面。

1. 杀细胞效应

病毒在细胞内增殖引起细胞溶解死亡的作用，称为杀细胞效应。能引起细胞溶解的病毒称为溶解型病毒，此类病毒增殖时，利用细胞内物质合成病毒蛋白，阻断细胞蛋白质和核酸的合成，导致细胞死亡，同时细胞溶酶体膜受损，释放溶酶体酶，促进细胞溶解。

2. 细胞膜的改变

囊膜病毒在细胞内增殖不引起细胞溶解死亡，称为非溶细胞型病毒，这类病毒感染细胞后，不阻碍细胞的代谢，不使细胞溶解死亡，成熟后以出芽方式从感染细胞中逐渐释放出来，但病毒可引起宿主细胞膜的改变。

(1)细胞融合　有些病毒在感染细胞内增殖，由于宿主细胞内溶酶体酶的作用，使细胞膜相互融合，形成多核巨细胞。感染细胞与未感染细胞相互融合，可以使病毒从感染细胞进入相邻的正常细胞，有利于病毒的扩散。

(2)细胞膜出现新抗原　病毒在细胞内复制过程中，病毒的抗原可以出现在细胞膜表面，使感染细胞成为免疫攻击的靶细胞。

3.包涵体形成

有些病毒在感染的细胞内增殖，可使宿主细胞出现一种特征性的形态学变化，即包涵体的形成。包涵体的构成和本质是：病毒颗粒的聚集体，如狂犬病病毒产生的内氏小体是堆积的核衣壳；除病毒粒子外，有细胞器成分；细胞的变性产物。

不同的病毒，包涵体的形态、大小、数目、位置和染色特性不同。有胞浆包涵体和核内包涵体，有的巨大有的细小，形态有圆形或不规则形，数目有单个或多个，有的嗜酸性或嗜碱性。

4.细胞转化

有些病毒可将自身DNA或其片段整合入宿主细胞DNA中，使宿主细胞遗传性状发生改变，有些则成为肿瘤细胞。

二、传染

(一)传染的概念

病原微生物侵入机体、在体内生长繁殖，并引起机体发生一定反应的过程称传染，又叫感染。

在传染过程中，一方面是病原微生物的侵入、生长繁殖、产生有毒物质，破坏机体生理平衡；另一方面是动物机体为了保护自身生理平衡，对病原微生物产生一系列的防御反应。因此，传染是病原微生物与动物机体之间相互作用、相互斗争的过程。

(二)传染发生的条件

1.病原微生物具有一定毒力、一定数量并且有适宜的侵入门户

侵入动物机体的病原微生物，必须具有较强的毒力和足够的数量，才能突破动物机体的防御屏障，在体内进一步扩散、生长繁殖，引起感染。此外，病原微生物必须经适宜的途径侵入易感动物体内，才能引起感染。如破伤风梭菌必须进入深而密闭的伤口，才有可能引起破伤风，而经口进入消化道内不引起感染。但有些病原微生物可通过多种途径侵入机体引起疾病，如炭疽杆菌可通过损伤的皮肤、呼吸道和消化道黏膜等多种途径使动物发生炭疽。

2.动物(易感性)

对病原微生物有感受性的动物称为易感动物。易感性与动物的种属、品种、年龄、性别和营养状况等因素有关。

不同种动物对同种病原微生物的感受性是不同的，这是动物“种”的特性。如猪对猪瘟病毒具有易感性，牛、羊则不易感；同一种动物不同品种对某一病原微生物的感受性也有差异，如不同品种的鸡对马立克病病毒的感受性不同；也有多种动物对同一病原微生物都有易感性。动物的易感性还受年龄、性别和营养状况等因素的影响。幼龄动物对大多数病原微生物易感，而成年动物抵抗力较强。饲料品质不良，导致机体营养状况差，则易感性较强，反之抵抗力较强。

3.外界环境因素的影响

传染能否发生还受外界环境因素的影响，外界环境因素对动物机体和病原微生物都有影响。外界环境因素一方面可以影响病原微生物的生长、繁殖和传播，另一方面可使动物机体抵抗力降低，由非易感状态变成易感状态。夏季气温高有利于病原细菌生长繁殖，易发生细菌性消化道疾病，冬季因寒冷能降低易感动物上呼吸道黏膜抵抗力，加之病毒耐低温，在外界存活

时间较长，机体感染机会较多，易发生呼吸道传染病。

【学习要求】

识记 荚膜、芽孢、菌毛、自养菌、异养菌、专性厌氧菌、专性需氧菌、兼性厌氧菌、培养基、菌落、菌苔、干扰现象、变异、毒力、侵袭力、毒素、包涵体、传染。

理解 细菌的化学组成、营养类型，细菌学诊断的程序和方法，病毒病的诊断方法和程序，真菌、放线菌、支原体、螺旋体、立克次氏体、衣原体的基本生物学特性，真菌生长繁殖所需的基本条件及人工培养的方法，土壤、空气、水中微生物的来源及分布特点，微生物常见的变异现象，细菌、病毒不同的致病作用。

应用 细菌的形态特点，识别细菌的基本构造和特殊构造及主要功能，细菌生长繁殖所需的基本条件，细菌的人工培养方法，培养基的分类及应用，细菌的生长曲线，病毒的结构及主要功能，病毒增殖的过程，病毒的人工培养方法，理化因素对微生物的影响，传染发生的条件。

【知识拓展一】

细菌病的实验室诊断方法

一、病料的采集

实验室检查时，正确地采取病料并及时送检是检查结果科学准确的前提条件，为此在病料的采取过程中要求做到以下几点。

(1)无菌操作的原则 病料采集要严格按照无菌操作程序进行，采取病料所用的器械、容器需事先灭菌。同时严防散播病原，避免自身感染及污染环境。

(2)采集病料的时间 病料采取最好在死亡后立即进行，尽量不超过 6 h。

(3)采集病料的部位 病料必须采自病变明显的病变组织或脏器。

(4)采集病料的量 采集的病料不宜过少，病料的采集量至少是检测量的 4 倍。

二、细菌的形态检查

细菌的形态检查是进行细菌鉴定、分类的重要环节。首先在采取病料后直接进行涂片、染色、镜检，对于具有特征形态的炭疽杆菌、猪丹毒杆菌、巴氏杆菌等可以迅速做出诊断。其次是在细菌分离培养之后，将细菌的培养物涂片染色，观察细菌的形态、排列及染色特征，这是鉴定分离菌的基本方法之一，也是进一步生化鉴定、血清学试验的前提。

三、细菌的分离培养

细菌的分离培养是细菌病实验室诊断的重要环节之一，是用人工培养方法将细菌从病料中分离出来。细菌分离培养的步骤分为培养基的制备、从被检材料中分离细菌及细菌的纯培养。细菌分离培养的方法很多，最常用的是平板划线接种法，此外还有倾注平板培养法、斜面接种法、穿刺接种法、液体培养基接种法等。

四、细菌的生化试验

细菌都有各自的酶系统，因此有各自的分解与合成产物，这些产物是鉴别细菌的依据之一。细菌的生化试验就是用生物化学的方法检查细菌的代谢产物，其方法很多，如甲基红试验：某些细菌（大肠杆菌）在分解葡萄糖后产生丙酮酸，继而分解成酸，使酸度增加，以甲基红做指示剂时呈红色高酸性反应，为阳性；而另一些细菌（产气肠杆菌），在分解葡萄糖后产生一部分丙酮酸，又进一步转化为乙酰甲基甲醇，因此培养基中酸度较低，加甲基红试剂时呈黄色，为阴性。

五、动物接种试验

动物接种试验也是微生物学检验中常用的基本技术，有时为了证实所分离的细菌是否为致病菌，可进行动物接种试验。最常用的动物是本动物和实验动物，应选择对该种细菌最敏感的动物进行人工感染试验，将病料进行人工接种，然后根据对不同动物的致病力、症状和病变特点来帮助诊断。当实验动物死亡或经过一定时间后剖检，观察病理变化，并进一步采取病料进行涂片检查和分离鉴定。

六、细菌的血清学试验

血清学试验具有特异性强、检出率高、方法简易快速的特点，可以用已知抗原来测定动物血清中的特异性抗体，也可以用已知的抗体来测定被检材料中的细菌，广泛应用于细菌病的诊断和细菌的鉴定。常用的血清学试验有凝集试验、沉淀试验、补体结合试验和免疫标记技术。

【知识拓展二】

病毒病的实验室诊断方法

一、病料的采集

一般应采集病畜禽体内含病毒最多的器官或组织。如上呼吸道疾病应采取鼻分泌物，而脑炎则采取脑组织。常用于病毒分离的病料有血液、粪便、渗出液、脑脊液、水疱液、活检组织或尸检组织等。

1. 采集病料的时间

以症状刚出现时最佳。检查抗体时，则应采取一头病畜的发病初期和恢复期的血清，以便了解抗体滴度的消长程度。病毒对外界因素特别是热很敏感。因此，必须将病料存放在灭菌的保存液中（一般用50%甘油磷酸盐缓冲液），液体病料可加适量的抗生素以防污染。盛有病料的器皿应封口，再放入冰瓶（内放冰块和食盐或干冰和酒精），在低温条件下保存和送检病料。

2. 防止病料污染

采集病料时，必须无菌操作。为防止液体病料被污染，有的可在其中加入适量的青霉素和链霉素或其他抗生素，如庆大霉素；若为了防止霉菌污染，还可加制霉菌素等；用于抗体检测的血清可加入防腐剂。

二、包涵体检查

有些病毒可在宿主细胞或组织中形成包涵体，将被检病料直接制成涂片或组织切片，染色后，用普通光学显微镜检查，如狂犬病病毒，在病犬的大脑海马角中形成内基氏小体，可用 Seller 氏包涵体染色法染色镜检。能产生包涵体的一些重要畜禽病毒见表 26-3。

包涵体的形态、大小、存在部位、染色性、在何种细胞内形成等都有一定的规律性，可作为病毒鉴定的依据之一。如鸡痘病毒、狂犬病病毒、伪狂犬病病毒、鸡传染性喉气管炎病毒等，都可检查出包涵体。

表 26-3　能产生包涵体的一些重要畜禽病毒

病毒名称	感染范围	包涵体类型及部位
痘病毒类	人、马、牛、羊、猪、鸡等	嗜酸性，胞浆内，见于皮肤的棘层细胞中
狂犬病病毒	狼、马、牛、猪、人、猫、羊、禽等	嗜酸性，胞浆内，见于神经元内及视网膜的神经节层的细胞中
伪狂犬病病毒	犬、猫、猪、牛、羊等	嗜酸性，核内，见于脑、椎旁神经节的神经元中

三、病毒的分离培养

采取可能含有病毒的材料，根据情况接种动物、鸡胚或组织培养，以达到分离和培养病毒的目的。被接种的动物、鸡胚或细胞出现死亡或病变时(有的病毒需盲传后才能检出)，可应用血清学试验进一步鉴定。

供接种或培养的病料在使用前一般应做必要的除菌处理。除菌方法有滤器除菌、高速离心除菌和用抗生素处理 3 种。如用口蹄疫的水疱皮病料进行病毒的分离培养时，将送检的水疱皮置平皿内，以灭菌的 pH 7.6 磷酸盐缓冲液洗数次，并用灭菌滤纸吸干、称重，制成 1∶5悬液，为防止细菌污染，每毫升加青霉素 1 000 IU、链霉素 1 000 mg，2～4 ℃冰箱内 4～6 h，然后用 3 000 r/min 速度离心沉淀 10～15 min，吸取上清液备用。不同的病料采用不同的除菌方法。

四、动物接种试验

动物接种试验是病毒病实验室诊断常用的方法之一，通过动物试验可达到分离病原、确定微生物的毒力、鉴定微生物、制备生物制品和毒种复壮等目的，试验用的动物应该健康、敏感，年龄和体重都适宜。常用的实验动物有小鼠、豚鼠、家兔、绵羊和鸡等。

近年来由于组织培养的广泛应用，动物接种试验已较少用于病毒的分离，但常用本动物进行感染试验，如用健康马驹做马传染性贫血病病毒接种试验。

五、病毒的血清学试验

血清学试验在病毒诊断及流行病学调查中占有很重要的地位。常用的方法有琼脂扩散试验、中和试验、补体结合试验、红细胞凝集和红细胞凝集抑制试验、免疫标记技术等。

六、分子生物学诊断

PCR(聚合酶链式反应)技术具有特异性强、灵敏度高、操作简便、快速、重复性好和对原材料要求较低等特点。它尤其适于那些培养时间较长的病原的检查，如结核分枝杆菌、支原体等。

核酸杂交技术是利用核酸碱基互补的理论，将标记过的特异性核酸探针与经过处理、固定在滤膜上的DNA进行杂交，以鉴定样品中未知的DNA。由于每一种病原体都有其独特的核苷酸序列，所以应用一种已知的特异性核酸探针，就能准确地鉴定样品中存在的是何种病原体。核酸杂交技术敏感、快速、特异性强，特别是结合应用PCR技术之后，对核酸检测量已减少到皮克(pg)水平。

核酸分析技术包括核酸电泳、核酸酶切电泳、寡核苷酸指纹图谱和核苷酸序列分析等技术，它们都已用于病原体的鉴定。

项目二十七
主要病原微生物

【学习目标】

• 掌握动物主要病原菌的生物学特性及实验室诊断程序和方法；
• 初步掌握动物主要致病性病毒的生物学特性及诊断方法。

【学习内容】

任务一　常见病原菌

一、革兰氏阳性菌

(一)葡萄球菌

葡萄球菌广泛存在于自然界,在正常情况下皮肤、黏膜表面的葡萄球菌是对宿主无害的。病原性葡萄球菌是常见的化脓性球菌之一,能在人、畜的各种组织和器官中引起感染、脓肿,也可引起败血症和脓毒败血症。

1. 生物学特性

葡萄球菌是革兰氏阳性菌,直径 0.4～1.2 μm,呈葡萄串状排列,无鞭毛、无芽孢,一般不形成荚膜。

本菌为需氧或兼性厌氧菌,在普通培养基上生长良好,在血液琼脂、血清琼脂以及有葡萄糖存在时生长更佳。在普通琼脂平板上形成湿润、光滑、隆起、边缘整齐的圆形菌落,直径 1～2 mm,有时可达 4～5 mm,菌落颜色依菌株而异。根据菌落的颜色不同把葡萄球菌分为金黄色葡萄球菌、白色葡萄球菌和柠檬色葡萄球菌。在血液琼脂平板上,菌落较大,有些菌株(多为致病性葡萄球菌)的菌落周围呈现明显的溶血环(β 型溶血)。在普通肉汤中培养 24 h,生长迅速,中等浑浊,管底有少量颗粒状沉淀,轻轻振荡,沉淀物上升,旋即消散;培养 2～3 d 后,可形成很薄的菌环,在管底形成多量黏稠沉淀。

多数菌株能分解葡萄糖、乳糖和麦芽糖产酸而不产气,致病性葡萄球菌在厌氧条件下能分解甘露醇,产酸,还可产生血浆凝固酶。

2. 抵抗力

本菌的抵抗力较强,是不形成芽孢的细菌中最强的。80 ℃ 30 min 才能杀死,煮沸可迅速死亡;70%乙醇、1%～3%龙胆紫对此菌都有良好的消毒效果。本菌对青霉素、庆大霉素、金霉素和红霉素等高度敏感。

3. 致病性

葡萄球菌能产生多种酶和毒素,引起畜禽各种化脓性疾病,如牛、羊的乳腺炎,鸡关节炎,猪、羊皮炎等,也可引起人的食物中毒,实验动物以家兔最敏感。

4. 微生物学诊断

不同病型应采取不同的病料,如脓汁、血液、渗出物、乳汁、可疑食物、呕吐物及粪便等。

(1)制片、染色、镜检　根据细菌形态、排列和染色特性作初步诊断。

(2)分离培养与鉴定　将病料接种于血液琼脂平板,培养后观察其菌落特征、色素形成、有无溶血;菌落涂片染色进行镜检。必要时做甘露醇发酵试验、血浆凝固酶试验和动物接种试验等。

(二)链球菌

1. 生物学特性

链球菌呈球形或椭球形,直径 0.5～1.0 μm,常排列成链状,幼龄培养物可形成荚膜,革兰氏染色阳性。

本菌为需氧或兼性厌氧菌,在加有血液、血清和腹水等的培养基中生长良好。在血液琼脂平板上,不同的菌株可形成不同的溶血现象,根据溶血性的不同将链球菌分为甲型(α 型)、乙型(β 型)和丙型(γ 型)三种。

α 型链球菌菌落周围有 1～2 mm 宽的草绿色、半透明溶血环,致病力不强;β 型链球菌菌落周围有 2～4 mm 宽的无色、透明溶血环,致病力强,能引起人、畜多种疾病;γ 型链球菌菌落周围无溶血环,一般无致病性。

2. 抵抗力

本菌的抵抗力不强,60 ℃ 30 min 即被杀死。本菌对青霉素敏感。

3. 致病性

链球菌可产生多种酶和外毒素,引起动物化脓性疾病,如马腺疫、牛乳腺炎、猪和羊链球菌病等。

4. 微生物学诊断

根据链球菌所致疾病不同,可采取脓汁、乳汁和血液等为病料作检查。

(1)制片、染色、镜检　发现有革兰氏阳性、呈链状排列的球菌,可初步诊断。

(2)分离培养　将病料接种于血液琼脂平板上,观察菌落特征和溶血现象,还可以进一步根据生理生化特性加以诊断。

(三)炭疽杆菌

1. 生物学特性

炭疽杆菌为革兰氏阳性粗大杆菌,长 3～8 μm,宽 1～1.5 μm,在动物体内单在或 3～5 个呈短链排列,在人工培养基中形成长链。在动物体内或在含有血清的培养基上形成荚膜。在培养基或在外界(即暴露于空气)形成芽孢。

本菌为需氧或兼性厌氧菌。在普通琼脂平板培养 24 h,形成灰白色、干燥、边缘不整齐的菌落，用低倍镜观察边缘呈卷发状；在血液琼脂培养基中生长不溶血；在肉汤中培养 24 h，管底有絮状沉淀，肉汤澄清；明胶培养基穿刺培养，呈倒立松树状生长，其表面渐被液化呈漏斗状。本菌能分解葡萄糖、麦芽糖和蔗糖产酸不产气，不分解乳糖。

2. 抵抗力

本菌的繁殖体抵抗力不强，芽孢的抵抗力很强，在外界环境中可存活数十年。121 ℃高压灭菌 15 min 可杀死芽孢。芽孢对碘特别敏感，0.04%的碘液 10 min 可杀死芽孢。本菌对青霉素和磺胺类药物敏感。

3. 致病性

炭疽杆菌可引起人、家畜和野生动物的炭疽病，其中以草食动物最易感，如羊、牛、马、鹿等。实验动物中，以小鼠、豚鼠和家兔最敏感。炭疽杆菌的毒力主要与荚膜和产生的毒素有关，毒素有水肿毒素和致死毒素两种。

4. 微生物学诊断

死于炭疽的动物尸体严禁剖检。可采取耳端末梢血液检查，取血后应立即用烙铁将创口烙焦，或用浸透 0.1%升汞的棉球将其覆盖，严防污染并注意自身防护。必要时从脾脏在体表的投影部位处切开皮肤，剪取脾脏，切口用 0.1%升汞棉纱堵塞。

(1)制片、染色、镜检　如发现有荚膜的竹节状大杆菌，即可初步诊断。

(2)分离培养　取病料接种于普通琼脂培养基，37 ℃培养 18～24 h，观察生长性状，同时涂片、染色、镜检。

(3)动物接种试验　将待检材料或培养物用生理盐水作适当稀释后，皮下注射小鼠 0.1～0.2 mL，如有炭疽杆菌存在，多在 18～72 h 因败血症死亡，剖检时可见注射部位皮下呈胶冻样水肿，脾脏肿大。同时取血液、脏器涂片镜检，若发现有荚膜的竹节状大杆菌时，即可确诊。

(4)血清学诊断　常用炭疽环状沉淀试验(Ascoli's 反应)，在一小口径试管内先加炭疽沉淀素血清，再重叠等量的待检沉淀原，若两液面交界处形成白色沉淀环，即可确诊。此法不仅适用于死亡动物的新鲜病料，而且对干的皮毛、陈旧或严重污染杂菌的动物尸体的检查也适用。但此反应的特异性不高，敏感性也较差，因而使用价值受到一定影响。

(四)猪丹毒杆菌

1. 生物学特性

猪丹毒杆菌为革兰氏阳性纤细小杆菌，菌体直或稍弯，长 0.5～2.5 μm，宽 0.2～0.4 μm。急性病例病料中呈单在、成双或成丛排列；老年动物培养物或慢性病猪心脏疣状物中的细菌多呈长丝状。

本菌为微需氧菌，在培养基中加入血液、血清、1%葡萄糖时有明显促生长作用。急性病猪体内的猪丹毒杆菌在血液琼脂平板上培养 24～48 h，形成光滑、湿润、露珠样圆形小菌落(S 型菌落)，周围形成 α 溶血环；而慢性病猪体内的丹毒杆菌培养形成的菌落为 R 型菌落。普通肉汤培养呈轻度浑浊，管底形成颗粒样沉淀。明胶培养基穿刺培养，呈试管刷状生长，但不液化明胶。

2. 抵抗力

本菌是无芽孢杆菌中抵抗力较强的，在干燥环境中存活 3 周，但本菌对温度和消毒剂敏感。对青霉素敏感。

3. 致病性

猪丹毒杆菌主要引起3～12月龄的猪发病，3～4周龄的羔羊发生慢性多发性关节炎，禽类也可感染；人类多因皮肤创伤感染，发生“类丹毒”。

4. 微生物学诊断

败血型猪丹毒，生前从耳静脉采血，死后可采取肾、脾、肝、心血和淋巴结，尸体腐败可采取长骨骨髓；疹块型猪丹毒可采取疹块皮肤；慢性病例，可采心脏瓣膜疣状物或肿胀部关节液。

(1)制片、染色、镜检　如发现革兰氏阳性，单个、成对或成丛的纤细的小杆菌，可做出初步诊断。如慢性病例，可见长丝状菌体。

(2)分离培养　取病料接种于血液琼脂平板培养，观察菌落性状；同时取此菌落涂片染色镜检，观察形态。进一步检查可用明胶穿刺及生化反应等鉴定。

(3)动物接种试验　取病料制成乳剂，小鼠皮下注射0.2 mL或鸽子胸肌内注射1 mL，若病料有猪丹毒杆菌，则接种动物于2～5 d死亡，死后取病料涂片染色镜检或接种培养基证实。

(4)血清学诊断　可用凝集试验、协同凝集试验、免疫荧光法进行诊断。

(五)厌氧性病原梭菌

1. 生物学特性

厌氧性病原梭菌为革兰氏阳性杆菌，为专性厌氧菌，均能形成芽孢且芽孢直径大于菌体，致使菌体形如梭状，除魏氏梭菌能形成荚膜而无鞭毛外，其余均不形成荚膜，而有周身鞭毛。

2. 抵抗力

此类菌的繁殖体对热和消毒剂的抵抗力一般，但芽孢的抵抗力很强。其中肉毒梭菌芽孢是细菌芽孢抵抗力最强的一种，需煮沸1～6 h才能杀死。

3. 致病性

厌氧性病原梭菌在环境中均可产生外毒素，外毒素的产生是细菌致病的主要原因。引起的疾病有：牛气肿疽、羊快疫、恶性水肿、羊肠毒血症、羊黑疫、羊猝疽、破伤风以及肉毒梭菌毒素引起的食物中毒等。

4. 微生物学诊断

气肿疽梭菌、腐败梭菌、魏氏梭菌和诺维氏梭菌等引起的疾病可取病料涂片染色镜检，并进一步做细菌的分离培养和动物接种等。破伤风的诊断一般不需要微生物学诊断，肉毒梭菌毒素引起的中毒则需动物试验结合血清学诊断。

二、革兰氏阴性菌

(一)大肠杆菌

1. 生物学特性

大肠杆菌是两端钝圆、中等大小的革兰氏阴性杆菌，长1～3 μm，宽0.2～0.7 μm，有周身鞭毛。

本菌为需氧或兼性厌氧菌。在液体培养基中生长，呈均匀浑浊，肉汤培养物具有粪臭味。在血液琼脂培养基上，菌落较大，少数菌株有明显的溶血环；在伊红亚甲蓝琼脂平板上，形成紫黑色带金属光泽的菌落；在麦康凯培养基上形成红色菌落。本菌生化反应活跃，能分解葡萄糖、乳糖、麦芽糖、蔗糖、甘露醇产酸产气，靛基质试验、甲基红试验阳性，维-培试验阴性，不能利用枸橼酸盐作为碳源，多数菌株不产生硫化氢。

大肠杆菌具有菌体(O)抗原、鞭毛(H)抗原和荚膜(K)抗原三种。

2. 抵抗力

本菌的抵抗力中等，一般都能经巴氏消毒杀死，对常用的消毒剂敏感，枸橼酸盐和煌绿对本菌生长有抑制作用。

3. 致病性

多数大肠杆菌为肠道正常菌群，在正常情况下不致病，并对宿主有利。但少数菌株能引起人和动物发病。肠道感染可引起婴儿和各种幼畜禽腹泻，肠道外感染可引起化脓和败血症。

4. 微生物学诊断

取小肠前部的黏膜或内容物或病变处的肠系膜淋巴结作病料；对败血症病例，可取血液或有病变的内脏组织作为待检病料。

分离培养与鉴定：血液可先作增菌培养，然后接种于血琼脂及鉴别培养基；其他病料可同时接种血琼脂和鉴别培养基。分离后 37 ℃培养 24 h，观察菌落的形成及特征，并涂片染色镜检。然后作生化反应及血清学鉴定。

(二)沙门菌

1. 生物学特性

沙门菌为革兰氏阴性杆菌，其形态与大肠杆菌相似，除鸡白痢沙门菌和鸡伤寒沙门菌外，其余均有周身鞭毛。

本菌为需氧或兼性厌氧菌，在 SS 琼脂平板或麦康凯琼脂平板上形成无色透明或半透明较小的边缘整齐的菌落。本属菌不同菌型的生化反应并不完全一致，但都不分解乳糖，这是沙门菌与大肠杆菌重要的鉴别点。

沙门菌的抗原结构复杂，有菌体(O)抗原、鞭毛(H)抗原和毒力(Vi)抗原三种。

2. 抵抗力

本菌的抵抗力中等，与大肠杆菌相似，不同的是亚硒酸盐、煌绿等染料对本菌的抑制作用小于大肠杆菌，故常用其制备选择培养基，有利于分离粪便中的沙门菌。

3. 致病性

沙门菌具有毒力较强的内毒素，能引起人和多种动物发病，如鸡白痢、鸡伤寒、仔猪副伤寒和马沙门菌流产等；同时肠炎沙门菌和鼠伤寒沙门菌可产生毒素，引起人的食物中毒。

4. 微生物学诊断

取肝、脾等适宜病料接种 SS 琼脂平板等鉴别培养基分离培养，观察菌落特征，并进一步取可疑菌落涂片染色镜检，必要时进行生化鉴定及血清学鉴定。

(三)布鲁氏菌

1. 生物学特性

布鲁氏菌为形态短小的革兰氏阴性球杆菌，长 0.6～1.5 μm，宽 0.5～0.7 μm，多散在。常用的染色方法是科兹洛夫斯基染色法，用此法染色后布鲁氏菌呈红色。常见的三型布鲁氏菌是牛型、羊型和猪型。

本菌为需氧菌，营养要求较高。在含有肝浸液、血液、血清和葡萄糖等的培养基上生长良好。其中羊型、牛型布鲁氏菌初次培养时需要5%～10%的二氧化碳，5～10 d可形成肉眼可见菌落。在血液琼脂培养基上培养，2～3 d形成灰白色、不溶血的小菌落。一般分解葡萄糖产生少量酸，不产生靛基质，不液化明胶，不凝固牛乳，维-培和甲基红试验均为阴性；不分解甘露醇，能分解尿素和产生硫化氢。

2. 抵抗力

本菌对外界环境的抵抗力较强，在土壤中可存活24～40 d，水中可存活5～150 d，在病畜肉中存活40 d；60 ℃ 10～30 min杀死，对一般消毒药敏感。

3. 致病性

布鲁氏菌具有毒性较强的内毒素。羊型布鲁氏菌毒力最强，猪型次之，牛型较弱，主要引起羊、猪、牛的布鲁氏菌病。人也可感染发病。

4. 微生物学诊断

(1)细菌学诊断　对流产病例，可取流产胎儿胃内容物、羊水及胎盘的坏死部分为病料，涂片、染色、镜检。必要时分离培养，进行生化鉴定和动物接种试验等。

(2)血清学诊断　动物感染布鲁氏菌后，血清中可出现凝集素，常用凝集反应检疫牛羊布鲁氏菌病。也可进行补体结合试验、间接血凝试验和乳汁环状试验。

(3)变态反应诊断　家畜感染布鲁氏菌20～25 d后，常可出现变态反应阳性，并且持续时间较长，我国通常用布鲁氏菌水解素皮内注射来诊断羊的布鲁氏菌病。

(四)多杀性巴氏杆菌

1. 生物学特性

多杀性巴氏杆菌为细小的革兰氏阴性球杆菌，长0.2～2.5 μm，宽0.2～0.5 μm，新分离的强毒株具有荚膜。血片或组织触片及新分离的强毒株涂片，用瑞氏染色或亚甲蓝染色后，菌体呈典型的两极着色。但陈旧的或多次继代的培养物则两极着色不明显。

本菌为需氧或兼性厌氧菌，培养基中加有血液或血清才能生长良好。血液琼脂平板培养24 h，形成灰白色、湿润、边缘整齐、表面光滑的露珠状小菌落，无溶血现象；普通培养，肉汤轻度浑浊，管底有黏稠沉淀物，表面形成菌环。本菌能分解葡萄糖、果糖、蔗糖、甘露醇、半乳糖产酸不产气，不发酵乳糖、鼠李糖、麦芽糖、山梨醇等，本菌可产生靛基质和硫化氢，甲基红试验和维-培试验阴性。

2. 抵抗力

本菌的抵抗力不强，干燥空气中2～3 d死亡，60 ℃ 20 min可被杀死，对常用消毒剂敏感。

3. 致病性

多杀性巴氏杆菌为条件性致病菌，主要使动物发生出血性败血症或传染性肺炎，常见的有猪肺疫、牛出血性败血症、兔巴氏杆菌病和禽霍乱等。

4. 微生物学诊断

(1)镜检　采集新鲜病料(血液、肝和脾等)涂片，用碱性亚甲蓝或瑞氏染液染色，如发现典型的两极浓染的球杆菌，即可初步诊断。

(2)分离培养　将病料接种于血液琼脂和麦康凯琼脂平板，在血琼脂上生长良好，培养

24 h 后，形成灰白色、圆形、湿润、露珠状、不溶血的小菌落；同时菌落涂片染色镜检。在麦康凯琼脂上不生长。

(3)动物接种　取 1∶10 病料乳剂或 24 h 肉汤培养物 0.2～0.5 mL，皮下或肌内注射于小鼠或家兔，经 24～48 h 死亡，观察剖检变化，并取病料抹片染色镜检。

任务二　常见动物病毒

一、RNA 病毒

(一)口蹄疫病毒

1. 生物学特性

口蹄疫病毒是单股 RNA 病毒，属于小 RNA 病毒科口蹄疫病毒属。衣壳呈二十面体立体对称，近似球形，大小为 21～25 nm，无囊膜，耐乙醚，在细胞浆内复制。目前已发现有 A、O、C、SAT1、SAT2、SAT3(南非 1、2、3 型)和 AsiaⅠ(亚洲Ⅰ型) 7 个血清主型以及 65 个以上亚型，各主型之间无交叉免疫性，但同一主型的各亚型之间有交叉免疫性。

2. 抵抗力

口蹄疫病毒在低温下能长期保存，但易被热及氢氧化钠所灭活，80 ℃ 1 min、70 ℃ 10 min、1%氢氧化钠 1 min 即可杀灭病毒。在 pH 3 环境中失去感染性。

3. 致病性

口蹄疫病毒能感染牛、羊、猪和骆驼等偶蹄动物，引起口蹄疫，以口腔黏膜、蹄部和乳房皮肤发生水疱性疹为特征。口蹄疫病毒除引起偶蹄动物发病外也可感染人，人工感染乳兔、乳鼠可使其发病。

4. 微生物学诊断

采取水疱皮或水疱液，用酶联免疫吸附试验(ELISA)或 RT-PCR 试验鉴定，或用补体结合试验或用乳鼠、豚鼠作中和试验来确定口蹄疫病毒及其血清型。

(二)狂犬病病毒

1. 生物学特性

狂犬病病毒是单股 RNA 病毒，属于弹状病毒科狂犬病病毒属。病毒颗粒呈子弹形，长 140～180 nm，直径 75～80 nm，有囊膜，衣壳呈螺旋状对称。病毒主要存在于中枢神经细胞、唾液腺细胞的细胞浆内及唾液中，能形成圆形或卵圆形的包涵体。

2. 抵抗力

狂犬病病毒对酸、碱和常用消毒剂均敏感，1%～2%肥皂水、43%～70%乙醇、0.01%碘液和 3%石炭酸等都能使之灭活，温热及紫外线也可使病毒灭活。病毒在冷冻或冻干状态下可长期存活，在 50%甘油缓冲溶液中或 4 ℃下能存活数月到 1 年。

3. 致病性

狂犬病病毒能感染人、各种家畜及野生动物，以特有的恐水怕风、咽肌痉挛、进行性瘫痪等为特征。

4. 微生物学诊断

常用的特异性诊断方法有包涵体检查和荧光抗体法等，所用病料为可疑动物的新鲜脑组织或唾液腺。荧光抗体诊断法特异性强，简单迅速，在包涵体尚未形成时就可检出抗原，是诊断狂犬病最常用的方法。

(三)猪瘟病毒

1. 生物学特性

猪瘟病毒是单股 RNA 病毒，属于黄病毒科瘟病毒属。病毒呈球形，直径 38～44 nm，核衣壳呈二十面体立体对称，有囊膜，对乙醚和氯仿敏感。猪瘟病毒与同属的牛病毒性腹泻病毒有共同抗原，存在交叉反应。猪瘟病毒能在猪的细胞(如猪肾细胞)中生长繁殖，一般不产生细胞病变。

2. 抵抗力

猪瘟病毒抵抗力较强，72～76 ℃ 1 h、1%～2%氢氧化钠或 10%～20%石灰水 15～60 min 才能杀死病毒，甲醛和石炭酸等对蛋白介质中的病毒作用较差。病料加等量含 0.5%石炭酸的 50%甘油盐水，在室温下能保存数周，可用于送检材料。

3. 致病性

猪瘟病毒可引起各种年龄的猪发生猪瘟，急性猪瘟呈败血性变化，实质器官出血、坏死和梗死，慢性猪瘟以纤维素性坏死性肠炎为特征。

4. 微生物学诊断

可采取淋巴结、脾、扁桃体和血液等，用荧光抗体、酶标抗体或琼脂扩散试验来确诊。

(四)鸡新城疫病毒

1. 生物学特性

新城疫病毒是单股 RNA 病毒，属于副黏病毒科副黏病毒属。核衣壳呈螺旋对称，病毒多数呈蝌蚪状，有囊膜，直径 120～300 nm。该病毒具有血凝特性，能凝集鸡、鸭、火鸡、人、豚鼠等的红细胞，这种血凝特性能被特异的抗体所抑制。多用鸡胚或鸡胚细胞来分离培养病毒。

2. 抵抗力

新城疫病毒的抵抗力不强，易被热、日光及常用的消毒剂灭活，2%氢氧化钠溶液以及 3%石炭酸、70%乙醇等都能在数分钟内杀死病毒；100 ℃ 1 min 可灭活病毒。

3. 致病性

新城疫病毒能使鸡和火鸡发生新城疫，以呼吸困难、稀便、神经紊乱、黏膜和浆膜出血为特征。

4. 微生物学诊断

当怀疑为新城疫时，应采取病鸡脑、肺、脾、肝和血液等作为病料，进行实验室检查。

(1)分离病毒　取上述病料接种鸡胚，若为新城疫则大多数鸡胚在接种后 24～48 h 死亡，鸡胚尿囊液和羊水中含有大量的病毒。

(2)血凝及血凝抑制试验　先测定鸡胚尿囊液血凝价，再用新城疫病毒标准免疫血清作血凝抑制试验，便可获得诊断结果。近年来用荧光抗体、琼脂扩散试验及 ELISA 等进行鸡新城疫诊断。

(五)禽流感病毒

1. 生物学特性

禽流感病毒是单股 RNA 病毒，属于正黏病毒科。根据血凝素抗原(H)和神经氨酸酶抗原(N)的不同,可将禽流感病毒分成许多亚型,目前发现的有80多个亚型,其中H5、H7具有高致病性。核衣壳呈螺旋对称,有囊膜,病毒呈短杆状或球状,直径为80～120 nm,病毒能凝集鸡和某些哺乳动物的红细胞,并能被特异性的抗体所抑制,能在发育的鸡胚中生长,有些毒株接种鸡胚尿囊腔后可使鸡胚死亡,并引起鸡胚的皮肤和肌肉充血、出血,有些能在鸡肾细胞和鸡成纤维细胞的组织培养上生长。

2. 抵抗力

禽流感病毒对热抵抗力较低,60 ℃ 10 min即失去活力。对紫外线及大多数消毒药敏感,在干燥的尘埃中能存活14 d,低温冻干或甘油保存可使病毒存活数年。

3. 致病性

禽流感病毒主要感染鸡和火鸡,引发禽流感。禽流感病毒感染后可以表现为轻度的呼吸道症状、消化道症状,死亡率较低;或表现为较严重的全身性、出血性、败血性症状,死亡率较高。H5、H7亚型可感染人。

4. 微生物学诊断

从病禽(或其尸体)气管及泄殖腔采取分泌物,接种于10～11日龄鸡胚尿囊腔分离病毒。用于本病诊断的血清学试验有血凝抑制试验、琼脂扩散试验和ELISA试验等。

(六)传染性法氏囊病病毒

1. 生物学特性

本病毒含双股双节RNA,属于双RNA病毒科。病毒呈二十面体对称,大小55～65 nm,无囊膜,对乙醚不敏感,不能凝集鸡红细胞,目前已知有两个血清型。病毒能在鸡胚、鸡胚成纤维细胞和法氏囊细胞中繁殖继代。

2. 抵抗力

本病毒在自然界中能存活较长时间,经污染的饲料和饮水传播。对乙醚、氯仿有抵抗力,在pH 12受到抑制,而pH 2则不受抑制,56 ℃ 5 h仍存活,3%石炭酸可灭活病毒。

3. 致病性

本病毒能引起鸡发生传染性法氏囊病,以法氏囊肿胀、出血、坏死,胸肌、腿肌出血,腺胃、肌胃交界处条状出血为特征。鸡感染传染性法氏囊病病毒后,引起对疫苗的免疫应答能力下降。

4. 微生物学诊断

可用病鸡的法氏囊和脾等制成悬液反复冻融与标准血清作琼脂扩散试验;或病料处理后接种21～25日龄易感雏鸡,4 d后扑杀,可见特征性法氏囊病变。

(七)犬瘟热病毒

1. 生物学特性

犬瘟热病毒为单股RNA病毒,属于副黏病毒科麻疹病毒属。病毒呈圆形或不整形,有时呈长丝状,直径为115～160 nm,核衣壳呈螺旋状,外有囊膜,囊膜表面有囊膜粒。病毒侵入敏感细胞后,在胞浆和胞核内复制,并在胞浆或核内形成包涵体。犬瘟热病毒与麻疹病毒、牛瘟病毒之间存在共同抗原,能被麻疹病毒或牛瘟病毒的抗体所中和。

2. 抵抗力

犬瘟热病毒对乙醚和紫外线敏感,对低温、干燥有较强的抵抗力,对多种消毒剂敏感,

0.75%～3%甲醛、3%氢氧化钠和5%石炭酸等都能有效杀灭病毒。

3. 致病性

犬瘟热病毒能引起犬和水貂发生犬瘟热。以早期双相热型、急性鼻卡他及随后的支气管炎、卡他性肺炎、严重的胃肠炎和神经症状为特征，有些患病动物的鼻和足垫还表现过度角化。

4. 微生物学诊断

临床上常同细菌性疾病混合感染，诊断比较困难，确诊必须进行实验室检查。

(1)包涵体检查　刮取膀胱、胆囊、舌和眼结膜等处黏膜上皮涂片，苏木精-伊红染色，镜检包涵体呈圆形或卵圆形，直径1～2 μm，呈红色。

(2)动物接种　采取肝、脾和淋巴结等病料制成50%乳剂，接种2～3月龄断奶幼犬5 mL，一般在接种后5～7 d或8～12 d发病，且多在发病后5～6 d死亡。

(3)荧光抗体法　应用荧光抗体检查膀胱、生殖器和眼结膜等黏膜及剖检病料涂片中的病毒抗原。

(八)猪繁殖与呼吸障碍综合征病毒

1. 生物学特性

猪繁殖与呼吸障碍综合征病毒(PRRSV)属于动脉炎病毒科动脉炎病毒属，直径50～65 nm，病毒粒子呈球形，但在负染标本中常呈卵圆形，基因组为单股正链RNA，有囊膜，呈二十面体立体对称。PRRSV可特异性凝集小鼠的红细胞，此血凝活性可被特异性抗血清抑制。

2. 致病性

引起猪发生繁殖与呼吸障碍综合征。临床症状可分为繁殖障碍、呼吸道疾病、仔猪断奶前的高死亡率三类。

3. 微生物学诊断

(1)病毒分离及鉴定　病毒分离专用猪肺泡巨噬细胞或CL2621细胞，接种病料后并不立即发生细胞病变，有时需盲传2～3代，然后用特异性血清做免疫荧光试验，确定抗原的存在与否。

(2)抗体检测　应用血清学试验，主要有间接免疫荧光抗体试验(IFT)、酶联免疫吸附试验(ELISA)及免疫过氧化物酶细胞单层试验(FPMA)或中和试验等。

(九)小反刍兽疫病毒

1. 生物学特性

小反刍兽疫病毒属副黏病毒科麻疹病毒属，与牛瘟病毒有相似的物理化学及免疫学特性。病毒呈多形性，通常为粗糙的球形，病毒颗粒较牛瘟病毒大，核衣壳为螺旋中空杆状并有特征性的亚单位，有囊膜。病毒可在胎绵羊肾、胎羊及新生羊的睾丸细胞、Vero细胞上增殖，并产生细胞病变，形成合胞体。

2. 抵抗力

小反刍兽疫病毒有囊膜，自然环境下抵抗力较低，50 ℃ 60 min即可灭活，在pH＜4.0或pH＞11.0条件下失活，在冷藏和冷冻组织中能存活较长时间，醇、醚和普通清洁剂可以杀灭病毒，苯酚和2%烧碱都是有效的消毒剂。

3. 致病性

小反刍兽疫是一种急性传染病，以发热、口炎、腹泻、肺炎为特征，山羊和绵羊易感，山羊发病率和病死率均较绵羊高。

4. 微生物学诊断

采集口腔、鼻腔分泌物，淋巴结，血液，采用 RT-PCR、ELISA 等方法进行诊断。

二、DNA 病毒

(一)伪狂犬病病毒

1. 生物学特性

伪狂犬病病毒属于疱疹病毒科疱疹病毒属。病毒呈球形，为双股 DNA 病毒，有囊膜和纤突，能在鸡胚、鸡胚细胞及多种动物组织细胞(其中以兔肾、猪肾细胞最敏感)内增殖，并产生核内包涵体。

2. 抵抗力

伪狂犬病病毒对外界环境的抵抗力很强。在干草上能存活 30 d 以上，55～60 ℃经 30～50 min 灭活，80 ℃经 3 min 灭活，在－70 ℃可保存多年。0.5%～1%烧碱、5%石炭酸可迅速将其灭活。

3. 致病性

引起家畜和野生动物的伪狂犬病。特征是发热、奇痒(猪除外)和脑脊髓炎。成年猪呈隐性感染，妊娠母猪发生流产、死胎，哺乳仔猪呈脑脊髓炎和败血症的综合征。

4. 微生物学诊断

(1)包涵体检查　生前可取病畜扁桃体和咽部黏膜，检查黏膜上皮细胞中有无包涵体。死后取脑、延髓、小脑、海马角等做组织学检查。

(2)动物接种试验　将上述病料制成 10 倍悬液，加抗生素处理。离心后取上清液 1～2 mL 腹侧皮下或肌内接种家兔，2～3 d 后注射部位奇痒，家兔不停啃咬至脱毛、出血。奇痒出现后 1～2 d 内麻痹死亡。

(3)血清学诊断　可用直接免疫荧光抗体法检查脑、扁桃体的冰冻切片，发现核内荧光即可确诊。检查血清抗体可用中和试验、琼脂扩散试验、补体结合试验、酶联免疫吸附试验，以血清中和试验最为敏感。

(二)痘病毒

1. 生物学特性

痘病毒属于痘病毒科，核酸为双股 DNA。病毒呈砖形或卵圆形，长 250～350 nm，宽 200～250 nm，病毒在细胞浆内复制，并形成包涵体。各种动物的痘病毒在形态、结构上相似，但对宿主的感染严格专一，一般不互相传染。

2. 抵抗力

痘病毒对热抵抗力不强，55 ℃ 20 min 或 37 ℃ 24 h，失去感染力。病毒对冷及干燥抵抗力强，在干燥的痂皮中能存活几个月，冻干可保存 3 年。直射日光和紫外线可迅速灭活病毒，0.2%甲醛、3%石炭酸和 0.01%碘溶液等能在数分钟内使病毒失去感染力。

3. 致病性

痘病毒能引起多种哺乳动物和禽发生痘病，以绵羊痘最为严重，其次是鸡痘。

4. 微生物学诊断

痘病一般通过临床症状即可确诊。必要时，可采取痘疱液或痘疱皮，作荧光抗体染色检查或作包涵体检查，也可通过接种鸡胚或细胞培养，观察病变，以辅助诊断。

(三)鸡马立克病病毒

1. 生物学特性

鸡马立克病病毒是双股 DNA 病毒，属于疱疹病毒科鸡马立克病病毒属。病毒近似球形，直径为 150～250 nm，呈二十面体立体对称。病毒粒子在鸡体组织内以两种形式存在，一种是无囊膜的裸体病毒，存在于肿瘤病变中，脱离细胞后即失去活力，细胞死亡病毒也随之失去传染性；另一种是有囊膜的完全病毒，存在于羽毛囊上皮细胞中，能在体外存活较长时间，具有传染性。

2. 抵抗力

鸡马立克病病毒对热敏感，经 56 ℃ 30 min、60 ℃ 10 min 全部灭活。自然条件下，从羽毛囊上皮细胞排出的病毒，在鸡舍的尘埃中能较长时间存活，在室温生存 4 周以上，病鸡粪和垫草上的病毒在室温下可保持传染性达 16 周之久。用福尔马林喷雾可作为环境消毒。

3. 致病性

鸡马立克病病毒是鸡马立克病的病原，该病是一种传染性肿瘤病，以淋巴细胞增生和形成肿瘤为特征。

4. 微生物学诊断

采取病鸡的血液分离血清或用羽毛的羽髓液作琼脂扩散试验，也可用荧光抗体及间接血凝试验等方法诊断。

(四)猪圆环病毒

1. 生物学特性

猪圆环病毒(PCV) 属圆环病毒科圆环病毒属。PCV 有 PCV-1 和 PCV-2 两个血清型。PCV 呈球形或六角形，无囊膜，大小为 14～25 nm，单股环状 DNA，呈二十面体立体对称。圆环病毒基因组很小。PCV 不具有血凝活性，不能凝集牛、羊、猪、鸡等多种动物和人的红细胞。

2. 抵抗力

PCV 对外界理化因子的抵抗力相当强，即便在 pH 3 的酸性环境及 72 ℃的高温环境中也能存活一段时间，氯仿作用不失活。

3. 致病性

流行猪群中的 PCV 主要是 PCV-2 型。可经口腔、呼吸道途径感染不同年龄的猪，其特征为体质下降、消瘦、腹泻、呼吸困难。感染主要集中于 2～3 周龄和 5～8 周龄的仔猪，少数怀孕母猪感染 PCV 后，可经胎盘垂直感染仔猪。

4. 微生物学诊断

用间接免疫荧光法诊断猪圆环病毒病，既可检查抗原又可检测抗体。

【学习要求】

识记　包涵体。

理解　常见致病菌的微生物学诊断方法和程序，常见病毒的微生物学诊断方法和程序。

应用　常见致病菌的生物学特性和致病性，常见致病病毒的生物学特性和致病性。

项目二十八
免疫学基础

【学习目标】

- 掌握非特异性免疫的概念、特点，参与免疫反应的器官、组织、细胞，免疫应答反应的基本过程，主动免疫、被动免疫的获取方式，凝集试验、沉淀试验的特点及应用，传染性变态反应诊断的应用；
- 了解构成非特异性免疫的因素，抗原的基本特点及构成条件，血清学试验的基本方法及特点，变态反应的概念、分类，各型变态反应的特点。

【学习内容】

任务一　概　述

一、免疫的概念

免疫是机体识别和排除抗原性异物，以维护自身的生理平衡和稳定的保护反应，主要通过体液免疫和细胞免疫两种机制来实现，是动物在长期进化过程中所形成的一项生理功能。

二、免疫的功能

在多数情况下，免疫对机体组织有利，但有时也可能造成损害。免疫的功能包括以下 3 个方面。

1. 抵抗感染

抵抗感染又称免疫防御，是机体抵御病原微生物侵袭和抗感染的能力。机体通过呼吸运动吸入或随食物摄入一些病原微生物，机体能将入侵的病原微生物消灭清除，从而免除感染。

当这种功能异常亢进时，会造成机体组织损伤和功能障碍，导致变态反应的发生。如大量的巨噬细胞吞噬病原微生物的同时，释放溶菌酶，能损伤邻近组织细胞，造成病变。当这种免疫功能低下或免疫缺陷时，可引起机体的反复感染。

2. 自身稳定

自身稳定又称免疫稳定，即清除体内各种衰老死亡的细胞或被损伤的细胞，以保持正常细胞的生理活动，维持机体的生理平衡。

如果这种功能失调，会将自身正常的细胞误作异物而加以排斥和清除，导致自身免疫疾病。如初生幼畜溶血症、人类白血病等。

3. 免疫监视

在物理、化学或病毒等致瘤因素的诱导下，机体内经常产生少量的突变细胞，这些突变细胞可发展为肿瘤。正常机体具有监视和及时清除体内出现的突变细胞的功能，所以一般情况下人和动物不会发生肿瘤。如果这种功能低下或被抑制，突变细胞不被及时发现和消灭，则会发生肿瘤疾病。

机体免疫功能的发挥，要通过两种类型的免疫来发挥，即非特异性免疫和特异性免疫。

任务二　非特异性免疫

一、非特异性免疫的概念

非特异性免疫又称为先天性免疫，是动物机体生来就具有的免疫力，动物机体对多种病原微生物都有一定的防御作用，能识别与清除一般性异物，无特殊的针对性，是机体在遗传和进化过程中逐渐形成的一种天然防御功能。

在抗感染免疫中，发挥作用的是非特异性免疫，起着第一线的防御作用。当非特异性免疫不足以抵抗或消灭入侵的病原体时，针对该种病原体的特异性免疫逐渐形成，发挥主要作用，所以非特异性免疫是特异性免疫的基础和条件。

二、非特异性免疫的特点

1. 生来具有，伴随终身

只不过在不同的时段，这种免疫的能力强弱不同。

2. 具有遗传性

受遗传基因控制，代代相传。

3. 具有动物种属、品种、个体、年龄之间的差别

在自然条件下，幼龄动物免疫系统发育不健全，易发生感染；老年动物免疫系统防御机能低下，易发生肿瘤等老年性疾病。

4. 受到环境因素（气候、温度、湿度、营养）的影响

如冬季由于寒冷刺激，使呼吸道黏膜抵抗力下降，易引起呼吸道疾病。动物营养不良时吞噬细胞的吞噬能力下降。加强饲养管理，改善饲养条件，可增强机体非特异性免疫力。

三、构成非特异性免疫的因素

构成动物机体非特异性免疫的因素很多，主要包括以下三个方面。

（一）防御屏障

1. 皮肤、黏膜屏障

完整健康的皮肤、黏膜对大多数病原微生物有阻挡作用，是机体抗感染的第一道防线。

（1）物理作用（机械阻挡作用）　绝大多数病原微生物不能通过健康完整的皮肤和黏膜。

(2)化学作用　皮肤和黏膜的分泌物有抑菌和杀菌作用。如汗腺分泌的乳酸、皮脂腺分泌的脂肪酸、胃液中的胃酸、泪液及唾液中的溶菌酶都有抑菌或杀菌作用。

(3)生物作用　皮肤、黏膜存在的多种正常菌群对病原微生物的生存也有抑制作用。如肠黏膜上正常的大肠杆菌产生的细菌素能抑制其他致病性大肠杆菌的生长繁殖。

2. 血脑屏障

由脑软膜、脑毛细血管壁和神经胶质细胞构成，能阻止病原微生物及其毒素随血流进入脑组织和脑脊液，防止脑和脊髓发生感染。仔畜的血脑屏障发育不完善，易发生脑炎或脑膜炎等疾病。

3. 胎盘屏障

胎盘能阻挡绝大多数病原微生物及其毒素经胎盘感染或侵害胎儿。但某些病毒如猪瘟病毒、流感病毒、猪乙型脑炎病毒等可通过胎盘屏障而感染胎儿，布鲁氏菌可引发流产。

(二)吞噬细胞的吞噬作用

1. 吞噬细胞的种类

有血液中的中性粒细胞和网状内皮系统的巨噬细胞两类。吞噬细胞内含有许多具有杀菌或降解异物作用的物质和溶酶体。

2. 吞噬、杀菌过程

吞噬细胞具有捕捉病原体的能力，当吞噬细胞与细菌接触后，伸出伪足或内陷将其吞入细胞，形成吞噬体，然后吞噬体与溶酶体融合形成吞噬溶酶体，溶酶体中的各种水解酶和其他杀菌物质等，即可发挥水解、溶解等杀灭细菌的作用。

3. 吞噬作用的结果

多数细菌在被吞噬后 1～2 h 内便可被杀灭、消化并排出残渣。细胞内寄生菌(结核分枝杆菌、布鲁氏菌)及一些病毒被吞噬后，不但不被杀灭，反而可在吞噬细胞内生长、繁殖，甚至随吞噬细胞游走而扩散，引起更广泛的感染。此外，吞噬细胞在吞噬过程中可向细胞外释放出溶酶体酶，因此过度的吞噬往往造成周围组织的损伤。

(三)正常体液中的抗微生物物质

1. 补体

补体是正常动物血清中一组不耐热(一般 56 ℃ 30 min 被破坏)的具有酶活性的球蛋白，由 30 多种成分组成，所以又称补体系统。

正常情况下，补体无活性，只有在抗原抗体复合物以及其他可溶性激活因子作用下被激活后，才能发挥一系列的生物活性作用。补体系统有溶细胞作用、增强吞噬细胞的吞噬作用、抗病毒作用等多种生物学功能。

2. 溶菌酶

溶菌酶是一种不耐热的碱性蛋白质，广泛分布于血清、唾液、泪液、胃肠和呼吸道分泌液以及吞噬细胞的溶酶体中，能水解革兰氏阳性菌的细胞壁(肽聚糖)，使细菌溶解；在补体和 Mg^{2+} 存在时溶菌酶也能使革兰氏阴性菌的脂多糖和脂蛋白受到破坏而溶解革兰氏阴性菌。

3. 干扰素

干扰素是宿主细胞受病毒感染后或在干扰素诱生剂作用后产生的低分子糖蛋白。干扰素作用于正常细胞,使之产生抗病毒蛋白,抑制病毒的复制,使这些细胞获得抗病毒能力。干扰素还可调节淋巴细胞的免疫功能,具有免疫调节作用。此外,干扰素还能抑制某些细胞内寄生物(原虫、立克次氏体)的增殖,并对动物肿瘤有明显的抑制作用。

任务三　特异性免疫

当机体非特异性免疫不足以抵抗或消灭入侵的病原体时,针对病原体的特异性免疫逐渐形成,并发挥主要的作用。

特异性免疫又称为获得性免疫,是动物机体在生活过程中受抗原物质的刺激而获得的(具有针对性的)免疫力。

与非特异性免疫相比,其特点是:后天获得,免疫期有长有短,具有高度的特异性,不具遗传性。这种免疫一旦建立,可针对该种抗原物质的再次刺激产生强烈的迅速的排斥、清除效应。

特异性免疫包括体液免疫和细胞免疫两种。

一、抗原

(一)抗原的概念

凡能刺激机体产生抗体或/和致敏淋巴细胞,并能与该抗原发生反应或与致敏淋巴细胞结合的物质,称为抗原。

(二)构成抗原的条件

1. 异物性

异物性又称异源性,即非自身的物质或体内非正常的物质。非自身物质如病原微生物、异种动物的组织细胞以及蛋白质都是良好的抗原。

异种动物之间的亲缘关系越远,生物种系差异越大,其组织的免疫原性越强,称为异种抗原。同种动物不同个体的组织细胞的结构成分也有差异,具有一定的抗原性,称为同种异体抗原。机体自身组织细胞一般不具有免疫原性,但是烧伤、感染、电离辐射或某些药物的作用,使一些组织蛋白的结构与成分发生改变而具抗原性,称为自身抗原。

2. 分子大小及结构的复杂性

抗原的免疫原性与其分子的大小及结构的复杂程度有密切关系。物质的相对分子质量越大,其免疫原性越强。如蛋白质的相对分子质量一般较大,所以蛋白质的免疫原性强。如果把蛋白质降解为蛋白胨、肽类,则由于相对分子质量变小而失去免疫原性。物质的免疫原性强弱还与其结构的复杂性有关,物质的化学组成和结构越复杂,免疫原性越强。明胶相对分子质量很大(100 000)但结构简单,肽链分子只有直链氨基酸,缺少苯环结构,稳定性差,进入机体易被酶所降解,所以无抗原性;胰岛素相对分子质量不足 6 000,但化学组成复杂,结构稳定,进入机体不易被降解,所以免疫原性强。含芳香族氨基酸和碱性氨基酸的蛋白质比含其他氨基酸的蛋白质免疫原性强。

3. 物理状态

不同物理状态的物质其免疫原性也有差异。通常颗粒性抗原的免疫原性比可溶性抗原的免疫原性强。可溶性抗原分子聚合后或吸附在某些颗粒表面可增强其免疫原性。

(三)抗原的特异性与交叉性

抗原物质具有特异性,因此抗原所引起的免疫应答也具有特异性。一种抗原物质刺激机体产生相应的抗体,这种抗原只能与相应的抗体发生结合反应,这就是抗原的特异性。

抗原的特异性由抗原分子表面有一定空间构型的特殊化学基团决定,这些化学基团称为抗原决定簇。抗原分子上抗原决定簇的种类数称为抗原的抗原价。大部分抗原分子上含有多种决定簇,称为多价抗原,只有一种决定簇的抗原称为单价抗原。

一种抗原决定簇只能刺激机体产生一种特异性抗体。因此,单价抗原只能刺激机体产生一种特异性抗体,多价抗原能刺激机体产生多种类型的特异性抗体。

在一般情况下,不同的抗原其抗原决定簇不同。有时一些抗原存在相同的抗原决定簇,称为共同抗原或交叉抗原。种属相关的生物之间的共同抗原又称类属抗原。如果两种细菌有共同抗原,它们与抗体之间可以发生交叉反应(图 28-1)。

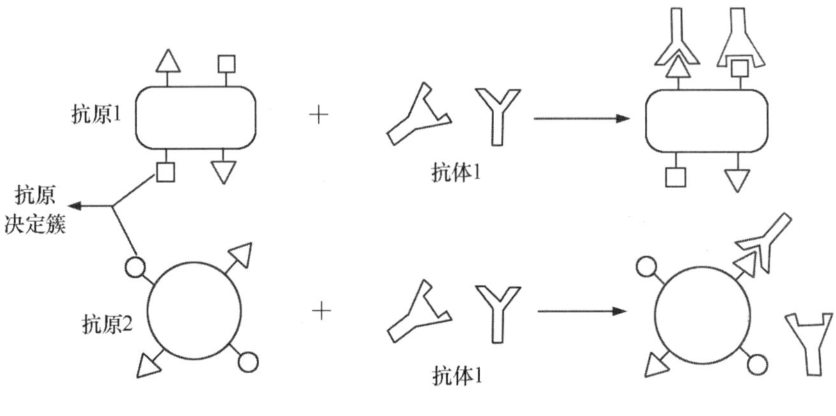

图 28-1 交叉反应

(四)抗原的类型

根据抗原的性质可分为完全抗原和不完全抗原。既具有免疫原性又具有反应原性的物质称为完全抗原,如各种病原微生物、外毒素、血清和疫苗等;只有反应原性而没有免疫原性的物质称为不完全抗原或半抗原,如多糖、类脂和某些化学药物等,不完全抗原必须与蛋白质载体结合后才具有免疫原性。

(五)重要的微生物抗原

1. 细菌抗原

细菌的抗原结构比较复杂,细菌的各种结构都有多种抗原。细菌主要有菌体(O)抗原、鞭毛(H)抗原、荚膜(K)抗原和菌毛抗原四种抗原。动物被细菌感染后针对细菌各种抗原可产生多种抗体。由于细菌有多种抗原,根据抗原组成的不同,同一种细菌又可分为不同的血清型。

2. 毒素抗原

很多细菌产生的外毒素,具有很强的抗原性,称毒素抗原,如破伤风梭菌、肉毒梭菌和白喉杆菌等。

3. 病毒抗原

各种病毒结构不一，因而其抗原成分也很复杂，但大体上可分为病毒表面抗原（V 抗原，囊膜以及囊膜上的纤突都是 V 抗原）、病毒衣壳蛋白抗原（VC 抗原）和病毒可溶性抗原（S 抗原）。

4. 保护性抗原

微生物虽然具有多种抗原成分，但其中只有 1～2 种抗原成分能刺激机体产生具有免疫保护作用的抗体，称为保护性抗原或功能性抗原。如口蹄疫病毒的 VP1 抗原、传染性法氏囊病病毒的 VP2 抗原以及致病性大肠杆菌的菌毛抗原（K88 和 K99）和肠毒素抗原（ST、LT）都是保护性抗原。

二、免疫系统

免疫系统是机体执行免疫功能的组织机构，是产生免疫应答的物质基础，由免疫器官和免疫细胞组成（图 28-2）。

- 免疫系统
  - 免疫器官
    - 中枢免疫器官：骨髓、胸腺、腔上囊或其类同结构
    - 外周免疫器官：淋巴结、脾脏、扁桃体、哈德尔氏腺、肠道相关淋巴组织
  - 免疫细胞
    - 免疫活性细胞
      - B 细胞
      - T 细胞
    - 辅佐细胞
      - 单核巨噬细胞
      - 树突状细胞
    - 其他免疫细胞：杀伤细胞、自然杀伤细胞、粒细胞、红细胞

图 28-2　免疫系统的组成

（一）免疫器官

根据其功能的不同，可分为中枢免疫器官和外周免疫器官。

1. 中枢免疫器官

中枢免疫器官包括骨髓、胸腺和腔上囊，是免疫活性细胞发生、分化和成熟的场所。

（1）骨髓　骨髓具有造血和免疫双重功能。骨髓中的多能干细胞经过增殖和分化成为髓样干细胞和淋巴干细胞，前者进一步分化成红细胞系、单核细胞系、粒细胞系和巨核细胞系等；后者随血流进入胸腺、腔上囊分化成熟为免疫活性细胞。

现在普遍认为哺乳动物的骨髓还兼有禽类腔上囊的功能，是哺乳动物 B 淋巴细胞分化和成熟的场所。

（2）胸腺　胸腺是 T 细胞分化成熟的场所。来源于骨髓的淋巴干细胞，在胸腺素的作用下分化为具有免疫活性的 T 淋巴细胞，简称 T 细胞。成熟的 T 细胞经淋巴和血流转移到外周免疫器官，参与细胞免疫。

（3）腔上囊或其类同结构　腔上囊或其类同结构是 B 细胞分化成熟的场所。来自骨髓的淋巴干细胞受囊激素的作用后，分化为具有免疫活性的 B 淋巴细胞，简称 B 细胞。成熟的 B 细胞经淋巴和血液循环迁移到外周免疫器官，参与体液免疫。

2. 外周免疫器官

外周免疫器官包括淋巴结、脾脏、扁桃体、哈德尔氏腺及肠道相关淋巴组织等，是成熟的

T细胞和B细胞定居增殖和对抗原刺激进行免疫应答的场所。它们能迅速捕获抗原，并为处理后的抗原与免疫活性细胞的接触提供最大的机会。

(1)淋巴结　遍布于淋巴循环径路的各个部位，以便捕获从机体外部进入血液、淋巴液的抗原。淋巴结浅皮质区和髓索是B细胞聚居的部位，副皮质区是T细胞的主要集中区，淋巴结中T细胞含量较多。淋巴结的免疫功能是过滤和清除异物，产生免疫应答。

(2)脾脏　其实质分红髓和白髓两部分。红髓能生成和贮存红细胞，捕获抗原，是T细胞集居的部位；白髓包括动脉周围的淋巴组织鞘和脾小结，是B细胞集居的部位。脾脏中B细胞数量较多，是体内产生抗体的主要器官。脾脏的免疫功能有血液滤过、滞留淋巴细胞和产生免疫应答。

(3)扁桃体　一种重要的外周免疫器官，有许多淋巴小结和弥散淋巴组织，是机体第一道防线的重要组成部分。

(4)哈德尔氏腺　禽类眼窝内分泌性腺体之一，又称瞬膜腺、副泪腺，是以B细胞为主的外周免疫器官。哈德尔氏腺能接受抗原物质的刺激，独立地完成免疫应答，分泌的抗体进入眼眶内，汇集于泪液中，起免疫中和效应。同时，分泌的抗体进入呼吸道，参与上呼吸道的局部免疫应答。在幼雏免疫方面，疫苗点眼后哈德尔氏腺对其发生强烈的应答反应，并且不受母源抗体的干扰，确保早期免疫效果。

(5)肠道相关淋巴组织　消化道淋巴组织的总称，如肠道黏膜集合淋巴小结。其中主要为B细胞，较易产生分泌型IgA(局部抗体)，对黏膜免疫具有重要意义。

(二)免疫细胞

凡参与免疫应答或与免疫应答有关的细胞统称为免疫细胞，包括免疫活性细胞、辅佐细胞和其他免疫细胞。

1. 免疫活性细胞——T细胞和B细胞

凡接受抗原物质刺激后能增殖分化，产生特异性免疫应答的免疫细胞，称为免疫活性细胞，包括T细胞和B细胞，它们均来源于骨髓的淋巴干细胞。T细胞和B细胞表面存在着大量不同种类的蛋白质分子，这些表面分子称为表面标志，包括表面受体和表面抗原，这些表面标志可作为鉴别T细胞和B细胞及其亚群的主要依据。

2. 辅佐细胞

对抗原进行捕捉、加工和处理的细胞称为辅佐细胞。由于辅佐细胞在免疫应答中能将抗原递呈给免疫活性细胞，又称抗原递呈细胞，包括单核巨噬细胞和树突状细胞等。

(1)单核巨噬细胞　主要包括血液中的单核细胞和组织中的巨噬细胞。它们具有多种免疫功能，可吞噬和杀灭多种病原微生物和处理体内衰老、损伤和死亡的细胞；具有捕捉、吞噬、浓集、处理、贮存抗原和传递抗原信息的功能；能合成和分泌多种活性物质，调节免疫反应。

(2)树突状细胞　简称D细胞，来源于骨髓和脾脏的红髓，成熟后主要分布于脾脏和淋巴结，结缔组织中也广泛存在。其功能是递呈抗原，参与免疫应答。

3. 其他免疫细胞

(1)杀伤细胞　简称K细胞，是一种直接来源于骨髓的淋巴细胞，主要存在于腹腔渗出液、血液和脾脏中。其主要特点是细胞表面具有IgG的Fc受体。当靶细胞与相应的IgG结合，K细胞可与结合在靶细胞上的IgG的Fc片段结合，从而使自身活化，释放细胞毒，裂解靶细胞，这种作用称为抗体依赖性细胞介导的细胞毒(ADCC)作用(图28-3)。K细胞杀伤的靶细胞包括病原微生物感染的宿主细胞、恶性肿瘤细胞、移植物中的异体细胞及某些较大的病原体(如寄生虫)等。因此，K细胞在抗肿瘤免疫、抗感染免疫和移植物排斥反应、清除自身的衰老细胞等方面有一定的意义。

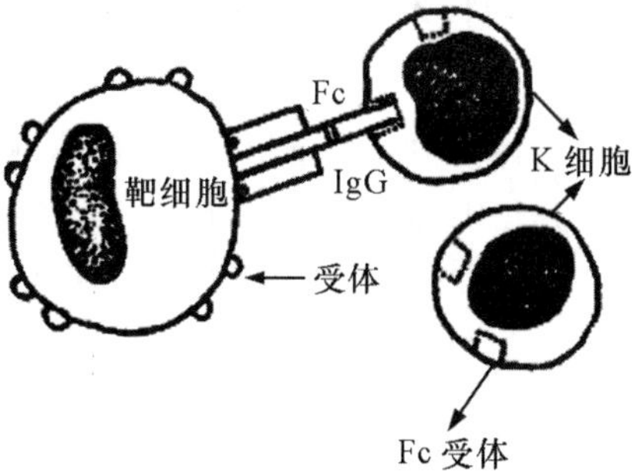

图28-3　K细胞破坏靶细胞作用示意图

(2)自然杀伤细胞　简称NK细胞，是一种来源于骨髓能直接杀伤靶细胞的淋巴细胞，主要存在于外周血和脾脏中。能非特异性地杀伤肿瘤细胞，抵抗多种微生物感染及排斥骨髓细胞的移植，还具有免疫调节作用。多数NK细胞具有IgG Fc受体，也具有ADCC作用。

(3)粒细胞　胞浆中含有颗粒的白细胞统称为粒细胞，包括中性、嗜碱性和嗜酸性粒细胞。其中中性粒细胞是血液中的主要吞噬细胞，在防御感染中起重要作用；可分泌炎症介质，促进炎症反应；可处理颗粒性抗原，提供给巨噬细胞。嗜碱性粒细胞主要参与Ⅰ型变态反应。嗜酸性粒细胞具有吞噬杀菌能力，并有抗寄生虫的作用。

(4)红细胞　与粒细胞一样具有重要的免疫功能；能识别抗原，清除体内的免疫复合物，增强吞噬细胞的吞噬功能，并有递呈抗原、调节免疫的作用。

三、免疫应答

(一)免疫应答的概念

免疫应答是机体免疫系统受到抗原物质刺激后，免疫细胞对抗原分子进行识别并产生一系列复杂的免疫连锁反应和表现出一定生物学效应的过程。这一过程包括抗原递呈细胞对抗原的处理、加工和递呈，T细胞和B细胞对抗原的识别、活化、增殖和分化，产生免疫效应的过程。免疫应答包括体液免疫应答和细胞免疫应答两种类型。

(二)免疫应答的基本过程

免疫应答的基本过程可分为三个阶段，即致敏阶段、反应阶段和效应阶段。

1. 致敏阶段

又称识别阶段，是抗原物质进入体内，抗原递呈细胞对其识别、捕获、加工、处理和递呈，以及T细胞和B细胞对抗原的识别阶段。

2. 反应阶段

又称增殖分化阶段，是T细胞和B细胞识别抗原后活化，进行增殖和分化，以及产生效应性淋巴细胞和效应分子的过程。T细胞增殖分化，最终成为效应性T淋巴细胞，并产生多种细胞因子；B细胞增殖分化最终成为浆细胞，合成分泌抗体。一部分T细胞和B细胞在分化过程中变为记忆细胞。

3. 效应阶段

是指活化的效应性淋巴细胞(细胞毒性T细胞与迟发型变态反应性T细胞)和效应分子(细胞因子和抗体)将抗原清除的过程。其中效应性淋巴细胞与其释放的各种细胞因子发挥细胞免疫效应，浆细胞合成分泌的抗体发挥体液免疫效应。

(三)体液免疫

1. 体液免疫的概念

由体液(血浆、淋巴、组织液等)中所含的抗体介导的特异性免疫称为体液免疫。体液免疫效应是由B细胞通过对抗原的识别、活化和增殖,最后分化成浆细胞并分泌或合成抗体来实现的,因此抗体是体液免疫的效应分子。

2. 抗体的概念

抗体是机体在抗原刺激下所形成的一类能与抗原发生特异性结合的免疫球蛋白(Ig),抗体主要存在于血液、淋巴液、组织液及其他外分泌液中。抗体分子根据其大小、电荷、可溶性和化学结构等理化特性及抗原性可分为IgG、IgM、IgA、IgE和IgD五大类。

3. 抗体的结构

所有的抗体分子都有相似的基本结构,称为单体。IgG、IgE、血清型IgA和IgD抗体分子均含有一个单体,分泌型IgA抗体含有两个单体为二聚体,IgM抗体含有五个单体为五聚体。

4. 各类免疫球蛋白的特性与功能

(1)IgG 是动物血清中含量最高(75%~80%)、半衰期最长(约23 d)的免疫球蛋白,是介导体液免疫的主要抗体,大部分存在于血清中。动物在自然感染和人工主动免疫后所产生的抗体主要为IgG,是动物机体抗感染免疫的主力,也是血清学诊断和疫苗免疫后监测的主要抗体。IgG可发挥抗菌、抗病毒和抗外毒素以及抗肿瘤的作用。IgG还参与Ⅱ型、Ⅲ型变态反应。

(2)IgM 是体内各类免疫球蛋白中相对分子质量最大的,又称巨球蛋白,是一种高效能抗体。IgM主要存在于血清中,含量仅为血清免疫球蛋白的10%,是动物机体初次体液免疫反应最早产生的抗体,在感染早期起主要作用,但持续时间短,半衰期约5 d。IgM具有抗菌、抗病毒和中和毒素等免疫学活性,并具有抗肿瘤的作用,也是参与Ⅱ型、Ⅲ型变态反应的抗体。

(3)IgA 以单体、二聚体两种形式存在。单体IgA存在于血清中,称为血清型IgA,二聚体IgA存在于初乳、唾液、泪液及呼吸道、消化道和泌尿生殖道的分泌液中,称为分泌型IgA。血清型IgA具有抗菌、抗病毒、抗毒素等免疫学活性,分泌型IgA能在黏膜上阻止细菌和病毒吸附,为黏膜抗感染的主要抗体,是机体黏膜免疫屏障。在传染病的预防接种中,经滴鼻、点眼、饮水等途径免疫,均可产生相应的IgA形成黏膜免疫。

(4)IgE 血清中含量甚微,是一种亲细胞抗体,易与肥大细胞和嗜碱性粒细胞结合,引起Ⅰ型变态反应,在抗寄生虫感染中具有重要作用。蠕虫、血吸虫和旋毛虫等寄生虫感染时,血清中IgE含量增加。

(5)IgD 血清中的含量极低,性质极不稳定,容易降解,结构和功能尚不完全清楚。

5. 抗体产生的一般规律

动物机体初次和再次接触抗原,体内抗体产生的种类、抗体的水平等存在差异(表28-1)。

(1)初次应答 某种抗原首次进入机体引起抗体产生的过程。机体初次接触抗原后,在一定时期内体内查不到抗体或抗体产生很少,这一时期称为诱导期(免疫潜伏期),诱导期的长短视抗原的种类而异,细菌抗原一般经5~7 d,病毒抗原为3~4 d,而毒素抗原则需要2~3周。

初次应答最早产生的抗体为IgM,随后产生IgG,IgA产生最迟。初次应答诱导期长,产生的抗体总量较低,维持时间较短。

(2)再次应答　机体再次接触相同的抗原引起抗体产生的过程。再次应答免疫潜伏期显著缩短,产生的抗体大部分为 IgG,IgM 很少,抗体总量高,维持时间长。

表 28-1　初次应答和再次应答的异同点

应答类型	相同点	不同点		
		免疫潜伏期	抗体总量	免疫期
初次应答	先产生的是 IgM,后产生的是 IgG,而且 IgG 的含量最高	较长	较低	较短
再次应答		较短	较高	较长

(3)回忆应答　抗原刺激机体产生的抗体经一定时间后,在体内逐渐消失,此时,若机体再次接触相同的抗原物质,可使已消失的抗体快速回升,称为抗体的回忆应答。

再次应答和回忆应答的存在取决于体内记忆 T 细胞和 B 细胞的存在。根据再次应答和回忆应答的特点,通常在预防接种时,间隔一定时间进行疫苗的再次接种,可起到强化免疫的作用。

6. 影响抗体产生的因素

抗体是机体免疫系统受抗原物质刺激后产生的,因此影响抗体产生的因素有抗原和机体两个方面。

(1)抗原方面

①抗原的性质　由于抗原的物理性状、化学结构和毒力不同,对机体的刺激强度不一样,所以机体产生抗体的速度和持续时间也不同。如给机体注射颗粒性抗原(菌苗)比注射可溶性抗原(类毒素)产生抗体快。

②抗原用量　在一定限度内抗体产生的量随抗原用量的增加而增加,但抗原用量超过了一定限度,反而会抑制抗体的产生,这种现象称为免疫麻痹;相反,抗原用量过小,不足以刺激机体产生抗体。在进行预防接种时,疫苗的用量必须按照规定剂量使用,不能随意增减。

③接种次数和间隔时间　为了获得再次应答,可在一定的间隔时间内,连续接种 2～3 次。

④抗原进入途径　抗原进入机体的途径也影响抗体的产生。进入途径的选择应以能刺激机体产生良好的免疫反应为原则,但不一定是自然感染的侵入门户。由于抗原易被消化酶降解而失去免疫原性,所以,多数抗原(灭活苗)不能经口服途径接种,可通过肌肉、皮下和皮内注射等途径接种。但某些弱毒疫苗可以经口免疫。

⑤佐剂　先于抗原或与抗原同时注射,可非特异性地改变或增强机体对该抗原的特异性免疫应答的物质,称为佐剂(免疫佐剂)。佐剂的种类很多,常用的有氢氧化铝、蜂胶、明矾和弗氏佐剂等。

(2)机体方面　机体的年龄因素、遗传因素、营养状况、某些内分泌激素以及疾病等均可影响抗体的产生。初生或出生不久的动物对许多抗原的刺激不能产生有效的免疫反应,主要是因为机体器官机能不完善,免疫应答的能力差,并且受母源抗体的抑制。所谓母源抗体,是指初生动物通过胎盘、初乳或卵黄等途径从母体获得的抗体。母源抗体可保护幼龄动物免于感染,也能抑制或中和相应抗原,削弱机体对该抗原的免疫反应。给幼龄动物初次免疫时,必须考虑到母源抗体的影响。另外,免疫抑制性疾病的影响,造成免疫机能下降,对病原微生物的易感性增强,人工主动免疫失败,如患传染性法氏囊病的雏鸡,腔上囊受到损害,可导致体液免疫应答能力下降,影响抗体的产生。

7. 体液免疫效应(抗体的免疫学功能)

抗体作为机体体液免疫的效应分子,在体内可发挥多种免疫功能。由抗体介导的免疫效应在大多数情况下对机体是有利的,但有时也会造成机体的免疫损伤。抗体的免疫学功能有以下几个方面。

(1)中和作用　体内针对细菌毒素和针对病毒的抗体,可对相应的毒素和病毒产生中和效应,从而使毒素失去毒性作用,病毒失去对细胞的感染性。

(2)免疫调理作用　抗体与病原体结合后导致巨噬细胞吞噬作用增强,若再激活补体形成病原体-抗体-补体复合物,则病原体更容易被吞噬,抗体的这种作用称为免疫调理作用。

(3)免疫溶解作用　某些革兰氏阴性菌(如霍乱弧菌)和某些原虫(如锥虫)与体内相应的抗体结合后,在补体的参与下,可导致菌体或虫体溶解。

(4)局部黏膜免疫作用　由黏膜固有层中浆细胞产生的分泌型IgA,可阻止病原微生物吸附黏膜上皮细胞。

(5)抗体依赖性细胞介导的细胞毒作用(ADCC)　特异性抗体与靶细胞结合后,在K细胞作用下,发挥ADCC作用(详见图28-3)。能发挥此作用的细胞还有NK细胞和巨噬细胞等。

(6)免疫损伤作用　抗体在体内引起的免疫损伤主要是介导Ⅰ型、Ⅱ型和Ⅲ型变态反应,以及一些自身免疫疾病。

(四)细胞免疫

1. 细胞免疫的概念

由免疫活性细胞(T细胞)介导的免疫应答称为细胞免疫。T细胞在抗原的刺激下,增殖分化为效应淋巴细胞,并产生细胞因子,从而发挥免疫效应。广义的细胞免疫还包括巨噬细胞的吞噬作用,K细胞和NK细胞等介导的细胞毒作用。

2. 细胞毒性T细胞(Tc)的细胞毒效应

Tc是具有杀伤靶细胞活性的T细胞亚群,又称杀伤T细胞。在动物机体内以非活化的前体形式存在。Tc是细胞内感染、急性异体移植排斥反应、肿瘤排斥反应中最重要的效应细胞。活化后的Tc能与靶细胞特异性结合,使靶细胞发生不可逆的损伤,直接杀伤靶细胞。Tc对靶细胞杀伤破坏后可完整无缺地与裂解的靶细胞分离,又可继续攻击其他靶细胞,产生细胞毒作用。

3. 迟发型变态反应性T细胞(T_D)与炎症反应

T_D细胞也是T细胞的一个亚群,在体内也是以非活化前体形式存在,当T_D细胞与抗原结合后,并在活化的辅助性T细胞(T_H)释放的白细胞介素的作用下活化、增殖和分化成具有免疫效应的T_D细胞。其免疫效应是通过释放多种可溶性淋巴因子而发挥作用的,主要引起以局部单核细胞浸润为主的炎症反应,即迟发型变态反应。

4. 细胞因子及其生物学活性

细胞因子是免疫细胞受抗原或丝裂原刺激后产生的非抗体、非补体的具有激素样作用(微量而高效)的蛋白质分子,在免疫应答和炎症反应中有多种生物学活性作用。如干扰素(IFN)具有抑制病毒的增殖、激活NK细胞、增强巨噬细胞的活性和免疫调节作用,用于治疗病毒性疾病。

5. 细胞免疫效应

细胞免疫在机体内可表现出多种免疫效应,主要有以下几个方面。

(1)抗感染作用　对某些细胞内寄生菌(如结核分枝杆菌、布鲁氏菌、李氏杆菌等)、病毒、真菌等有抗感染作用。效应淋巴细胞释放出一系列发挥细胞毒作用的细胞因子,与 Tc 细胞一起参与细胞免疫,杀死抗原和携带抗原的靶细胞,使机体具有抗感染能力。

(2)抗肿瘤作用　当体内出现肿瘤细胞时,因其具有特异的肿瘤抗原,因此可被识别为异物,从而激活 T 细胞分化成 Tc 细胞,直接杀伤肿瘤细胞,发挥其免疫监视的作用。

(3)免疫损伤作用　T_D 细胞与相应抗原接触后,产生多种细胞因子,除抗感染和抗肿瘤作用外,有时可引起Ⅳ型变态反应、移植排斥反应等。

四、特异性免疫的获得途径

机体获得特异性免疫力有主动免疫和被动免疫两种途径,主动免疫是机体本身接受抗原刺激产生的特异性免疫应答而建立的免疫;而被动免疫是机体接受另一免疫机体的抗体或致敏淋巴细胞而获得的免疫力。主动免疫或被动免疫都可通过天然和人工两种方式获得。

1. 天然主动免疫

天然主动免疫是动物自然感染某种病原体而获得免疫。天然主动免疫一旦建立,能维持较长时间。

2. 人工主动免疫

人工主动免疫是人为地向机体输入免疫原(如人工接种疫苗)而获得的免疫。人工主动免疫产生的免疫力持续时间较长,有回忆反应,可通过重复免疫接种不断产生再次应答效应,从而使这种免疫保护得以加强和延长。人工主动免疫是预防动物传染病的重要措施之一。

3. 天然被动免疫

天然被动免疫是新生动物通过母体胎盘、初乳或卵黄获得母源抗体而形成的特异性免疫力。天然被动免疫持续时间较短,只有数周至几个月,但对保护幼龄动物免于感染,特别是对于预防幼龄动物的某些传染病具有重要意义。

4. 人工被动免疫

人工被动免疫是给机体注射免疫血清、康复动物血清或高免卵黄抗体而获得的特异性免疫力。人工被动免疫产生快,但持续时间短,一般为 2～3 周,用于紧急预防和某些传染病的早期治疗。

任务四　血清学试验

一、概述

(一)血清学试验的概念

借助抗体在体外(与抗原)的种种血清学反应进行的各种检查。

(二)血清学试验的一般特点

1. 特异性和交叉性

血清学试验具有高度的特异性,如猪瘟病毒抗体只能与猪瘟病毒结合,而不能与其他病毒结合。

抗原决定簇 $\xrightarrow{决定了}$ 抗原的特异性 $\xrightarrow{决定了}$ 抗体的特异性，抗原、抗体两者的特异性 $\xrightarrow{决定了}$ 血清学试验的特异性。

出现交叉性的原因是两种抗原之间存在部分相同的抗原成分(决定簇)——共同抗原。

2. 敏感性

血清学试验不仅有高度的特异性，而且还具有极高的敏感性。不仅可用于定性，还可以用于定量检测微量的抗原和抗体，其灵敏度大大超过此前应用的方法，应用十分广泛。血清学试验的敏感性视种类而异。

3. 最适比和带现象

抗原与抗体的结合需适当比例才能出现可见反应，在最适比例时，反应最明显。若抗原过多或抗体过多，则抗原抗体的结合不能形成大的复合物，因而抑制可见反应的出现，称为带现象。为克服带现象，在进行血清学反应时，需将抗原或抗体作适当稀释，通常是固定一种成分，而稀释另一种成分。

4. 可逆性

抗原与抗体的结合是分子表面的结合，其结合的条件为 0～40 ℃、pH 在 4～9 范围内，如温度超过 60 ℃或 pH 降到 3 以下，或加入解离剂(如硫氰化钾、尿素等)时，则抗原抗体复合物又可重新解离。分离后的抗原或抗体的性质不发生大的改变，如果抗原是细菌，分离后的细菌仍可在培养基上生长繁殖。

5. 二阶段性

血清学试验可分为两个阶段：第一阶段为抗原与抗体的特异性结合阶段，形成单个的抗原抗体复合物，反应快，几秒钟至几分钟即可，但无可见反应；第二阶段为抗原抗体复合物的聚合阶段，反应进行较慢，需几分钟、几十分钟或更长时间，出现肉眼可见反应。两个阶段无严格区分界限，第二阶段反应受电解质、温度和酸碱度等的影响。(图 28-4)

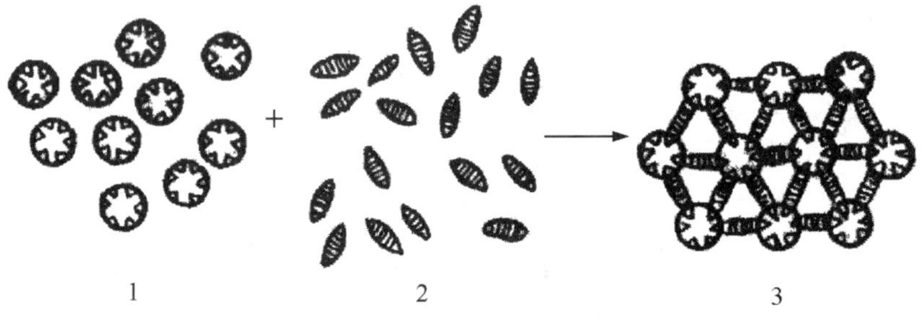

1. 抗原　2. 抗体　3. 抗原抗体复合物

图 28-4　凝集试验中抗原抗体结合示意图

6. 用已知测未知

既可以用已知的抗原测定未知抗体，也可以用已知的抗体测定未知的抗原。

(三)影响血清学试验的因素

1. 电解质

适当浓度的电解质能降低抗原抗体复合物的表面电荷而使抗原抗体互相凝聚，发生凝集或沉淀。因此，血清学试验需要适当浓度的电解质参与，才能出现可见反应。常用的电解质是

0.85%氯化钠，但有些血清学试验要求用较高的离子浓度或磷酸盐缓冲液(PBS)。

2.温度

较高的温度可以增加抗原和抗体接触的机会，加速反应的出现。不同的血清学试验其反应温度要求不一，有室温、37 ℃、56 ℃；而有的抗原抗体需在低温下长时间结合，反应才更充分。

3.酸碱度

血清学试验一般 pH 为 6～8，pH 过高或过低都可使抗原抗体复合物重新解离。当 pH 降至抗原或抗体的等电点时，可引起非特异性结合，造成假象。

4.振荡

适当的机械振荡能增加分子或颗粒间的相互碰撞，加速抗原抗体的结合反应，但强烈、频繁的振荡可使抗原抗体复合物重新解离。

5.杂质

试验中如存在与反应无关的杂质(如蛋白质、类脂质和多糖等)时，会抑制反应的进行或引起非特异性反应。因此，进行血清学试验时要把所用的试管、吸管、玻璃板等清洗干净，而且试验中应设对照试验。

二、常用的血清学试验及应用

(一)凝集试验

1.凝集试验的概念

颗粒性抗原(细菌、红细胞等)与对应的抗体或其他外源性凝集素在电解质参与下，结成可见的凝块，以此进行血清学检测的试验称为凝集试验。参与试验的抗原称为凝集原，抗体称为凝集素，参与凝集试验的抗体主要为 IgG 和 IgM。

2.凝集试验的类型

根据抗原的性质、反应的方式，可分为直接凝集试验和间接凝集试验两种。

(1)直接凝集试验　颗粒性抗原与相应的完全抗体直接结合形成可见团块的试验。

①平板法(定性试验)　在玻板或玻片上进行的凝集试验。此法简便快速，用于血型鉴定，大肠杆菌和沙门菌等的鉴定，布鲁氏菌病、鸡白痢和鸡败血支原体病的检疫。

②试管法(定量试验)　在试管中进行的凝集试验。用于检测待检血清中是否存在相应抗体以及抗体效价。牛、羊布鲁氏菌病常用此法诊断和检疫。

(2)间接凝集试验　将可溶性抗原(或抗体)先吸附于与免疫无关的某种颗粒载体上，再与相应的抗体(或抗原)结合，通过观察其凝集反应进行血清学检测。用于吸附抗原(或抗体)的颗粒称为载体，常用的载体有动物的红细胞、聚苯乙烯乳胶、硅酸铝、活性炭和葡萄球菌蛋白 A 等。吸附抗原(或抗体)后的颗粒称为致敏颗粒。以红细胞为载体的间接凝集试验，称为间接血凝试验。吸附抗原的红细胞称为致敏红细胞，致敏红细胞与相应的抗体结合后，能出现红细胞凝集现象。

用已知抗原吸附于红细胞上检测未知抗体称为正向间接血凝；用已知抗体吸附于红细胞上鉴定未知抗原称为反向间接血凝。

(二)沉淀试验

1. 沉淀试验的概念

在有适当电解质存在的条件下，可溶性抗原与相应抗体结合，形成可见的沉淀物，称为沉淀试验。参与试验的抗原称为沉淀原，抗体称为沉淀素。

2. 沉淀试验的类型

常用的沉淀试验有环状沉淀试验和琼脂扩散试验。

(1)环状沉淀试验　在小口径(3～4 mm)试管中先加入已知抗体的血清，再沿管壁加入等量待检抗原，使之成为分界清晰的两层，如两者具有对应的特异性，经一定时间反应后，在两液交界处会出现白色环状沉淀的血清学试验。用于炭疽病的诊断(Ascoli's 试验)、链球菌血清型鉴定和血迹鉴定等。

(2)琼脂扩散试验　让可溶性抗原与相应的抗体在琼脂凝胶中扩散，如两者相对应并有足够含量，会在比例适当的位置发生反应而形成沉淀线，称为琼脂扩散试验。应用中有单向扩散和双向扩散等形式，常用的琼脂扩散试验是双向双扩散。广泛应用于传染病的诊断和抗体的检测，如鸡马立克病、鸡传染性法氏囊病、禽流感、支原体病、马传染性贫血和蓝舌病等。

(三)补体结合试验

应用抗原抗体系统和溶血系统反应时均需补体参与的原理，以溶血系统作为指示剂，在补体限量条件下测定某种抗原或抗体的血清学试验。补体没有特异性，能与任何一组抗原抗体复合物结合，如果与细菌及相应抗体的复合物结合，就出现溶菌反应；而与红细胞及溶血素的复合物结合，就出现溶血反应。本法可用于检测未知抗原或抗体，但由于补体结合试验操作较烦琐，影响因素较多，已逐渐为其他简易敏感的试验所替代。

(四)中和试验

抗原抗体结合后，病原体失去感染性或外毒素失去毒性，并表现对细胞或动物的免疫保护作用，称为中和试验。中和试验是用来检测抗原和抗体的方法，一般需接种易感动物、鸡胚或易感细胞。其中毒素中和试验常用于魏氏梭菌和肉毒梭菌毒素的定型，病毒中和试验常用于病毒性传染病的诊断，如口蹄疫、猪水疱病、牛黏膜病和牛传染性鼻气管炎等的诊断，还可用于新分离病毒的鉴定和定型。

(五)免疫标记技术

根据抗原抗体结合的特异性和标记分子的敏感性建立的试验技术。高敏感性的标记分子主要有荧光素、酶和放射性同位素等三种，由此建立起荧光抗体技术、免疫酶技术和放射免疫技术。因其特异性和敏感性都远远超过了常规血清学方法，所以被广泛应用于微生物鉴定和传染病的诊断。

免疫荧光技术应用于细菌、病毒、原虫的鉴定和传染病的快速诊断。免疫酶技术是血清学试验中最为完善的一类免疫检测技术，可用于抗原或抗体的定性、定量和定位分析，而且具有敏感、特异、简便快速、易标准化和商品化等优点，其中酶联免疫吸附试验(ELISA)广泛应用于猪瘟、猪传染性胃肠炎、乙型脑炎、伪狂犬病、猪繁殖与呼吸障碍综合征、猪弓形虫病和鸡新城疫等传染病的诊断。免疫胶体金技术是以胶体金作为示踪标志物应用于抗原抗体的一种新型免疫标记技术，广泛地应用于免疫学、组织学、病理学和细胞生物学等领域。

任务五　变态反应

在正常情况下，机体受抗原刺激后，产生抗体或效应淋巴细胞，对该抗原的再次侵入有特异性防御作用；但有时被某些抗原物质致敏的机体在再次接触该抗原时，发生对机体有害的免疫应答反应——变态反应。

一、变态反应的概念

变态反应又称超敏反应，是机体受同一抗原的再次刺激后产生的病理性免疫应答。表现为机体的生理功能紊乱和组织损伤，轻者出现局部反应，如支气管哮喘、过敏性鼻炎、荨麻疹等；重者引起过敏性休克，甚至死亡。

不是所有的抗原能引起变态反应。引起变态反应的抗原称为变应原（过敏原），可以是完全抗原，也可以是半抗原，如异种动物血清、病原微生物、寄生虫、植物花粉、真菌孢子、青霉素、磺胺类药物、奎宁等。

变应原可以通过呼吸道、消化道、皮肤黏膜等途径进入动物体内引起变态反应。

二、变态反应的类型

根据免疫应答造成损伤的机理和临床特征，变态反应可分为Ⅰ、Ⅱ、Ⅲ、Ⅳ四个型。前三型变态反应是由抗体、补体介导的，属体液免疫范畴，反应发生较快，统称为速发型变态反应。Ⅳ型变态反应则与抗体、补体无关，属细胞免疫范畴，为迟发型变态反应。

（一）Ⅰ型变态反应（过敏反应）

变应原刺激机体产生抗体 IgE（亲细胞抗体），IgE 吸附在血流中的嗜碱性粒细胞、血小板和毛细血管壁周围的肥大细胞等细胞的表面，使机体处于致敏状态（这种致敏状态可维持半年至数年）。当机体再次接触同一变应原时，变应原即与细胞表面的 IgE 结合发生免疫反应，导致细胞脱粒，释放组胺、5-羟色胺、前列腺素、缓激肽等生物活性物质；这些物质能引起毛细血管扩张、通透性增强，皮肤黏膜水肿，血压下降，腺体分泌增多及支气管平滑肌痉挛等过敏反应。临床上表现为皮肤红肿或荨麻疹，喷嚏、流鼻涕、气喘和呼吸困难，呕吐、腹痛和腹泻；如反应发生在全身则可出现过敏性休克，甚至死亡。

临床上常见Ⅰ型变态反应有药物（青霉素、磺胺、疫苗、免疫血清）过敏、食物过敏、花粉过敏、气味过敏、真菌孢子过敏等。

（二）Ⅱ型变态反应（细胞溶解型或细胞毒型变态反应）

变应原可以是细胞本身的细胞膜抗原，如红细胞血型抗原；也可以是吸附到细胞膜上的抗原，如药物半抗原、微生物抗原。

动物机体感染某些微生物或服用某些药物，当与红细胞结合后，使红细胞变性，并刺激机体产生抗体 IgG 和 IgM。这些抗体与吸附在红细胞上的微生物抗原、药物抗原或红细胞抗原结合，形成抗原-抗体-红细胞复合物，然后通过三种途径杀伤靶细胞。

（1）激活补体，使红细胞溶解。

（2）通过免疫调理作用使靶细胞被吞噬溶解。

（3）K 细胞在抗体的参与下，通过 ADCC 作用杀伤靶细胞。

临床上常见的Ⅱ型变态反应有异型输血反应、新生幼畜溶血症、某些病原微生物（马传染性贫血病病毒)引起的溶血现象和某些药物引起的粒细胞减少症。

(三)Ⅲ型变态反应(免疫复合物型变态反应)

在正常情况下,抗原抗体复合物的形成加速抗原物质的清除,但是在某些特定情况下,形成的复合物不易被清除,在局部沉积,激活补体,吸引中性粒细胞聚集,引起血管壁和周围组织水肿、出血、炎症、坏死等一系列反应。

当抗体(IgG、IgM 和 IgA)的量大于抗原量或两者比例失调时,形成较大的不溶性易沉淀的复合物,易被巨噬细胞吞噬清除;当抗原量过多时,则形成细小的可溶性复合物,易通过肾小球滤过,随尿液排出体外,这两种情况对机体均无不利影响。只有当抗原量略多于抗体量时,可形成中等大小的免疫复合物,既不易被吞噬细胞所吞噬,又不能通过肾小球滤过时,随血流在肾小球、关节和皮肤等处沉积,引起水肿、出血、炎症和局部组织坏死等一系列反应。

临床上常见的Ⅲ型变态反应有初次注射血清引起的血清病、过敏性血管炎、肾小球肾炎和类风湿性关节炎等。

(四)Ⅳ型变态反应(迟发型或 T 细胞型变态反应)

此型变态反应无抗体、补体的参与,与效应 T 细胞有关,属细胞免疫范畴;反应发生缓慢,持续时间长,一般于再次接触后 24～48 h,反应达到最高峰,所以称为迟发型变态反应。

Ⅳ型变态反应的发生机理与细胞免疫应答是一致的。如果以保护性应答为主则是细胞免疫,如果以免疫损伤为主则是Ⅳ型变态反应。

常见的Ⅳ型变态反应有异体组织蛋白排斥反应和传染性变态反应。

传染性变态反应:由某些病原微生物(结核分枝杆菌、布鲁氏菌和鼻疽杆菌等细胞内寄生菌)或其代谢产物引起的Ⅳ型变态反应称为传染性变态反应。临床上应用适当的变应原,刺激机体产生Ⅳ型变态反应,来诊断这些传染病,称为传染性变态反应诊断。

三、变态反应的防治

预防变态反应从变应原和机体免疫反应两方面考虑。

(1)尽可能找出变应原,避免动物再次与其接触。

(2)采用脱敏疗法。如避免血清过敏症的发生,在给动物大剂量注射血清前,先少量多次皮下注射血清(中型动物每次 0.2 mL,大型动物每次 20 mL),隔 15 min 后再注射中等剂量血清(中型动物每次 10 mL,大型动物每次 100 mL),若无严重反应,15 min 后可注射全量。

(3)用肾上腺素、抗组胺药物(扑尔敏、苯海拉明)、钙制剂和肾上腺皮质激素等药物治疗。对于急性全身性过敏反应,主要是对症治疗,首选药物是 0.1%肾上腺素。

【学习要求】

识记 免疫、免疫系统、免疫应答、非特异性免疫、特异性免疫、抗原、抗体、血清学试验、凝集试验、沉淀试验、补体结合试验、中和试验、免疫标记技术、变态反应。

理解 构成非特异性免疫的因素,抗原的基本特点及构成条件,血清学试验的基本特点,血清学试验的基本方法及特点,变态反应的概念、分类,各型变态反应的特点。

应用 非特异性免疫的概念、特点,参与免疫反应的器官、组织、细胞,免疫应答反应的基本过程,抗体产生的基本规律,主动免疫、被动免疫的获取方式,凝集试验、沉淀试验的特点及应用,变态反应诊断的应用。

【知识拓展】

免疫学的应用

一、生物制品的概念

生物制品是指利用微生物及其代谢产物或免疫动物等制备的各种抗原和抗体制剂，可用于免疫诊断和免疫防治。主要包括诊断液、疫苗和免疫血清。

二、诊断液

（一）诊断液的概念

用于免疫诊断的生物制品。包括诊断抗原和诊断抗体两类。

（二）免疫诊断与检测

1. 血清学技术诊断与检测

（1）疾病诊断　微生物能引起动物发生传染病，能刺激机体产生特异性抗体。取患病动物的组织作为检测材料，利用适当的血清学试验，能够定性或定量地检测微生物抗原，确定其血清型及亚型；或者取血液，分离血清，检测相应的抗体，从而对疾病进行确诊。目前，诊断用抗原已从微生物和寄生虫抗原扩展到肿瘤抗原等多种。

（2）妊娠诊断　动物妊娠期间能产生新的激素，并从尿液排出，以该激素作为抗原，将激素抗原或抗激素抗体吸附到乳胶颗粒上，利用间接凝集试验或间接凝集抑制试验，检测妊娠动物尿液标本中是否有相应激素存在，进行早期妊娠诊断。

（3）生物活性物质的超微定量　利用血清学技术，尤其是酶免疫标记技术和放射免疫标记技术，可以检测出 ng(10^{-9} g)及 pg(10^{-12} g)水平的物质，实现对动物、植物和昆虫体内其他方法难以测出的微量激素、白细胞介素(IL)等生物活性物质的超微量测定。

（4）物种鉴定　免疫学技术还可用于揭示不同物种之间抗原性差异的程度，作为物种鉴定和生物分类的依据。另外，血清学试验能用于人和动物血型的分类与鉴定。

2. 变态反应诊断

利用变态反应原理，通过已知微生物或寄生虫抗原在动物机体局部引发变态反应，能确定动物机体是否已被感染相应的微生物或寄生虫，并能分析动物的整体免疫功能。迟发型变态反应常用于诊断结核分枝杆菌、鼻疽杆菌、布鲁氏菌等细胞内寄生菌的感染。

三、疫苗

（一）疫苗的概念

利用病原微生物、寄生虫及其组分或代谢产物制成的，用于人工主动免疫的生物制品称为疫苗。

（二）疫苗的类型

已有的疫苗可分为活疫苗、灭活疫苗、代谢产物疫苗、亚单位疫苗以及生物技术疫苗。

1. 活疫苗

简称活苗，有中等毒力苗、弱毒苗和异源苗三种。

(1)中等毒力苗　毒力较强,一般用于年龄较大的动物,如新城疫Ⅰ系苗、传染性支气管炎H52苗。

(2)弱毒苗　是目前使用最广泛的疫苗。用一定方法使病原微生物毒力减弱,但仍保持良好的免疫原性或筛选自然弱毒株制成的疫苗为弱毒疫苗,如鸡新城疫Ⅳ系弱毒苗。弱毒苗的优点是免疫剂量小,免疫保护期长,不使用佐剂,应用成本低。缺点是由于在动物体内有一定程度的增殖,有散毒的可能或有一定的组织反应,难以制成联苗,运输保存条件要求高,现多制成冻干苗。

(3)异源苗　是用具有共同保护性抗原的不同种病毒制成的疫苗,如用火鸡疱疹病毒预防鸡马立克病。

2. 灭活疫苗

又称死苗。选用免疫原性强的病原微生物经人工培养后用理化方法将其灭活制成的疫苗称为灭活疫苗,如鸡新城疫油乳剂灭活苗、传染性法氏囊病油乳剂灭活苗。灭活苗的优点是研制周期短,使用安全,易于保存和运输,容易制成联苗或多价苗;缺点是不能在动物体内增殖,使用剂量大,免疫保护期短,通常需加佐剂以增强免疫效果,常需多次免疫且只能注射免疫。

3. 代谢产物疫苗

是利用细菌的代谢产物如毒素、酶等制成的疫苗,如破伤风类毒素。

4. 亚单位疫苗

是将病毒的衣壳蛋白与核酸分开,除去核酸,用提纯的蛋白质衣壳制成的疫苗。此类疫苗仅含有病毒的抗原成分,无核酸,因而无不良反应,使用安全,效果较好,如猪口蹄疫亚单位疫苗。亚单位疫苗的不足之处是制备困难,价格昂贵。

5. 生物技术疫苗

是利用生物技术制备的分子水平的疫苗,包括基因工程亚单位疫苗、合成肽疫苗、抗独特型疫苗、基因工程活苗以及DNA疫苗。

(1)基因工程亚单位疫苗　是用DNA重组技术,将编码病原微生物保护性抗原的基因导入受体菌(如大肠杆菌)或细胞,使其在受体细胞中高效表达,分泌保护性抗原肽链。提取保护性抗原肽链,加入佐剂即制成基因工程亚单位疫苗。预防仔猪和犊牛下痢的大肠杆菌菌毛基因工程疫苗是一个成功的例子。

(2)合成肽疫苗　是用化学合成法人工合成病原微生物的保护性多肽,并将其连接到大分子载体上,再加入佐剂制成疫苗。

(3)DNA疫苗　是一种最新的分子水平的生物技术疫苗,将编码保护性抗原的基因与能在真核细胞中表达的载体DNA重组,重组的DNA可直接注射(接种)到动物(如小鼠)体内,刺激机体产生体液免疫和细胞免疫。

(4)基因工程活疫苗　包括基因缺失苗、重组活载体疫苗及非复制性疫苗三类。

①基因缺失疫苗　是用基因工程技术将毒株毒力相关基因切除构建的疫苗。

②重组活载体疫苗　是用基因工程技术将保护性抗原基因(目的基因)转移到载体中,使之表达。

③非复制性疫苗　与重组活载体疫苗类似,但载体病毒接种后只产生顿挫感染,不能完成复制过程,无排毒的隐患,同时又可表达目的抗原,产生有效的免疫保护。

(5)多价苗和联苗　多价苗是指将细菌(或病毒)的不同血清型混合制成的疫苗,如巴氏杆菌多价苗,大肠杆菌多价苗,口蹄疫 O、A 型双价苗。联苗是指由两种以上的细菌或病毒联合制成的疫苗,一次免疫可达到预防数种疾病的目的,如猪瘟-猪丹毒-猪肺疫三联苗,犬的五联苗、七联苗等。

联苗或多价苗的应用可减少接种次数,减少接种动物的应激反应。

(三)疫苗使用的注意事项

1.疫苗的购买

疫苗应来自国家批准的生物制品厂,购买及使用前检查是否过期。破损、封口不严及物理性状(色泽、外观、透明度、有无异物等)与说明不符者,不予购买或使用。

2.疫苗的保存和运输

疫苗购买后必须按规定的条件保存和运输,否则会使疫苗的质量明显下降而影响免疫效果甚至会造成免疫失败。一般来说,灭活苗要保存于 2～15 ℃的阴暗环境中,非经冻干的活菌苗(湿苗)要保存于 4～8 ℃的冰箱中,这两种疫苗都不应冻结保存。冻干的弱毒苗,一般都要求－15 ℃以下冷冻保存,保存温度越低,疫苗病毒(或细菌)死亡越少。所有疫苗的保存温度均应保持稳定,温度波动大,尤其是反复冻融,疫苗病毒(或细菌)会迅速大量死亡。马立克病细胞结合型疫苗,必须于液氮罐中保存和运输。

疫苗运输的理想温度与保存的温度一致,在疫苗运输时通常都达不到理想的低温要求,因此运输时间越长,疫苗中病毒(或细菌)的死亡率越高,如果中途转运多次,影响就更大。

3.疫苗的稀释

必须选择符合要求的稀释剂来稀释疫苗,除马立克病疫苗等个别疫苗要用专用的稀释剂以外,一般用于滴鼻、点眼、刺种、涂肛及注射的疫苗,可用灭菌的生理盐水或灭菌的蒸馏水作为稀释剂;饮水免疫时,稀释剂最好用蒸馏水或去离子水,也可用洁净的深井水,但不能用含消毒剂的自来水;气雾免疫时,稀释剂可用蒸馏水或去离子水。

4.选择适当的免疫途径

接种疫苗的方法有滴鼻、点眼、刺种、皮下或肌内注射、饮水、气雾、涂肛等,应根据疫苗的类型、疫病特点及免疫程序来选择疫苗的接种途径,一般以疫苗使用说明为准。

5.免疫剂量、接种次数及时间间隔

在一定限度内,疫苗用量与免疫效果成正相关。过低的剂量刺激强度不够,不能产生足够强烈的免疫反应;而疫苗用量超过一定限度后,免疫效果不但不增加,还可能导致免疫受到抑制,称为免疫麻痹。因此疫苗的剂量应按照规定使用,不得任意增减。

疫苗使用时,在初次应答之后,间隔一定时间重复免疫,可刺激机体产生再次应答和回忆反应,产生较高水平的抗体和持久免疫力。所以生产中常进行 2～3 次的连续接种,时间间隔视疫苗种类而定:细菌或病毒疫苗免疫产生快,间隔 7～10 d 或更长一些;类毒素是可溶性抗原,免疫反应产生较慢,间隔至少 4～6 周。

6.防止不良反应的发生

免疫接种时,应注意被免疫动物的年龄、体质和特殊的生理时期(如怀孕和产蛋期)。幼龄动物应选用毒力弱的疫苗免疫;对体质弱或正患病的动物应暂缓接种;对怀孕母畜和产蛋期的家禽使用弱毒疫苗,可导致胎儿的发育障碍和产蛋下降,因此,生产中应在母畜怀孕前、家禽产蛋前做好各种疫病的免疫工作，必要时，可选择灭活疫苗，以防引起流产和产蛋下降等不良后果。

四、免疫血清

（一）免疫血清的概念

用于人工被动免疫的生物制品，动物经反复多次接种同一种抗原物质（菌苗、疫苗、类毒素等）后，机体体液中尤其血清中产生大量抗体，由此分离所得的血清称为免疫血清，又称高免血清或抗血清。免疫血清注入机体后免疫产生快，但免疫持续期短，常用于传染病的紧急预防和治疗。临床上常用的有抗炭疽血清、抗猪瘟血清、破伤风抗毒素等。

（二）免疫血清的分类

根据制备免疫血清所用抗原物质的不同有抗菌血清、抗病毒血清和抗毒素。根据制备免疫血清所用动物的不同，免疫血清还有同种血清和异种血清之分。抗细菌血清和抗毒素通常用大动物（马、牛等）制备，如用马制备破伤风抗毒素，用牛制备抗猪丹毒血清均为异种血清。抗病毒血清常用同种动物制备，如用猪制备抗猪瘟血清、用鸡制备抗鸡新城疫血清等，同种动物血清的产量有限，但免疫后不引起应答反应，因而比异种血清免疫期长。

除了用免疫血清进行人工被动免疫外，在家禽常用卵黄抗体制剂进行人工接种，如鸡群暴发鸡传染性法氏囊病（IBD）时，用高效价 IBD 卵黄抗体进行紧急接种，可起到良好的防治效果。

（三）免疫血清使用的注意事项

免疫血清一般保存于 2～8 ℃的冷暗处，冻干制品在－15 ℃以下保存。使用时应注意以下几点。

1. 早期使用

抗毒素具有中和外毒素的作用，抗病毒血清具有中和病毒的作用，这种作用仅限于未和组织细胞结合的外毒素和病毒，而对已和组织细胞结合的外毒素、病毒及产生的组织损害无作用。因此，用免疫血清治疗时，越早越好，使毒素和病毒在未达到侵害部位之前，就被中和而失去毒性。

2. 多次足量

应用免疫血清治疗虽然有收效快、疗效高的特点，但维持时间短，因此必须多次足量注射才能收到好的效果。

3. 途径适当

使用免疫血清适宜的途径是注射，不能口服。静脉注射显效最快，但易引起过敏反应，应用时要注意预防。另外，也可选择皮下或肌内注射。

4. 防止过敏

用异种动物制备的免疫血清使用时可能引起过敏反应，要注意预防，最好用提纯制品。给大型动物注射异种血清时，可采取脱敏疗法注射，必要时应准备好抢救措施。

参 考 文 献

[1] 杨宝峰.药理学.5版.北京:人民卫生出版社,2018.
[2] 中国兽药典委员会.中华人民共和国兽药典:一部.北京:中国农业出版社,2020.
[3] 中国兽药典委员会.中华人民共和国兽药典:二部.北京:中国农业出版社,2020.
[4] 中国兽药典委员会.中华人民共和国兽药典:三部.北京:中国农业出版社,2020.
[5] 陈杖榴,曾振灵.兽医药理学.4版.北京:中国农业出版社,2017.
[6] 王国栋,杜磊,冯晓敏.兽医微生物学及免疫学.成都:西南交通大学出版社,2017.
[7] 吴敏秋.兽医临床诊疗技术.5版.北京:中国农业大学出版社,2021.
[8] 陈杰.家畜生理学.4版.北京:中国农业出版社,2003.
[9] 东北农业大学.兽医临床诊断学.3版.北京:中国农业出版社,2009.
[10] 邹思湘.动物生物化学.5版.北京:中国农业出版社,2012.
[11] 王俊东,刘宗平.兽医临床诊断学.2版.北京:中国农业出版社,2010.
[12] 齐长明.奶牛疾病学.北京:中国农业科学技术出版社,2006.
[13] 曹军平,张君胜.动物微生物.2版.北京:中国林业出版社,2016.
[14] 宋金秋,向双云.动物微生物与免疫.重庆:重庆大学出版社,2017.
[15] 中国农业科学院哈尔滨兽医研究所.兽医微生物学.2版.北京:中国农业出版社,2013.
[16] 陆承平.兽医微生物学.5版.北京:中国农业出版社,2013.
[17] 马学恩,王凤龙.家畜病理学.5版.北京:中国农业出版社,2016.
[18] 杨文.动物病理.2版.重庆:重庆大学出版社,2013.